田景亮　田大江　主编

机床检修技术

JICHUANG JIANXIU JISHU

U0390770

化学工业出版社

·北京·

图书在版编目（CIP）数据

机床检修技术/田景亮，田大江主编. —北京：化
学工业出版社，2017.4
　ISBN 978-7-122-28983-4

　Ⅰ.①机…　Ⅱ.①田…②田…　Ⅲ.①机床-检修-
教材　Ⅳ.①TG502.7

中国版本图书馆 CIP 数据核字（2017）第 019712 号

责任编辑：王　烨　项　潋　　　　　　装帧设计：刘丽华
责任校对：宋　夏

出版发行：化学工业出版社（北京市东城区青年湖南街 13 号　邮政编码 100011）
印　　装：北京云浩印刷有限责任公司
850mm×1168mm　1/32　印张 14　字数 416 千字
2017 年 6 月北京第 1 版第 1 次印刷

购书咨询：010-64518888（传真：010-64519686）　售后服务：010-64518899
网　　址：http://www.cip.com.cn
凡购买本书，如有缺损质量问题，本社销售中心负责调换。

定　　价：69.00 元

前言

　　金属切削机床是现代社会进行生产和服务的重要装备，其服务领域很广，凡使用机械、工具的部门，都离不开金属切削机床。金属切削机床的维修则是一门涉及知识面广、专业性很强的技术，其所维修的机械设备质量很大程度上取决于操作人员的技术水平及当今的科技水平。随着工业技术的进步，机械设备正朝着自控、成套和机电一体化方向发展，维修的技术含量正在逐年上升。另一方面伴随着改革开放的不断深入，新一轮的产业调整使我国成为世界制造业大国，国民经济领域又急需大量技能型人才，因此努力提高维修人员的技能水平是当前亟待解决的大问题。为满足市场对技能型人才的需要，编者以提高维修人员的实际水平为出发点，结合机械设备的发展方向及新时期对机械设备维修操作的要求，在继承传统机械设备经典维修工艺内容的基础上，对新设备、新工艺等进行了大量补充，精心编写，形成了本书。

　　本书编写的宗旨是：理清思路、贴近生产、突出重点、重在应用。遵循"理论教学以必须、够用为度，重在应用"的指导思想，在编写过程中注重应用性、实用性和直接性，紧密结合企业生产状况和管理需要，力求使本书在解决现场问题时起到引导、借鉴作用。全书共分15章，主要内容包括：维修操作技术基础、机械设备的拆卸与清洗、机械零部件的修理与装配、典型机械设备的修理、修理后精度检验与试车等。对维修技术做了全面系统的介绍。

　　本书的特点是少理论、多技能、多图片，在内容上符合实践生产的需求，强化了典型现场维修实例，实用性、针对性较强。

　　本书可作为高职高专、技师学院机械制造及其自动化、机电设备维修、机电技术应用、机电一体化等机械类专业的教材，以及成人教育和职工培训的教材，也可供从事机电设备维修的工程技术人员和工人学习参考。

本书由田景亮，田大江主编。王惠芳同志参加了部分章节的修改和校正工作。在编写过程中得到了张永强、孙启良等同志的大力帮助和支持，在此表示感谢。

由于水平所限，书中不妥之处，敬请各位读者批评指正。

编　者

目录

第八章　机械设备的检修工艺　　186

第九章　机械设备的装配工艺　　211

第一章

⚡ 机床的基本知识

第一节 机床的分类和型号

机床（machine tool）是指制造机器的机器，亦称工作母机或工具机，习惯上简称机床。一般分为金属切削机床、锻压机床和木工机床等。现代机械制造中加工机械零件的方法很多，除切削加工外，还有铸造、锻造、焊接、冲压、挤压等，但凡属精度和表面粗糙度要求较高的零件，一般都需在机床上用切削的方法进行最终加工，因此机床在现代化建设中起着重大作用，而且应用范围极其广泛。特别是金属切削机床不但应用范围广，其品种和规格也相当繁多，不同的机床，构造不同，加工工艺范围、加工精度和表面质量、生产率和经济性、自动化程度和可靠性等也都不同。为了给选用、管理和维护机床提供方便，人们对机床进行了适当的分类和编号。

一、机床的分类

金属切削机床按其工作原理划分为车床、钻床、镗床、磨床、齿轮加工机床、螺纹加工机床、铣床、刨插床、拉床、锯床和其他机床等共11类。机床的类别代号用大写的汉语拼音字母表示。必要时每类又可分为若干分类。分类代号在类别代号之前，作为型号的首位，并用阿拉伯数字表示。第"1"分类代号前的"1"省略，第"2""3"分类代号则应予以表示。机床的类别及代号见表1-1。

表 1-1　机床的类别及代号

类别	车床	钻床	镗床	磨床			齿轮加工机床	螺纹加工机床	铣床	刨插床	拉床	锯床	其他机床
代号	C	Z	T	M	2M	3M	Y	S	X	B	L	G	Q
读音	车	钻	镗	磨	二磨	三磨	牙	丝	铣	刨	拉	割	其

　　除上述基本分类方法外，同类型金属切削机床还可根据其他特征进行分类。

　　（1）按应用范围分类　可分为通用机床、专门化机床和专用机床。

　　① 通用机床（万能机床）。这类机床可以完成多种零件的不同工序，加工范围较广，通用性较大，但结构比较复杂，适用于单件小批生产，如卧式车床、卧式镗床和万能升降台铣床等。

　　② 专门化机床。这类机床的工艺范围较窄，专门用于加工某一类或几类零件的某一个（或几个）特定工序，如曲轴机床和齿轮机床等。

　　③ 专用机床。这类机床的工艺范围最窄，只能用于加工某一零件的某一个特定工序，适用于大批量生产。如加工机床主轴箱的专用镗床和加工车床导轨的专用磨床等。各种组合机床也属于专用机床。

　　（2）按加工精度分类　可分为普通精度机床、精密机床和高精度机床。

　　（3）按自动化程度分类　可分为手动、机动、半自动、自动和程序控制机床。

　　（4）按质量与尺寸分类　可分为仪表机床、一般机床、大型机床（质量在 10t 以上）、重型机床（质量在 30t 以上）、超重型机床（质量在 100t 以上）。

　　（5）按机床主要工作部件的数目分类　可分为单轴、多轴、单刀或多刀机床。

　　（6）按机床具有的数控功能分类　可分为普通机床、一般数控机床、加工中心和柔性制造单元等。

　　二、机床的基本类型

　　金属切削机床种类虽然很多，但最基本的只有车床、铣床、刨床、磨床和钻床五种。通常，同类机床按照适用范围、工艺特点及某些辅助特征来进行分类，以区别同类的其他机床。

1. 车床的常见类型

在所有的机床中，车床用途最广、型号最全。按用途和结构的不同，车床主要分为卧式车床和落地车床、立式车床、转塔车床、单轴自动车床、多轴自动和半自动车床、仿形车床、多刀车床和各种专门化车床，如凸轮轴车床、曲轴车床、铲齿车床。在所有车床中，以卧式车床应用最为广泛。卧式车床加工尺寸公差等级可达 IT8～IT7，表面粗糙度 Ra 值可达 $1.6\mu m$。

2. 铣床的常见类型

铣床是用铣刀对工件进行铣削加工的机床。铣床除能铣削平面、沟槽、轮齿、螺纹和花键轴外，还能加工比较复杂的形面，效率较刨床高，在机械制造和修理部门得到广泛应用。铣床可分为卧式铣床、立式铣床、立卧铣床、龙门铣床、仿形铣床和万能铣床等，万能铣床的工作台可以在水平方向旋转一定角度，并附有立铣头等，应用范围广。

3. 刨床的常见类型

刨床是用刨刀对工件的平面、沟槽或成形表面进行刨削的机床。刨床是使刀具和工件之间产生相对的直线往复运动来达到刨削工件表面的目的。往复运动是刨床的主运动。机床除了有主运动以外，还有辅助运动，也叫进刀运动，刨床的进刀运动是工作台（或刨刀）的间歇移动。

常用的刨床有牛头刨床、龙门刨床、单臂刨床以及插床，插床实际上就是立式刨床，主要用来加工工件的内表面。它的结构与牛头刨床几乎完全一样，不同点主要是插床的插刀在垂直方向上做直线往复运动（切削运动），工作台除了能做纵、横方向的间歇进刀运动外，还可以在圆周孔间做间歇的回转进刀运动。

4. 磨床的常见类型

磨床是指用磨具或磨料加工工件各种表面的机床。一般用于对零件淬硬表面做磨削加工。通常，磨具旋转为主运动，工件或磨具的移动为进给运动，其应用广泛、加工精度高、表面粗糙度 Ra 值小。磨床可分为十余种，主要有外圆磨床、内圆磨床、坐标磨床、无心磨床、平面磨床、砂带磨床、导轨磨床、工具磨床、多用磨床和专用磨床等。

5. 钻床的常见类型

钻床指主要用钻头在工件上加工孔的机床。通常钻头旋转为主运动，钻头轴向移动为进给运动。钻床结构简单，加工精度相对较低，可钻通孔、盲孔，更换特殊刀具可扩、锪孔、铰孔或进行攻螺纹等加工。加工过程中工件不动，让刀具移动，将刀具中心对正孔中心，并使刀具转动（主运动）。钻床的种类很多，常用的钻床主要有台钻、立式钻床、卧式钻床、摇臂钻床、单轴钻床、多轴钻床、固定钻床、移动钻床、磁座钻床、滑道钻床、半自动钻床、数控钻床、深孔钻床、龙门数控钻床、组合钻床、钻铣床等。

另外还有组联合机床，组联合机床主要用于车削加工，但附加一些特殊部件和附件后，还可进行镗、铣、钻、插、磨等加工，具有"一机多能"的特点，适用于工程车、船舶或移动修理站上的修配工作。

三、机床的型号

国家标准 GB/T 15375—94《金属切削机床型号编制方法》规定机床的型号由基本部分和辅助部分组成，中间用"/"隔开，读作"之"。前者需统一管理，后者纳入型号与否由企业自定。

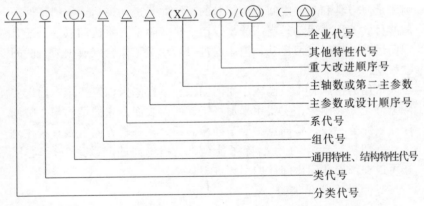

注：1. 有"（ ）"的代号或数字，当无内容时，则不表示。若有内容则不带括号。

2. 有"〇"符号者，为大写的汉语拼音字母。

3. 有"△"符号者，为阿拉伯数字。

4. 有"◬"符号者，为大写的汉语拼音字母或阿拉伯数字或两者兼有之。

机床型号的表示方法如下。

通用特性代号：当某类机床除有普通类型外，还有某种通用特性时，则在类别代号之后，用汉语拼音字母表示该通用特性。若仅有某种通用特性，而无普通类型者，则通用特性不予表示。通用特性代号有统一固定含义，它在各类机床的型号中，所表示的含义相同，见表1-2。

表1-2　机床通用特性代号

通用特性	高精度	精密	自动	半自动	数控	加工中心（自动换刀）	仿形	轻型	加重型	简式或经济型	柔性加工单元	数显	高速
代号	G	M	Z	B	K	H	F	Q	C	J	R	X	S
读音	高	密	自	半	控	换	仿	轻	重	简	柔	显	速

对于主参数值相同而结构性能不同的机床在型号中加上结构特性代号予以区分。与通用特性代号不同，在型号中没有统一的含义，只在同类机床中起区分机床结构、性能的作用。结构特性代号应排在通用特性代号之后，用汉语拼音字母表示。

CA6140型车床的含义如下。

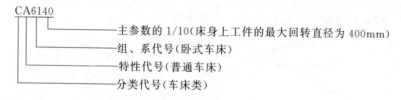

CA6140
　　　　主参数的1/10（床身上工件的最大回转直径为400mm）
　　　　组、系代号（卧式车床）
　　　　特性代号（普通车床）
　　　　分类代号（车床类）

第二节　机床的运动和传动

掌握和熟悉机床的构造及传动原理，是机械修理人员查找处理设备故障的基础。尽管机床的类型繁多，构造各异，运动形式也各不相同，但是它们产生运动的基本原理都是一样的。本节将对机床的运动和传动原理作一简要介绍。

一、机床的运动

在机床上进行切削加工时，为了获得所需的几何形状、尺寸精度和表面质量，机床必须进行表面成形运动，它是刀具和工件的相对运动。此外机床还要进行切入运动、分度运动、操纵和控制运动、调位运动、各种空行程运动等。

（1）表面成形运动　在机床上进行加工时，工件所需的表面形状是通过刀具和工件的相对运动，用刀具的切削刃切削出来的，其实质就是借助于一定形状的切削刃以及切削刃与被加工表面之间按一定规律的相对运动，形成所需的母线和导线。在机床上采用一定的方法形成这些母线和导线的运动称为表面成形运动，简称为成形运动。

表面成形运动是机床上最基本的运动，其轨迹、数目、行程和方向等在很大程度上决定着机床的传动和结构形式。显然，采用不同工艺方法加工不同形状的表面，所需要的表面成形运动是不同的，从而产生了各种类型的机床，然而，即使是用同一种工艺方法和刀具结构加工相同表面，由于具体加工条件不同，表面成形运动在刀具和工件之间的分配也往往不同。例如，车削圆柱面，绝大多数情况下表面成形运动是工件旋转和刀具直线移动。但根据工件形状、尺寸和坯料形式等具体条件不同，表面成形运动也可以是工件旋转并直线移动，或刀具旋转和工件直线移动，或者刀具旋转并直线移动，如图 1-1 所示。表面成形运动在刀具和工件之间的分配情况不同，机床结构也不一样，这就决定了机床结构形式的多样化。

(a) 工件旋转和移动　　(b) 刀具旋转和工件移动　　(c) 刀具旋转和移动

图 1-1　圆柱面的车削加工方式

（2）切入运动　刀具相对工件切入一定深度，以保证工件获得一定的加工尺寸。

（3）分度运动　加工若干个完全相同的、均匀分布的表面时，为使表面成形运动能周期性地进行的运动称为分度运动。例如，多工位工作台和刀架等的周期性转位或移位，以便依次加工工件上的各有关表面，或依次使用不同刀具对工件进行顺序加工。

（4）操纵和控制运动　操纵和控制运动包括启动、停止、变速、换向、部件与工件的夹紧、松开、转位以及自动换刀、自动检测等。

（5）调位运动　加工开始前机床有关部件的移动，以调整刀具与工件之间的正确相对位置。

（6）各种空行程运动　空行程运动是指进给前后刀具的快速运动。例如，在装卸工作时，为避免碰伤操作者或划伤已加工表面，刀具和工件应相对退离；在进给运动开始之前，刀具应快速引进，使刀具与工件接近；进给运动结束后刀具应快速退回。

此外，还有装卸、夹紧、松开工件的运动，自动线中随行夹具的倒屑、回转运动，消除传动误差的校正运动等。

二、机床的传动形式

机床的传动形式按其所采用的传动介质不同，可分为机械传动、液压传动、电气传动和气压传动等。

1. 机械传动

机械传动应用齿轮、传动带、离合器、丝杠和螺母等机械元件传递运动和动力。这种传动形式工作可靠，维修方便，目前在机床上应用广泛。金属切削机床上常用的机械传动装置有以下几种。

（1）带传动　该传动的特点是结构简单、制造方便、传动平稳，并有过载保护作用。但传动比不准确，传动效率低，所占空间较大。

（2）齿轮传动　该传动结构简单、传动比准确、传动效率高、传递转矩大，但制造较为复杂，制造精度要求高。同时，齿轮机构可以实现换向和各种变速传动。机床上常用变速机构有塔轮变速机构、滑移齿轮变速机构和离合器变速机构等，如图 1-2 所示。

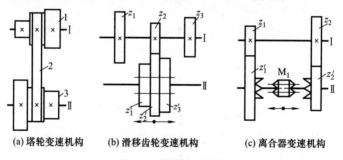

(a) 塔轮变速机构　(b) 滑移齿轮变速机构　(c) 离合器变速机构

图 1-2　常用变速机构

1,3—带轮；2—传动带；M_1—离合器

① 塔轮变速机构。它是机床动力输入端常见的一种变速机构，其特点是传动平稳，有过载保护作用，变速比可根据带轮直径方便地

设计，但因有摩擦打滑，传动比不够准确。

② 滑移两轮变速机构。它是机床传动中经常采用的一种变速机构，其特点是传动比准确，传动效率高，外形尺寸小，制造复杂，制造精度不高时易产生振动。

③ 离合器变速机构。它是机床传动中经常采用的一种变速机构，其特点是传动比准确，传动效率高，寿命长，结构紧凑，刚性好，可传递较大转矩，但制造较复杂。

此外，机床上常见的换向齿轮机构有中间齿轮机构、三星齿轮机构和锥齿轮机构等。

（3）蜗轮蜗杆传动　该传动结构紧凑，传动比大，传动平稳，无噪声，可实现自锁，但传动效率低，制造较复杂，成本高。

（4）齿轮齿条传动　该传动的特点是可改变运动形式，传动效率高，但制造精度不高时影响位移的准确性。

（5）丝杠螺母传动　该传动的特点是可改变运动形式，传动平稳，无噪声，但传动效率低。

此外，数控机床上的机械传动还有采用滚动丝杠螺母传动和滚动导轨传动，可降低摩擦损失，减少动、静摩擦因数之差，以避免爬行；采用联轴器直接与丝杠相连，以传递电动机的动力，带动工作台或刀架运动；还有一些小型数控机床的主传动系统由电动机经同步齿形带直接传动。

2. 液压传动

液压传动应用油液作介质，通过泵、阀和液压缸等液压元件传递运动和动力。这种传动形式结构简单，传动平稳，容易实现自动化，在机床上应用日益广泛。

3. 电气传动

电气传动应用电能，通过电气装置传递运动和动力。这种传动方式的电气系统比较复杂，成本较高，主要用于大型和重型机床。

4. 气压传动

气压传动以空气为介质，通过气动元件传递运动和动力。这种传动形式的主要特点是动作迅速，易于实现自动化，但其运动平稳性差，驱动力较小，主要用于机床的某些辅助运动（如夹紧工件等）及小型机床的进给运动传动中。

根据机床的工作特点不同，有时在一台机床上往往采用以上几种传动形式的组合传动。

三、机床的传动链

在机床传动系统中，连接动力源和某一执行件，或者连接一个执行件与另一个执行件，使它们彼此之间保持传动联系的一系列传动件，称为传动链。为了使执行件获得所需运动，或者使有关执行件之间保持某种确定的运动关系，传动链中通常有两类传动机构：一类是具有固定传动比的传动机构，如带传动、定比齿轮副、蜗杆副和丝杠副等，称为定比机构；另一类是能根据需要变换传动比的传动机构，如交换齿轮和滑移齿轮变速机构等，称为换置机构。

通常，机床需要多少个运动，其传动系统中就有多少条传动链。根据执行件运动的用途和性质不同，传动链可相应地区分为主运动传动链、进给运动传动链、空行程传动链和分度运动传动链等。根据传动联系的性质不同，传动链还可分为外联系传动链和内联系传动链。

（1）外联系传动链　外联系传动链联系的是动力源与机床执行件，并使执行件得到预定速度的运动，且传递一定的动力。此外，外联系传动链不要求动力源与执行件之间有严格的传动比关系，而是仅仅把运动和动力从动力源传送到执行件上去。例如，在车床上用轨迹法车削圆柱面时，主轴的旋转和刀架的移动是两个互相独立的成形运动，有两条外联系传动链。主轴的转速和刀架的移动速度只影响生产率和工件表面粗糙度，不影响圆柱面的形成（即不影响生线的性质）。传动链的传动比不要求很精确，工件的旋转和刀架的移动也没有严格的相对速度关系。

（2）内联系传动链　内联系传动链联系的是复合运动中的多个分量，也就是说它所联系执行件自身的运动（旋转或直线移动）同属于一个独立的成形运动，即成形运动是"复合的"，因而对执行件之间的相对位移有一个严格的要求。因此，为实现这一要求，连接在它们之间的传动链传动比就要有一个严格的关系，以保证运动的轨迹。例如，在车床上用螺纹车刀车削螺纹时，为了保证所加工螺纹的导程，主轴（工件）每转1转，车刀必须直线移动一个螺纹导程。此时，联系主轴和刀架之间的螺纹传动链就是一条对传动比有严格要求的内联系传动链。假如传动比不准确，则车螺纹时就不能得到要求的螺纹导程，加工齿轮时就得不到正确的渐开线齿形。为了保证准确的传动比，在内联系传动链中不能采用摩擦传动（它可能因打滑而引起传动比的变化），或者是瞬时传动比有变化的传动件（如链传动）。

通过以上对机床运动的分析可以看出：每一个运动，不论是简单的还是复杂的，都必须有一条外联系传动链；只有复合运动才有内联系传动链，如果将一个复合运动分解为两个部分，则其中必有一条内联系传动链；外联系传动链不影响生线的性质，只影响生线形成的速度；内联系传动链影响生线的性质和执行件运动的轨迹；内联系传动链只能保证执行件具有正确的运动轨迹，要使执行件运动起来，还必须通过外联系传动链把动力源和执行件联系起来，使执行件得到一定的运动速度和动力。

四、机床的传动原理图

在机床的运动分析中，为了便于分析机床运动和传动联系，常用一些简明的符号来表示运动源与执行件、执行件与执行件之间的传动联系，这就是传动原理图。图1-3为传动原理图常用的符号。

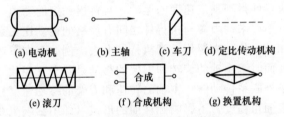

(a) 电动机　　(b) 主轴　　(c) 车刀　　(d) 定比传动机构

(e) 滚刀　　　(f) 合成机构　　　(g) 换置机构

图 1-3　传动原理图常用的符号

下面以卧式车床的传动原理图为例，说明传动原理图的画法和所表示的内容。如图1-4所示，电动机与主轴之间的传动属于外联系传动链，它是为主轴提供运动和动力的。即从电动机→1→2→u_v→3→4→主轴，这条传动链亦称主运动传动链，其中1-2和3-4段为传动比固定不变的定比传动结构，2-3段是传动比可变的换置机构u_v，调整u_v值即可改变主轴的转速。从主轴→4→5→u_f→6→7→丝杠→刀具，得到刀具和工件间的复合成形运动（螺旋运动），这是一条内联系传动链，其中4-5和6-7段为定比传动机构，5-6段是换置机构u_f，调整u_f值可得到不同的螺纹导程。在车削外圆面或端面时，主轴和刀具之间的传动联系无严格的传动比要求，二者的运动是两个独立的简单成形运动，因此，除了从电动机到主轴的主传动链外，还有另一条传动链，为电动机→1→2→u_v→3→5→u_f→6→7→丝杠→刀具，此时这条传动链是一条外联系传动链。

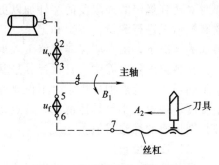

图 1-4　卧式车床传动原理图

传动原理图表示了机床传动的最基本特征。因此，用它来分析、研究机床运动时，最容易找出两种不同类型机床的最根本区别，对于同一类型机床来说，不管它们具体结构有何明显的差异，它们的传动原理图是完全相同的。

第三节　机床的维修和保养

机床设备维修的基本内容包括：设备维护保养、设备检查和设备修理。

一、设备保养

设备维护保养的内容是保持设备清洁、整齐、润滑良好、安全运行，包括及时紧固松动的紧固件，调整活动部分的间隙等。简言之，即"清洁、润滑、紧固、调整、防腐"十字作业法。实践证明，设备的寿命在很大程度上决定于维护保养的好坏。维护保养依工作量大小和难易程度分为日常保养、一级保养、二级保养、三级保养等。

日常保养，又称例行保养。其主要内容是：清洁、润滑，紧固易松动的零件，检查零件、部件的完整。这类保养的项目和部位较少，大多数在设备的外部。

一级保养，主要内容是：普遍地进行拧紧、清洁、润滑、紧固，还要部分地进行调整。日常保养和一级保养一般由操作工人承担。

二级保养。主要内容包括内部清洁、润滑、局部解体检查和调整。

三级保养。主要是对设备主体部分进行解体检查和调整工作，必要时对达到规定磨损限度的零件加以更换。此外，还要对主要零部件的磨损情况进行测量、鉴定和记录。二级保养、三级保养在操作工人参加的情况下，由专职保养维修工人承担。

在各类维护保养中，日常保养是基础。保养的类别和内容，要针对不同设备的特点加以规定，不仅要考虑到设备的生产工艺、结构复杂程度、规模大小等具体情况和特点，同时要考虑到不同工业企业内部长期形成的维修习惯。

二、设备检查

设备检查，是指对设备的运行情况、工作精度、磨损或腐蚀程度进行测量和校验。通过检查全面掌握机器设备的技术状况和磨损情况，及时查明和消除设备的隐患，有目的地做好修理前的准备工作，以提高修理质量，缩短修理时间。

检查按时间间隔分为日常检查和定期检查。日常检查由设备操作人员执行，同日常保养结合起来，目的是及时发现不正常的技术状况，进行必要的维护保养工作。定期检查是按照计划，在操作者参加的情况下，定期由专职维修工执行。目的是通过检查，全面准确地掌握零件磨损的实际情况，以便确定是否有进行修理的必要。

检查按技术功能，可分为机能检查和精度检查。机能检查是指对设备的各项机能进行检查与测定，如是否漏油、漏水、漏气，防尘密闭性如何，零件耐高温、高速、高压的性能如何等。精度检查是指对设备的实际加工精度进行检查和测定，以便确定设备精度的优劣程度，为设备验收、修理和更新提供依据。

三、设备修理

任何机械设备，经长期使用后，一些零件就会逐步磨损以至于损坏，造成设备工作性能、精度和效率的降低。零件磨损的标志是变形和尺寸改变。当零件的尺寸和形状改变超出了允许的偏差时，就需要进行修理。机床的修理就是检查机械设备损坏的原因，修复、更换磨损或损坏的零件，排除各种故障，恢复设备的精度和使用性能，提高其工作效率和延长使用寿命。

1. 机床维修的方式

机床设备的维修方式又称维修方针，是指对维修时机的控制。主要有以下几种。

（1）事后维修　又称故障维修，损坏维修。它不控制维修时期，而是当机械设备发生故障或损坏、造成停机之后才进行维修，以修复原来的功能为目的。它必须充分准备人力、工具、备件等维修资源，以便有效地对付故障。事后维修损失了许多工作时间，生产计划也被打乱，修理内容长短及安排等问题都带有很大的随机性。综合各方面考虑，它是一种落后的维修方式，是最低要求的对策。若不能采用其他对策时，可把它当成最后的手段来使用。事后维修用于以下情况。

a. 机件发生故障，但不影响总成和系统安全性。

b. 故障属于偶尔性且规律不清楚。

c. 虽属耗损型故障，但事后维修方式更为经济。

（2）定期维修　又称计划维修，预防维修。它以使用时间为维修期限，只要使用到预先规定的时间，不管其技术状态如何，都要进行规定的维修方式，维修活动一般是有计划地在生产空隙离线进行，对维修资源可提前充分准备。定期维修可减少维修工作量和停机时间。

定期维修的依据是机件的磨损规律，关键是准确地掌握机件的磨损时机。如果在偶然故障结束时，即故障率随时间迅速上升到进入耗损故障期之前，进行更换或修理，这样既能保证机件正常工作，又不造成浪费。

定期维修的优点是容易掌握维修时间，便于制定维修计划和组织管理，有较好的预防故障作用。我国以往主要采用定期维修方式，曾起到了积极作用。它的缺点是对磨损以外的其他故障模式，如疲劳、锈蚀等未能考虑在内，不能针对实际情况进行维修。采用一刀切的大拆大卸方法，使拆卸次数增多，不利于充分发挥机件的固有可靠性，甚至导致故障的增加。因此，对难以更换的部件，这种方式不理想，复杂的成套机械设备很少采用。

（3）视情维修　又称按需预防维修或状态检测维修。它不是根据故障特征而是由机械设备在线检测和诊断装置预报的实际情况来确定维修时机和内容。在线检测包括状态检查、状态校核、趋向监测等项目。它们都是在线进行，并定期按计划实施，需要较多投资和经常性费用，是最有效的维修方式。视情维修适用于以下情况。

① 属于耗损故障的机件，且有如磨损那样缓慢发展的特点，能估计出量变到质变的时间。

② 难以依靠人的感官和经验去发现的故障，又不允许对机械设备任意解体检查。

③ 对那些机件故障直接危及安全，且有极限参数可监测的。

④ 除本身有检测装置外，必须有适当的监控或诊断手段，能评价机件的技术状态、性能是否正常，以便决定是否立即维修。

视情维修的优点是可以充分发挥机件的潜力，提高机件预防维修的有效性，减小维修工作量及人为差错。缺点是费用高，要求有一定的诊断条件，根据实际需要和可能来决定是否采用视情维修。

(4) 机会维修　它是与视情维修或定期维修同时进行的一种有效的维修活动。它不会造成生产损失。机会是在其他必须进行定期维修或者排除故障之时出现，实施这种维修可获得较好的有效度。

(5) 改进设计　在故障发生过分频繁，即平均故障间隔期很短，以及修理或更换的费用又很大，即人力、备件费用或停工损失很大时，改进设计是最好的办法。如果实施正确，这种方式一次性就可以排除上述问题，而其他 4 种维修方式都会有反复进行的可能性。

上述 5 种维修方式各有一定的适用范围，然而应用是否恰当则有优劣之分。维修方式的发展趋势是事后维修逐步走向定期维修；对一些精密、贵重、重要的机械设备，则随状态监测技术的发展，逐步走向视情维修。应根据本单位的具体情况选择某一种或几种维修方式的组合，或再配合其他管理方法，在充分利用其固有可靠性的前提下，尽可能选用最合适的维修方式。

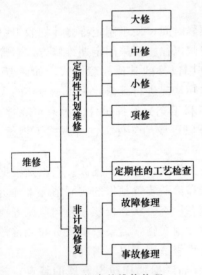

图 1-5　机床的维修修程

2. 机床维修的修程

机床维修修程见图 1-5。

各修程的内容如下。

(1) 大修　大修是将设备全部解体，修换全部磨损件，全面消除缺陷，恢复设备原有精度、性能和效率，达到出厂标准；对一些陈旧设备的部分零部件作适当改装，以满足某些工艺上的要求。大修的特点是：修理次数少，工作量大，每次修理时间较长，修理费用由大修基金支付。设备大修后，质量管理部门和设备管理部门应组织使用和承修单位有关人员共同检查验收，合格后送修单位与承修单位办理交接手续。

（2）中修　中修是对设备进行部分解体、修理或更换部分主要零件与基准件，或修理使用期限等于或小于修理间隔期的零件；同时要检查整个机械系统，紧固所有机件，消除扩大的间隙，校正设备的基准，以保证机器设备能恢复和达到应有的标准和技术要求。中修的特点是：修理次数较多，工作量不太大，每次修理时间较短，修理费用计入生产费用。中修的大部分项目由车间的专职维修工在生产车间现场进行，个别要求高的项目可由机修车间承担，修理后要组织检查验收并办理送修和承修单位交接手续。

（3）小修　小修通常只需修复、更换部分磨损较快和使用期限等于或小于修理间隔期的零件，调整设备的局部结构，以保证设备能正常运转到计划修理时间。小修的特点是：修理次数多，工作量小，每次修理时间短，修理费用计入生产费用。小修一般在生产现场由车间专职维修工人执行。

（4）项修　针对精、大、稀设备的特点而进行。专门针对即将发生故障的零部件或技术项目进行事前计划性的维修。

（5）故障修理　设备临时损坏的修理。

（6）事故修理　因设备发生事故而进行的修理。

第二章

2

⚡ 机床构造的基础知识

人类为了满足生产和生活的需要，设计和制造了类型繁多、功能各异的机床。尽管这些机床的外形布局和构造各不相同，但归纳起来，一台完整的机床都是由如下几个主要部分组成的。

(1) 动力源　为机床提供动力（功率）和运动的驱动部分。

(2) 传动系统　包括主传动系统、进给传动系统和其他运动的传动系统，如变速箱、进给箱等部件。

(3) 支承件　用于安装和支承其他固定的或运动的部件，承受其重力和切削力，如床身、底座、立柱等。

(4) 工作部件

① 与主运动和进给运动有关的执行部件，如主轴及主轴箱、工作台及其溜板、滑枕等安装工件或刀具的部件。

② 与工件和刀具有关的部件或装置，如自动上下料装置、自动换刀装置、砂轮修整器等。

③ 与上述部件或装置有关的分度、转位、定位机构和操纵机构等。

(5) 控制系统　控制系统用于控制各工作部件的正常工作，主要是电气控制系统，有些机床局部采用液压或气动控制系统。数控机床则是数控系统。

(6) 冷却系统　按照冷却介质不同可以分为风冷和水冷。

(7) 润滑系统　包括液压泵、管路和分油器等。

(8) 其他装置　如排屑装置、自动测量装置、照明及安全防护装置等。

为了全面了解各种机床不同的构造特点和工作原理，本章将对一些有代表性的机床分别做一简单介绍。

第一节　卧式车床

车床是利用主轴带动工作回转运动，刀架带动刀具做进给运动，进行切削加工的金属切削机床。

如图 2-1 所示，卧式车床主要由床身 1、进给箱 2、主轴箱 3、溜板箱 4、床鞍与刀架 5、尾座 6 组成。

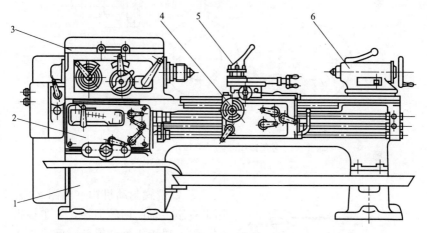

图 2-1　C620-1 型卧式车床

1—床身；2—进给箱；3—主轴箱；4—溜板箱；5—床鞍与刀架；6—尾座

（1）床身　床身由床腿、床鞍导轨、尾座导轨、主轴箱定位表面构成。床身是车床的支承和导向部分，各零部件装于其上，或者在其导轨上运动。

（2）主轴箱　主轴箱位于车床左上方的床身之上，主轴的回转运动是由电动机输出的恒定转速，通过带轮和各级齿轮的传递实现的，通过主轴箱内滑移齿轮组成不同的传递路线，主轴可获得各级转速。通过操作机构还可以实现主轴的启动、停止和换向等。主轴箱内还装有几种典型机构。

① 双向片式摩擦离合器。双向片式摩擦离合器的结构如图 2-2 所示，

它是用来切断和接通主轴转矩，并使主轴获得正转或反转的离合装置。

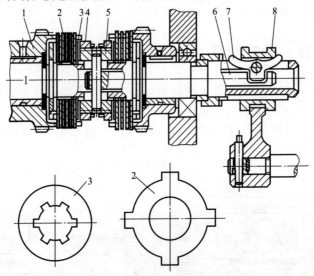

图 2-2 双向片式摩擦离合器

1—套筒齿轮；2—外摩擦片；3—内摩擦片；4—螺母；5—花键套；
6—拉杆；7—元宝键；8—滑环

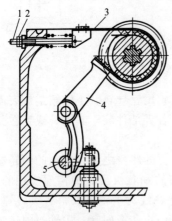

图 2-3 钢带式制动机构

1—拉杆；2—螺母；3—钢带；
4—杠杆；5—齿条

② 钢带式制动机构（见图 2-3）。用来克服主轴的回转惯性，使主轴迅速停止，以缩短生产辅助时间。当主轴停转时，摩擦片处于松开状态，钢带的刹车皮抱紧闸轮，当摩擦片压紧时，制动机构钢带上的刹车皮处于松开状态。

③ 变速操纵机构。是用来变换主轴转速的。图 2-4 所示的是六速单手柄操纵机构，它利用一个手柄可同时操纵轴Ⅱ上的双联滑移齿轮和轴Ⅲ上的三联滑移齿轮，得到六种传动比的位置，中间两个手柄组成变速集中操作机构，来分别控制滑移齿轮的啮

合位置。为保证主轴的转速与读数盘的读数一致，装配齿轮 5 和 6 时，必须按规定的齿轮相位啮合装配。

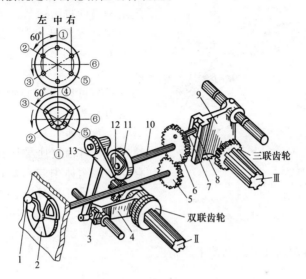

图 2-4   六速单手柄操作机构示意图

1—手柄；2—读数盘；3,8—滑块；4,9—拨叉；5,6—齿轮；7—偏心销；
10—轴；11—凸轮盘；12—滚子；13—杠杆

（3）进给箱   进给箱位于床身左前部。它改变主轴传来的进给运动速度，并传递给丝杠或光杠，以适应不同加工对象的要求。

（4）溜板箱   溜板箱位于床鞍的下部。它是将光杠或丝杠传来的回转运动转变为刀架的纵向、横向直线进给运动的转换装置。它是由以下几种机构组成。

① 脱落蜗杆机构。它位于溜板箱内的底部，如图 2-5 所示，是自动或手动开、停进给运动的转换机构，并防止车床切削时过载。

② 互锁机构。它位于溜板箱中部。其功用是防止同时接通光杠或丝杠这两条传动路线而造成设备事故。

③ 开合螺母机构。位于溜板箱外部。它用于加工螺纹时，拖动溜板、带动刀架进行切削。

（5）滑板   滑板有纵滑板（即床鞍）和横滑板，纵滑板同溜板箱相连，在床身导轨之上。横滑板在纵滑板之上。纵滑板和横滑板是纵

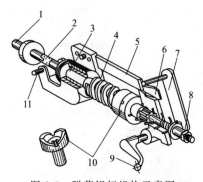

图 2-5　脱落蜗杆机构示意图

1,3—轴；2—万向联轴器；4—蜗杆；
5—支架；6—弹簧；7—杠杆；8—螺母；
9—手柄；10—牙嵌式离合器；
11—铰链支轴承

向进给运动和横向进给运动的运动终端件，它们带动刀具做纵向进给和横向进给运动。

（6）方刀架　方刀架装在小滑板上。它用来装夹刀具，如图 2-6 所示。调整钢球 4 压紧弹簧的压紧力可以改变刀架体定位的压紧力。

（7）尾座　尾座位于床身导轨之上，可沿尾座导轨在床身上移动。尾座体中装有套管，在套管的莫氏锥孔里可安装顶尖、刀具用来支承工件或钻孔、铰孔，如图 2-7 所示。尾座的调整，主要是通过刮研使其达到要求的精度。

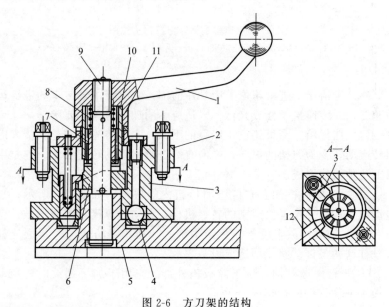

图 2-6　方刀架的结构

1—手柄；2—方刀架；3—定位销；4—钢球；5—小滑块；6—凸轮；
7,10—轴套；8—弹簧；9—中心轴；11—固定销；12—销子

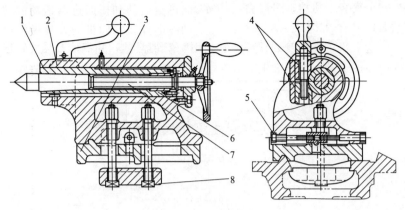

图 2-7 尾座结构

1—套筒；2—尾座体；3—垫板；4—锁紧块；5—螺栓；6—螺母；7—丝杠；8—压板

第二节 升降台铣床

升降台铣床是一种工作台可做纵向、横向和垂直进给的铣削加工机床。它用于加工中小型零件的平面、沟槽、螺旋面或成形表面等，主要分立式、卧式和万能式三种，铣削时，工件装夹在工作台或分度头上做纵向、横向进给运动及分度运动，铣刀做旋转切削运动。图 2-8 为万能升降台铣床外形。现以 X62W 型铣床为例介绍升降台铣床的结构。X62 铣床的典型机构：在床身部件中有主轴机构和变速操作机构；在升降台部件中有进给变速操作机构、快速移动离合器

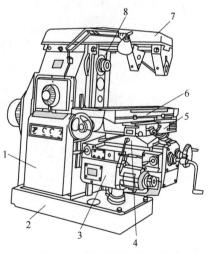

图 2-8 万能升降台铣床外形

1—床身；2—底座；3—升降台；4—滑鞍；
5—下工作台；6—上工作台；7—悬梁；
8—主轴

与安全离合器机构、升降台机构等。

1. 主轴机构

这个机构在床身内顶部。它是用来安装刀具，并带动刀具旋转进行切削加工的，如图2-9所示。

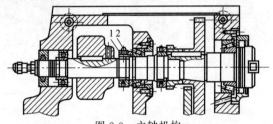

图2-9　主轴机构

1—螺母；2—螺钉

主轴机构由前轴承7518（/p5）、后轴承、中间轴承7513（/P6）、前油封、主轴、惯性轮、齿轮、螺母1、螺钉2、拉杆、拉杆螺母及刀具定位键组成。

2. 主轴变速操纵机构

这套机构在床身一侧，是用来变换主轴转速的，见图2-10。

锥齿轮8与9的啮合位置是确定的。变速盘4上有按规律排列的定位孔，每组定位孔有相对应的齿条轴与其配合。当变速操纵箱的手柄合上定位槽后，如发现齿条轴上的拨叉来回窜动，或变速后的齿轮错位，则应检查相应的齿条轴与齿轮的相对啮合位置是否正确。如果有误差，可拆出该齿轮，用力推进该组齿条轴，使其顶端碰到变速盘端面，然后再装入齿轮。变速操作箱的传动机构如图2-11所示。

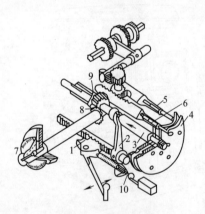

图2-10　变速操纵机构

1—扇形齿轮；2—拨叉；3—轴；4—变速盘；5,6—齿条轴；7—变速装盘；8,9—锥齿轮；10—冲击点动开关

3. 进给变速操纵机构

进给变速齿轮箱是一个独立

的部件，安装在升降台的左边，它用来变换工作台的进给速度，并使工作台做快速移动。进给变速操纵机构结构如图 2-12 所示。

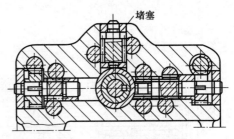

图 2-11　变速操纵箱的传动机构

进给变速操纵机构中，圆盘上的一定组合的大小孔与各条齿条轴的相对位置都是确定的，齿条轴、圆盘、转盘都按相对应关系配合。当转动手柄得到某种进给速度后，转套由定位钢球定位，调整钢球背面的压紧弹簧即可调整定位松紧力的大小。

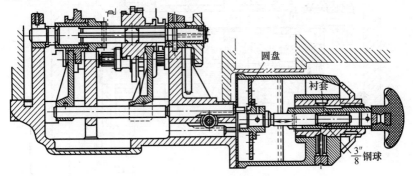

图 2-12　进给变速操纵机构结构图

4. 快速移动离合器与安全离合器机构

图 2-13 为进给变速箱展开图，图 2-14 为展开图中的Ⅵ轴，也就是快速移动离合器与安全离合器轴。它将电动机传来的运动输给工作台，使工作台得到各种速度的运动，并当切削力过载时，中断进给运动，起到保险作用。

离合器的调整：图 2-14 中，先松开螺母 10 上的紧定螺钉，调整螺母 10，使离合器 8 的端面与齿轮 1 的端面保持 0.4～0.6mm 的间隙，然后，松开螺母 9 的紧定螺钉，旋转螺母 9，调整弹簧压力至 2000N 后，拧紧紧定螺钉，新的紧定螺钉用钢丝结扎，以防松脱。

调整摩擦离合器时，先挑起止退钢丝圈 5 的弯钩，松开螺钉销

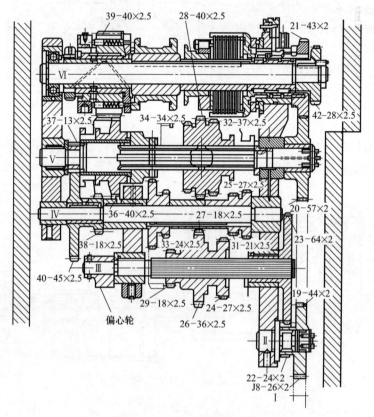

图 2-13　进给变速箱展开图

6，转动螺母 7，使摩擦离合器脱开时，摩擦片之间的总间隙不小于 2～3mm，调好后，按相反顺序再把螺钉销和钢丝圈装好。

　5. 升降台机构

　升降台位于床身的前方，把工作台和床身联系起来，并传递纵向、横向和升降的进给运动。

　在图 2-15 中，应注意调整杠杆机构上的螺钉销及带孔螺钉，以控制离合器的离合距离；消除离合器的轴向位移，以避免工作台进给超载，调整至能触及限位开关使进给电动机启动的高度。

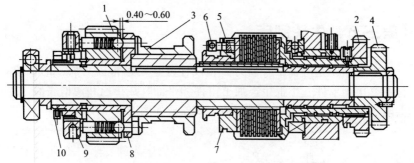

图 2-14　快速移动离合器与安全离合器结构图

1,2,4—齿轮；3—离合器；5—止退钢丝圈；6—螺钉销；7,9,10—螺母；8—离合器

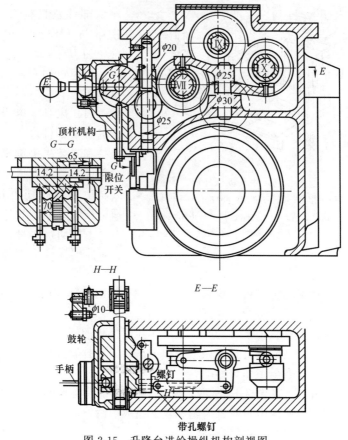

图 2-15　升降台进给操纵机构剖视图

牛头刨床是滑枕带着刨刀做直线往复运动进行刨削加工的机床。它主要用于单件、小批生产加工零件的平面、成形面和沟槽表面。牛头刨床分大型、中型和小型三种，其外形如图 2-16 所示。

现以 B665 型牛头刨床为例，介绍牛头刨床的主要构造。

B665 型牛头刨床的主要部件及机构有床身、横梁与工作台、滑枕部件、刀架部件、进给机构、变速机构和曲柄摇杆机构等。

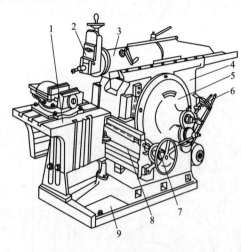

图 2-16　牛头刨床外形

1—工作台；2—刀架；3—滑枕；4—床身；
5—摆杆机构；6—变速机构；7—进给机构；
8—横梁；9—底座

（1）床身　床身是机床的主要零件之一，用来支持和安装牛头刨床的各个部件，滑枕在床身上部导轨上做直线往复运动，横梁在床身前部导轨上做上、下移动，床身的内部装有曲柄摇杆机构和传动系统。

（2）横梁与工作台　横梁与工作台在机床的前部，用来带动工件做上下移动和横向进给，如图 2-17 所示。

工作台做垂直上下移动时，支架 1 压紧螺栓的螺母不拧紧，当工作台固定在一定的垂直高度做水平横向进给时，拧紧螺母，保持支架在自然配合状态随工作台移动。

（3）滑枕　如图 2-18 所示，滑枕 10 的内部装有调整滑枕行程位置的机构，该机构由一对锥齿轮和丝杠组成。滑枕的前端为刀架安装基面，下部设有两条燕尾形导轨。

调整行程时松开压紧手柄 9，转动方头 8，通过锥齿轮副转动丝杠，就可随意调节滑枕 10 行程的起始位置，调好后，再扳紧压紧手柄 9。

（4）刀架　刀架安装在滑枕 10 的前端部，用来安装刀具，见图 2-18。刀架由刻度转盘 11、滑板 5、丝杠 3、手柄 7、刻度环 6、拍板 13、拍板座 12、夹刀座 14 等组成。

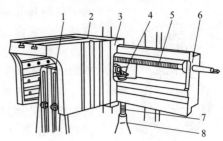

图 2-17　横梁与工作台

1—支架；2—工作台；3—滑板；
4—锥齿轮副；5—丝杠；6—横梁；
7—升降丝杠；8—螺母

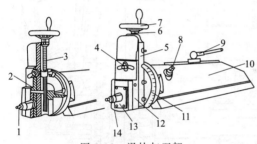

图 2-18　滑枕与刀架

1—紧固螺钉；2—铰链销；3—丝杠；4—紧固拍板座螺母；5—拖板；6—刻度环；7—手柄；8—方头；9—压紧手柄；10—滑枕；11—刻度转盘；12—拍板座；13—拍板；14—夹刀座

刻度转盘 11 用螺栓固定在滑枕 10 前端的安装基面上，根据加工需要，可做 ±60° 的回转。刻度转盘 11 与拖板 5 通过燕尾导轨相配合，转动丝杠上端的手柄 7，可使拖板 5 沿着刻度转盘 11 的燕尾导轨移动。拍板 13 与拍板座凹槽相配合，拍板 13 可绕

铰链销 2 向前上方抬起，目的是避免刨刀回程时与工件相互摩擦。放松紧固拍板座螺母 4，拍板座可绕弧形槽在拖板 5 的平面上做 ±15° 的偏转，用以刨削侧面和斜面。

（5）进给机构　主要用来控制工作台横向进给量的大小，如图 2-19 所示。

进给机构由正齿轮副、偏心销、拉杆、棘轮棘爪机构、丝杠螺母副组成。

当转动棘轮罩改变其缺口的位置时，可以盖住棘爪架摆角 φ 内

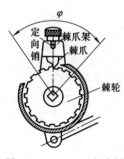

图 2-19 B665 型牛头刨
床的棘轮棘爪机构

的一定的棘轮齿数。盖住的齿数越少，进给
量越大；盖住齿数越多，进给量越小。进给
的方向也可以靠改变棘轮罩缺口的方向和棘
爪的方向来调整。

（6）变速机构　变速机构在床身后侧。
它的作用是通过变换变速手柄的位置，使摇
杆得到各种不同的前后摇动次数，参见
图 2-20。变速机构由三根平行轴、一组三联
滑移齿轮、一组二联滑移齿轮、固定齿轮及
二组变速操纵手柄组成。

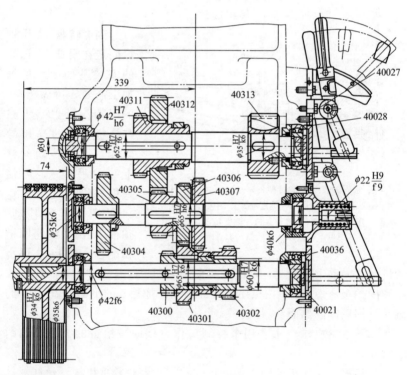

图 2-20　变速机构装配图

运动由电动机通过 V 带传动变速机构的主动轴，主动轴通过变

速操纵手柄改变三联滑
移齿轮位置，使中间轴
得到三种转速，输出轴
通过自己的变速操纵手
柄改变二联滑移齿轮的
位置，而使从动输出轴
上的固定齿轮得到六种
转速，并传动摇杆
机构。

（7）曲柄摇杆机构

这套机构位于床身中
间，它的作用是将电动
机的旋转运动转变为滑
枕的往复直线运动，如
图 2-21 所示。

滑枕行程调整：在
图 2-22 中，松开方头 1
端部的滚花压紧螺母，
用曲柄摇手转动方头 1，
通过摇杆机构的锥齿轮
副、丝杠螺母改变摇杆
销座及方滑块的偏心位
置，即可改变滑枕 2 的
行程长度。检查滑枕行

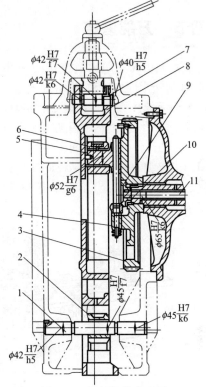

图 2-21　摇杆机构装配图

1—轴；2—圆滑块；3—摇杆传动齿轮；4—轴承；
5—摇杆销座；6—方滑块；7—上支点轴承；8—摇杆；
9—锥齿轮；10—调整垫圈；11—空心主轴

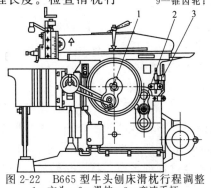

图 2-22　B665 型牛头刨床滑枕行程调整

1—方头；2—滑枕；3—变速手柄

程长度调整是否合适的方
法是先将变速手柄 3 扳
在空挡位置，然后用曲
柄摇手转动方头 1，使滑
枕 2 往复移动来观察滑
枕 2 行程长度是否合适。
调好后，取下曲柄摇手，
重新旋紧方头 1 端部的
滚花螺母。

第四节　万能磨床

万能外圆磨床是应用最普遍的一种外圆磨床，其工艺范围较宽，除了能磨削外圆柱面和圆锥面外，还可磨削内孔和台阶面等。M1432A 型万能外圆磨床则是一种最具典型性的外圆磨床，主要用于磨削 IT7、IT6 级精度的圆柱形或圆锥形的外圆和内孔，表面粗糙度 Ra 值在 $1.25 \sim 0.08 \mu m$ 之间。

M1432A 型万能外圆磨床如图 2-23 所示，由床身、砂轮架、内磨装置、头架、尾座、工作台、横向进给机构、液压传动装置和冷却装置组成。

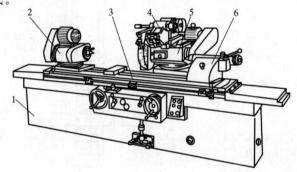

图 2-23　M1432A 型万能外圆磨床

1—床身；2—头架；3—工作台；4—内磨装置；5—砂轮架；6—尾座

一、磨床的主要结构

（1）砂轮架　砂轮架的结构如图 2-24 所示，砂轮架中的砂轮主轴及其支承部分结构直接影响零件的加工质量，应具有较高的回转精度、刚度、抗振性及耐磨性，是砂轮架中的关键部分。砂轮主轴的前、后径向支承均采用"短三瓦动压型液体滑动轴承"，每一副滑动轴承由三块扇形轴瓦组成，每块轴瓦都支承在球面支承螺钉的球头上，调节球面支承螺钉的位置即可调整轴承的间隙，通常轴承间隙为 $0.015 \sim 0.025 mm$。砂轮主轴运转平稳性对磨削表面质量影响很大，所以装在砂轮主轴上的零件都要经过仔细平衡，特别是砂轮，安装到机床上之前必须进行静平衡，电动机还需经过动平衡。

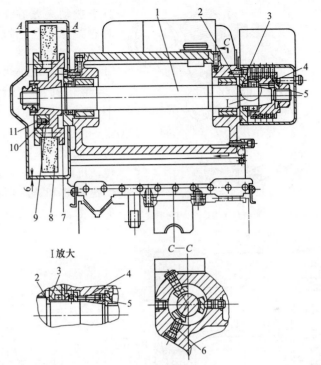

图 2-24　砂轮架的结构

1—主轴；2—轴肩；3—滑动轴承；4—滑柱；5—弹簧；6—球头销；7—法兰；
8—砂轮；9—平衡块；10—钢球；11—螺钉

（2）内圆磨具及其支架　在砂轮架前方以铰链连接方式安装一支架，内圆磨具就装在支架孔中，使用时将其翻下，如图 2-25 所示，不用时翻向上方。磨削内孔时，砂轮直径较小，要达到足够的磨削线速度，就要求砂轮主轴具有很高的转速（10000r/min 和 15000r/min），内圆磨具要在高转速下运转平稳，主轴轴承应具有足够的刚度和寿命，并且由重量轻、厚度小的平带传动，主轴前、后各用 2 个 D 级精度的角接触球轴承支承，且用弹簧预紧。

（3）头架　图 2-26 所示为头架装配图。根据不同的加工需要，头架主轴和前顶尖可以转动或者固定不动。

① 若工件支承在前、后顶尖上，当拧动螺钉 2，将固装在主轴后端的螺套 1 顶紧时，主轴及前顶尖则固定不转，固装在拨盘 9 上的拨

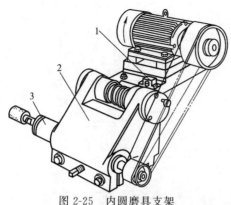

图 2-25　内圆磨具支架

1—挡块；2—内圆磨具支架；3—内圆磨具

杆 7 拨动夹紧在工件上的鸡心夹头，使工件转动。

② 若用三爪自动定心卡盘或四爪单动卡盘夹持工件时，应松开螺钉 2，使卡盘随主轴一起旋转。

③ 松开螺钉 2，拨盘 9 通过拨块 19 带动主轴旋转，机床可自身修磨顶尖，以提高工件的定位精度，头架主轴直接支承工件，

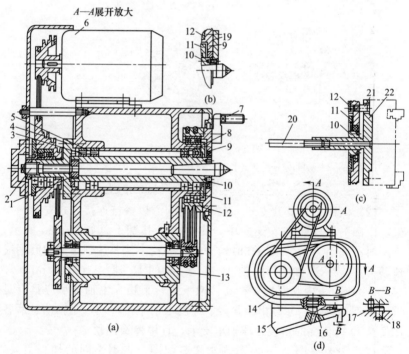

图 2-26　头架

1—螺套；2—螺钉；3—后轴承盖；4,5,8—隔套；6—双速电动机；7—拨杆；9—拨盘；
10—主轴；11—前轴承盖；12—带轮；13—偏心套；14—壳体；15—底座；16—轴销；
17,18—定位销；19—拨块；20—拉杆；21—拨销；22—卡盘

主轴及其轴承应具有高的旋转精度、高度和抗振性，M1432A 的头架主轴轴承采用 4 个 D 级精度的角接触球轴承，并进行预紧。头架还可绕底座旋转一定角度。

二、磨床的运动与传动系统

（1）磨床的运动　为了实现磨削加工，M1432A 型万能外圆磨床具有以下运动。

① 外磨和内磨砂轮的旋转主运动，用转速 $N_砂$ 或线速度 $V_砂$ 表示。

② 工件的旋转进给运动，用转速 $N_工$ 或线速度 $V_工$ 表示。

③ 工件的纵向往复进给运动，用 $F_纵$ 表示。

④ 砂轮的横向进给运动，用 $F_横$ 表示。

（2）机床的机械传动系统　M1432A 型外圆磨床的机械传动系统如图 2-27 所示。

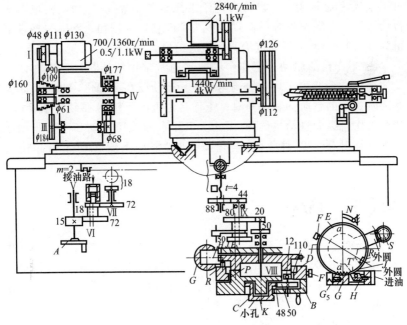

图 2-27　M1432A 型外圆磨床机械传动系统图

① 砂轮主轴的传动链。外圆磨削时砂轮主轴旋转的主运动 $N_砂$

是由电动机（1440r/min、4kW）通过4根V带和带轮（φ126mm/φ112mm）直接转动的。通常外圆磨削时$V_砂$≈35m/s。内圆磨削时砂轮主轴旋转的主运动$N_砂$是由电动机（2840r/min、1.1kW）通过平带和带轮（φ170mm/φ50mm或φ170mm/φ32mm）直接传动，更换平带轮，使内圆砂轮主轴可获得10000r/min和15000r/min两种转速。内圆磨具装在支架上，为了保护安全生产，内圆砂轮电动机的启动与内圆磨具支架的位置有连锁作用，只有支架翻到工作位置时，内圆砂轮电动机才能启动，这时外圆砂轮架快速进退手柄在原位上自动锁住，不能快速移动。

② 头架拨盘的传动链。这一传动用于实现工件的圆周进给运动，工件由双速电动机，经V带塔轮及两级V带传动，使头架的拨盘或卡盘驱动工作，并可获得6种转速。

③ 滑鞍及砂轮架的横向进给传动链。滑鞍及砂轮架的横向进给可用手摇手轮B实现，也可由进给液压缸的活塞G驱动，实现周期自动进给。手轮刻度盘的圆周分度为200格，采用粗进给时每格进给量为0.01mm，采用细进给时每格进给量为0.0025mm。

④ 工作台的驱动。工作台的驱动通常采用液压传动，以保证运动的平稳性，并可实现无级调速和往复运动循环自动化，调整机床及磨削阶梯轴的台阶面和倒角时，工作台也可由手轮A驱动。手轮转1转，工作台纵向进给量约为6mm。工作台的液压传动和手动驱动之间有互锁装置，以避免因工作台移动时带动手轮转动而引起伤人事故。

第五节 钻床

钻床是一种孔加工设备，可以用来钻孔、扩孔、铰孔、攻螺纹及修刮端面等多种形式的加工。按用途和结构分类，钻床可以分为立式钻床、台式钻床、多孔钻床、摇臂钻床及其他专用钻床等。本章仅对立式钻床和摇臂钻床的构造做一简介。

一、立式钻床

1. 立式钻床的构造

立式钻床由底座1、床身2、主轴变速箱3、电动机4、主轴5、进给变速箱 6 和工作台 7 等主要部分组成（见图 2-28）。床身 2 垂直地固定在底座 1 上，主轴变速箱 3 固定在床身的顶部。进给变速箱 6 装在床身导轨上，并可沿导轨上下移动。床身上用链条挂有重块，链条的另一端绕过滑轮与主轴套筒相连，用以平衡主轴的重量，使操作轻便。工作台 7 装在床身导轨前方，也可沿导轨做上下移动，以适应钻削不同高度的工件。

立式钻床一般都装有冷却装置，加工时由冷却泵供应冷却液。冷却液储存于底座的空腔内，冷却泵直接装在底座上。

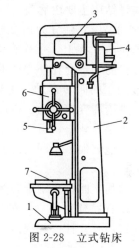

图 2-28　立式钻床

1—底座；2—床身；3—主轴变速箱；
4—电动机；5—主轴；6—进给变
速箱；7—工作台

2. 立式钻床的传动原理

立式钻床的传动原理图如图 2-29 所示。立式钻床的主运动一般采用单速电动机经齿轮分级变速机构传动，也有采用机械无级变速器传动的，主轴旋转方向的变换靠电动机正反转实现。钻床的进给量用主轴每转一转（1r）时，主轴的轴向移动量来表示，另外，攻螺纹时进给运动和主运动之间也是需要保持一定关系的，因此，立式钻床进给运动由主轴传出，与主运动共用一个动力源。进给运动传动链中的换置机构（u_f）通常为滑移齿轮变速机构。立式钻床主要用于加工工件的内表面，如插销内孔中的键槽、平面或成形表面等。

二、摇臂钻床

摇臂钻床就是主轴箱可在摇臂上移动，并随摇臂绕立柱回转的钻床。摇臂还可沿立柱上下移动，以适应加工不同高度的工件。较小的工件可安装在工作台上，较大的工件可直接放在机床底座或地面上。摇臂钻床广泛应用于单件和中小批生产中，加工体积和重量较大的工件的孔。摇臂钻床加工范围广，可用来钻削大型工件的各种螺钉孔、螺纹底孔和油孔等。

1. 摇臂钻床的主要结构

摇臂钻床主要由底座、立柱、摇臂、主轴箱及工作台等部分组成（见图2-30）。立柱分为内立柱和外立柱，内立柱固定在底座内，外立柱套在内立柱上，工作台固定在内立柱上，并可绕内立柱圆周旋转。摇臂的一端套在外立柱上，摇臂与外立柱一起可绕固定不动的内立柱做360°的回转运动。主轴箱由主传动电动机、主轴和主轴传动机构、进给和变速机构、机床的操作机构等部分组成。主轴箱安装在摇壁的水平导轨上，可以通过手轮操作，使其在水平导轨上沿摇臂移动。为了能够加工不同高度的零件，摇臂可在手柄的作用下沿外立柱上下运动。

工件加工时，主轴旋转为主运动，主轴的竖向运动为进给运动，辅助运动有摇臂沿外立柱的竖直移动、主轴箱沿摇臂长度方向的移动、摇臂与外立柱一起绕内立柱的回转运动。

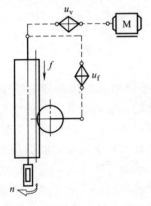

图2-29　立式钻床的传动原理图

M—电动机；f—主轴向前移动（进给运动）；
n—主轴旋转运动（主运动）；u_v—主
运动传动链的换置机构；u_f—进给运
动传动链的换置机构

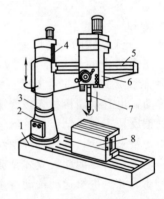

图2-30　Z3040型摇臂钻床结构示意图

1—底座；2—内立柱；3,4—外立柱；
5—摇臂；6—主轴箱；7—主轴；
8—工作台

2. Z3040型摇臂钻床工作原理

Z3040型摇臂钻床整个系统可实现主轴旋转、主轴进给、摇臂升降及主轴箱在摇臂上移动等功能。

（1）主轴旋转　主轴的旋转有正、反转及停止，由手柄操纵。当手柄向左扳动，主轴正转，面板上指示灯显示旋向；当手柄在中间位置时主轴停止，指示灯熄灭；当手柄向右扳动，主轴反转，面板上另一指示灯亮。转动手轮即可得到 12 种转速，手轮上设有 0 位，用以校调和对刀。变速时必须使手柄处于中间位置以停止电动机旋转，否则会造成有关齿轮在旋转状态下进行切换，而发生意外。

主轴电动机带动刀具做旋转运动，可进行钻孔、扩孔、铰孔、镗孔、平面和攻螺纹。

（2）主轴进给　主要是调整主轴电动机带动刀具的进给。该进给有三种形式：快速移动或手动进给；机动进给；微动进给。

（3）摇臂升降及主轴箱在摇臂上移动　主要是调整主轴电动机带动刀具与加工工件的位置，以便在工件上加工出相应的深度。

（4）移位运动部件的夹紧与放松　摇臂钻床的三种对刀移位装置对应三套夹紧与放松装置，对刀移动时，需要将装置放松，机加工过程中，需要将装置夹紧。三套夹紧装置分别为：摇臂夹紧（摇臂与外立柱之间）；主轴箱夹紧（主轴箱与摇臂导轨之间）；立柱夹紧（外立柱和内立柱之间）。通常主轴箱和立柱的夹紧与放松同时进行。摇臂的夹紧与放松则要与摇臂升降运动结合进行。当钻床进行加工时，由特殊的夹紧装置将主轴箱紧固在摇臂导轨上，摇臂紧固在外立柱上，而外立柱紧固在内立柱上，然后进行钻削加工。钻削加工时，钻头一边进行旋转切削，一边进行纵向进给。

3. 立式钻床与摇臂钻床的区别

立式钻床与摇臂钻床最主要的区别是在结构上。立式钻床的主轴箱固定在床身顶部，主轴的中心位置不能做前后左右的移动，只适宜在工件上加工单一的孔。在比较大的工件上钻削很多孔时，当钻完一个孔，再钻另外一个孔，必须移动工件，使钻孔位置对正孔中心才能继续钻孔。摇臂钻床的主轴箱安装在摇臂上，摇臂安装在立柱上，摇臂可在立柱上面上下移动和转动，摇臂可以回转 360°角，主轴箱能够在摇臂上做大范围移动，很容易把钻轴的中心对准工件上孔的中心。在钻削大型和重型的多孔工件时，就可以不用搬移工件而直接移动摇臂和主轴箱进行加工，提高了工作效率。

第三章

3

⚡ 机械常识基础

为了提高机械钳工的理论基础和丰富他们的专业知识，本章将紧紧围绕设备维修这个核心，重点介绍机械基础的部分知识。

第一节　机械连接

在机械修理的过程中有大量的机械结构需要固定连接在一起，固定连接的形式又分为可拆卸连接和不可拆卸连接。不可拆卸连接如焊接、铆接等；可拆卸连接如螺纹连接、销、链等。本节仅对可拆卸连接做一介绍。

一、螺纹连接

螺纹连接是一种广泛使用的可拆卸的固定连接。常用的螺纹连接件有螺栓、螺柱、螺钉和紧定螺钉等，多为标准件（见标准紧固件）。采用螺栓连接时，不需在被连接件上切制螺纹，不受被连接件材料的限制，构造简单，装拆方便，在机械中广泛应用。

螺纹连接的特点如下。

① 螺纹拧紧时能产生很大的轴向力；

② 能方便地实现自锁；

③ 外形尺寸小；

④ 制造简单，能保持较高的精度。

螺纹连接的常用类型及应用见表 3-1。

表 3-1　螺纹连接的常用类型及应用

类　　型		图　　例	特点及应用
螺栓连接	普通螺栓连接		螺栓通过光孔,再拧紧螺母,将被连接件坚固连接,主要用于连接件不太厚并能从两边进行装配的场合
	铰制孔螺栓连接		螺栓与两被连接件孔配合,再拧紧螺母,达到紧固和定位,能承受侧向力,用于有定位要求的连接
螺钉连接	六角螺钉		通过零件孔拧入另一零件,用于不常拆卸的连接
	内六角螺钉		通过零件孔拧入另一零件,用于外表面平整和不易松动的连接
	双头螺柱		一端旋入固定件的螺纹孔,另一端旋紧螺母而夹紧被连接件。用于被连接件是厚度较大和不常拆卸的场合
	紧定螺钉		紧定螺钉的尖端顶住被连接件的表面或锥坑,以固定两连接件的相对位置。多用于轴与轴上零件的连接,传递不大的力或转矩

二、键连接

键用于连接轴和轴上零件，进行周向固定以传递转矩，如齿轮、带轮、联轴器与轴的连接。键连接装配中，键是用来连接轴上零件并对它们起周向固定作用，以传递转矩的一种机械零件。键连接可分为平键连接、半圆键连接、楔键连接和切向键连接。键连接具有结构简单、工作可靠、拆装方便等优点，因此应用广泛。

键连接的类型及应用见表 3-2。

表 3-2　键连接的类型及应用

类　　型		简　图	特点及应用
平键	普通平键		键侧面与轴槽、轮毂槽均有配合，对中性好，装拆方便、应用广泛，适用于高转速及精密的连接
	导向平键		键与轴槽装配后用螺钉固定，键侧面与轮毂槽为间隙配合。用于轴上零件轴向移动量不大的场合
	滑键		键固定在轮毂槽中，键侧面与轴槽间隙配合，用于轴向移动量较大的场合
半圆键			键在轴槽中能沿槽底圆弧摆动，装配方便，但键槽对轴颈强度削弱较大，一般用于轴端的锥形轴颈
楔键	普通楔键		靠楔键上下斜面的楔紧作用传递转矩，能轴向固定零件和传递单方向的轴向力。对中性差，用于精度要求不高、转速较低、转矩较大、有振动的场合。
	钩头楔键		特点与楔键相同 钩头键用于有轴肩的轴颈，钩头供拆卸使用

类 型		简 图	特点及应用
花键	矩形花键		传递转矩大,应力集中小,适用于重载荷或变载及定心精度高的动、静连接
	渐开线花键		键根强度大,应力集中小,负荷能力大,定心精度高。适用于大轴颈花键传动
	梅花键		加工方便,齿细小而多,对轴的削弱较小,便于机构的调整与装配,多用于轻载和直径小的静连接

三、销连接

销连接在机械中除了起连接作用外,还可起定位作用和保险作用,如图3-1所示。对有相互位置要求的零部件,如箱盖与箱体、箱体与床身或机体等都用销来定位。销连接结构简单,连接可靠、定位准确、装拆方便,故在各种机械装配中被广泛采用。

1. 销连接装配要点

① 销孔加工必须使相配零件调好位置后,一起钻孔和铰孔(见图3-2)。

② 圆柱销孔要符合精度要求,装入前应在其表面涂以润滑油。用手锤敲入时应垫以软金属棒。装盲孔销时,应使用有锥尾螺纹的销。

③ 锥孔铰削时,应与锥销试配,以能插入销长的 $80\%\sim85\%$ 为宜(见图3-3)。

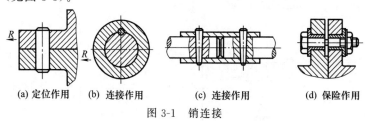

(a) 定位作用　　(b) 连接作用　　　(c) 连接作用　　　(d) 保险作用

图 3-1　销连接

④ 开尾圆锥销敲入孔中后,将开尾扳开,以防振动时脱落。

⑤ 过盈配合的圆柱销,一经拆卸,就应更换新销子。

2. 销连接的类型、装配及应用（见表 3-3）

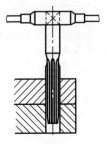

图 3-2 销孔配铰

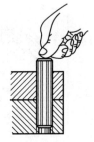

图 3-3 用锥销试配铰孔深度

表 3-3 销连接的类型、装配及应用

类型		简　图	装配方法	应用
圆柱销	普通圆柱销		与被连接件紧固在一起配钻、配铰加工，以严格控制配合精度；在用铜棒敲入时，用力要适宜	用于定位、连接，并能承受一定的剪切力
	内螺纹圆柱销		装配方法同上，内螺纹便于拔销器拔取	用于盲孔定位、连接，直径偏差 m6。分 A 型、B 型
	螺纹圆柱销		可用旋具旋入、装拆	用于定位精度不高的场合
	带孔销		与开口销配合使用，装拆方便	用于铰接处
	弹性圆柱销		用铜棒等轻轻压入即可	用于冲击、振动场合。定位精度低，载荷大时多个销的开口处错开 180°一起使用
圆锥销	普通圆锥销		锥销以小头直径和长度来表示规格。在装配时，大端要稍露出零件表面或平齐或稍内缩；盲孔销应磨通气面，让孔底空气排出；孔铰好后用手压入销长的 80%～85% 时应获正常过盈	应用广泛，作为定位、固定零件，传递动力，可常拆卸
	螺尾圆锥销			用于常拆卸场合

类型		简　图	装配方法	应　用
圆锥销	内螺纹圆锥销		锥销以小头直径和长度来表示规格。在装配时,大端应稍露出零件表面或平齐或稍内缩;盲孔销应磨通气面,让孔底空气排出;孔铰好后用手压入销长的80%～85%时应获正常过盈	用于盲孔
	开尾圆锥销			用于冲击、振动场合
异形销	销轴		与销孔间隙配合,直接插入即可	用于铰接处,可用开口销锁定,拆卸方便
	开口销		装入后将尾端扳开,振动不易脱出	用于锁定其他紧固件。与槽形螺母合用,可防松并可拆卸
	槽销	 (a) (b)	装配后,凹槽收缩变形,借弹性变形固定。定位精度低	有多条纵槽,可多次拆装,销孔不需铰制。振动场合应用普遍
	保险销		直接接入后稍紧螺母即可	当传动机构出现过载的情况时,保险销先被剪断,起安全作用

四、过盈连接

过盈连接是利用零件间的过盈配合来实现连接的。这种连接结构简单,定心精度好,可承受转矩、轴向力或两者复合的载荷,而且承载能力高,在冲击振动载荷下也能较可靠地工作;缺点是结合面加工精度要求较高,装配不便,虽然连接零件无键槽削弱,但配合面边缘处应力集中较大。过盈连接主要用在重型机械、起重机械、船舶、机车及通用机械中,且多用于中等和大尺寸。

1. 过盈连接的类型、特点和应用

(1) 圆柱面过盈配合　圆柱面过盈配合连接的过盈量是由所选择

的配合来确定的。当过盈量及配合尺寸较小时，一般采用在常温下直接压入法装配；当过盈量及配合尺寸较大时，常采用温差法装配。圆柱面过盈配合连接结构简单，加工方便，但不宜多次装拆。应用广泛，用于轴毂连接、轮圈与轮心滚动轴承与轴的连接、曲轴的连接。

（2）圆锥面过盈连接　圆锥面过盈连接是利用包容件与被包容件相对轴向位移压紧而获得过盈配合。可利用螺纹连接件实现轴向相对位移和压紧；也可利用液压装入和拆下。圆锥面过盈连接时压合距离较短，装拆方便，装拆时结合面不易擦伤；但结合面加工不便。这种连接多用于承载较大且需多次装拆的场合，尤其适用于大型零件，如轧钢机械、螺旋桨尾轴。

2. 过盈连接的装配技术要求

① 准确的过盈值。配合的过盈值，是按连接要求的紧固程度确定的。一般最小过盈 γ_{min} 应等于或稍大于连接所需的最小过盈。过盈量太小不能满足传递转矩的要求，过盈量过大则造成装配困难。

② 配合表面应具有较小的表面粗糙度值。在此基础上，要保证配合表面的清洁。

③ 配合件应有较高的形位精度。装配中注意保持轴孔中心线同轴度，以保证装配后有较高的对中性。

④ 装配前的工作。装配前配合表面应涂抹润滑油，以免装入时擦伤表面。

⑤ 装配时，压入过程应连续，速度稳定，不宜太快，通常为2～4mm/s，应准确控制压入行程。

⑥ 细长件或薄壁件的装配。注意检查过盈量和形位偏差，装配时应垂直压入，以免变形。

3. 过盈连接的装配方法、工艺特点及应用（见表 3-4）

五、联轴器连接

一般机械都是由原动机、传动机和工作机构组成，这三部分必须连接起来才能工作，而联轴器就是把它们连接起来的重要装置。联轴器主要用于两轴之间的连接，也可用于轴和其他零件（卷筒、齿轮、带轮等）之间的连接。它的主要任务是传递转矩。

1. 联轴器的分类

联轴器的种类繁多，常见的联轴器外形及其分类方法见图 3-4 和

图 3-5。

表 3-4 过盈连接的装配方法、工艺特点及应用

装配方法		工艺特点		应 用
压入法	冲击压入	用锤子、铜棒等工具,装配简便,但导向性差,易歪斜		单件生产。用于配合要求低、长度短的零件,如销、短轴等
	工具压入	用螺旋式、杠杆式、气动式压力工具等机械工具,导向性稍好,生产率高		中小批量生产的小尺寸连接,如套筒和轴承
	压力机压入	常用机械和气动压力机、液压机等设备,配合夹具使用,可提高导向性		成批生产中的轻、中型过盈配合连接,如齿轮、齿圈等
热胀法	火焰加热	用氧-乙炔、丙烷、碳炉等加热器,热量集中,易操作,加热快,适于 350℃ 以下		局部加热的中型或大型连接件
	介质加热	在沸水槽中加热,去污干净,热胀均匀,适于 80～100℃		过盈量较小的连接件,如滚动轴承、连杆、衬套等
		蒸汽加热槽,适于 120℃		
		热油槽,适于 90～320℃		
	电阻或辐射加热	去污洁净,用电阻炉、红外线辐射加热器加热,温度易控制均匀,适于 400℃ 以上		适用于成批生产时,过盈较大的或中小型件
	感应加热	用感应加热器加热,生产率高,调温方便,热效率高,适于 400℃ 以上		特重型、重型过盈配合的大、中型连接件
冷缩法	干冰	通过干冰冷缩装置等冷却,操作简便,可至 -78℃		过盈量小的小型和薄壁衬套连接
	低温箱冷缩	各种类型的低温箱	冷缩均匀,易自动控制,生产率高,适于 -41～140℃	配合精度较高或在热状态下工作的薄壁套筒连接件
	液氮或液态空气		时间短,生产率高,可至 -190℃	过盈量大的连接件
液压套合法		装配时配合表面损伤小,可满足需多次拆装的圆锥面过盈连接要求。常用油压 150～200MPa		适用于过盈量较大的大中型零件,如大型联轴器、大型凸轮轴

联轴器系列

YL　　JQ　　ML　　MLL　　MLS　　XL

HL　　HLL　　TL　　ZL　　UL　　LLA

DJM　　SJM　　ZJM　　NL　　CL　　GICL

GICLZ　　GIICL　　NGCL　　WGC　　WGP　　WGT

图 3-4　常见的联轴器外形图

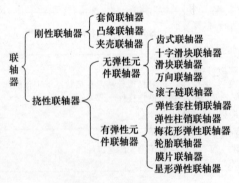

图 3-5　联轴器分类

2. 联轴器的性能特点

刚性联轴器不具有补偿被连接两轴轴线相对偏移的能力，也不具有缓冲减振性能；但结构简单，价格便宜。只有在载荷平稳、转速稳定，能保证被连接两轴轴线相对偏移极小的情况下，才可选用刚性联轴器。

挠性联轴器具有一定的补偿被连接两轴轴线相对偏移的能力，最大量随型号不同而异。

无弹性元件的挠性联轴器承载能力大，但也不具有缓冲减振性能，在高速或转速不稳定或经常正、反转时，有冲击噪声。适用于低速、重载、转速平稳的场合。

非金属弹性元件的挠性联轴器在转速不平稳时有很好的缓冲减振性能；但由于非金属（橡胶、尼龙等）弹性元件强度低、寿命短、承载能力小、不耐高温和低温，故适用于高速、轻载和常温的场合。

金属弹性元件的挠性联轴器除了具有较好的缓冲减振性能外，承载能力较大，适用于速度和载荷变化较大及高温或低温场合。

3. 常用联轴器的应用

联轴器广泛用于各种机床、加工中心、雕刻机、数控设备、冶金机械、矿山机械、石油机械、化工机械、起重机械、运输机械、轻工机械、纺织机械、水泵、风机等。以下是几种常用联轴器的应用场合。

弹性联轴器：适用于旋转编码器、步进电动机。

膜片联轴器：适用于伺服电动机、步进电动机。

波纹管联轴器：适用于伺服电动机。

滑块联轴器：适用于普通微型电动机。

刚性联轴器：适用于伺服电动机、步进电动机。

金属螺旋弹簧联轴器：适用于旋转编者按码器、步进电动机、丝杠。

膜片联轴器：适用于伺服电动机、行星齿轮、蜗轮蜗杆、特大型或大螺距滚珠丝杠、泵等。

波纹管联轴器：适用于编码器、机床、定位系统、滚珠丝杠、分度盘、行星齿轮减速器。

十字型滑块联轴器：适用于多种场合，如转速计、编码器、丝杠等。

梅花型联轴器：适用于伺服系统、主轴传动、升降平台、机床传动、齿轮箱电动机。

第二节　机械传动

机械传动就是利用机械方式传递动力和运动。机械传动在机械工程中应用非常广泛。机械传动的分类如图 3-6 所示。

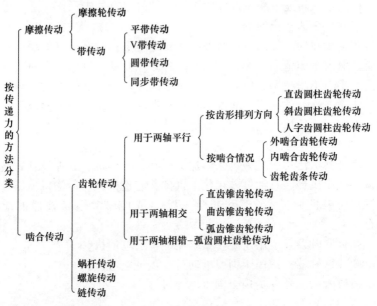

图 3-6　机械传动的分类

一、摩擦轮传动

1. 摩擦轮传动的基本结构和分类

摩擦轮传动是利用两轮直接接触所产生的摩擦力来传递运动和动力的。摩擦轮传动可分为定传动比传动和变传动比传动两类。定传动比摩擦轮传动又分为圆柱平摩擦轮传动、圆柱槽摩擦轮传动和圆锥摩擦轮传动 3 种（见图 3-7）。前两种用于两平行轴之间的传动，后一种用于两交叉轴之间

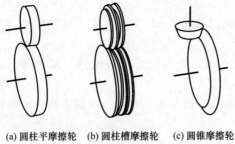

(a) 圆柱平摩擦轮　(b) 圆柱槽摩擦轮　(c) 圆锥摩擦轮

图 3-7　摩擦轮传动的类型

的传动。工作时，摩擦轮之间必须有足够的压紧力，以免产生打滑现

象，损坏摩擦轮，影响正常传动。

2. 摩擦轮传动的特点

优点：

① 结构简单，使用维修方便，适用于两轴中心距较近的传动。

② 传动时噪声小，并可在运转中变速、变向。

③ 能无级改变传动比。

④ 过载时两轮接触处会产生打滑，因而可防止薄弱零件的损坏，起安全保护作用。

缺点：

① 效率较低。

② 当传递同样大的功率时，轮廓尺寸和作用在轴与轴承上的载荷都比齿轮传动大。

③ 不能传递很大的功率。

④ 不能保持准确的传动比。

⑤ 干摩擦时磨损大、寿命短。

⑥ 必须采用压紧装置等。

3. 摩擦轮传动的应用

直接接触的摩擦轮传动应用于摩擦压力机、摩擦离合器、制动器、机械无级变速器以及仪器的传动机构等场合。

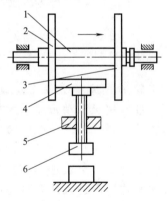

图 3-8 摩擦压力机
1—主动轴；2,3—主动摩擦轮；
4—从动摩擦轮；5—螺母；6—压块

图 3-8 是一台摩擦压力机。主动轴 1 上装有两个能够同时做轴向移动的主动摩擦轮 2 和 3，从动摩擦轮 4 下面连有一螺杆，螺杆端装有压块 6。螺杆转动时，可在螺母 5 的导向下带动压块 6 做上下移动。当主动摩擦轮 2 移动到与从动摩擦轮 4 相接触时（此时轮 3 与轮 4 脱开），由主动轴 1 带动的主动摩擦轮 2 转动，依靠摩擦力使从动摩擦轮 4 转动，从而使螺杆和压块向下移动。在螺杆向下移动时，从动摩擦轮 4 一同下移，使主动摩擦轮 2 的摩擦半径组件增大，从动摩擦轮 4 的转速也逐渐增大，则螺杆向下移动的速度也逐

渐增大，形成加速下降。当压块 6 冲压工作完成后，可用操纵手柄使主动摩擦轮 3 移动到与从动摩擦轮 4 相接触（此时轮 2 与轮 4 脱开），螺杆就反向转动并带动压块 6 减速上升。

二、带传动机构

带传动是由主动轮、从动轮和张紧在两轮上的带所组成。由于张紧，在带和带轮的接触面间产生了压紧力，当主动轮旋转时，借摩擦力带动从动轮旋转，这样就把主动轴的动力传给从动轴。

1．带传动的基本机构和分类

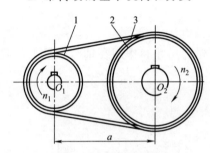

图 3-9 带传动的组成

1—主动带轮；2—从动带轮；3—带

（1）带传动的基本结构 带传动是由主动带轮 1、从动带轮 2 和带 3 所构成，如图 3-9 所示。由于带是紧套在带轮上，故在带与带轮的接触面上产生一定的压力。

在未承受外载时，带的两边都受到相同的预紧力。而当主动轮旋转时，在带与带轮间的接触面上便产生摩擦力，主动带轮通过摩擦力使带运动，同时带作用于从动带轮的摩擦力使从动带轮旋转。此时带两边的预紧力发生了变化，进入主动带轮的一边被进一步拉紧称为紧边，而进入从动带轮的一边被放松，称为松边。

（2）带传动的分类 带传动分为靠摩擦传动和靠啮合传动两种。

① 靠摩擦传动的带传动有平带、V 带、圆带和多楔带传动，它们都是靠带与带轮接触面之间的摩擦力来传递运动的，

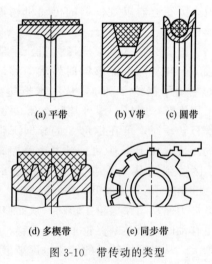

(a) 平带　　(b) V带　　(c) 圆带

(d) 多楔带　　(e) 同步带

图 3-10 带传动的类型

如图 3-10（a）～（d）所示。

平带的截面为矩形，工作面为内表面。材料有橡胶帆布、皮革、棉织物和化纤等，近年来又出现了高强度、耐腐蚀的金属带。一般有接头的平带不适宜于高速传动，而无接头的平带可用于高速传动。

V带是环形带，其截面为梯形，两侧面为工作面。V带与平带相比，由于正压力作用在楔形面上，其摩擦力较大，能传递较大的功率，故V带传动广泛应用于机械传动中。

圆带的截面是圆形，一般用皮革或者棉绳制成，常用于传递较小功率的场合，如缝纫机、仪表机械等。

多楔带是平带和V带的变形带，基体上有若干纵向楔，其工作面为楔的侧面。多楔带有时可取代若干V带，常用于要求结构紧凑、传动平稳的场合。

② 靠啮合传动的带有同步带，它是靠带齿与带轮齿的啮合来传递运动的。同步带由承载层1和基体2两部分组成，如图3-11所示。承载层是承受拉力的部分，通常由钢丝绳或玻璃纤维绳制成，而基体用聚氨酯或氯丁橡胶制成。由于是齿啮合，带与带轮间没有相对滑动，主动带轮与从动带轮速度同步，同步带由此而得名。同步带常用于要求

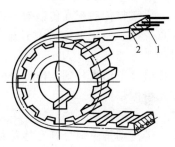

图 3-11　同步带的结构
1—承载层；2—基体

传动比准确的中、小功率的传动，如录音机、磨床、医用机械及轿车中。

2. 带传动的特点

（1）带传动的优点

① 带具有良好的弹性，能够缓和冲击，吸收振动，故传动平稳，几乎无噪声。

② 由于带传动依靠摩擦力传动，因此当传动功率超过许用负载时，带就会在带轮上打滑，可避免其他零件的损坏。这是带传动特有的过载保护作用。

③ 适用于两传动轴中心距较大的场合（中心距最大可达10m）。

④ 结构简单、加工容易、成本低廉、维护方便。

（2）带传动的缺点

① 由于带具有弹性且依靠摩擦力来传动，所以工作时带与带轮之间存在弹性滑动，故不能保证瞬时传动比（两轮瞬时角速度 ω_1 与 ω_2 之比）恒定。

② 带传动的结构紧凑性较差，尤其当传递功率较大时，传动机构的外廓尺寸也较大。

③ 带的使用寿命往往较短，一般只有 2000～3000h。

④ 带传动的效率较低，这是由于带传动中存在弹性滑动，消耗了部分功率。

⑤ 带传动不适用于油污、高温、易燃、易爆的场合。

3. 带传动的应用

由于带传动存在传输效率低、瞬时传动比不恒定、结构不紧凑的缺点，故一般用于传动比不要求准确的 50kW 以下中小功率的传动，带的工作速度一般为 5～25m/s，传动比 $i \leqslant 7$。带传动一般多用于动力部分（电动机）到工作部分的高速传动，如车床、牛头刨床、牛头刨床中的带传动。

三、链传动机构

链传动是由两个具有特殊齿形的齿轮和一条闭合的链条所组成，工作时主动链轮的齿与链条的链节相啮合带动与链条相啮合的从动链轮传动。这就是常见的自行车链轮链条传动原理。

1. 链传动的基本结构和特点

（1）链传动的基本结构

链传动由轴线平行的主动链轮 1、从动链轮 2 和连接它们的链条 3 等构成，如图 3-12 所示。工作室，靠链与链轮轮齿的啮合来传动，可见链传动是以链条作为中

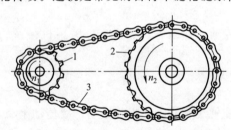

图 3-12　链传动的组成
1—主动链轮；2—从动链轮；3—链条

间挠性件的啮合传动。

（2）链传动的特点

① 链传动的优点

a. 由于链传动是具有中间挠性件的啮合传动，没有弹性滑动及打滑现象，所以平均传动比恒定不变。

b. 链条装在链轮上，不需要很大的张紧力，对轴的压力小。

c. 链传动中两轴的中心距较大，最大可达 5～6m。

d. 能在较恶劣的环境（如油污、高温、多尘、潮湿、泥沙、易燃及腐蚀性的条件）下工作。

② 链传动的缺点

a. 由于链条绕上链轮后形成折线，因此链传动相当于一对多边形的简易传动，其瞬时传动比是变化的，所以在有传动平稳性要求的场合不能采用链传动。

b. 链条与链轮工作区磨损较快，使用寿命较短，磨损后造成链条节距增大，链轮齿形变瘦，极易造成跳齿甚至脱链。

c. 由于平稳性差，故有噪声。

d. 对两轮轴线的平行度要求较高。

e. 无过载保护作用。

2. 链传动的分类

（1）按用途不同分类

① 传动链。在一般机械中用来传递运动和动力。

② 起重链。用于其中机械中提升重物。

③ 牵引链。用于运输机械中驱动输送带等。

（2）按结构不同分类

① 滚子链。滚子链结构如图 3-13 所示。它由内链板 1、滚子 2、套筒 3、外链板 4 和销轴 5 组成。为了使链板各截面上抗拉强度大致相等，并能减轻链条质量的惯性力，链板都制成"8"字形。链条中相邻两销轴中心的距离称为节距，用 p 表示，它是链传动的主要参数。节距越大，链各元件的尺寸越大，可传递的功率也越大，但传动平稳性变差。故在设计时如果要求传动平稳，应尽量选取较小的节距；若需传递较大功率，则可考虑用双排或多排滚子链，如图 3-14 所示。

滚子链已经标准化，国家标准是 GB/T 1243—2006。滚子链接头形式如图 3-15 所示。

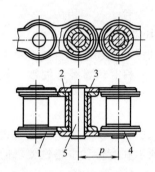

图 3-13 滚子链结构

1—内链板；2—滚子；3—套
筒；4—外链板；5—销轴

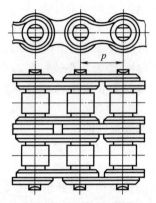

图 3-14 双排滚子链

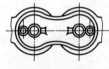 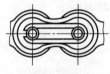

(a) 开口销　　　　(b) 弹簧夹　　　　(c) 过渡链节

图 3-15 套筒滚子链的接头形式

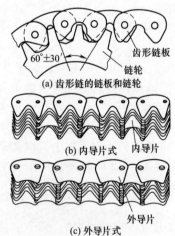

(a) 齿形链的链板和链轮

(b) 内导片式　内导片

(c) 外导片式

图 3-16 齿形链

② 齿形链。齿形链由一组齿形链板并列铰接而成。齿形链板两侧为直线，其夹角为 60°，如图 3-16 所示。根据导片位置不同有内导片式齿形链 [见图 3-16 (b)] 和外导片齿形链 [见图 3-16 (c)] 两种。

与滚子链传动相比，其特点是传动平稳、噪声小（又称无声链），允许链速较高（$v \leqslant 30\text{m/s}$），承受冲击能力较强，工作可靠，但结构复杂，价格较高。所以常用于高速或者平稳性、运动精度要求较高的传动中。齿形链也为标准件，国家标准是 GB/T

10855—2003。

3. 链传动的应用

链传动主要用于两轴相距较远、传递功率较大且平均传动比又要求保持不变，工作条件恶劣（如多粉尘、油污、泥沙、潮湿、高温及有腐蚀性气体）而又不宜采用带传动和齿轮传动的场合。目前多用于化工机械、矿山机械、农业机械、运输起重机械、汽车、摩托车、自行车和装配流水线传动机构中，链传动的一般适用范围为：功率 $P<$ 1000kW，传动比为滚子链 $i\leqslant6\sim8$，齿形链 $i\leqslant10$，效率 $\eta=0.92\sim$ 0.98，两轴中心距 $a<5\sim6\mathrm{m}$。特殊情况，最大中心距可达 15m。

四、齿轮传动机构

齿轮传动是由分别安装在主动轴及从动轴上的两个齿轮相互啮合而成。齿轮传动是应用最多的一种传动形式。

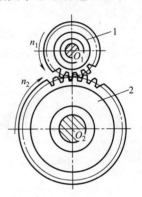

图 3-17　齿轮传动
1—主动齿轮；2—从动齿轮

1. 齿轮传动的基本结构

齿轮传动由主动齿轮 1、从动齿轮 2 和机架所组成，如图 3-17 所示。齿轮传动在机械运动中应用最广。

2. 齿轮传动的特点

（1）齿轮传动的优点

① 由于采用了合理的齿形曲线，所以齿轮传动能保证两轮瞬时传动比恒定，传递运动准确可靠。

② 使用的传动功率和圆周速度范围较大。

③ 传功效率较高，一般圆柱齿轮的传动效率可达 98%，使用寿命也较长。

④ 结构紧凑、体积小。

（2）齿轮传动的缺点

① 当两传动轴之间的距离较大时，若采用齿轮传动结构就较复杂，所以齿轮传动不适用于距离较远的传动。

② 没有过载保护作用。

③ 在传递直线运动时，不如液压传动和螺旋传动平稳。

④ 制造和安装精度要求较高，成本也高。

3. 齿轮传动的分类及应用场合

齿轮传动的种类很多，一般按齿轮形状和齿轮工作条件进行分类。

（1）按齿轮形状分类

① 圆柱齿轮传动。如图 3-18 （a）～（d）所示，均用于两平行轴间的传动。如要将回转运动变为直线运动时，可用齿轮齿条传动，如图 3-18 （e）所示。对于要求结构紧凑的场合，可采用内啮合传动，如图 3-18 （d）所示。对于要求传动平稳、承载能力较大的场合，可用图 3-18 （b）、（c）所示的圆柱斜齿轮和圆柱人字齿轮传动。

② 锥齿轮传动。如图 3-18 （f）所示，这种情形常用于两轴相交的齿轮传动，其中两轴垂直相交较为常见。

(a) 圆柱直齿轮传动　(b) 圆柱斜齿轮传动　(c) 人字齿轮传动

(d) 内啮合传动　(e) 齿轮齿条传动　（f）锥齿轮传动

图 3-18　齿轮传动分类

（2）按齿轮传动的工作条件分类

① 闭式齿轮传动。指齿轮安装在封闭的刚性箱体内，因此润滑及维护条件较好，齿轮精度较高。重要的齿轮传动都采用闭式传动，如减速器齿轮和机床变速箱中的齿轮。

② 开式齿轮传动。其传动齿轮一般都是外露的，支承系统（即轴承支架）的刚度较差，工作时易出现落入灰尘杂质和润滑不良的问题，同时轮齿易磨损，故只适宜于低速或不大重要的传动及需要经常

拆卸更换齿轮的场合，如冲压机传动齿轮、建筑搅拌机上的齿轮及机床的交换齿轮等。

③ 按齿轮的啮合方式分类。按齿轮的啮合方式分，可分为外啮合齿轮传动（包括圆柱直齿、斜齿和人字齿等）、内啮合齿轮传动（包括圆柱直齿轮、直齿锥齿轮、柔性齿轮等）和齿轮齿条传动。

五、蜗杆传动机构

1. 蜗杆传动的基本结构和分类

（1）蜗杆传动基本结构

蜗杆传动是在空间交错的两轴间传递运动和动力的一种传动（见图3-19），两轴线的夹角可为任意值，常用的为90°。蜗杆传动用于在交错轴间传递运动和动力。蜗杆传动由蜗杆和蜗轮组成，一般蜗杆为主动件。蜗杆和螺纹一样有右旋和左旋之分，分别称为右旋蜗杆和左旋蜗杆。蜗杆上只有一条螺旋线的称为单头蜗杆，即蜗杆转一周，蜗轮转过一齿；若蜗杆上有两条螺旋线，就称为双头蜗杆，即蜗杆转一周，蜗轮转过两个齿。

图 3-19　蜗杆传动

（2）蜗杆传动的分类（见图3-20）

按蜗杆形状的不同可分：圆柱蜗杆传动、环面蜗杆传动、锥蜗杆传动。

2. 蜗杆传动的特点

① 可以得到很大的传动比，比交错轴斜齿轮机构紧凑。

② 两轮啮合齿面间为线接触，其承载能力大大高于交错轴斜齿轮机构。

③ 蜗杆传动相当于螺旋传动，为多齿啮合传动，故传动平稳、噪声很小。

④ 具有自锁性。当蜗杆的导程角小于啮合轮齿间的当量摩擦角时，机构具有自锁性，可实现反向自锁，即只能由蜗杆带动蜗轮，而不能由蜗轮带动蜗杆。如在起重机械中使用的自锁蜗。杆机构，其反向自锁性可起安全保护作用。

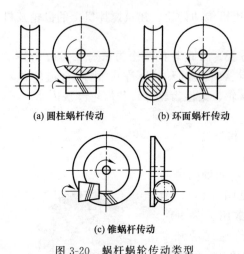

(a) 圆柱蜗杆传动　　(b) 环面蜗杆传动

(c) 锥蜗杆传动

图 3-20　蜗杆蜗轮传动类型

⑤ 传动效率较低，磨损较严重。蜗轮蜗杆啮合传动时，啮合轮齿间的相对滑动速度大，故摩擦损耗大、效率低。另一方面，相对滑动速度大使齿面磨损严重、发热严重，为了散热和减小磨损，常采用价格较为昂贵的减摩性与抗磨性较好的材料及良好的润滑装置，因而成本较高。

⑥ 蜗杆轴向力较大。

3. 蜗杆传动的应用

蜗杆传动常用于两轴交错、传动比较大、传递功率不太大或间歇工作的场合。当要求传递较大功率时，为提高传动效率，常取 Z_1 = 2～4。此外，由于当 γ_1 较小时传动具有自锁性，故常用在卷扬机等起重机械中，起安全保护作用。它还广泛应用在机床、汽车、仪器、冶金机械及其他机器或设备中，其原因是使用轮轴运动可以减少力的消耗，从而大力推广。

六、螺旋传动机构

螺旋传动是由内、外螺纹组成的螺旋副，传递运动的传动装置。螺旋传动可方便地把主动件的回转运动转变为从动件的直线往复运动。如在牛头刨床中，刀架工作时需要垂直进给，此时，只要转动刀架滑板上的手轮，便可通过螺旋传动使刨刀沿导轨上下移动，实现垂直进给。再如图 3-21 所示的车床丝杠传动，就是将螺杆（丝杠）的回转运动，借助对开式螺母（开合螺母）带动床鞍移动，实现刀具的进给运动。

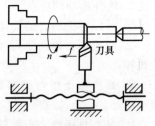

图 3-21　车床丝杠传动

1. 螺旋传动的基本结构与特点

（1）螺旋传动的基本结构　螺旋传动主要由螺杆、螺母和机架组成。

（2）螺旋传动的特点　螺旋机构具有结构简单、工作连续、平稳、无噪声、承载能力大、传动精度高、易于自锁等优点，故在机械中有着广泛的应用。其缺点是磨损大，效率低。但近年来由于滚动螺旋传动的应用，使磨损和效率问题得到了极大改善。

2. 螺旋传动的分类

（1）按螺旋副摩擦性质分类　螺旋传动可分为滑动螺旋和滚动螺旋两种类型。

① 滑动螺旋传动。如图 3-22 所示，由于螺母与螺杆间的摩擦为滑动摩擦，便成为滑动螺旋传动。其特点如下。

a. 螺杆与螺母之间摩擦大、易磨损，且传动效率低。

b. 可设计成具有自锁特性的传动。

c. 结构简单、制造方便。

② 滚动螺旋传动。如图 3-23 所示，为了减少螺旋副间的摩擦，提高传动效率，在螺杆与螺母之间的滚道中添加滚珠，当螺杆与螺母相对转动时，滚珠沿滚道滚动。滚

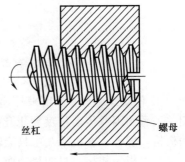

丝杠　　　螺母

图 3-22　滑动螺旋传动

动螺旋传动按滚道返回装置不同分为外循环［见图 3-23（a）］和内循环［见图 3-23（b）］两种。外循环是滚珠在螺母的外表面上经返回通道返回。内循环是滚珠在螺母体内进行循环，内循环导路为一反向器，它将相邻两螺纹滚道连接起来。当滚珠滚到螺旋顶部时，就被阻止而转向，形成一个循环回路。滚动螺旋传动的特点如下。

a. 螺旋副之间为滚动摩擦，摩擦因数小，不易磨损，传动效率高。

b. 不具有自锁性，可以变直线运动为旋转运动。

c. 结构复杂，制造困难。

（2）按使用要求不同分类　螺旋传动机构可分为传动螺旋、传力螺旋和调整螺旋三种类型。

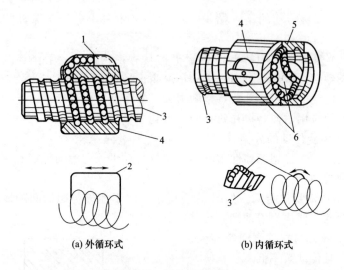

(a) 外循环式   (b) 内循环式

图 3-23　滚动螺旋传动

1—导路；2—返回通道；3—螺杆；4—螺母；5—滚珠；6—反向器

① 传动螺旋。主要用来传递运动，要求各运动件之间有一定的相关关系，因此传动精度要求比较高。图 3-24 为一机床工作台的传动机构，螺杆 1 在机架 3 中只能转动而不能移动；螺母 2 与螺杆 1 啮合并与滑板 4 相接，只能移动而不能转动。当手柄转动使螺杆 1 回转时，螺母 2 就带动滑板 4 上的工作台沿机架 3 上的导轨移动。

② 传力螺旋。主要用来传递动力，不计较各运动件之间的相关关系，可以较小的力转动螺杆（或螺母），使其产生轴向运动和大的轴向力，完成举起重物或加压于工件的工作。如图 3-25 所示的螺旋千斤顶和螺旋压力机

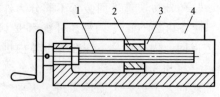

图 3-24　机床工作台的传动机构

1—螺杆；2—螺母；3—机架；4—滑板

就是传力螺旋的应用。当用较小的力转动螺旋千斤顶的手柄，便可举起重物；当用较小的力转动螺旋压力机的手柄，便可以使螺杆转动而做轴向移动，产生很大的轴向力加压于工件。

③ 调整螺旋。主要用来调整或固定零件的相对位置。这种螺旋机构的螺杆 3 上有两段不同螺距 P_1 和 P_2 的螺纹，分别与可动螺母 1、固定螺母 2 组成螺旋副，称为双螺旋机构，如图 3-26 所示。机构中，螺母 2 兼作机架。螺杆 3 转动时，一方面相对于固定螺母 2（机架）移动，同时也相对于可动螺母 1 移动。在两个螺旋副的螺旋方向相同的条件下，螺杆 3 每转一转，其相对于螺母 2

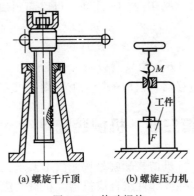

(a) 螺旋千斤顶　　(b) 螺旋压力机

图 3-25　传动螺旋

和螺母 1 的相对位移分别是螺距 P_2 和 P_1。由于二者移动方向相同，若螺距 P_1 与 P_2 不同，固定螺母 2 和可动螺母 1 之间便发生相对位移，这个位移是螺距 P_1 与 P_2 之差，如果 P_1 与 P_2 相差很小，可动螺母 1 相对于机架（固定螺母 2）的位移就会很小，利用这一特点做成微调装置，被广泛用于测微器、

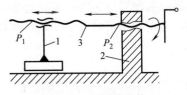

图 3-26　双螺旋机构

1—可动螺母；2—固定螺母；3—螺杆

计算机、分度机以及许多精密切削机床、仪器和工具中。

如果两个螺旋副的螺旋方向相反，转动螺杆 1 转，两个螺母相对于螺杆的位移虽然仍为 P_1 与 P_2，但由于移向相反，它们之间的相对

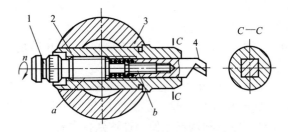

图 3-27　双螺旋传动的微调镗刀

1—螺杆；2—刀套；3—镗杆；4—镗刀

位移是 P_1 与 P_2 之和，可以起到加速移动的作用。

图 3-27 所示的是应用于微调镗刀上的双螺旋传动的实例。螺杆 1 在 a 处和 b 处都是右旋螺旋，刀套 2 固定在镗杆 3 上，镗刀 4 在刀套 2 的方孔中只能移动，不能转动。当转动螺杆 1 时，可使镗刀得到微量移动，借助螺杆 1 上的刻度可方便地实现微量调节。

第三节　机械装配

机械装配就是按照技术要求实现机械零件或部件的连接，把机械零件或部件组合成机器。机械装配是机器制造和修理的重要环节。装配工作的好坏对机器的效能、修理的工期、工作的劳力和成本等都起着非常重要的作用。

一、装配的分类

按照装配过程中装配对象是否移动，装配可分为固定式装配和移动式装配两类。对于比较复杂的产品，装配工作可分为部件装配和总装配两种。

1. 部件装配

将两个以上零件，按照技术要求，用各种不同的方式连接起来，使其成为产品的一个独立部分，在总装配时被一起装入产品中，这个装配过程称为部件装配，部件装配是总装配的基础。部件装配的质量直接影响总装配的进行和产品的质量。

（1）部件装配工艺过程

① 装配前准备。装配前按图纸要求检查零件的加工情况，对零件进行清洗，修整零件的毛刺、毛边；对零件进行适当的补充加工，如钻孔、铰孔、攻螺纹等。

② 零件的试配。对配合的零件进行试配，使其满足要求，如进行刮削、配键等工作。

③ 组件的装配。对组合件进行装配和检查。

④ 部件的装配和调整。按一定的顺序将所有的零件和组件相互连接起来，并进行定位和调整，使部件达到技术要求。

⑤ 部件试验。根据部件的用途进行试验。如对有密封性要求的部件进行气压或液压试验；对齿轮箱进行空转试验和负载试验；对有

些转动部件进行平衡试验等，及时发现问题。只有完全合格的部件才能进入总装配。

（2）部件装配的注意事项　相互配合的零件要做好标记；不立即进行总装配的部件要做防锈、防尘保养；记录并保存好部件试验得到的数据。

2. 总装配

将预先装配好的部件、组件和各种零件组合成完成产品的装配过程称为总装配。

（1）总装配的任务

① 连接。零件与组件、部件的连接；组件与部件、部件与部件的连接。

② 确定相对位置。连接过程中，部件与部件相对位置的校正；部件与基准面相对位置的调整与校正。

③ 固定。各部件间装配位置确定后，进行总体性的连接与装配工作。

（2）总装配的步骤

① 认真研究图纸和技术文件，熟悉产品结构形式和使用性能，制定总装配的程序和方法。

② 确定并准备总装配需要的零件、组件和部件的种类与数量。

③ 检查零件与装配有关要素的形状精度和尺寸精度等是否合格。

④ 确定装配基准：所有零、部件的装配位置和几何精度都以此为基准，确定的基准应具有优良的基准件和稳定的基准要素。

⑤ 总装配的原则是：先内后外；先下后上；先难后易；先重大后轻小；先精密后一般；先集中某一方位后其他方位。

⑥ 检查有无剩余的零件。

⑦ 调校和试车：检查产品各连接的可靠性和运转的灵活性。

除了上述要求外，在总装配过程中，应能保证各环节的精度，对精密设备应注意生产环境，如湿度、温度、防尘和气流、防震等措施；对新产品和使用条件要求较高的设备，在总装配后要按设计要求规定的技术条件进行空转试验、加载试验、刚度试验、效率试验和精度检验等。

二、装配的方法

产品的装配过程不是简单的将有关零件连接起来的过程，而是每一步装配工作都应满足预定的装配要求，达到一定的装配精度。通过分析尺寸链可知，由于封闭环公差等于组成环公差之和，装配精度取决于零件制造公差，但零件制造精度过高，生产将不经济。为了正确处理装配精度与零件制造精度的关系，妥善处理生产的经济性与使用要求的矛盾，形成了一些不同的装配方法。

（1）完全互换装配法　在同类零件中，任取一个装配零件，不经修配即可装入部件中，并能达到规定的装配要求，这种装配方法称为完全互换装配法。完全互换装配法的特点如下。

① 装配操作简便，生产效率高。

② 容易确定装配时间，便于组织流水装配线。

③ 零件磨损后，便于更换。

④ 零件加工精度要求高，制造费用也随之增加，因此适用于组成环数少、精度要求不高的场合或大批量生产。

（2）选择装配法　选择装配法有直接选配法和分组选配法两种。

① 直接选配法是由装配工人直接从一批零件中选择"合适"的零件来进行装配。这种方法比较简单，其装配质量凭工人的经验和感觉来确定，装配效率不高。

② 分组选配法是将一批零件逐一测量后，按实际尺寸的大小分成若干组，然后将尺寸大的包容件（如孔）与尺寸大的被包容件（如轴）相配，将尺寸小的包容件与尺寸小的被包容件相配。这种装配方法的配合精度决定于分组数，即分组数越多，装配精度越高。

分组选配法的特点如下。

a. 经分组选配后零件的配合精度高。

b. 因零件制造公差放大，所以加工成本降低。

c. 增加了对零件的测量分组工作量，并需要加强对零件的储存和运输管理，可能造成半成品和零件的积压。

分组选配法常用于大批量生产中装配精度要求很高、组成环数较少的场合。

（3）修配装配法　装配时，修去指定零件上预留修配量以达到装配精度的装配方法。

修配装配法的特点如下。

① 通过修配得到装配精度，可降低零件制造精度。

② 装配周期长，生产效率低，对工人技术水平要求较高。

修配法适用于单件和小批量生产以及装配精度要求高的场合。

（4）调整装配法　装配时调整某一零件的位置或尺寸以达到装配精度的装配方法。一般采用斜面、锥面、螺纹等移动调整件的位置；采用调换垫片、垫圈、套筒等控制调整件的尺寸。

调整修配法的特点如下。

① 零件可按经济性和精度要求确定加工公差，装配时通过调整达到装配精度。

② 使用中还可定期进行调整，以保证配合精度，便于维护与修理。

③ 生产率低，对工人技术水平要求较高。除必须采用分组装配的精密配件外，调整法一般可用于各种装配场合。

三、装配的要点

装配工作要点如下。

① 装配前零件要清理和清洗。

② 结合面在装配前一般都要加润滑剂，以保证润滑良好和装配时不产生零件表面拉毛现象。

③ 相配零件的配合尺寸要准确，对重要配合尺寸进行复验，这对于保证配合间隙和试验过盈量尤为重要。

④ 每个工步装配完毕应进行检查。

⑤ 试运转前必须进行静态检查，熟悉试运转内容及要求，在试运转过程中，应认真记录。

四、装配的调整

装配中的调整就是按照规定的技术范围调节零件或机构的相互位置、配合间隙和松紧程度，以使设备工作协调可靠。调整的方法主要有以下几种。

（1）自动调整　即利用液压、气压、弹簧、弹性胀圈和重锤等，随时补偿零件间的间隙或因变形引起的偏差。改变装配位置，如利用螺钉孔空隙调整零件装配位置使误差减小，也属自动调整。

（2）修配调整　即在尺寸链的组成环中选定一环，预留适当的修配量作为修配件，而其他组成环零件的加工精度则可适当降低。例如调整前将调整垫圈的厚度预留适当的修整量，装配调整时，修配垫圈的厚度达到调整的目的。

（3）自身加工　机器总装后，加工及装配中的综合误差可利用机器的自身进行精加工达到调整的目的。如牛头刨床工作台上面的调整，可在总装后，利用自身精刨加工的方法，恢复其位置精度与几何精度。

（4）将误差集中到一个零件上，进行综合加工，自镗卧式铣床主轴前支架轴承孔，使其达到与主轴中心同轴度要求的方法就是属于这种方法。

第四章

⚡ 机修钳工的基本技能

从事设备机械部分维护和修理的人员称为机械钳工或机修钳工。机修钳工在国民经济各行各业的生产中发挥至关重要的作用。随着科学技术的迅速发展，高精度、高自动化、多功能、高效率的先进机械设备不断涌现，现代化生产的节拍也越来越快，随之而来的是，对修理这些机械设备的技术含量、复杂程度及可能永远不能取代的刮研、研磨、划线、矫正等手工操作技能的要求也就越来越高。机修钳工必须具备扎实的理论基础、丰富的专业知识和高超的操作技能。

机械钳工的基本操作技能主要包括辅助性操作技能、切削性操作技能、装配性操作技能和维修性操作技能。这些基本操作技能既是进行产品生产的基础，也是钳工专业技能的基础，作为一个机修钳工必须要熟练地掌握这些技能。

第一节 辅助性操作技能

机修钳工的辅助性操作主要指的是测量和划线。

一、测量

1. 测量的概念

测量是指以确定被测对象量值为目的的全部操作。测量过程包括以下 4 个要素。

（1）测量对象 测量对象主要是指几何量，包括长度、角度、表面粗糙度、几何形状和相互位置等。由于几何量的种类较多，且形式各异，因此应熟悉和掌握它们的定义及各自的特点，以便进行测量。

（2）计量单位　为了保证测量的正确性，必须保证测量过程中单位的统一，为此我国以国际单位制为基础确定了法定计量单位。法定计量单位中，长度计量单位为米（m），平面交的角度计量单位为弧度（rad）及度（°）、分（′）、秒（″）。机械制造中常用的长度计量单位为毫米（mm），$1mm=10^{-3}m$。在精密测量中，长度计量单位采用微米（μm），$1\mu m=10^{-3}mm$。在超精密测量中，长度计量单位采用纳米（nm），$1nm=10^{-3}\mu m$。在机械制造中常用的角度计量单位为弧度（rad）、微弧度（μrad）和度、分、秒。$1\mu rad=10^{-6}rad$，$1°=0.0174533rad$。度、分、秒的关系采用60进制，即$1°=60′$，$1′=60″$。

（3）测量方法　测量方法是指测量时所采用的计量器具和测量条件的综合。测量前应根据被测对象的特点，如精度、形状、质量、材质和数量等来确定需用的计量器具、分析研究被测参数的特点及与其他参数的关系，以确定最佳的测量方法。

（4）测量精度　测量精度是指测量结果与真值的一致程度。任何测量过程总不可避免地出现测量误差，误差大，说明测量结果离真值远，精度低；反之，则误差小，精度高。因此精度和误差是两个相对的概念。由于存在测量误差，任何测量结果都只能是要素真值的近似值。

2. 测量常用的工具

机修常用的量具分为游标类量具、螺旋测微量具、机械式测微仪、角度测量器具、量块等常用量具测量范围，精度等级及用途见表4-1。

表 4-1　常用量具测量范围、精度等级及用途

名称及图示	测量范围	读数值	应　用
游标卡尺	$0\sim125$ $0\sim300$	$0.05,0.02$ $0.05,0.02$	用于测量工件的内外径尺寸，还可用来测量深度尺寸。$0\sim300mm$ 的卡尺可带有划线量爪

名称及图示	测量范围	读数值	应　用
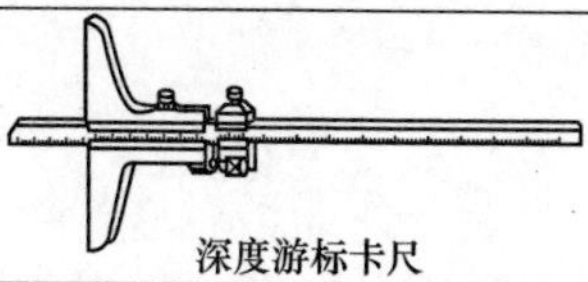 深度游标卡尺	0～125 0～200 0～300 0～500	0.02	测量工件的孔、槽
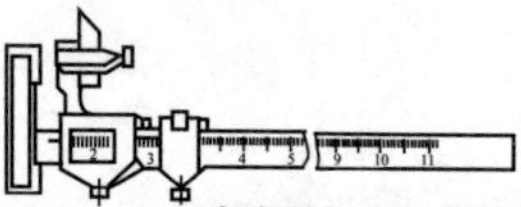 高度游标卡尺划线尺	0～200 ≥30～300 ≥40～500 ≥60～800 ≥60～1000	0.02 0.05	测量工件相对高度和用于精密划线
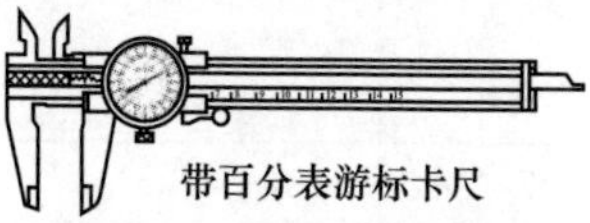 带百分表游标卡尺	0～125 0～200 0～300	0.01 0.02 0.05	测量工件内外径、宽度、厚度、深度和孔距
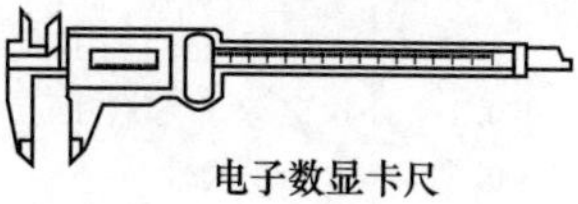 电子数显卡尺	0～150 （长度） 0～115 （深度）	0.01	测量工件内外径、宽度、厚度、深度和孔距
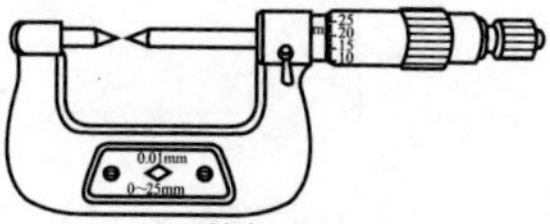 外径百分尺	0～25 25～50 50～75 75～100 100～125	0.01	测量精度工件的外径尺寸
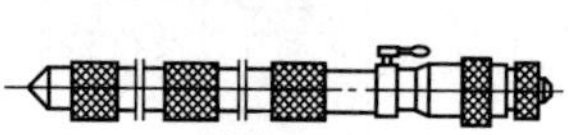 内径千分尺	75～175 75～575 150～1200 180～4000	0.01	测量内径、槽宽和两面相对位置
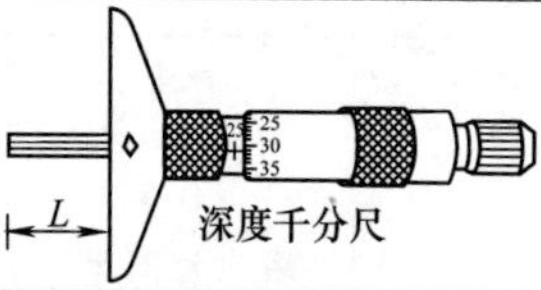 深度千分尺	0～25 25～50 0～100 0～150	0.01	测工件孔和槽的深度、轴肩长度
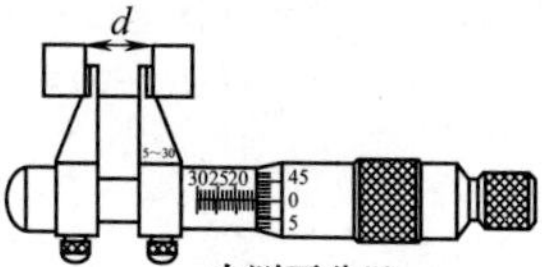 内测百分尺	5～30 25～50	0.01 0.01	测量工件的内侧面

名称及图示	测量范围	读数值	应　用
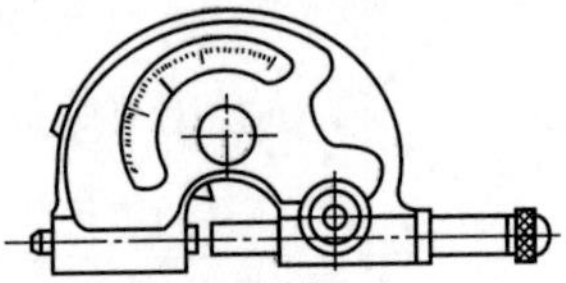 杠杆卡规	0～25 25～50	0.002	用比较法测量小于 50mm 的外径尺寸
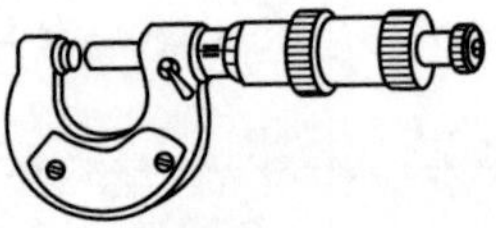 杠杆千分尺	0～25 25～50	0.001 0.002	测工件的精密外径尺寸,或校对一般量具
 小扭簧比较仪	0.001 0.002 0.005	±0.05 ±0.1 ±0.2	测量工件的几何形状误差和零件相互位置的正确性
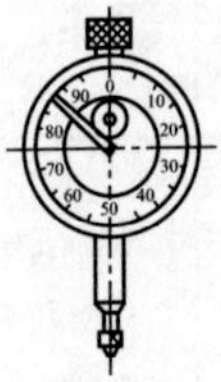 百分表	0～3 0～5 0～10	0.01	用来测量工件的几何形状和相互位置的正确性以及位移量,也可用比较法测量工件长度
 千分表	1	0.001	用比较测量法和绝对测量法来测量工件尺寸和几何形状

名称及图示	测量范围	读数值	应　用
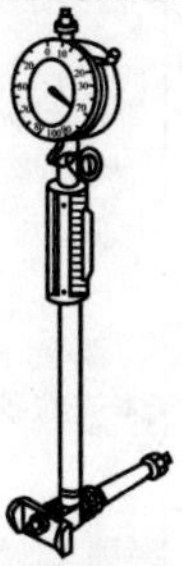 内径百分表	6～18 10～18 18～35 35～50 50～100 50～160 100～160	0.01	用比较法测量内孔尺寸及其工件几何形状
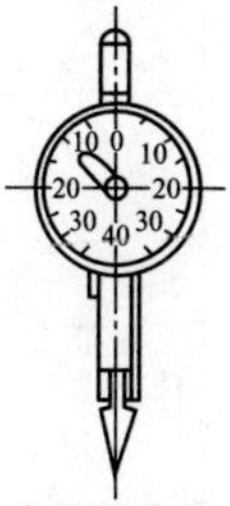 杠杆百分表	±0.4	0.01	测量工件几何形状误差和相互位置的正确性,可用比较法测量长度
 杠杆千分表	±0.2	0.02	测量工件几何形状和相互位置
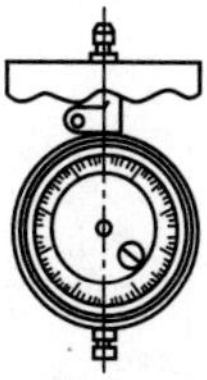 深度千分表	0～160	0.01	用成套的测量杆测量深度

名称及图示	测量范围		读数值	应 用
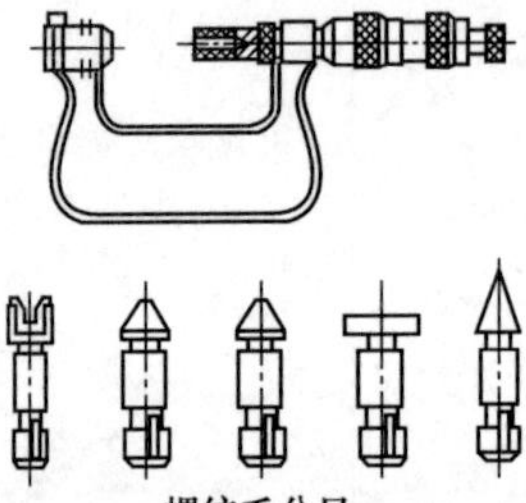 螺纹千分尺	0~25	0.4~4.5	0.4~0.5 0.6~0.8 1~1.5 1.75~2.5 3~4.5	测量 H6、H7 级圆柱体或螺纹中径尺寸
	0~25	0.4~3	0.4~0.5 0.6~0.8 1~1.25 1.5~2 2.5~3	
	25~50	0.6~5	0.6~0.8 1~1.25 1.5~2 2.5~3 3.5~5	
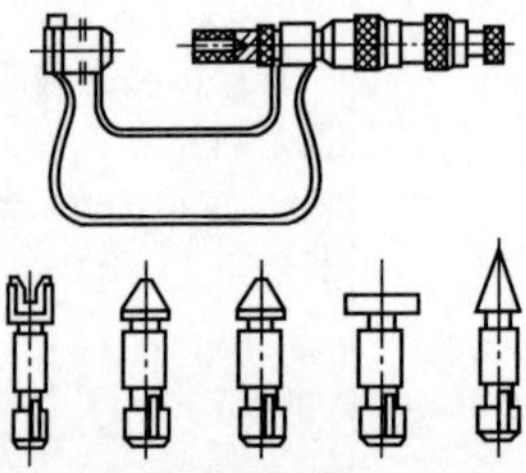 螺纹千分尺	25~50	0.6~6	0.6~0.8 1~1.5 1.75~2.5 3~4.5 5.5~6	测量 H6、H7 级圆柱体或螺纹中径尺寸
	50~75	0.6~6	0.6~0.8 1~1.5 1.75~2.5 3~4.5 5.5~6	

名称及图示	边长尺寸	应 用
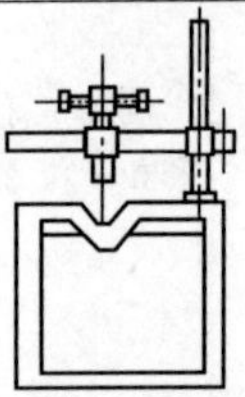 方箱(方正器)	100、160、200、250 315、400、500	测量机械加工工件的平行度、垂直度和划线

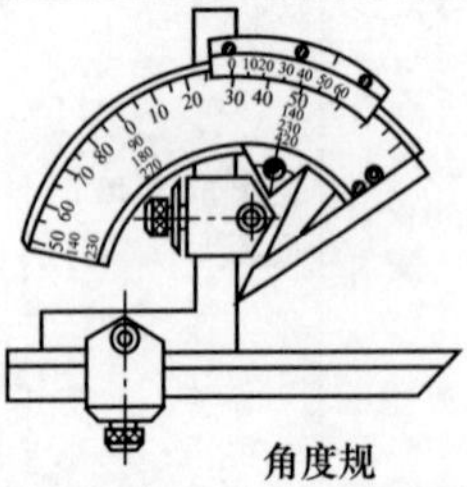

名称及图示	测量范围	示值总误差	分度值	应 用
角度规	0~320° 0~360°	2′;5′ 5′;10′	2′;5′ 5′;10′	以接触法按游标读数测量工件角度和进行角度划线

名称及图示	套别	总块数	公称尺寸系列	间隔	块数	精度等级	应用
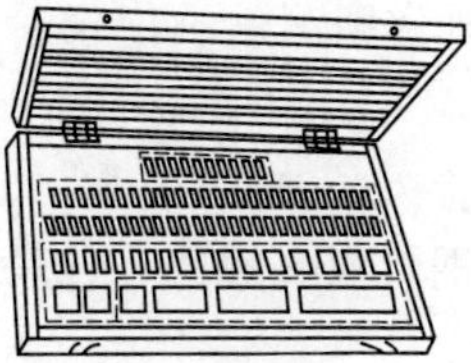 块规	1	83	0.5 1 1.005 1.01,1.02,…,1.49 1.5,1.6,…,1.9, 2,2.5,…,9.5 10,20,…,100				长度计量的基准,用于对工件进行精密测量和调整,校对仪器、量具及精密机床
	2	38	1 1.005 1.01,1.02,…,1.49 1.1,1.2,…,1.9 2,3,…,9 10,20,…,100				
	3	10	1,1.001,…,1.009				
	4	10	0.991,0.992,…,2				
	5	10	1,1.01,…,1.09				
	6	20	5,12,10,24,15,36, 21.5,25, 30、12,35、24, 40.36, 46.5,50, 55.12,60.24, 56.36, 71.5,75, 80.12,85.24, 90.36, 96.5,100				
	7	7	125,150,175,250, 300,400,500				

3. 尺寸测量的要求和注意事项

① 尺寸要测全，精度高、需要形位公差的部位都必须清楚。

② 测量要细，要测得准（即测前要确定测量方案，检验和校对测量用具和仪器，有时需另外设计制造专门测量工具）、记得细（详细记录原始记录，即测量读数，测量方法，用具和装配方法；画出简图，标明基准）、记得清（在测量草图上的测量数据准确无误）。

③ 关键零件的尺寸、零件的重要尺寸及较大尺寸，应反复测量，直到数据稳定可靠再取其平均值。

④ 草图上一律标注实测数据。

⑤ 对复杂零件，应边测量、边画放大图，可及时发现测量中的问题。

⑥ 测量时，零件应无变形，以防因此而产生测量误差。

⑦ 测量时应注意零件防锈。

⑧ 对零件相互间的配合或连接处，必须分别测量、记录，再确定尺寸。

4. 常见工件的测量方法

（1）测量线性尺寸　测量线性尺寸可用钢直尺、螺旋千分尺、游标卡尺等量具来测量，测量方法如图4-1所示。

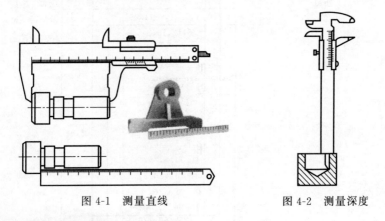

图 4-1　测量直线　　　　　　　图 4-2　测量深度

（2）测量深度　测量深度可以用游标卡尺进行测量，方法如图4-2所示。

（3）测量回转面的直径　测量回转面的直径尺寸（内径、外径），可用游标卡尺、千分尺及卡钳等工具、量具配合测量，方法如图4-3所示。

（4）测量内孔直径　内孔直径也可以用游标卡尺测量，方法如图4-4所示。

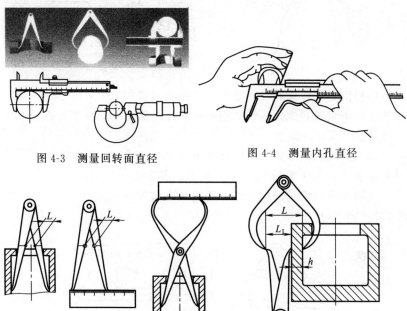

图 4-3　测量回转面直径　　　　　图 4-4　测量内孔直径

图 4-5　测量阶梯孔直径　　　　　图 4-6　借助卡钳测量零件壁厚

（5）测量阶梯孔的直径　可借助卡钳等工具与钢直尺配合测量阶梯孔，方法如图4-5所示。

（6）测量壁厚　借助卡钳等工具与钢直尺配合测量零件壁厚，方法如图4-6和图4-7所示，其中，$h = L - L_1$。

（7）测量圆角　测量圆角的方法如图4-8所示，选择合适的圆角规卡在零件被测位置，被测位置与圆角规的圆角弧线相吻合时，表示所测的圆角与圆角规的圆角一样。

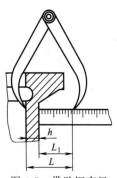

图 4-7　借助钢直尺测量零件壁厚

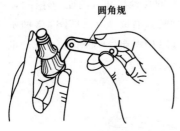

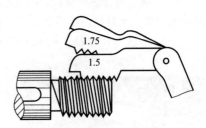

图 4-8 测量圆角
图 4-9 测量螺纹螺距

(8) 测量螺纹螺距 测量螺纹螺距的方法如图 4-9 所示。一般先用螺纹规测量螺纹螺距,然后用游标卡尺测量大径,再查表核对螺纹标准值。

(9) 测量孔间距离 借助外卡钳间接测量后,经简单计算即可得到所需尺寸,方法如图 4-10 (a) 所示,其中 $L = A + d_1$。

空间距离也常用游标卡尺来测量,方法如图 4-10 (b) 所示,其中,$L = B + (D_1 + D_2)/2$。

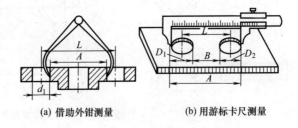

(a) 借助外钳测量
(b) 用游标卡尺测量

图 4-10 测量孔间距离

5. 特殊形状零件的测量技巧

(1) 燕尾槽地面宽度尺寸测量的技巧 图 4-11 所示的是一个具有燕尾槽的零件。根据经验指导,其底面的宽度尺寸 W 是无法通过直接测量得到准确数值的。所以,一般应按以下的步骤来获得 W 的最后数值。首先,要根据该部位零件图的特点画出它的几何性图形,

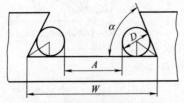

图 4-11 燕尾槽地面宽度的测量

并得到一个较精确的计算公式；然后选用适合的测量帮对燕尾的夹角距离部分进行测量，并将获得的准确的数据代入该公式进行计算。

根据几何知识可以得到 W 长度的计算公式为

$$W = A + D[1 + \cot(\alpha/2)]$$

式中　A——两测量棒间的最短距离，mm；

　　　D——测量棒的直径，mm；

　　　α——燕尾槽的底面夹角，(°)。

（2）外圆弧面半径尺寸测量的技巧　在生产中经常会见到不具有完整外圆弧形状的零件，为了能够较准确地加工其弧度或测绘外圆弧半径的数值，用图 4-12 所示的方法就可以较精确地把握圆弧半径尺寸。首先，要根据该部位零件图的特点画出它的几何图形来，得到一个较精确的计算公式；然后巧妙地使用游标卡尺进行测量，并获得其弦的精确尺寸数据，再将获得的精确尺寸数据带入该公式进行计算。

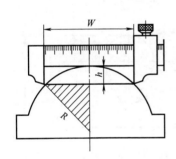

图 4-12　外圆弧半径的测量

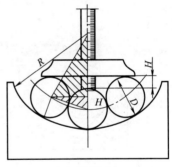

图 4-13　内圆弧半径的测量

根据几何知识可以得到半径 R 的计算公式为

$$R = h/2 + W^2/8h$$

式中　h——游标卡的量爪高度，mm；

　　　W——游标卡尺两爪间的距离，mm。

（3）内圆弧面半径尺寸测量的技巧　在生产中也经常会见到不具有完整内圆弧形状的零件，为了能够较准确地加工其弧度或测绘内圆弧半径的数值，就要有精确掌握圆弧半径尺寸的方法。如图 4-13 所示，首先，要根据该部位零件图的特点画出它的几何图形，得到一个较精确的计算公式；然后选用游标深度卡尺和三只标准的测量棒共同进行测量，获得其相关的精确尺寸数据并带入该公式进行计算。

根据几何知识可以得到半径 R 的计算公式为

$$R = D/2 + D^2/2H$$

式中　D——测量棒直径，mm；

　　　　H——中间的测量棒与两侧的测量棒的高度差，mm。

（4）V 形槽角度测量的技巧　带有 V 形槽的零件在实际生产中是经常见到的，对于角度较小的 V 形槽零件可以直接采用角度测量工具进行测量，但对于角度较大的 V 形槽零件就不宜采用直接测量的方法，而只能借助于量具和辅助工具进行间接测量，再将得到的数据代入相关的公式经计算获得。在实际生产中，一般要将零件的 V 形槽转画成图 4-14 所示的有几何特征的图形，得到一个较精确的计算公式，再借助检测高度的有关量具和两只尺寸大小不同的测量棒获得必要的数据，将数据带入该公式经计算后就可以得到 V 形槽的角度值。

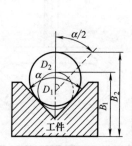

图 4-14　V 形槽角度的测量

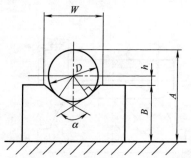

图 4-15　V 形槽口宽度尺寸的测量

根据几何知识可以 V 形槽的角度 α 的计算公式为

$$\sin(\alpha/2) = \frac{D_2 - D_1}{2(B_2 - B_1) - (D_2 - D_1)}$$

式中　D_1——小测量棒的直径，mm；

　　　　D_2——大测量棒的直径，mm；

　　　　B_1——小测量棒最高点至工件底面的高度，mm；

　　　　B_2——大测量棒最高点至工件底面的高度，mm；

　　　　α——V 形槽的角度，(°)。

（5）Ｖ形槽口宽度尺寸测量的技巧　对Ｖ形槽零件的槽口尺寸进行直接测量时比较困难的，而测量后的数据也往往很不精确，在这种情况下，最好采用间接测量法。在实际生产中一般先将零件的Ｖ形部分图形转化成图4-15所示的有几何特征的图形，得到一个较精确的技术公式；然后通过选用必要的量具和辅助的工具经测量后获得相关部分尺寸的数据；再将数据带入该公式中进行计算，即可得到较精确的Ｖ形槽零件的槽口尺寸数据。

根据几何知识可以得到Ｖ形槽口尺寸的计算方式为

$$h = A - B - \frac{D}{2}$$

$$W = \frac{D}{\cos\frac{\Delta}{2}} - 2h\tan\frac{\alpha}{2}$$

式中　h——测量棒中心到Ｖ形槽口的高度，mm；

A——测量棒最高点到具有Ｖ形槽零件底面的高度，mm；

B——Ｖ形零件底面的高度，mm；

D——测量棒的直径，mm；

α——Ｖ形槽的角度，（°）。

（6）锥形孔、锥形面测量的技巧　有些零件上加工较小的锥角是靠量具本身的角度确定，但要加工较大的尺寸并获得其较精确的尺寸是比较困难的，在生产中一般是采用两只大小不同的量棒或者量球来进行间接测量获得较精确的数值。在实际生产中，一般先将零件锥形部分的图形转画成图4-16所示的有几何特征的图形，得到一个较精确的计算公式；然后选用必要的量具和辅助工具经测量后获得相关部分尺寸的数据；再将数据带入该公式中计算，即可得到较精确的锥形角度的尺寸数据。

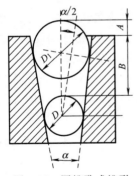

图4-16　圆锥孔或锥形面的数值测量

根据几何知识可以得到锥形孔或锥形面锥度数值的计算公式为

$$\sin(\alpha/2)=\frac{D_1-D}{2(B+A)+(D-D_1)}$$

式中　D_1——大测量棒或量球的直径，mm；

D——小测量棒或量球的直径，mm；

B——小测量棒最高点至工件平面的距离，mm；

A——大测量棒最高点至工件平面的距离，mm；

α——圆锥孔或锥面的角度，(°)。

（7）用正弦规测量外锥体，斜面体的技巧　外锥体或斜面体零件是零件常见的几何形式，也是测量操作的难点之一。如图 4-17 所示，正弦规是精确测量外锥体或斜面体零件的测量工具，但它必须要同量块、百分表和具有较好精度等级的平板等配合使用。

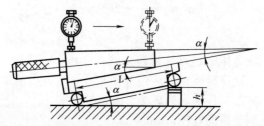

图 4-17　使用正弦规对外锥体或斜面体零件进行测量

在使用时有以下两种方法。

① 正弦规圆柱的一端用量块垫高，再用百分表进行检验，使得工件的锥体表面与基础平板的表面保持严格的平行状态。然后根据所垫的量块高度和正弦规两圆柱间的中心距离用下列的公式来进行计算，从而获得工件的锥角 α。

$$\sin\alpha=h/L$$

式中　α——工件的锥角，(°)；

h——量块的高度，mm；

L——正弦规两圆柱之间的中心距离，mm。

② 也可以根据工件的锥角和正弦规量圆柱之间的中心距离，先计算出所需量块的高度 h，然后再用百分表检验工件锥体表面与基础平板在平行度存在的误差。

即量块的高度为

$$h = L\sin\alpha$$

（8）弯曲件实际展开长度的计算方法　在生产中采用板料或管料弯曲零件时，往往需要根据零件图样来计算出零件应该下料的展开长度尺寸，其计算的方法如图 4-18 所示。

为了能够较精确地计算出展开的长度尺寸，通常使用经验公式

$$L_展 = L_1 + L_2 + L_弯$$

$$L_弯 = \rho\pi(180° - \alpha)/180°$$

其中 ρ 是材料的中性层弯曲的半径，一般是用经验公式来确定

$$\rho = r + x\delta$$

式中　x——中性层位移系数（其值与零件的弯曲程度有关，可在冷
　　　　作加工的手册中查到。当弯曲变形的程度不大或精度要
　　　　求不高时，可取其值 $x = 0.5$）；

　　　r——内弯曲半径，mm。

　　　δ——材料的厚度，mm。

如果当工件的弯曲的半径很小，即 $x/\delta < 0.3$ 时，弯曲工件的展开长度可采用等体积法来计算。如图 4-19 所示，工件的内边被弯曲成不带圆弧的直角，那么在求其展开长度时，除将其直线部分的长度直接相加之外，还应该按弯曲前后毛坯体积不变的原则，再参照实际生产的情况增加一个长度值 A。

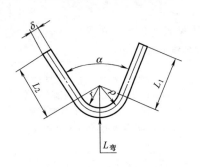

图 4-18　圆弧形弯曲工作

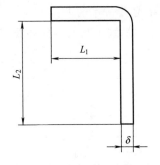

图 4-19　内弯曲半径很小的工件

其计算的简化式为

$$A = 0.5t$$

$$L_展 = L_1 + L_2 + A = L_1 + L_2 + 0.5\delta$$

二、划线

划线是根据图样的尺寸要求，用划针等工具在毛坯或半成品上划出待加工部位的轮廓线（或称加工界限）或作为基准的点、线的一种操作方法。划线的精度一般为 0.25～0.5mm。

1. 划线的种类

划线分为平面划线和立体划线两种。平面划线是在工件的一个平面上划线后即能明确表示加工界限，它与平面作图法类似。立体划线是平面划线的复合，是在工件的几个相互成不同角度的表面（通常是相互垂直的表面）上划线，即在长、宽、高三个方向上划线。

2. 划线的作用

① 所划的轮廓线即为毛坯或半成品的加工界限和依据，所划的基准点或线是工件安装时的标记或校正线。

② 在单件或小批量生产中，可用划线来检查毛坯或半成品的形状和尺寸，合理地分配各加工表面的余量，及早发现不合格品，避免造成后续加工工时的浪费。

③ 在板料上划线下料，可做到正确排料，使材料合理作用。

划线是一项复杂、细致的重要工作，如果将划线划错，就会造成加工工件的报废。所以划线直接关系到产品的质量。对划线的要求是：尺寸准确、位置正确、线条清晰、冲眼均匀。

3. 划线常用的工具

常用划线工具的名称和使用说明见表 4-2。

表 4-2　常用划线工具

名称	图　　示	说　　　明
平板		由铸铁或花岗岩制成，表面经精刨、刮削或磨削加工，是划线的基准平面。使用时应保持其清洁，防止划伤碰毛，以保持平面精度
划规		用工具钢制成，尖端淬硬，也可在尖部焊上高速钢或硬质合金。常用于划圆、圆弧、等分角度或线段等

名 称	图 示	说 明
游标划规		游标划规带有游标刻度,游标划针可调整距离,另一划针可调整高低,以适应大尺寸和阶梯面划线
专用划规		与游标划规类似,可利用零件上的孔作圆心,划同心圆或圆弧,也可在阶梯面上划线
单脚划规		常用于找正圆弧面的圆心或沿已加工好的直面划平行线
样冲		用工具钢或高速钢制成,锻成八菱形,尖部淬火并磨成60°。用于在已划好的线上冲眼以加强界线;或在需钻孔的中心上先轻轻冲眼,并划好孔的加工线,再将冲眼加深
游标高度尺		是较精密的划线工具,与游标卡尺的读数原理相同,调整划线方便、准确。常用于划平行线,也可与杠杆百分表等配合用于测量找正。要注意保护划线刀刃
划线盘		划线盘调整不太方便,但刚性较好,其划线一端焊有高速钢,另一端弯成钩状,便于找正使用

名称	图　示	说　明
划针		可用 $\phi 3\sim5mm$ 的弹簧钢直接制成,或由高速钢锻成,针尖经淬火硬化后磨成 $15°\sim20°$,针体呈四方形或六方形,有直划针和弯头划针两类。直划针与钢直尺配合使用时,针尖应紧贴钢尺,针体向外侧倾约 $15°$ 并向后倾 $45°$
中心架		调整螺钉可将中心架固定在工件的孔中,以便于划中心线时在其上定出中心
90°直角尺		划线时常用来找正工件在平板上的垂直位置。也可作为划平行线或垂直线的导向工具
V形架		通常用铸铁或中碳钢制成。一般成组使用,常用于支承轴类零件
千斤顶		用于支承毛坯或不规则形状的工件
方箱		用铸铁制成,各表面经刮削加工,相邻面互相垂直。用于夹持工件,并方便翻转,工件中相互垂直的线条可在一次装夹中全部划出。其上的 V 形槽平行于相应平面,便于圆柱形工件的装夹,常用于立体划线
角铁		用铸铁制成,两面经刨削或刮削加工,相互间成 $90°$。常与压板或"C"形夹头配合使用

名称	图　　示	说　　明
分度头	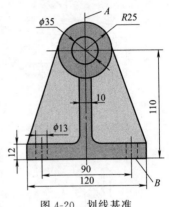	常用于对圆柱或其端面等分划线

4. 划线的基本方法

（1）划线基准的选择　划线时，应首先确定划线基准，划线基准是以工件上某一条线或某一个面作为依据来划出其余的尺寸线，那么这条线（或面）则称为划线基准。划线基准应尽量与设计基准一致，毛坯的基准一般选其轴线或安装平面作基准。如图 4-20 所示的支承座以设计基准 B 面和 A 线（对称线）为划线基准，就能按照图上的尺寸画出全部尺寸界限。

（2）划线步骤　划线分平面划线和立体划线。平面划线是在工件的一个表面上划线，方法与机械制图相似。立体划线是在工件的几个表面上划线，如在长、宽、高方向或其他倾斜方向上划线。工件的立体划线通常在划线平台上进行，划线时，工件多用千斤顶来支承，有的工件也可用方箱、V 形块等支承。

图 4-20　划线基准

① 划线前的准备工作。毛坯在划线前要进行清理（将毛坯表面的脏物清除干净，清除毛刺），划线表面涂上一层薄而均匀的涂料，毛坯面用大白浆或粉笔，已加工面用紫色涂料（龙胆紫加虫胶和酒精）或绿色涂料（孔雀绿加虫胶和酒精）。有孔的工件，还要用铅块或木块堵孔，以便确定孔的中心。

② 立体划线操作。图 4-21 所示为轴承座的立体划线操作方法，它属于毛坯划线。

5. 特殊工件的划线实例

（1）大型工件划线　在大型工件的划线中，首先需要解决的是划

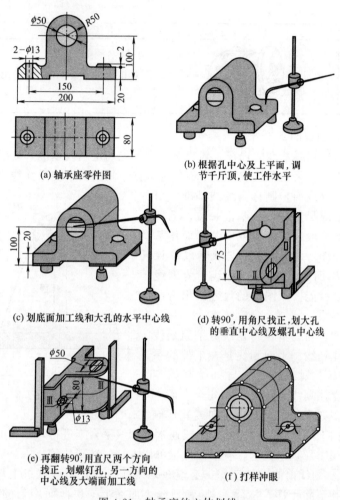

(a) 轴承座零件图

(b) 根据孔中心及上平面,调
节千斤顶,使工件水平

(c) 划底面加工线和大孔的水平中心线

(d) 转90°,用角尺找正,划大孔
的垂直中心线及螺孔中心线

(e) 再翻转90°,用直尺两个方向
找正,划螺钉孔,另一方向的
中心线及大端面加工线

(f) 打样冲眼

图 4-21　轴承座的立体划线

线用的支承基准问题,除了可以利用大型机床的工作台划线外,较为常用的有以下几种方法。

①工件移位法。当大型工件的长度超过划线平台的三分之一时,先将工件放置在划线平台的中间位置。找正后,画出所有能够划到部位的线,然后将工件分别向左右移位,经过找正,使第一次划的线与划线平台平行,就可画出大件左右端所有的线。

② 平台接长法。当大型工件的长度比划线平台略长时，则以最大的平台为基准，在工件需要划线的部位，用较长的平台或平尺，接触基准平台的外端，校正各平面之间的平行度以及接长平台面至基准平台面之间的尺寸；然后将工件支承在基准平台面上，绝不能让工件接触长的平板或平尺，否则由于承受压力，必将影响划线的高低尺寸和平行度，只有划线盘在这些平板和平尺上移动进行划线。

③ 导轨与平尺的调整法。此法是将大型工件放置于坚实的水泥地上的调整垫铁上。用两根导轨相互平行地上置于大型工件两端（导轨可用平直的工字钢或经过加工的条形铸铁等，其长度与宽度根据大型工件的尺寸、形状选用），再在两根导轨的端部靠近大型工件的两边，分别放两根平尺，并将平尺调整成同一水平位置。对大型工件的找正、划线，都以平尺面为基准，划线盘在平尺面上移动，进行划线。

④ 水准法拼凑平台。这种方法是将大型工件置于水泥地上的调整垫铁上，在大件需要划线的部位，放置相应的平台，然后用水准法校平各平台之间的平行和等高，即可进行划线。

水准法如图 4-22 所示，将盛水的桶置于一定高度的支架上，使水通过接口、橡胶管流到标准座内带刻度的玻璃管里。再将标准座置于某一平台面上，调整平台支承的高低位置和用水平仪校正平台面的水平位置，此时玻璃管内的水平面则对准某一刻度。之后利用这一刻

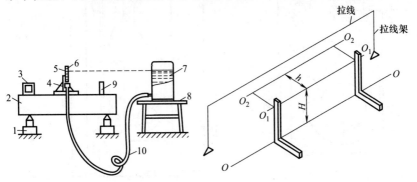

图 4-22 水准法拼凑大型平台的方法

1—可调支承座；2—中间平台；3, 9—水平仪；4—标准座；5—玻璃管；6—刻度线；7—水桶；8—支架；10—橡胶管

图 4-23 拉线与吊线法原理

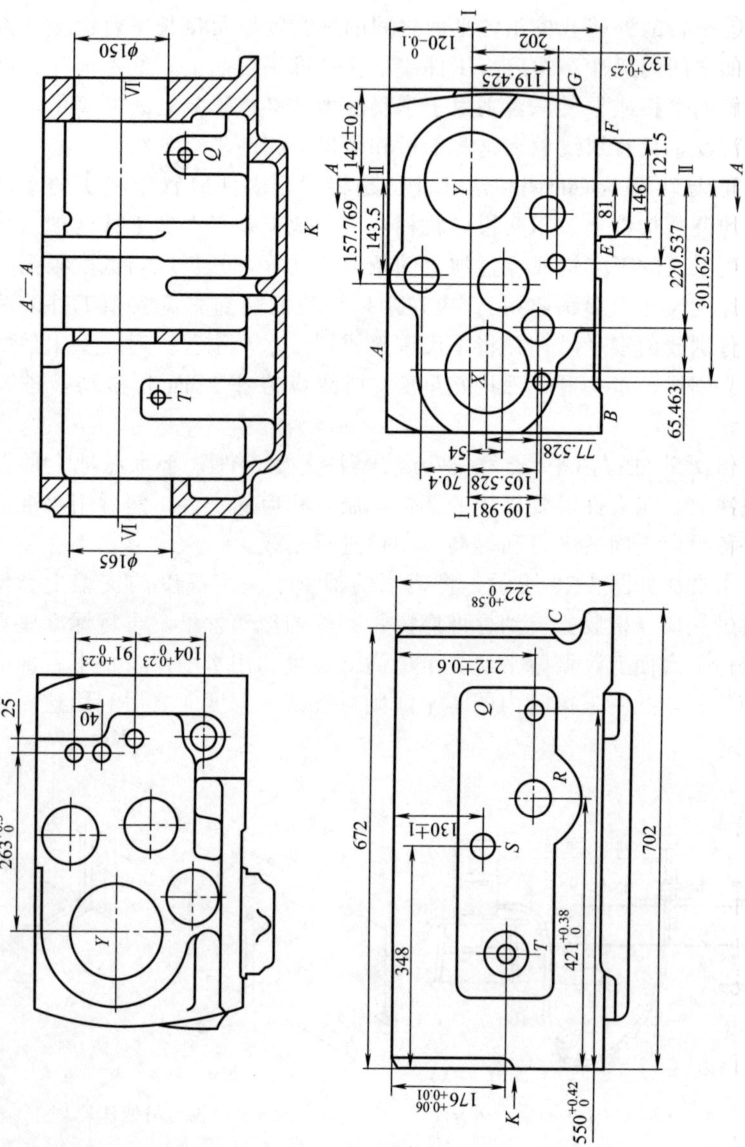

图 4-24　车床主轴箱体

度和水平仪，采用同样方法，依次校正其他平台面，使与地第一次校正的平台面平行。

⑤ 特大型工件划线的拉线与吊线法。拉线与吊线法适用于特大工件的划线，它只需经过一次吊装、找正，就能完成整个工件的划线，解决了多次翻转的困难。拉线与吊线法原理如图 4-23 所示，这种方法是采用拉线（$\phi 0.5 \sim 1.5mm$ 的钢丝，通过拉线支架和线坠拉成的直线）、吊线（尼龙线，用 30°锥体线坠吊直）、线坠、角尺和金属直尺互相配合通过投影来引线的方法。

（2）主轴箱划线　主轴箱是车床的重要部件之一，图 4-24 为卧式车床主轴箱箱体图，从图中可以看出，箱体上加工的面和孔很多，而且位置精度和加工精度要求都比较高，虽然可以通过加工来保证，但在划线时对各孔间的位置精度仍应特别注意。

该主轴箱体在一般加工条件下，划线可分为三次进行。第一次确定箱体加工面的位置，划出各平面的加工线；第二次以加工后的平面为基准，划出各孔的加工线和十字校正线；第三次划出与加工后的孔和平面尺寸有关的螺孔、油孔等加工线。

主轴箱箱体的划线步骤如下。

① 第一次划线。第一次划线时在箱体毛坯件上划线，主要是合理分配箱体上每个孔和平面的加工余量，使加工后的孔壁均匀对称，为第二次划线时确定孔的正确位置奠定基础。

a. 将箱体用三个千斤顶支承在划线平板上，如图 4-25 所示。

b. 用划线盘找正 X、Y 孔（制定轴孔、主轴孔都是关键孔）的水平中心线及箱体的上下平面与划线平板基本平行。

c. 用直角尺找正 X、Y 孔的两端面 C、D 和平面 G 与划线平板基本垂直，若差异较大，可能出现某处加工余量不足，应调整千斤顶与 A、B 的平行方向借料。

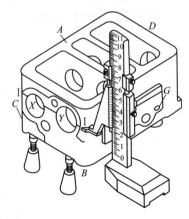

图 4-25　将箱体用三个千斤顶支承在平板上

d. 然后以 Y 孔内壁凸台的中心（在铸造误差较小的情况下，应与孔中心线基本重合）为依据，划出第一放置位置的基准线 I—I。

e. 再以 I—I 线为依据，检查其他孔和平面在图样所要求的相应位置上，是否都有充足的加工余量，以及在 C、D 垂直面上，各孔周围的螺孔是否有合理的位置，一定要避免螺孔有大的偏移，如果发现孔或平面的加工余量不足，都要进行借料，对加工余量进行合理调整，并重新画出 I—I 基准线。

f. 最后以 I—I 线为基准，按图样尺寸上移 120mm 划出上表面加工线，再下移 322mm 划出底面加工线。

g. 将箱体翻转 90°，用三个千斤顶支承，放置在划线平板上，如图 4-26 所示。

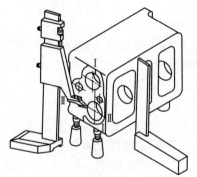

图 4-26　箱体翻转 90°并支承在平板上

h. 用直角尺找正基准线 I—I 与划线平板垂直，并用划线盘找正 Y 孔两壁凸台的中心位置。

i. 再以此为依据，兼顾 E、F（储油池外壁见图 4-24）、G 平面都有加工余量的前提下，划出第二位置的基准线 II—II。

j. 以 II—II 为基准，检查各孔是否有充足的加工余量，E、F、G 平面的加工余量是否合理分布；若某一部位的误差较大，都应借料找正后，重新划出 II—II 基准线。

k. 最后以 II—II 线为依据，按图样尺寸上移 81mm 划出 E 面加工线，再下移 146mm 划出 F 面加工线，仍以 II—II 线为依据下移 142mm 划出 G 面加工线（见图 4-24）。

l. 将箱体翻转 90°，用三个千斤顶支承在划线平板上，如图 4-27 所示。

m. 用直角尺找正 I—I、II—II 两条基准线与划线平板垂直。

n. 以主轴孔 Y 内壁凸台的高度为依据，兼顾 D 面加工后到 T、S、R、Q 孔的距离（确保孔对内壁凸台、肋板的偏移量不大），划出第三放置位置的基准线 III—III，即 D 面的加工线。

o. 然后上移 672mm 划出平面 C 的加工线。

p. 检查箱体在三个放置位置上的划线是否准确，当确认无误后，冲出样冲孔，转加工工序进行平面加工。

② 第二次划线。箱体的各平面加工结束后，在各毛孔内装紧中心塞块，并在需要划线的位置涂色，以便划出各孔中心线的位置。

a. 箱体的放置仍如图 4-25 所示，但不用千斤顶而是用两块平行垫铁安放在箱体地面和划线平板之间，垫铁厚度要大于储油池凸出部分的高度，应注意箱体地面与垫铁和划线平板的接触面要擦干净，避免因夹有异物而使划线尺寸不准。

b. 用高度游标卡尺从箱体的上平面 A 下移 120mm，划出主轴孔 Y 的水平位置 I—I。

c. 再分别以上平面 A 和 I—I 线为尺寸基准，按图样的尺寸要求划出其他孔的水平位置线。

d. 将箱体翻转 90°，如图 4-26 所示的位置，平面 G 直接放在划线板上。

e. 以划线平板为基准上移 142mm，用高度游标卡尺划出孔 Y 的垂直位置线（以主轴箱工作时的安放位置为基准）Ⅱ—Ⅱ。

f. 然后按图样的尺寸要求分别划出各孔的垂直位置线。

g. 将箱体翻转 90°，如图 4-27 所示的位置，平面 D 直接放在划线平板上。

h. 以划线平板为基准分

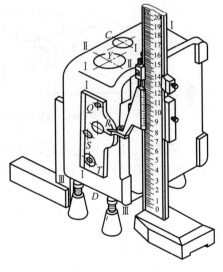

图 4-27　箱体再翻转 90°
支承在平板上

别上移 180mm、348mm、421mm、550mm，划出孔 T、S、R、Q 的垂直位置线（以主轴箱工作时的安放位置为基准）。

i. 检查各平面内各孔的水平位置与垂直位置的尺寸是否准确，孔中心距是否有较大的误差，若发现有较大误差，应找出原因，及时纠正。

j. 分别以各孔的水平线与垂直线的交点为圆心，按各孔的加工尺寸用划规划圆，并冲出样冲孔，转加工工序进行孔加工。

③ 第三次划线。在各孔加工合格后，将箱体平稳地放置于划线平板上，在需划线的部位涂色，然后以已加工平面和孔为基准划出各有关的螺孔和油孔的加工线。

（3）凸轮划线　在机修过程中，当凸轮损坏或磨损严重，需要更换，无备件也无零件图时，就需要测绘原凸轮轮廓曲线（工作曲线）。

① 分度法。图 4-28 所示为用分度头（或光学分度头）测绘凸轮轮廓的情况，有些凸轮，如圆柱凸轮在坐标镗床上进行测绘更方便。这种方法所测绘处的凸轮轮廓比较准确，尽管这样，所绘出的凸轮轮廓尚需进一步校正。

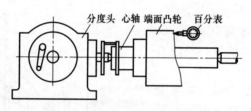

分度头　心轴　端面凸轮　百分表

图 4-28　用分度头测绘凸轮轮廓

② 拓印法。把凸轮轮廓复印到纸面上。但这样绘出的凸轮轮廓不够准确，更需对所测得的凸轮轮廓进行校正。

划线要点如下。

• "凸轮划线要准确、清晰，曲线连接要平滑，无用辅助线要去掉，突出加工线为正宗"。

• "凸轮曲线的公切点（如过渡圆弧的切点），明确标记于线中，定能方便机加工；曲线的起始点、装配'0'线等，也要明确给标清"。

• "样冲孔须重整，使其落在线正中，方便检查易加工"。

• "精度要求高的凸轮曲线，尚需经过装配、调整和钳工修整，直至准确才定型，划线时要看清工艺，留有一定余量为修正"。

划线步骤如下。

图 4-29 所示为铲齿车床用的等速上升曲线凸轮，即阿基米德螺

旋线凸轮。划线前工件外圆为 $\phi82\text{mm}$，其余部位都已加工到成品尺寸。其划线步骤如下。

a. 分析图样，装卡工件。选择划线的尺寸基准为锥孔和键槽，放置基准为锥孔。按孔配作一根锥度心轴，先将其加在分度头的三爪自定心卡盘中校正，再安装工件。

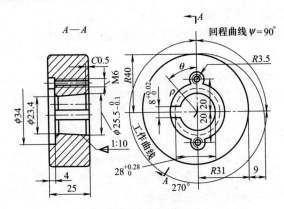

(a) 铲齿车床交换凸轮工件

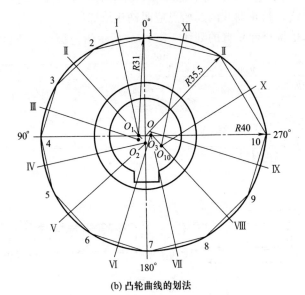

(b) 凸轮曲线的划法

图 4-29　等速运动曲线凸轮的划法

b. 划中心十字线。其中一条应是键槽中心线，取其为"0"位，即凸轮曲线的最小半径处。

c. 划分度射线。将270°工作曲线分成若干等份。等份数越多，划线精度越高。在此，取9等份，每等份占30°角。从0°开始，分度头每转过30°，划一条射线，共划10条分度射线。此外，在下降曲线的等分中点再划一条射线。

d. 定曲率半径。工作曲线总上升量是9mm，因此每隔30°应上升1mm。先将工件的"0"位转至最高点，用高度尺在射线1上截取 $R_1 = 31$ mm，得1点，依此类推，直至在射线10上截取 $R_{10} = 40$ mm，得第10点。然后，在回程曲线的射线11上，截取35.5mm，得第11点。

e. 连接凸轮曲线。取下工件，用曲线板逐点连接1～10各点得到工作曲线，再连接10、11、1三点，得回程曲线。主要连线上，曲线板应与工作曲线的曲率变化方向一致，每一段弧至少应有三点与曲线板重合，以保证曲线连接圆滑准确。

f. 冲样孔。在加工线上冲样孔，并去掉不必要的辅助线，着重突出加工线。凸轮曲线的起始点应明确作出标记。

（4）挖掘机起重臂的划线　图4-30所示为挖掘机起重臂工作图，

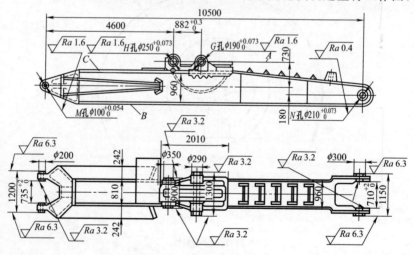

图 4-30　挖掘机起重臂工作

从图中可以看出工件的特点是长而笨重，呈窄长条形。工件上需要加工的孔和平面很多，这些孔表面与加工平面又是装配时的基准，这就要求保证每个孔与加工平面都有充足且较均匀的加工余量。

其具体划线步骤如下。

① 划第一划线位置

a. 将三个千斤顶按三角形稳妥地摆放在水泥地上。

b. 再把工件置于其上（切不可碰撞已校正的平台），如图 4-31 所示。

c. 调整千斤顶，用划针校正 B 面与平台基本平行，检查 B、C

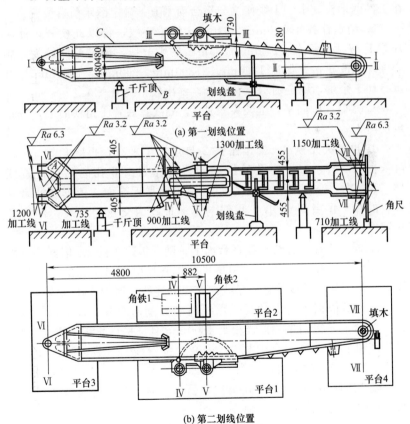

图 4-31　挖掘机起重臂工件的划线

面的中心线处于 M 孔凸台中心对称；并检查它至 N 孔尺寸（180mm）和 G、H 孔尺寸（730mm）以及 A 面，应都有较均匀的加工余量。

d. 随后依据 B、C 面和 M 孔凸台划出 M 孔第一位置线 Ⅰ—Ⅰ，并从 Ⅰ—Ⅰ 线下移 180mm，划出 N 孔的第一位置线 Ⅱ—Ⅱ；然后从 Ⅰ—Ⅰ 线上移 730mm，划出 G、H 孔的第一位置线 Ⅲ—Ⅲ，它也是 A 面的加工线。

② 划第二划线位置

a. 将工件翻转 90°，如图 4-31（b）所示，调整千斤顶，用角尺在工件两端校直 Ⅰ—Ⅰ 线使之与平台面垂直，确定图示前后位置。

b. 用划针找正 810mm、910mm 的中心线，再以此检查，使刚好等于 M、N 孔处 710mm、735mm 的平分线，如果差异较大，则应该加以改正，并保证 1150mm、1300mm、900mm、1200mm 厚度留有加工余量，确定图示左右位置，划出校正线 A—A。

c. 然后在中间平台上装夹角铁 1，划线盘底置于角铁面上，校正角铁面 Ⅰ—Ⅰ 线平行。

d. 再装夹角铁 2，校正角铁 2 与角铁 1 垂直，拆除角铁 1，即可依据 G、H、M、N 孔外缘凸台，首先划出 Ⅱ 孔的第二位置线 Ⅳ—Ⅳ（另一端端面上的垂线，可用角尺靠近端面，依据在凸台端头上的 Ⅳ—Ⅳ 引划），Ⅳ—Ⅳ 线与 Ⅲ—Ⅲ 线两交点的连线，即为 Ⅱ 孔轴线。

e. 同时将 Ⅳ—Ⅳ 线划在平台面上，随后拆除角铁 2；依据平台面上的 Ⅳ—Ⅳ 线右移 882mm，用角尺和钢直尺引划出 1 孔的第二位置线 Ⅴ—Ⅴ，Ⅴ—Ⅴ 线与 Ⅲ—Ⅲ 线两交点的连线，即为 Ⅰ 孔轴线。

f. 然后依据平台上的 Ⅳ—Ⅳ 线两端分别向左移 4800mm，划在 3、4 平台上，得到 Ⅳ—Ⅳ 线相距 4800mm 且又平行的线，依据此线，用角尺和金属直尺配合引划 M 孔第二位置线 Ⅵ—Ⅵ，Ⅵ—Ⅵ 线与 Ⅰ—Ⅰ 线两焦点的连线，即为 M 孔轴线。

g. 用同样方法划出 N 孔第二位置线 Ⅶ—Ⅶ，Ⅶ—Ⅶ 线与 Ⅱ—Ⅱ 线两交点的连线，即为 N 孔轴线。

h. 接着划 G、H、M、N 孔两端面加工线，即以 A—A 线分别划出各孔上、下端面的加工线。

第二节 切削性操作技能

切削性操作主要是指靠手工来加工金属配件的各种工艺，如錾削、锯削、锉削、刮削、钻孔、扩孔、铰孔、锪孔、攻螺纹、套螺纹，刮削和研磨等。

一、錾削

用手锤击打錾子进行金属切削加工的操作称为錾削。

（1）錾削基本方法　錾子用左手中指、无名指和小指松动自如地握持，拇指和食指自然地接触，錾子头部伸出 20～25mm，如图 4-32 所示。

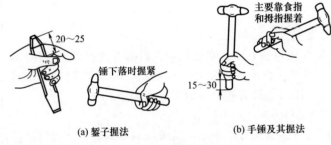

(a) 錾子握法　　　　　　　　(b) 手锤及其握法

图 4-32　錾子和手锤的握法

手锤用右手拇指和食指握持，当锤击时其余各指才握紧。锤柄端头伸出 15～30mm，如图 4-32（b）所示。

① 錾削时的姿势。錾削时的姿势应便于用力，不易疲倦，如图 4-33 所示，同时挥锤应自然，眼睛应注视錾刃。

② 錾削过程。起錾时，錾子要握平或将錾子略向下倾斜，以便切入工件，如图 4-34 所示。

錾削时，錾子要保持正确的位置和前进方向，如图 4-34（b）所示。锤击用力应均匀。

錾出时，应调头錾切余下部分，以免工件边缘部分崩裂，如图 4-34

图 4-33　錾削时的姿势

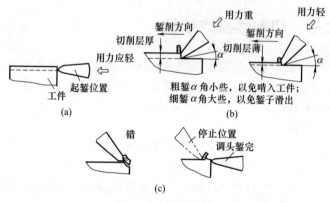

图 4-34　錾削过程

（c）所示。

（2）錾削操作技巧

① 錾切板料的方法。常见錾切板料的方法有以下三种。

a. 工件夹在台虎钳上錾切。錾切时，板料按划线（切断线）与钳口平齐，用扁錾沿着钳口并斜对着板料（约成 45°角）自右向左錾切（见图 4-35）。

錾切时，錾子的刃口不能正对着板料錾切，否则板料的弹动和变形会造成切断处产生不平整或出现裂缝（见图 4-36）。

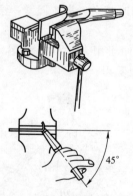

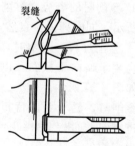

图 4-35　在台虎钳上錾切板料　　　图 4-36　不正确的錾切薄料方法

b. 在铁砧上或平板上錾切。尺寸较大的板料，在台虎钳上不能夹持，应放在铁砧上錾切（见图 4-37）。切断用的錾子，其切削刃应磨有适当的弧形，这样既便于錾削而且錾痕也齐整（见图 4-38）。錾子切削刃的宽度应视需要而定，当錾切直线段时，扁錾切削刃可宽些，錾切曲线段时，刃宽应根据曲率半径的大小决定，使錾痕能与曲线基本一致。

图 4-37　在铁砧上錾切板料

(a)用圆板刃錾錾痕易齐正　(b)用平刃錾錾痕易错位

图 4-38　錾切板料方法

錾切时应由前向后拍錾，錾子斜放，似剪切状，然后逐步放垂直，依次錾切（见图 4-39）。

c. 用密集钻孔配合錾子錾切。当工件轮廓线较复杂时，为了减少工件变形，一般先按轮廓线钻出密集的排孔，然后再用扁錾、狭錾逐步錾切（见图 4-40）。

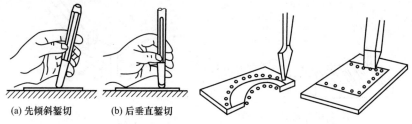

(a) 先倾斜錾切　　(b) 后垂直錾切

图 4-39　錾切步骤

图 4-40　用密集钻孔配合錾切

② 錾削平面的方法

a. 起錾与终錾。起錾应先从工件的边缘尖角处，将錾子向下倾斜（见图 4-41），轻轻敲打錾子，同时慢慢把錾子移向中间，然后按正常錾削角度进行錾削。若必须采用正面起錾的方法，此时錾子刃口要贴住工件的端面，錾子头部仍向下倾斜（见图 4-42），轻轻敲打錾子，待錾出一个小斜面，再按正常角度进行錾削。

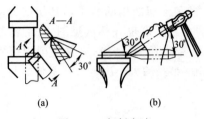

(a)　　　　　(b)

图 4-41　起錾方法

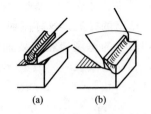

(a)　　(b)

图 4-42　錾到尽头时的方法

　　终錾即当錾削快到尽头时，应防止工件边缘材料的崩裂，尤其是錾铸铁、青铜等脆性材料时要特别注意，当錾削接近尽头 10～15mm 时，必须调头再錾去余下的部分见图 4-42。

　　b. 錾削平面。錾削平面采用扁錾，每次錾削材料厚度为 0.5～2mm。在錾削较宽的平面时，当工件被切削面的宽度超过錾子切削刃的宽度时，要先用狭錾以适当的间隔开出工艺直槽（见图 4-43），然后再用扁錾将槽间的凸起部分錾平。

　　在錾削较窄的平面时（如槽面凸起部分），錾子的切削刃最好与切削前进方向倾斜一个角度（见图 4-44），使切削刃与工件有较多的接触面，这样錾削过程更平稳。

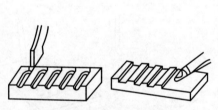

图 4-43　錾削较大平面

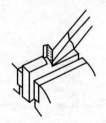

图 4-44　錾削较窄平面

　　錾削油槽（见图 4-45）时，应根据图样上油槽的断面形状、尺寸进行刃磨，同时在工件需錾削油槽部位划线。起錾时錾子要慢慢地加深尺寸要求，錾到尽头时刃口必须要慢慢翘起，以保证槽底圆滑过渡。如果在曲面上錾油槽，錾子倾斜情况应随着曲面而

图 4-45　錾削油槽

变动，使錾削时后角以保持不变，保证錾削顺利进行。

（3）錾削注意事项

① 起錾位置要准确，起錾时，检查工件是否松动。

② 调整好后角并保持錾削角度不变，同时注意锤击节奏，用力均匀。

③ 快到尽头时要及时掉转方向再錾削。

二、锯削

用手锯把原料和零件割开，或在其上锯出沟槽的操作叫做锯削。

（1）锯削基本方法

① 锯条的安装。安装锯条时，要求锯条的齿尖必须朝向前推方向，以便锯条向前推时起到切削作用。同时，安装的松紧程度应适当。

② 工件安装。工件一般夹持在台虎钳的左侧，锯割线与钳口端面应平行，工件伸出部分应尽量贴近钳口。

③ 手锯的握法。常见的握法有右手（后手）握锯柄，左手（前手）轻扶锯弓前端，如图4-46所示。

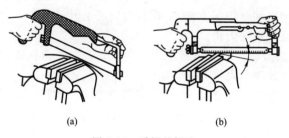

(a)　　　　　　　　　　　　　(b)

图4-46　手锯的握法

④ 起锯。起锯时，用左手拇指靠住锯条，起锯角略小于15°。起锯角度过大，锯齿易崩碎；起锯角度太小，锯齿不易切入。起锯操作时，行程要短，压力要小，速度要慢，起锯角度要正确。

⑤ 锯削。锯削时，推力和压力主要由右手控制，左手主要是配合右手扶正锯弓，压力不应过大。推锯时为切削行程，应施加压力；向后回拉时不切削，不应施加压力。锯削速度一般控制为40～50次/min，在整个锯削过程中，应充分利用锯条的有效长度。

（2）锯削操作技巧

① 锯削下料。

a. 锯削管材。锯削管材时，首先要做好管材的正确夹持。对于薄壁管材和精加工后的管件，应夹在有 V 形槽的木垫之间，防止管材夹扁和夹坏管材表面，如图 4-47 所示。

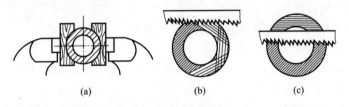

(a)　　　　　　　　　　(b)　　　　　　　　(c)

图 4-47　管子的锯削

锯削时不要在一个方向上从起锯开始直到锯断，因为这样锯齿容易被管壁钩住而崩断，尤其是薄壁管材更容易发生这种现象。正确的方法是每个方向只锯到管子的内壁处，然后将管子转过一定的角度，再锯到管子的内壁处，如此逐渐转动管子，改变角度，直到锯断为止，如图 4-47（b）、（c）所示。薄壁管子转动时，使已锯的部分向锯条推进方向转动（切削方向）。锯棒料时不必转动棒料，夹持后，从起锯开始直到锯完为止。

b. 锯削型材。锯削槽钢应从三面来锯，锯削角钢需锯两面，零件必须不断地改变夹持方向，如图 4-48 所示。

c. 锯削扁钢（见图 4-49）。为了得到整齐的锯口，锯削扁钢时应从扁钢较宽的面下锯，这样锯缝较浅，锯条不易被卡住。选用适当的切削液，以加快锯削速度。

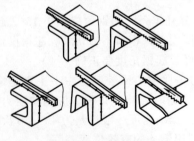

图 4-48　锯削型材

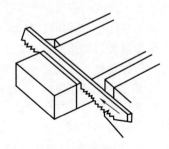

图 4-49　锯削扁钢

d. 锯削薄板料。如图 4-50 所示，锯削前将薄板料两侧用木板夹住，夹在台虎钳上，然后再锯削，锯削时不宜用力过大，应均匀用力。

② 锯削加工

a. 去除多余的材料。

ⓐ 按工件图样对长方钢 [见图 4-51 (a)] 的端部划线。

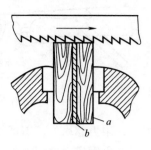

图 4-50　锯削薄板料
a—木夹件；b—薄板料

ⓑ 将长方钢的端部向上夹持在台虎钳上，按所划的线从上往下锯削到尺寸线。

ⓒ 将长方钢的端部向下，按图样要求的角度夹在台虎钳右侧，先稳定锯口，再从上往下锯削到尺寸线。两锯口相交后，多余材料锯下，如图 4-51 (b)、(c) 所示。

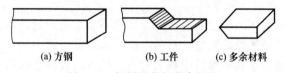

(a) 方钢　　　　(b) 工件　　　　(c) 多余材料

图 4-51　锯削长方钢多余材料

b. 锯削开槽。图 4-52 是在螺钉头端开槽，如槽宽适当可在锯架上同时上两根锯条进行开槽加工。图 4-52 (b) 是在长方钢上开槽，可先划线钻孔，然后按线锯削，将多余料去掉。

c. 锯削深缝。锯削深缝时，应将锯条在锯架上转动 90°，操作时使锯架放平，手握锯架进行推锯，用力应平稳，如图 4-53 所示，但锯削宽度不能超过锯条到锯架的距离。

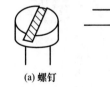

(a) 螺钉　　　　(b) 长方钢

图 4-52　锯削开槽

图 4-53　锯削深缝

③ 锯割曲线。在特殊情况下，一般的曲线可以通过锯割获得，如图 4-54 所示（一般指薄板料）。锯割加工之前，应将锯条磨窄一

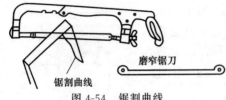

锯割曲线

磨窄锯刀

图 4-54　锯割曲线

些，使锯条在锯缝中增大原有的摆动量（和木工线锯同一道理）。如曲线超过一定的限度就无法完成曲线锯割。

操作时，应用手劲控制锯道，用力要均匀，不可过大，否则会因锯条强度过低而折断。

在角钢或者槽钢需要弯制成一定角度时，往往利用锯削来进行，如果是角钢，在划完线后可采用锯削，在角钢的一个边上将多余的料锯下，如图 4-55 所示，如果是槽钢则需用相同的方法在两侧进行锯削加工。

图 4-55　开角度坡口槽

（3）锯削时注意事项

① 起锯时压力要适中且均匀，速度不要太快，起锯角应合适。

② 碰到杂质时应减速，锯断时压力和速度应减小。

③ 新装锯条在旧锯缝中被卡时应改换方向或减速锯割。

三、锉削

（1）锉削基本方法

① 工件安装。工件必须牢固地装夹在台虎钳钳口的中间，并略高于钳口，夹持已加工表面时，应在钳口与工作间垫以铜片或铝片。

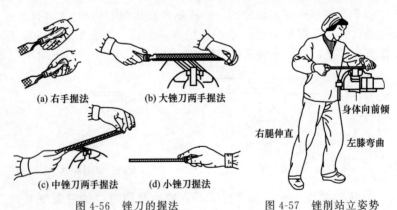

(a) 右手握法　　　(b) 大锉刀两手握法

(c) 中锉刀两手握法　　(d) 小锉刀握法

图 4-56　锉刀的握法

身体向前倾

右腿伸直　　左膝弯曲

图 4-57　锉削站立姿势

② 锉刀握法。锉削时，一般右手握锉柄，左手握住（或压住）锉刀，如图 4-56 所示。

③ 锉削姿势及施力。锉削站立姿势如图 4-57 所示，两手握住锉刀放在工件上，右小臂同锉刀成一直线，并与锉削面平行；左小臂与锉面基本保持平行。

锉削时，两手施力变化如图 4-58 所示。锉刀前推时加压并保持水平，返回时不加压力，以减少齿面磨损。

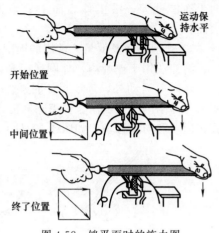

运动保持水平

开始位置

中间位置

终了位置

图 4-58　锉平面时的施力图

（2）锉削操作技巧

① 锉削平面。常用的锉削平面方法有顺锉法、交叉锉法、推锉法三种。

顺锉法是最基本的锉法，适用于较小平面的锉削，如图 4-59（a）所示。顺锉可得到正直的锉纹，使锉削的平面较为整齐美观，其中左图多用于粗锉，右图只用于修光。

交叉锉法适用于粗锉较大的平面，如图 4-59（b）所示。由于锉刀与工件接触面增大，锉刀易掌握平衡，因此交叉锉易锉出比较平整的平面。交叉锉之后要转用图 4-59（b）右图所示的顺锉法或图 4-59（c）所示的推锉法进行修光。

推锉法仅用于修光，尤其适宜窄长平面或用顺锉法受阻的情况。

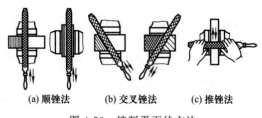

(a) 顺锉法　　　(b) 交叉锉法　　　(c) 推锉法

图 4-59　锉削平面的方法

两手横握锉刀，沿工件表面平稳地推拉锉刀，可得到平整光洁的表面。

② 锉削弧面及倒角。常用的锉削弧面及倒角方法有滚锉法。

滚锉法用于锉削内、外圆弧面和内、外倒角。锉削外圆弧面时，锉刀除向前运动外，还要沿工件被加工圆弧面摆动，如图 4-60（a）所示；锉削内圆弧面时，锉刀除向前运动外，锉刀本身还要做一定的旋转运动和向左移动，如图 4-60（b）所示。

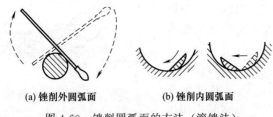

(a) 锉削外圆弧面　　　　　(b) 锉削内圆弧面

图 4-60　锉削圆弧面的方法（滚锉法）

（3）锉削注意事项

① 锉削操作时，锉刀必须装柄使用，以免刺伤手。

② 台虎钳淬火处理时，不要锉到钳口上，以免磨钝刀和损坏钳口。

③ 锉削过程中，不要用手抚摸工件表面，以免工件沾上汗渍和油脂，再次锉削时打滑。

④ 锉下来的屑末不要用嘴吹，应用毛刷清除，以免进入人眼。

四、攻螺纹与套螺纹

1. 攻螺纹

用丝锥加工内螺纹的操作叫做攻螺纹。

（1）攻螺纹基本方法　现以手工攻螺纹为例介绍其基本方法及步骤，如图 4-61 所示。

① 确定螺纹底孔直径和螺纹孔的中心，并在孔的中心打出样冲眼，选用合适的钻头钻螺纹底孔，如图 4-61 所示。

② 在孔口两端倒角，以便丝锥切入，防止孔口产生毛边或螺纹牙崩裂，如图 4-61 所示。

③ 根据丝锥大小选择合适的铰杠。工件装夹在台虎钳上，应保证螺纹孔的轴线与台虎钳的钳口垂直。

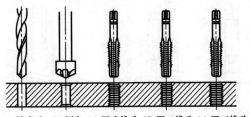

(a) 钻底孔 (b) 倒角 (c) 用头锥攻 (d) 用二锥攻 (e) 用三锥攻

图 4-61　攻螺纹步骤

④ 用头锥攻螺纹时，将丝锥头部垂直放入孔内，然后用铰杠轻压旋入，如图 4-62 所示。继续转动，直至切削部分全部切入后，就用两手平稳地转动铰杠，这时可不加压力而旋到底。为了避免切屑过长而缠住丝锥，每转 1~2 转后应轻轻倒转 1/4 转，以便断屑和排屑。

⑤ 用二锥攻螺纹时，先用手指将丝锥旋进螺纹孔，然后再用铰杠转动，旋转铰杠时不需加压。

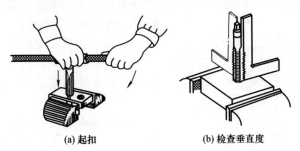

(a) 起扣　　　　　　　　　　**(b) 检查垂直度**

图 4-62　用头锥攻螺纹方法

（2）攻螺纹操作技巧

① 工件上底孔的孔口要倒角，通孔螺纹应用两面倒角，使丝锥容易切入和防止孔口的螺纹牙崩裂。

② 开始攻削螺纹时，在铰杠手柄上施加均匀压力，帮助丝锥切入工件，保持丝锥与孔端面垂直，当切入 1~2 转后，应通过目测校正丝锥的垂直度，也可采用直角尺和有直边的物件检查垂直情况，如用导向套和螺距相同的精制螺母等进行校正。如图 4-63 所示，以保证丝锥切入 3~4 转后与端面垂直。

③ 当切削刃全部攻入工件后，两手均匀将螺纹攻出，铰杠每转

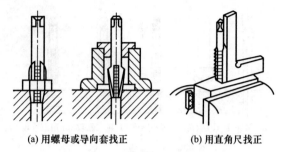

(a) 用螺母或导向套找正　　　(b) 用直角尺找正

图 4-63　丝锥垂直度的校正方法

动 1/2～1 转，应倒转 1/3 转，使切屑碎断后容易排除。在攻 M5 以下螺纹或塑性较大的材料与深孔时，铰杠每转动不到 1/2 转就要倒转。

④ 攻盲孔螺纹时，要经常退出清屑，尤其是快要攻到底部时更应注意，以免将丝锥折断。

⑤ 攻削过程中要经常对丝锥攻削部位添加切削液，以减小切削阻力，改善螺纹粗糙度。

⑥ 机动攻螺纹如图 4-64 所示。

a. 根据工件的材料、所攻螺纹的深度和丝锥的大小等情况，选择合适的攻螺纹安全夹头。

b. 选择合适的切削速度。一般情况下，丝锥直径小的速度可高一些；丝锥直径越大，速度应越低。螺距大的也应选择低速。可参考以下数值确定转速：一般材料 6～15m/min，调质钢或较硬钢 5～

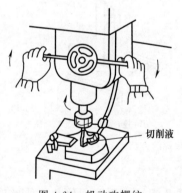

切削液

图 4-64　机动攻螺纹

15m/min，不锈钢 2～7m/min，铸铁 8～10m/min。

c. 当丝锥即将切入螺纹底孔时，进刀要慢，以免把丝锥牙撞坏；开始攻削时，应手动操纵进刀手柄，施加均匀压力，帮助丝锥切入工作；当切削部分全部切入后，应停止施加压力，靠丝锥自行切入，以免将牙型切废。

d. 攻通孔螺纹时，丝锥的校准部分不能全部出头，否则退出丝锥时会产生乱牙现象。

e. 当丝锥切入工件以后，应经常添加切削液，并经常倒转或退出丝锥排屑。

f. M16以上的螺纹应考虑采用机动方式攻螺纹，一是减轻手工劳动，二是攻出的螺纹与孔平面垂直度好，质量、效率也好。

（3）攻螺纹的注意事项

① 根据工件上螺纹孔的规格，正确选择丝锥，先头锥后二锥，不可颠倒使用。

② 工件装夹时，要使孔中心垂直于钳口，防止螺纹攻歪。

③ 用头锥攻螺纹时，先旋入1～2转后，检查丝锥是否与孔端面垂直。当切削部分已切入工件后，每转1～2转应反转1/4转，以便切屑断落，同时不能再施加压力（即只转动不加压），以免丝锥崩牙或攻出的螺纹齿较瘦。

④ 攻钢件上的内螺纹，要加机油润滑，使螺纹光洁、省力和延长丝锥使用寿命；攻铸铁上的内螺纹可不加润滑剂；攻铝及铝合金、紫铜上的内螺纹，可加乳化液。

⑤ 不要用嘴直接吹切屑，以防切屑飞入眼内。

2. 套螺纹

用板牙或螺纹切头加工外螺纹的操作叫做套螺纹。

（1）套螺纹基本方法

① 确定圆杆直径，并在圆杆端部倒角，使板牙对准工件的中心并易切入，如图4-65所示。

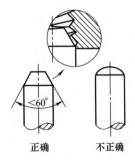

图 4-65　工件倒角

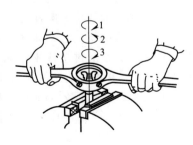

图 4-66　套螺纹

② 工件装夹：用 V 形块衬垫或厚软金属衬垫将圆杆牢固地装夹在台虎钳上。圆杆轴线应与钳口垂直，同时，圆杆套螺纹部分不要伸出钳口过长。

③ 将装有板牙架的板牙套在圆杆上，应始终保证板牙端面与圆杆轴线垂直。

④ 套螺纹：开始转动板牙架要稍加压力，当板牙已切入圆杆后，不再加压，只需均匀旋转。为了断屑，应常反转，如图 4-66 所示。

（2）套螺纹操作技巧

① 为了便于板牙切削部分切入工件并正确引导，在工作圆杆端部应有 15°～20°的倒角。

② 板牙端面与圆杆轴线应保持垂直。为了防止圆杆夹持偏斜和夹出痕迹，圆杆应装夹在用硬木制成的 V 形钳口或软金属制成的衬垫中。

③ 在开始套螺纹时，用一只手掌按住圆板牙中心，沿圆杆轴向施加压力，并转动板牙铰杠，另一只手配合顺向切进，转动要慢，压力要大。

④ 当圆板牙切入圆杆 1～2 转时，应目测检查和校正圆板牙的位置。当圆板牙切入圆杆 3～4 转时，应停止施加压力，让板牙依靠螺纹自然引进。

⑤ 在套螺纹过程中也应经常倒转 1/4～1/2 转，以防切屑过长。

⑥ 套螺纹应适当添加切削液，以降低切削阻力，提高螺纹质量和延长板牙寿命。

（3）套螺纹的注意事项

① 每次套螺纹前要将板牙排屑槽内以及螺纹内的切屑清除干净。

② 套螺纹前要检查圆杆直径大小和端部倒角。

③ 套螺纹时切削转矩很大，易损坏圆杆的已加工面，所以应使用硬木制的 V 形槽衬垫或用厚铜板作保护片来夹持工作。工件伸出钳口的长度，在不影响螺纹要求长度的前提下，应尽量短。

④ 套螺纹时，板牙端面应与圆杆垂直，操作时用力要均匀。开始转动板牙时，应稍加压力，套入 3～4 牙后，可只转动而不加压，并经常反转，以便断屑。

⑤ 在钢制圆杆上套螺纹时应加机油润滑。

五、钻孔与扩孔

1. 钻孔

用钻头在实体材料上加工出孔的操作称为钻孔。

（1）钻孔基本方法

① 先把已划完线的孔中心冲出样冲眼，扩大孔眼时应注意保持样冲眼与原样冲眼中心一致，这样钻头容易定位又不偏离中心，然后用钻头钻一浅坑，检查钻出的浅坑与所划的圆加工线（证明线）位置是否一致，若不一致应及时纠正后再将孔钻出。纠正偏差的方法有两种。

a. 在浅坑中修正样冲眼偏移量，重新打样冲眼，用小钻头钻一段深度后再按小孔位置钻孔。

b. 钻头较大时，在浅坑偏移方向上用样冲或凿子凿几道沟，如图 4-67 所示。这样再钻就可以借正。当钻出的孔坑与所划的证明线圆相一致时，将工件压紧正式钻孔。

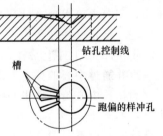

图 4-67　凿槽法调整孔的偏移

② 钻通孔时，孔要钻透前，采用手动进给的应减少压力，采用自动进给的最好变为手动进给或减小走刀量，以防止钻头刚钻穿工件时轴向力突然减小使钻头以很大的进给量自动切入，造成钻头折断或钻孔质量降低等现象。

③ 钻盲孔时，应调整好钻床上深度标尺挡块或实际测量钻出孔的深度，以控制钻孔深度的准确性。

④ 钻 1mm 以下的小直径孔时，由于钻头过细、强度较弱和螺旋槽较窄，不易排屑，钻头容易折断。钻孔时要注意：开始钻进时进给力要轻，防止钻头弯曲和滑移；钻削过程中要及时排屑，添加切削液；进给力应小而平稳；在没有微动进给的钻床上钻微孔时，应设微调装置；钻小孔时，要选择精度较高的钻床并应选择较高的速度进行钻孔。

⑤ 钻深孔时，一般钻到钻头直径 3 倍深度左右时，需要将钻头提出工件外以排屑，以后每钻进一定深度，钻头均应提出排屑，以免钻

头因切屑阻塞而折断。

对于深度超过钻头长度或更深的孔，可采用直杆或锥杆长钻头及加长杆钻头钻孔，一般都由工厂自制。自制钻头如图 4-68 所示。

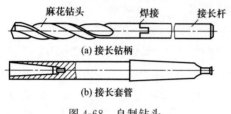

(a) 接长钻柄

(b) 接长套管

图 4-68　自制钻头

自制的长钻头在钻头与接杆连接处，强度要足够，外圆要修光滑，接口部位尺寸不得超过钻头尺寸。

⑥ 钻直径 30mm 以上的孔要分两次或三次钻削，先用较小直径钻头钻出中心孔，深度应大于钻头（如果钻头效果好），再用 5~7 倍的钻头钻孔，最后用所需孔径的钻头将孔钻出（一般钻直径 60~100mm 的孔需三次钻成）。这样可以减小轴向压力、保护机床，同时也可以提高钻孔质量。

（2）钻孔操作技巧

① 圆柱形工件上钻孔。在轴类或套类等圆柱形工件上钻出与轴心垂直并通过中心的孔，如图 4-69 所示。

当钻孔中心与工件中心线的对称精度要求较高时，定做一个定心工具，如图 4-70 所示。钻孔前先找正钻床主轴中心与放置工件的 V 形铁的中心位置，使它们保持在一个轴线上，方法为：将定心工具夹紧在钻卡上（或装入钻套内），使其锥度部分与 V 形铁找正，试钻一个浅坑，看中心是否准确。

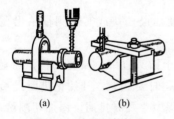

(a)　　(b)

图 4-69　柱形工件钻孔

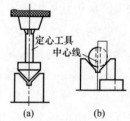

(a)　　(b)

图 4-70　柱形工件的找正

当对称度要求不高时，可利用钻头的顶尖找正 V 形铁的中心位置，然后用角尺找正工件端面的中心线，并使钻头尖对准中心进行试钻和钻孔，如图 4-70 所示。

② 斜面上钻孔

a. 当斜面的角度不大时，可适当将工件样冲眼打大些，用小钻头钻一定深度的孔。

b. 钻孔前，先用铣刀在斜面上铣出一个平面或用凿子在斜面上凿出一个小平面，然后再划线钻孔，如图 4-71 所示。

c. 可用圆弧刃多能钻直接在斜面上将孔钻到一定深度，再换钻头将孔钻出。圆弧刃多能钻一般自行磨制，如图 4-72 所示。这种钻头类似棒铣刀，圆弧刃上各点均成相同后角（6°～12°），横刃经过修磨，钻头的长度要

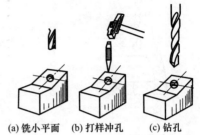

(a) 铣小平面　(b) 打样冲孔　(c) 钻孔

图 4-71　铣（凿）出平面钻孔

短，以增强刚度。一般用短钻头磨制，钻孔时虽然单面受力，由于刃成弧形钻头，所受的径向力要小些，改善了偏切受力条件。钻孔选择低转速手动进给。

d. 钻斜孔时，一般要将工件用垫铁垫起一定的角度或使用能调角度的工作台，调整工件使要钻的孔成垂直状态。

e. 批量大的工件，有条件的话可设计专门钻斜孔的定位钻模（或其他定位模具）来进行钻孔。

③ 缺圆孔（半圆孔）钻孔。工件上的半圆孔钻削时，可将工件与相同材料的物体并在一起夹在平口钳上，也可以用工装将它们夹紧在一起或采用点焊方法焊接在一起，找出中心孔后钻孔，分开后就是要钻的半圆孔，如图 4-73 所示。

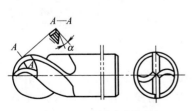

图 4-72　圆弧刃多能钻

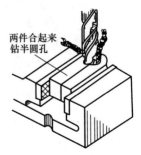

两件合起来钻半圆孔

图 4-73　钻半圆孔

钻缺圆孔是将与工件相同的材料嵌入工件内，与工件合在一起钻孔，然后将填充材料取出来，如图4-74所示。

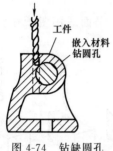

图4-74　钻缺圆孔

图4-75　钻大半圆孔钻头

在钻缺圆孔时，也可采用半孔钻钻出。大于半径的孔根据钻头直径的大小，60°尖顶部要有足够的钻孔强度，两刃要平直对称，如图4-75所示。钻小于或等于半径的孔，钻头要磨成图4-76所示形状，切削刃要对称平直，转速要低，进给量要小。

④ 钻骑缝孔。在连接件上钻"骑缝"孔，例如轮圈与轮毂、轴承套与座等连接部位缝隙处装"骑缝"螺钉或销钉。此时尽量用短的钻头，钻头伸出钻夹外的长度要尽量短，钻头的横刃也要尽量磨窄，以增加钻头刚度，加强定心作用，减少偏斜现象。如两配合件的材料不相同，则钻孔的样冲眼应打在略偏于硬材料一边，以防止钻孔偏向软材料一边，钻孔方法如图4-77所示。

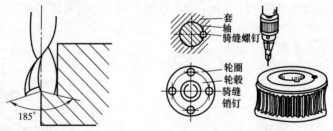

图4-76　钻小于或等于半径的孔钻头　　图4-77　钻骑缝孔

⑤ 模具钻孔。在批量生产和小批量生产中，可制作专用钻模进行钻孔，如图4-78所示。这样既可省去划线工作，又大大地提高了孔的尺寸精度和位置精度，使工件具备了可靠的互换性能，提高了产

品质量和生产效率。由于工件大小不同、结构不同，钻孔模要根据工件的具体结构设计制造。

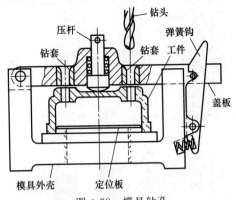

图 4-78　模具钻孔

（3）钻孔注意事项

① 工件装夹紧固，钻头应夹正，工件与钻头垂直，钻床主轴与台面垂直。

② 钻孔时应及时加切削液，切削速度要合理，不能使工件温度过高。

③ 钻头应经常退出，使切屑排出。

2. 扩孔

扩孔钻对工件上已有的孔进行扩大加工称为扩孔。扩孔的质量比钻孔高，常作为孔的半精加工，它普遍用作铰孔前的预加工。

（1）扩孔基本方法

扩孔切削与钻孔切削类似，但扩孔切削速度为钻孔切削速度的 1/2。

（2）扩孔操作技巧

① 锥柄扩孔钻。又称锥柄三刃扩孔钻，分有两个精度等级。用于铰孔前扩孔的为 1 号精度，用于 H11 级精度孔最后加工的为 2 号精度，其规格为 10～32mm，为整数尺寸。

② 套式扩孔钻。用于较大孔的扩孔，常用的规格有 25mm、26mm、28mm、30mm、32mm、34mm、35mm、36mm、38mm、40mm、42mm、44mm、45mm、46mm、48mm。1 号精度为铰前扩孔，2 号精度用于 H11 级精度孔的最后加工。套式扩孔钻（图 4-79）使用时应自行按铰刀孔尺寸配置刀杆。若使用扩孔钻扩孔，钻孔时应留扩孔余量。

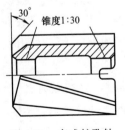

图 4-79　套式扩孔钻

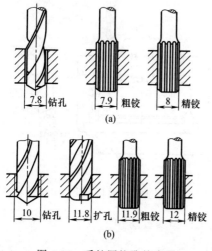

图 4-80 手铰圆柱孔的步骤

六、铰孔

用铰刀对孔进行微量切削，以提高孔的尺寸精度和表面质量的操作称为铰孔。

（1）铰孔基本方法 以手铰圆柱孔为例介绍铰孔基本方法及步骤。

手铰圆柱孔的步骤如图4-80所示。

铰孔前，要合理选择加工余量，一般粗铰时余量为0.15～0.25mm，精铰时为0.05～0.15mm。要用百分尺检查铰刀直径是否合适。

铰孔时，铰刀应垂直放入孔中，然后用手转动铰杠并轻压，转动铰刀的速度要均匀。铰削时，铰刀不能反转，以免崩刃和损坏已加工表面；使用切削液，以提高孔的加工质量。

（2）铰孔操作技巧

① 手工铰孔。手工铰销主要用在较小的孔、机器部件、零件装配后机床不能加工部位的孔或各种考核工件上精度要求高的孔。在生产中要尽量采用机械铰孔的方法。

手工铰孔操作技巧如下。

a. 对于较小的工件，一般在台虎钳上进行铰孔，此时，工件夹持要正确，对薄形工件的夹紧力不要太大，以免将孔夹变形。

b. 铰刀在铰杠上装夹后，将铰刀插入孔内，用直角弯尺校正，使铰刀与孔的端面垂直，两手持铰杠柄部，稍加均衡压力，按顺时针方向扳动铰杠对孔进行铰削。

c. 铰孔中严禁倒转，如在铰削中旋转困难时，仍按顺时针方向边转边用力向上提起，查明原因，处理故障后再次进行铰削。

d. 铰削时，切屑碎末容易粘在刀刃上（尤其是对铜材料的铰削），要经常提起铰刀并清除掉碎末。

e. 要经常变换铰刀的停歇位置，避免产生凹痕。

f. 铰削锥孔时，底孔的留量要合适，留量大了会增加切削量（因铰刀刃与锥孔的深度几乎是全接触），加大铰削的难度。

② 机动铰孔。在铰削圆柱孔时，切削速度和进刀量的选择要适当。铰削时转速不能太高，否则铰刀容易磨损和产生积屑瘤而影响加工质量；进给量不能太小，因为切屑厚度太小，铰刀是以很大的压力推挤被切削的材料，这样被碾过的材料会产生塑性变形和表面硬化，这种被推挤而形成的凸峰，当后部刀刃切入时，会撕去大片切屑，破坏表面粗糙度，同时也加快铰刀的磨损。

普通高速钢铰刀切削铸铁时，切削速度不应超过 10m/min，进给量在 0.8m/r 左右；切削钢料时，切削速度不应超过 8m/min，进给量在 0.4m/r 左右。

当铰削圆锥孔时，进给量一般应采用手动控制。因为锥铰刀的切削刃由于锥度关系，与锥孔壁是全接触，随着铰孔深度的增加，铰刀切削刃与孔壁的接触长度也增加，这样切削力逐渐增大，如不加以控制会损坏锥铰刀，所以要手动控制。圆柱孔、锥孔的铰削方法如下。

a. 机铰时钻床主轴、铰刀和工件孔三者的同轴度要调整重合。

b. 对较小的工件进行铰孔时，工件应装夹牢靠。

c. 开始时应采用手动进给，当铰刀切削部分进入孔内后，即可改用机动进给。

d. 切削过程中要保证足够的切削液，并经常将铰刀提出，以清除黏附在铰刀刃上和孔壁上的切屑。

e. 铰通孔时，铰刀不应全部铰出，以免将孔的出口处刮坏，同时要在铰刀退出后再停车，否则孔壁有刀痕，孔也容易拉毛。

f. 铰削数量较多的锥孔时，可将钻头改制成与铰刀相同的锥度，在钻完底孔后作为粗铰孔用，然后再用锥铰刀进行铰孔，这样可以减少铰刀的切削量。在铰孔径大而深的锥孔时，可将锥孔底孔分段钻成阶梯形，然后再用锥铰刀进行铰孔，这样可以大大减少铰刀的切削量。阶梯形各段孔的直径可用以下公式计算：

$$d_m = kr + d_0$$

式中　k——锥孔的锥度；

r——分段长度，mm；

d_m——所求的底孔直径，mm；

d_0——锥孔各段小端底孔直径，mm。

（3）铰孔注意事项

① 工件装夹位置应正确，对薄壁工件的夹紧力不要过大，以免将孔夹扁。

② 铰削时应加入足够的切削液，以清除切屑和降低切削温度。

③ 注意变换铰刀每次停歇的位置，以消除铰刀在同一处停歇造成振痕。

七、刮削与研磨

1. 刮削

利用刮刀在已加工的工件表面刮去一层很薄的金属的操作称为刮削。

（1）刮削基本方法

① 手推式。如图 4-81 所示，右手握刀柄，左手握刀杆，距刀刃 50～70mm 处，刮刀与被刮削表面呈 25°～30°。同时，左脚前跨一步，上身向前倾，刮削时，右臂利用上身摆动向前推，左手向下压，并引导刮刀运动方向，在下压推挤的瞬间迅速抬起刮刀。

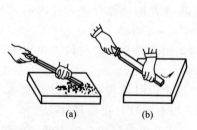

(a)　　　　(b)

图 4-81　手推式刮削

图 4-82　挺刮式刮削

② 挺刮式。如图 4-82 所示，将刮刀柄（圆柄处）顶在小腹下侧，双手握刀杆，距刃口 70～80mm 处，左手在前，右手在后，刮削时，左手下压，落刀要轻，利用腿和臂部力量使刮刀向前推挤，双手引导刮刀前进，在推挤后的瞬间，用双手将刮刀提起。

（2）刮削操作技巧

① 平面的刮削

a. 粗刮。经机械加工的工件，可先用粗刮刀普遍刮一遍。在整个刮削面采用连续推铲的方法，使挂出的刀迹连成长片。粗刮时，有时会出现平面四周高、中间低的现象，故四周必须多刮几次，而且每刮一遍应转过 30°～45°的角度交叉刮削，直至每 25mm×25mm 内含 4～6 个研点为止。

b. 细刮。细刮的目的是刮去工件表面的大块显点，进一步提高表面质量。细刮刀宽 15mm 为宜。刮削时，刀迹长度不应超过刀刃的宽度，每刮一遍应变换一个方向，以形成 45°～60°的网纹。整个细刮过程中随着研点的增多，刀迹应逐渐缩短，直至每 25mm×25mm 内含 25 个研点为止。

c. 精刮。精刮是在细刮的基础上进行，精刮时，应充分利用精刮刀刀头较窄、圆弧较小的特点。刀迹长度一般为 5mm 左右，落刀要轻，起刀后迅速挑起，每个研点上只能刮一刀，不能重复，并始终交叉进行，每 25mm×25mm 内有 20 个研点时，应按以下三个步骤刮削，直至达到规定的研点数。

ⓐ 最大最亮的研点全部刮去。

ⓑ 中等稍浅的研点只将其中较高处刮去。

ⓒ 小而浅的研点不刮。

d. 刮花。刮花的目的是增加工件刮削面的美观以及在滑动件之间起到良好的润滑作用。常见的花纹有斜纹花、月牙花（鱼鳞花）和半月花三种。

ⓐ 斜纹花（见图 4-83）。刮削斜纹花时，精刮刀与工件边成 45°角方向刮削，花纹大小视刮削面大小而定。刮削时应一个方向刮好再刮削另一个方向。

ⓑ 月牙花（见图 4-84）。刮削月牙花时，先用刮刀的右边（或左边）与工件接触。再用左右把刮刀压平并向前推进，即左手在向下压的同时，还要把刮刀有规律地扭动一下，然后起刀，这样连续地推扭刮削。

ⓒ 半月花（见图 4-85）。此法是刮刀与工件呈 45°，先用刮刀的一边与工件接触，再用左手把刮刀压平向前推进。这时刮刀始终不离开工件，按一个方向不断向前推进，连续刮出一串半月花，然后再按相反方向刮出另一串半月花。

图 4-83　斜花纹　　　　　图 4-84　月牙花　　　　图 4-85　半月花

　　② 平行面的刮削。刮削前，先确定一个平面为基准面，进行粗、细、精刮削后作为基准面，再刮削对应的平行面。刮削前用百分表测量该面对基准面的平行度误差（见图 4-86），确定粗刮时各刮削部位的刮削量，并以标准平板为测量基准，结合显点刮削，以保证平面度的要求。在保证平面度和初步达到平行度的情况下，进行细刮。细刮时除了用显点方法来确定刮削部位外，还应结合百分表进行平行度测量，这样再进行修正。达到细刮要求后，进行精刮，直至每 25mm×25mm 的研点数和平行度都符合要求为止。

　　③ 垂直面的刮削。垂直面的刮削方法与平面的刮削相似，刮削前，先确定一个平面为基准面，进行粗、细、精刮削后作为基准面，然后对垂直面进行测量（见图 4-87），以确定粗刮的刮削部位和刮削量，并结合显点刮削，以保证达到平面度的要求。细刮和精刮时，除按研点进行刮削外，还要不断地进行垂直度的测量，直到被刮面每 25mm×25mm 的研点数和垂直度都符合要求为止。

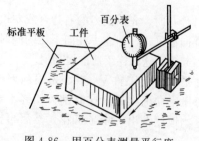

图 4-86　用百分表测量平行度

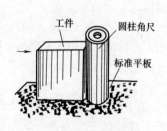

图 4-87　垂直度的测量方法

④ 曲面的刮削。曲面刮削一般是指内曲面刮削，其刮削原理与平面的刮削一样，但刮削方法及所用的工具不同。内曲面刮削常用三角刮刀或蛇头刮刀。刮削时，刮刀应在曲面内做后拉或前推的螺旋运动。

内曲面刮削一般以校准轴（又称工艺轴）或相配合的工作轴作为内曲面研点的校准工具。校准时将显示剂涂布在轴的圆周面上，使轴在内曲面上来回旋转显示出研点（见图 4-88），然后根据研点进行刮削。刮削时应注意以下几点。

a. 刮削时用力不可太大，否则容易发生抖动，表面产生振痕。

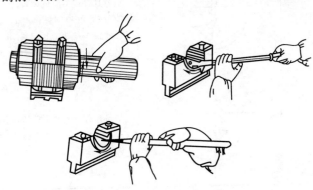

图 4-88　内曲面的显点和刮削

b. 研点时，配合轴应沿内曲面做来回旋转，精刮时，转动弧长应小于 25mm，切忌沿轴线方向进行直线研点。

c. 每刮一遍之后，下一遍刮削应交叉刮削，可避免刮削面产生波纹，研点也不会成条状。

d. 在一般情况下由于孔的前、后端磨损快，因此刮削内孔时，前、后端的研点要多些，中间的研点少些。

e. 曲面刮削的切削角度和用力方向见表 4-3。

（3）刮削注意事项

① 刮刀平稳接触工件表面。刀刃伸出工件的边缘不应超过刮刀宽的 1/4，刀口必须光滑平整。

② 落刀要轻柔，用力不可过大，刮削必须交叉进行。

2. 研磨

表 4-3　曲面刮刀的切削角度和用力方向

刮削类别	应 用 说 明	
粗刮	γ_{nc}	刮刀呈正前角,刮出的切屑较厚,故能获得较高的刮削效率
细刮	γ_{nc}	刮刀具有较小的负前角,刮出的切屑较薄,能很好地刮去研点,并能较快地把各处集中的研点改变成均匀分布的研点
精刮	γ_{nc}	刮刀具有较大的负前角,刮出的切屑极薄,不会产生凹痕,故能获得较高的表面粗糙度

研磨指用研磨工具及研磨剂从工件表面磨掉极薄一层金属的精密加工方法。

（1）研磨基本方法及操作技巧

① 研磨平面。研磨前,先将煤油涂在研磨平板的工件表面上,把平板擦洗干净,再涂上研磨剂。研磨时,用手将工件轻压在平板上,按"8"字形或螺旋形运动轨迹进行研磨,如图 4-89 所示。平板的每一个地方都应磨到,使平板磨耗均匀,保持平板精度。同时还要使工件不时变换位置,以免研磨平面倾斜。

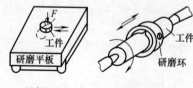

(a) 研磨平面　　(b) 研磨外圆柱面

图 4-89　研磨

② 研磨圆柱面。外圆柱面研磨多在车床上进行。将工件装在车床的顶尖之间,涂上研磨剂,如图 4-89 所示。研磨时用

手握住研磨环做轴向往复直线运动，两种速度应配合适当，使工件表面研磨出交叉网纹。研磨一定时间后，应将工件调转180°再进行研磨，这样可以提高研磨精度，使研磨环磨耗均匀。

内圆柱面研磨与外圆柱面研磨相反，研磨时将研磨棒顶在车床两顶尖之间或夹在钻床的钻夹头内，工件套在研磨棒上，并用手握住，使研磨棒做旋转运动，工件做往复直线运动。

（2）研磨的注意事项

① 选择正确的磨料和研磨剂，被挤压出的研磨剂应及时擦去再研磨。

② 研磨棒伸出的长度要适当，装夹要稳，夹紧力不可太大。

③ 研磨过程中工件温度不得超过50℃，发热后应暂停研磨。

第三节　装配性操作技能

机械的装配是机修钳工操作的重要内容，是钳工基本操作技能的综合运用。掌握装配技术要点对于一名机修工来说也是一门必修课。

一、齿轮与轴的装配

齿轮与轴的连接形式有固定连接、空套连接和滑动连接三种。固定连接主要有键连接、螺栓法兰盘连接和固定铆接等；滑动连接主要采用的是花键连接（传递转矩较小时也可采用滑键连接）。其装配工艺可按下列步骤进行。

① 清除齿轮与轴配合面上的污物和毛刺。

② 对于采用固定键连接的，应根据键槽尺寸，认真锉配键，使之达到键连接要求。

③ 清洗并擦干净配合面，涂润滑油后将齿轮装配到轴上。

a. 当齿轮和轴是滑移连接时，装配后的齿轮轴上不得有晃动现象，滑移时不应有阻滞和卡死现象；滑移量及定位要准确，齿轮啮合错位量不得超过规定值，见图4-90。

b. 对于过盈量不大或过渡配合的齿轮与轴的装配，可采用锤击法或专用工具压入法将齿轮装配到轴上，见图4-91。

c. 对于过盈量较大的齿轮固定连接的装配，应采用温差法，即通过加热齿轮（或冷却轴颈）的方法，将齿轮装配到规定的位置。

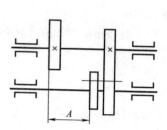

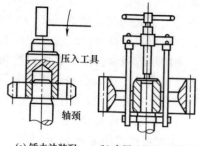

压入工具

轴颈

图 4-90　齿轮啮合错位量的检查

(a) 锤击法装配　　(b) 专用工具压入法装配

图 4-91　齿轮装配方法

d. 当齿轮用法兰盘和轴固定连接时，装配齿轮和法兰盘后必须将螺钉紧固；采用固定铆接方法时，齿轮装配后必须用铆钉铆接牢固。

④ 对于精度要求较高的齿轮与轴的装配，齿轮装配后必须对其装配精度进行严格检查，检查方法如下。

a. 直接观察法检查。用该法检查齿轮在轴上的安装误差，如装配后不同轴 [见图 4-92 (a)]、装配后齿轮歪斜 [垂直度超差，见图 4-92 (b)]、装配后齿轮位置不对 [轴肩未贴紧，见图 4-92 (c)]。

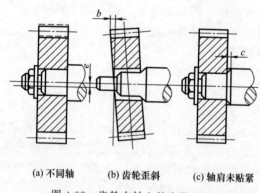

(a) 不同轴　　　(b) 齿轮歪斜　　　(c) 轴肩未贴紧

图 4-92　齿轮在轴上的安装误差

b. 齿轮径向圆跳动检查。装配后的齿轮轴支承在检验平板上的两个 V 形架上，使轴与检验平板平行。把圆柱规放到齿轮槽内，使百分表测头触及圆柱规的最高点，测出百分表的读数值。然后转动齿轮，每隔 3～4 个齿检查一次齿轮转动一周百分表的最大读数与最小读数之差，即为齿轮分度圆的径向圆跳动误差，见图 4-93。

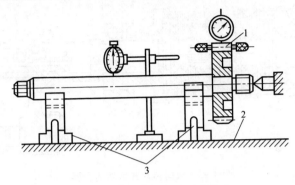

图 4-93　齿轮径向圆跳动的检查
1—圆柱规；2—检验平板；3—V 形架

　　c. 齿轮端面圆跳动检查。将齿轮轴支顶在检验平台（平板）上两顶尖之间，将百分表触头抵在齿轮的端面上（应尽量靠近外缘处），见图 4-94。转动齿轮一周，百分表最大读数与最小读数之差，即为齿轮面圆跳动误差。

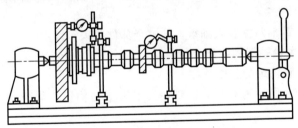

图 4-94　齿轮端面圆跳动的检查

二、双向多片式摩擦离合器的装配

双向多片式摩擦离合器如图 4-95 所示，其安装步骤如下。

① 安装前清除各件的污物和毛刺。

② 将花键套 6 套在花键轴 4 上，拉杆 7 装入花键轴 4 的内孔中，并用销子将花键套 6、花键轴 4、拉杆 7 连接固定。

③ 在花键套 6 上装上定位销，并旋入两个调整螺母 5，注意调整

螺母的缺口应相对。

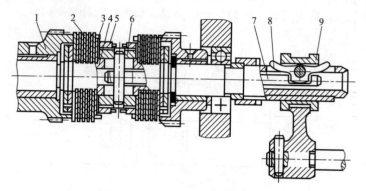

图 4-95 双向多片式摩擦离合器

1—套筒齿轮；2—外摩擦片；3—内摩擦片；4—花键轴；5—调整螺母；

6—花键套；7—拉杆；8—摆块；9—滑环

④ 在花键轴 4 上，花键套左右两侧分别装入 8 组（正转）和 4 组（反转）相间排叠的外摩擦片 2 和内摩擦片 3，注意外摩擦片的凸缘对齐。

⑤ 分别将套筒齿轮 1 套入两组内、外摩擦片上，并固定在花键轴上。

⑥ 花键轴两侧装入轴承，把整个部件装入箱体。

三、主轴轴组的装配

1. 主轴轴组的装配顺序

图 4-96 所示为 CA6140 型卧式车床主轴轴组，装配过程及顺序如下。

① 将阻尼套筒 5 的外套和双列圆柱滚子轴承 4 的外圈及前轴承端盖 3 装入主轴箱体前轴承孔中，并用螺钉将前轴承端盖固定在箱体上。

② 把主轴分组件（由主轴 1、密封套 2、双列圆柱滚子轴承 4 的内圈及阻尼套筒 5 的内套组装而成）从主轴箱前轴承孔中穿入。在此过程中，从箱体上面依次将螺母 6、垫圈 7、齿轮 8、衬套 9、开口垫圈 10、齿轮 11、开口垫圈 12、键、齿轮 13、开口垫圈 14、垫圈 15、推力球轴承 16 装在主轴 1 上，并将主轴安装至要求的位置。适当顶

紧螺母 6，防止轴承内圈因转动改变方向。

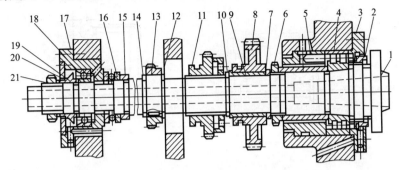

图 4-96　卧式车床（CA6140）主轴轴组

1—主轴；2—密封套；3—前轴承端盖；4—双列圆柱滚子轴承；5—阻尼套筒；
6,21—螺母；7,15—垫圈；8,11,13—齿轮；9—衬套；10,12,14—开口垫圈；
16—推力球轴承；17—后轴承壳体；18—角接触球轴承；19—锥形密封套；20—盖板

③ 从箱体后端，将后轴承壳体系分组件（由后轴承壳体 17 和角接触球轴承 18 的内圈组装而成）装入箱体，并拧紧螺钉。

④ 将角接触球轴承 18 的内圈按定向装配法装在主轴上，敲击时用力不要过大，以免主轴移动。

⑤ 依次装入锥形密封套 19、盖板 20、螺母 21 并拧紧所有螺钉。

⑥ 对装配情况进行全面检查，以防止遗漏和错装。装配轴承内圈时，应先检查其内锥面与主轴锥面的接触面积，一般应大于 50%。如果锥面接触不良，收紧轴承时，会使轴承内滚道发生变形，破坏轴承精度，降低轴承使用寿命。

2. 主轴轴组的精度检验

（1）主轴径向跳动（径向圆跳动）的检验　如图 4-97 所示，在锥孔中紧密地插入一根锥柄检验棒，将百分表固定在机床上，使百分表测头顶在检验表面上，旋转主轴，分别在靠近主轴端部的 a 点和距 a 点 300mm 的 b 点检验。a、b 点的误差分别计算，主轴转一转，百分表读数的最大差值就是主轴的径向跳动误差。为了避免锥柄检验配合不良的影响，拔出检验棒，相对主轴旋转 90°，重新插入主轴锥孔内，依次重复检验 4 次，4 次测量结果的平均值为主轴的径向跳动误差。主轴径向跳动量也可按图 4-97 所示直接测量主轴定位轴颈。

主轴旋转一周，百分表的读数差值为径向跳动误差。

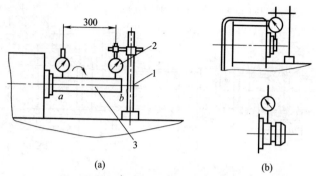

图 4-97　主轴径向跳动的测量
1—磁力表座；2—百分表；3—锥柄检验棒

　　（2）主轴轴向窜动（端面圆跳动）的检验　　如图 4-98 所示，在主轴锥孔中紧密地插入一根锥柄检验棒，中心孔中装入钢球（钢球用黄油粘上），百分表固定在床身上，使百分表测头顶在钢球上。旋转主轴检查，百分表读数的最大差值，就是轴向窜动误差值。

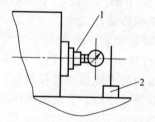

图 4-98　主轴轴向窜动的测量
1—锥柄检验棒；2—磁力表架

第四节　维修性操作技能

　　维修性操作就是对在役机械、设备进行维修、检查、修理的操作。机修钳工必须要熟练地掌握设备各种修程和各种机构的检修要领。本节将重点讲述在检查和修理机械设备中的一些维修性操作技能。

1. 带传动机构修理

带传动机构常见的损坏形式有轴颈弯曲、带轮孔与轴配合松动、轮槽磨损、带拉长或断裂、带轮崩裂等。

(1) 轴颈弯曲　可用划针盘或百分表在轴的外圆柱面上检查摆动情况，根据弯曲程度可采用矫直或更换的方法修复。

(2) 带轮孔与轴配合松动　当轮孔或轴颈磨损不大时，轮孔可以在车床上将孔修光，再用锉刀修整键槽或在圆周方向另开新键槽。对与其相配合的轴颈可用镀铬法、振动堆焊法、喷镀法加大直径，然后磨削加工至配合尺寸。当轮孔磨损严重时，可将轮孔镗大，并压装衬套，再用骑缝螺钉固定，加工出新的键槽。

(3) 带轮槽磨损　随着带与带轮的磨损，带底面与带轮槽底部逐渐接近，最后甚至接触到将槽底磨亮。如已发亮则必须换掉 V 带并修复轮槽，可适当车深轮槽，然后再修整外缘。

(4) V 带拉长　V 带在正常范围内拉长，可通过调节装置来调整中心距，当超过正常的拉伸量，则应更换 V 带。必须注意，应将一组 V 带一起更换，以免松紧不一致。

(5) 带轮崩裂　在制造新带轮时，如无图样而又缺少适当的量具时，可用游标卡尺来测绘旧轮。如图 4-99 所示，D 为带轮直径，L 为弓形弦长，H 为卡脚长度（弓形高度），其计算公式如下。

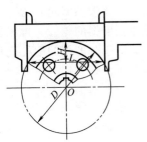

$$D = H + L^2/4H$$

2. 链传动机构的修理

链传动机构常见的损坏现象有链被拉长、链和链轮磨损、链环断裂等。常用的修理方法如下。

图 4-99　带轮弦长的测量

(1) 链被拉长　链条经过一定时间的使用，会被拉长而下垂，产生抖动和掉链现象，必须予以消除。当链轮中心距可调节时，可通过调节中心距使链条拉紧；链轮中心距不可调时，可以采取装张紧轮，使链条拉紧，也可以卸掉一个或几个链节来达到拉紧的目的。

(2) 链和链轮磨损　链传动中，链轮的牙齿逐渐磨损，节距增加，使链条磨损加快，当磨损严重时应予以更换。

（3）链节断裂 在链的传动中，发现个别链节断裂，则可采用更换个别链节的方法解决。

3. 齿轮传动机构的修理

齿轮传动机构工作一段时间后，会产生磨损。磨损后的齿轮，齿面上出现点蚀，齿侧间隙增大，噪声增加，精度降低，严重时甚至发生轮齿断裂。

齿轮磨损严重或轮齿断裂时，一般应更换新的齿轮。如果是小齿轮与大齿轮啮合，一般是小齿轮磨损快，发现后应及时更换小齿轮，以免加速大齿轮的磨损。

大模数、低速运转的齿轮，个别轮齿断裂时，可用镶齿或更换轮缘的方法进行修复。锥齿轮使用一段时间后，会因轮齿或调整垫磨损而造成侧隙加大，应进行调整，调整时，将两个锥齿轮沿轴向移动，使侧隙减小。调整好后，再选配调整垫圈的厚度来固定两齿轮的位置。

4. 蜗杆传动机构的修理

当一般传动的蜗杆、蜗轮工作表面磨损或划伤后，通常要更换新的。对于大型蜗轮，为了节约材料，可以采用更换轮缘法修复。方法是车去磨损的轮缘，再压装一个新的轮缘。

对于分度用的蜗杆机构（又称为分度蜗轮副），其传动精度要求很高，修理工作也很复杂。

（1）磨损状态分析

① 齿面烧伤与黏结。产生原因是润滑不良或齿面在高速、高压下，油膜破坏而使金属直接摩擦，温度升高引起齿面烧伤；当烧伤严重时，齿面被熔焊后又撕开，形成黏结。粘在蜗杆上的金属很快就会把蜗轮划伤，甚至使蜗轮失效。而蜗杆表面硬度下降，渗碳蜗杆表面常产生龟裂现象。

烧伤或黏结不严重的蜗轮可以修复，但精加工修复前应将硬化层去掉，以免损坏精加工刀具。产生龟裂的蜗杆要更换新件。

② 点蚀。有腐蚀点蚀和疲劳点蚀两种。

a. 腐蚀点蚀。当润滑油中含有水分或腐蚀性溶液时，会将齿面腐蚀出许多点状小坑，小坑中的锈片脱落后会研坏齿面。发生腐蚀点蚀时，要仔细清除坑中锈物，并更换含水和腐蚀性溶液少的润滑油。

b. 疲劳点蚀。蜗杆啮合面因接触应力过大会产生疲劳点蚀，会加快蜗轮磨损。疲劳点蚀不严重时，可将蜗杆轴向移位或调头使用，以改变啮合位置。修复蜗轮时通常用珩磨法，也不必将点蚀坑完全修平。

③ 低速磨损。因速度过低或润滑不良，齿面上无法形成油膜，造成齿面直接摩擦而磨损。严重时会使齿厚减小，啮合侧隙加大，失去精度。在修复时应注意改善其润滑条件。

④ 精度下降。特点是外观磨损不严重，但传动精度下降超差。其原因主要有蜗轮副定位精度下降、制造和装配质量差等，修理不当（如刮研修理时刮偏、碰伤等）也会造成精度下降。分度蜗轮到精度下降时，必须进行修复。

（2）分度蜗轮的修复方法

① 刮研修复法。由于测量、计算、列表、分组等过程繁琐，刮削时要求工人技术水平高，劳动量大，生产率低，目前已很少应用。

② 精滚齿后剃齿。是在高精度滚齿机上对蜗轮进行精加工修复，然后在同一机床上用剃齿刀进行精整加工，以恢复分度蜗轮的各项精度要求。

③ 珩磨修复法。可以通过珩磨加工直接修复分度蜗轮，也可以作为精滚齿后的精整加工。

珩磨修复法所用的磨具称为珩磨蜗杆，是由环氧树脂黏结剂和氧化铝（金刚砂）等磨料浇注而成，其形状与分度蜗杆相同。珩磨时，可在高精度滚齿机上进行，也可以与分度蜗轮按装配技术要求装好以后，直接在机床箱体内珩磨。

常用的珩磨修复法有自由珩磨法、强迫珩磨法和变制动力矩珩磨法三种。用珩磨修复法加工后的分度蜗轮，要对相邻周节差和周节积累差等项要求进行测量，合格后方可进行装配。

5. 旋转运动机构的修理

旋转运动机构经过长期使用，丝杠与螺母之间会出现磨损。常见的损坏现象，有丝杠螺纹磨损、轴颈磨损或弯曲及螺母磨损等。其修理方法如下。

（1）丝杠螺纹磨损的修理　梯形螺纹丝杠的磨损不超过齿厚的10%时，通常用车深螺纹的方法来消除。当螺纹车深后，外径也需相应车小，使螺纹达到标准深度。经常加工短工件的机床，由于丝杠的工作部位经常集中于某一段（如普通车床丝杠磨损靠近车头部位），因此这部分丝杠磨损较大。为了修复其精度，可采用丝杠调头使用的方法，让没有磨损或磨损不多的部分，换到经常工作的部位。同时，调头使用时还需要做一些车、钳削加工。图 4-100（a）为修理前的丝杠，图 4-100（b）为修理后的丝杠。

对于磨损过大的精密丝杠，常采用更换的方法。矩形螺纹丝杠磨损后，一般不能修理，只能更换新的。

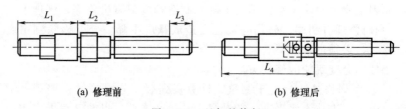

(a) 修理前　　　　　　　　　　(b) 修理后

图 4-100　丝杠的修复

（2）丝杠轴颈磨损后的修理　丝杠轴颈磨损后的修理方法与其他轴颈修复的方法相同，但在车削轴颈时，应与车削螺纹同时进行，以便保持这两部分轴线的一致性。磨损的衬套应该更换。如果没有衬套，应该将支承孔镗大，压装上一个衬套。这样，在下次修理时，只换衬套，即可修复。

（3）螺母磨损的修理　螺母的磨损通常比丝杠迅速，因此常需要更换。为了节约青铜，常将壳体做成铸铁的，在壳体孔内压装上铜螺母。

6. 分度机构的修理

（1）定位销和定位爪的修理　定位销和定位爪是分度定位机构中常用的精密定位元件。定位销或定位爪的定位面有单斜面、双斜面、齿形面和圆柱面等几种，接触方式分为面接触和线接触。定位销和定位爪的接触部分在工作中由于频繁地接触和分离，最常见的故障是磨损。修理时可采用更换的方式，或者修研其接触面，使其与定位盘的分度孔或槽保持良好的接触。

（2）分度盘的检修　分度盘是精密的分度元件，分度精度高，分度传动链短。分度盘本身的误差会直接反映到被加工件上，分度盘的分度孔或分度齿槽相邻误差和累积误差会按工件直径与分度盘直径尺寸以一定比例放大或缩小复印在工件上。

对于径向分度盘，修理时，应先对分度盘的分度齿槽的精度进行检测，并对测量结果进行分析，如果精度误差可能影响工件的加工精度，则分度盘应更换或修磨。修磨的方法是将分度盘装夹在高精度的分度装置上，利用专用磨具，对每个齿槽进行修磨，恢复齿槽表面形状和齿距相邻误差与累积误差精度。分度盘经换新或修磨后，再配新的定位销或定位爪。

对于轴向定位盘，定位孔内常压入衬套以减少定位孔的磨损，如定位衬套孔磨损量不大，可将定位衬套孔研磨到统一尺寸，再重配定位销修复；如定位衬套孔磨损严重且已变形，应将定位衬套压出，重新配定位衬套，定位衬套压出时不得破坏原定位孔的精度，新定位衬套加工时要保证外圆与内孔的同轴度要求及内孔与外圆的尺寸精度。

（3）端面齿盘的检修　端面齿盘分上、下两片，靠其端面上圆周分布的多齿啮合来分度和定位。修理时，如发现齿部磨损，影响分度精度或定位稳定性，可采用上、下齿盘对研的方法修理。对研时，使两个齿盘做轴向啮合和脱开运动，同时还要做相对转动：上、下齿盘每啮合一次，上齿盘抬起，转过一齿再啮合。对研时，上、下齿盘轴线始终保持同轴，对研齿面加研磨剂。每次研磨后用显示剂检查齿面的接触情况，当达到原设计要求后，表明已修复完毕。

（4）分度蜗轮副的检修　分度蜗轮副本身精度和装配精度对机床加工零件的精度影响很大。通常分度蜗轮副中的分度蜗轮在正常使用中寿命较长，磨损也较均匀；分度蜗杆使用中磨损较大，且磨损不均匀。

分度蜗轮副的修理方法应根据损坏情况来确定。常用方法如下。

①　蜗杆精度超差，蜗轮齿面损坏或磨损严重时，应更换分度蜗轮副。

②　蜗杆精度超差，蜗轮齿面磨损，精度下降，但不严重时，可用珩磨法恢复精度，并配制新蜗杆。

③　蜗杆精度超差，蜗轮精度合格时，只需配制新蜗杆。

对于后两种修理方法，配制新蜗杆时，蜗杆齿厚要留余量，与蜗轮配磨接触面，保证两接触面达到或接近原设计要求。

修复后的分度蜗轮副装配的好坏对分度蜗轮副精度影响很大。装配时要检查分度蜗轮副支承的精度，有针对性地进行调整与修理，保证蜗杆的轴向窜动和径向跳动误差；保证蜗轮的径向跳动和端面跳动误差；保证蜗杆中心线必须在蜗轮齿圆周中心平面内；保证合适的啮合侧隙；最后检查各环节动作的灵敏度和可靠性，不能有迟滞或紊乱。

第五章

维修电工的基础知识

一、机床电器的分类

机床电器泛指应用在机床上的电器产品，机床电器种类繁多，功能各异，构造也各异，用途广泛，工作原理各不相同。常用的机床电器分类方法也很多。通常按以下几种方式分类。

1. 按作用分类

（1）控制电器　主要用于电力传动系统中。主要有启动器、接触器、控制继电器、控制器、主令电器、电阻器、变阻器、电压调整器及电磁铁等。

（2）配电电器　主要用于低压配电系统和动力设备中，主要有刀开关和转换开关、熔断器、断路器等。

2. 按动作方式分类

（1）手控电器　是指依靠人力直接操作来进行切换等动作的电器，如刀开关、负荷开关、按钮、转换开关等。

（2）自控电器　是指按本身参数（如电流、电压、时间、速度等）的变化或外来信号而自动进行工作的电器，如各种型式的接触器、继电器等。

3. 按有、无触点分类

（1）有触点电器　前述各种电器都是有触点的，由有触点的电器组成的控制电路又称为继电-接触控制电路。

（2）无触点电器　用晶体管或晶闸管做成的无触点开关、无触点逻辑元件等属于无触点电器。

二、机床电器的作用

机床电器能够依据操作信号或外界现场信号的要求，自动或手动地改变电路的状态、参数，实现对电路或被控对象的保护、控制、调节、指示、测量、转换。主要作用有以下几点。

（1）保护作用　能根据设备的特点，对设备、环境以及人身实行自动保护，如电动机的过热保护、电网的短路保护、漏电保护等。

（2）控制作用　如数控机床上的工件转换、快慢速自动切换与自动停止等。

（3）调节作用　机床电器可对一些电量和非电量进行调整，以满足用户的要求，如机床的速度调整、进刀量的调节、照度的自动调节等。

（4）指示作用　利用机床电器的控制、保护等功能，检测出设备运行状况与电气电路工作情况，如绝缘监测、保护吊牌指示等。

（5）测量作用　利用仪表及与之相适应的电器，对设备、电网或其他非电参数进行测量，如电流、电压、功率、转速、温度、湿度等。

（6）转换作用　在用电设备之间转换或对低压电器、控制电路分时投入运行，以实现功能切换，如励磁装置手动与自动的转换、供电的市电与自备电的切换等。

三、机床电气设备的基本常识

① 保护导线：漏电使用，来防止电动机漏电，并用来与裸露导体件连接的导线。

② 动力电路：从电网向生产执行机构的电动机等供电的电路。

③ 控制电路：控制机床操作，并对动力电路起保护作用的电路。

④ 在电气系统的内部，中线（N）和保护电路（PE）之间不得相连。

⑤ 连接外部保护导线的端子必须有下列标记中的一种：

• 保护接地符号；

• 字母 PE；

• 黄绿双色。

⑥ 间隔盒与爬电距离：当安排器件时，必须遵守规定的间隔和爬电距离，并考虑到有关的维修条件。电柜和壁龛中裸露、无电弧的带电零件与电柜或壁龛导体壁板之间必须留有适当的间隙。对于250V 以下的电压，间隙不小于 15mm，对于 250～500V 的电压，间隙不小于 25mm。

⑦ 按钮的相对位置：对应的"启动"和"停止"按钮应相邻安装。"停止"按钮必须在"启动"按钮的下边或左边。当用两个"启动""""按钮控制相反方向时，"停止"按钮可以装在它们之间。

⑧ "停止"按钮和"急停"按钮必须是红色。当按下红色按钮时，必须使设备停止工作或断电。

⑨ "启动"按钮的颜色必须是绿色。

⑩ "点动"按钮的颜色必须是黑色。

⑪ 按钮的标记

"启动"按钮的标记：I

"停止"按钮的标记：O

"启动"与"停止"交替使用按钮标记：O

"点动"按钮的标记：O

⑫ 导线的颜色标志

保护导线（PE）——黄绿双色；中线（N）和中间线（M）——浅蓝色；

交流或直流动力电路——黑色；

交流控制电路——红色；

直流控制电路——蓝色；

联锁控制回路——橘黄色；

与保护导线连接电路——白色。

⑬ 备用导线：为了便于修改和维修，凡安装在同一机械防护通道内的导线束，都要提供附加备用导线，备用导线根数按表 5-1 的规定。

表 5-1　备用导线根数

同一管中同色同截面积电线的根数	3～10	11～20	21～30	30 以上
备用线根数	1	2	3	每增 1～10 增加 1 根

⑭ 机床的使用电压

在国内机床供电的电源电压都是三相 AC 380V，50Hz。

数控机床内部的主轴驱动器，伺服驱动器的电压有三相 AC 380V 和三相 AC 220V 的区分。数控系统的供电电压为 AC 220V 或 DC 24V。

机床交流控制电路为 AC 220V 和 AC 110V 等。

机床直流控制电路一般为 DC 24V。

照明电压为 AC 24V 和 DC 24V（部分机床仍沿用 AC 36V）。

第二节　机床电气故障的检修步骤和方法

一、机床电气故障的检修步骤

电气设备故障的类型大致可分两大类，一类是有明显外表特征并容易被发现的。例如电动机、电器的显著发热、冒烟甚至发出焦臭味或火花等；另一类是没有外表特征的，此类故障常发生在控制电路中，由于元件调整不当、机械动作失灵、触头及压接线端子接触不良或脱落以及小零件损坏、导线断裂等原因所引起。采用的检测判断方法、手段和步骤如下。

1. 初步检查

当电气故障发生后，切忌盲目动手检修。在检修前，通过问、看、听、摸、闻来了解故障前后的操作情况和故障发生后出现的异常现象，寻找显而易见的故障，或根据故障现象判断出故障发生的原因及部位，进而准确地排除故障。

（1）问　询问操作者故障前后电路和设备的运行状况及故障发生后的症状，如故障是经常发生还是偶尔发生；故障时是否听到了异常声音，是否见到弧光、火花、冒烟、异常振动等征兆，是否闻到了焦煳味；机床在什么情况下发生故障，是刚开机时，还是工作进行中，或是工作结束时；故障发生前有无切削力过大和频繁地启动、停止、制动等情况；有无经过保养检修或改动线路等。

（2）看　察看有无机械性损伤；触头有无烧灼痕迹、是否熔焊在一起，连接电阻是否变化及导线是否变色；电气装置上的零件有无脱落、断线、卡死、接头松动等情况；线圈有无过热烧毁；运转和密封部位有无异常的飞溅物、脱落物、溢出物，如油、烟、火星、工作介质、金属屑块等；断路器、热继电器是否跳闸，熔断器是否熔断；电源是否缺相，三相是否严重不平衡，电压是否正常；开关、操作手柄的位置是否合适；限位开关是否被压上；操作者的操作程序是否正确等。

（3）听　在线路还能运行和不扩大故障范围、不损坏设备的前提下，可通电试车，细听电动机接触器和继电器等电器的运转声音是否正常。当运转声音异常时，这是与故障相关联的信号，也是听觉检查的关键。

（4）摸　用手的触觉判别机床旋转部位及电动机有无异常振动，运动时有无冲击；在刚切断电源后，尽快触摸检查电动机、变压器、电磁线圈及熔断器等，看是否有过热现象；有的机床由于继电器、接触器的辅助触头弹簧压力低，稍有振动即能发生误动作，可用螺钉旋具的木柄轻轻叩击，看机床元器件是否跳闸来判断开关、接触器动作是否灵活，有无卡死的现象。

（5）闻　辨别有无异味，在机床运动部件发生剧烈摩擦、电气绝缘烧损时，会产生油、烟气、绝缘材料的焦煳味；放电会产生臭氧味，还能听到放电的声音。

2. 电路分析

检修简单的电气控制线路时，对每个元器件、每根导线逐一进行检查，一般很快就能找到故障点。但对复杂的线路，若采取逐一检查的方法，不仅需耗费大量的时间，而且也容易漏查。在这种情况下，根据电路图，采用逻辑分析法，找出导致故障可能性大的因素，划出可能范围，提高维修的针对性，就可以收到准而快的效果。

分析电路时，结合故障现象和线路工作原理，通常先从主电路入手，在电动机主电路所用元器件的文字符号、图区号及控制点上找到相应的控制电路，再进行认真分析排查，迅速判定故障发生的可能范围。当故障的可能范围较大时，不必按部就班地逐级进行检查，可在故障范围内的中间环节进行检查，也可先易后难、先表后里，这样来判断故障是发生在哪一部分，从而缩小故障范围，少走弯路，提高检修速度。

经外观检查未发现故障点时，可根据故障现象，在不扩大故障范围、不损伤电气和机械设备的前提下，进行通电试车，进一步判明故障及故障区域。试车前可断开负载（拆除电动机主回路接线，或使电动机在空载下运行），以分清故障是在主电路上还是在控制电路上，是在电动机上还是在主电路上，是在电气部分还是在机械等其他部分。

3. 断电检查

检查前先断开机床总电源，然后根据故障可能产生的部位，逐步找出故障点。检查时应先检查电源线进线处有无碰伤而引起的电源接地、短路等现象，螺旋式熔断器的熔断指示器是否跳出，热继电器是否动作。然后检查电器外部有无损坏，连接导线有无断路、松动，绝缘是否过热或烧焦。

4. 通电检查

断电检查仍未找到故障时，可对电气设备进行通电检查。

在通电检查时要尽量使电动机和其所传动的机械部分脱开，将控制器和转换开关置于零位，行程开关还原到正常位置。然后用校灯或用万用表检查电源电压是否正常，是否有缺相和严重不平衡。再进行通电检查，检查的顺序为：先检查控制电路，后检查主电路；先检查辅助系统，后检查主传动系统；先检查交流系统，后检查直流系统；先检查开关电路，后检查调整系统。或断开所有开关，取下所有熔断器，然后按顺序逐一插入欲检查部位的熔断器，合上开关，观察各电气元件是否按要求动作，是否有冒火、冒烟、熔断器熔断的现象，直至查出发生故障的部位。

二、机床电气故障的检修方法

1. 断路故障的检修

（1）验电器检修法　验电器检修断路故障的方法见图 5-1。

检修时用验电器依次测试 1～6 各点，并按下 SB2，不亮即为断路处。

用验电器测试断路故障应注意以下事项。

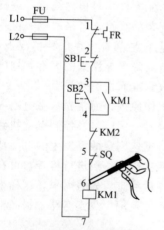

图 5-1　验电器检修断路故障

① 在有一端接地的 220V 电路中测量时，应从电源侧开始，依次测量，并注意观察验电器的亮度，防止由于外部电场泄漏电流造成氖管发亮，而误认为电路没有断路。

② 当检查 380V 且有变压器的控制电路中的熔断器是否熔断时，防止由于电源通过另一相熔断器和变压器的一次绕组回到已熔断的熔断器的出线端，造成熔断器没有熔断的假象。

（2）校灯检修法　用校灯检修断路故障的方法见图 5-2。

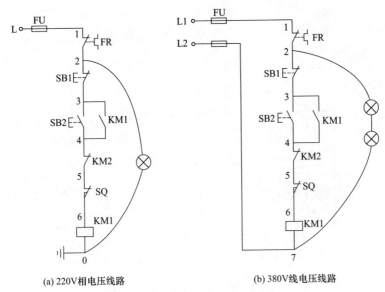

(a) 220V相电压线路　　　　　(b) 380V线电压线路

图 5-2　校灯检修断路故障

检修时将校灯一端接 "0" 上，另一端依 1～6 的次序逐点测试，并按下 SB2，如接至 "2" 上校灯亮，而接至 "3" 上校灯不亮，则说明 SB1（2-3）断路。

用校灯检修故障时应注意：查找断路故障时使用小容量（10～60W）的灯泡为宜，而查找接触不良而引起的故障时，应用较大容量（150～200W）灯泡。

（3）万用表检修法

① 电压测量法。检查时把万用表旋到交流电压 500V 挡位上。

a. 分阶测量法。电压的分阶测量法见图 5-3。检查时，首先用万用表测量 1、7 两点间的电压，若电路正常应为 380V，然后按住启动按钮 SB2 不放，同时将黑表笔接到"7"上，红色表笔按 2～6 的顺序依次测量，分别测量 7-2、7-3、7-4、7-5、7-6 各阶之间的电压，电路正常情况下，各阶的电压值均为 380V，如测到 7-5 电压为 380V，测到 7-6 无电压，则说明行程开关 SQ 的动断触头（5-6）断路。

根据各阶电压值来检查故障的方法可见表 5-2。这种测量力法像台阶一样，所以称为分阶测量法。

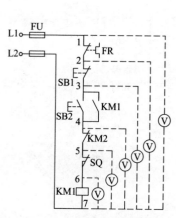

图 5-3　电压的分阶测量法

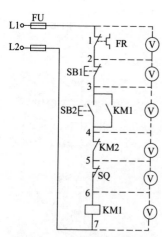

图 5-4　电压的分段测量法

表 5-2　分阶测量法判别故障原因　　　　　　　　V

故障现象	测试状态	7-1	7-2	7-3	7-4	7-5	7-6	故障原因
按下 SB2，KM1 不吸合	按下 SB2 不放	380	380	380	380	380	0	SQ 动断触头接触不良
		380	380	380	380	0	0	KM2 动断触头接触不良
		380	380	380	0	0	0	SB2 动合触头接触不良
		380	380	0	0	0	0	SB1 动断触头接触不良
		380	0	0	0	0	0	FR 动断触头接触不良

b. 分段测量法。电压的分段测量法见图 5-4。

检查时先用万用表测试 1、7 两点，电压值为 380V，说明电源电压正常。

电压的分段测试法是将红、黑两根表笔逐段测量相邻两标号点（1-2、2-3、3-4、4-5、5-6、6-7）间的电压。

如电路正常，按 SB2 后，除 6、7 两点间的电压为 380V 外，其他任何相邻两点间的电压值均为零。

如按下启动按钮 SB2，接触器 KM1 不吸合，说明发生断路故障，此时可用电压表逐段测试各相邻两点间的电压，如测量到某相邻两点间的电压为 380V 时，说明这两点间有断路故障，根据各段电压值来检查故障的方法可见表 5-3。

表 5-3　分段测量法判别故障原因　　　　　　　　　V

故障现象	测试状态	1-2	2-3	3-4	4-5	5-6	6-7	故障原因
按下 SB2，KM1 不吸合	按下 SB2 不放	380	0	0	0	0	0	FR 动断触头接触不良
		0	380	0	0	0	0	SB1 动断触头接触不良
		0	0	380	0	0	0	SB2 动合触头接触不良
		0	0	0	380	0	0	KM2 动断触头接触不良
		0	0	0	0	380	0	SQ 动断触头接触不良
		0	0	0	0	0	380	KM1 线圈断路

② 电阻测量法

a. 分阶测量法。电阻的分阶测量法见图 5-5。

按下启动按钮 SB2，接触器 KM1 不吸合，该电气回路有断路故障。

用万用表的电阻挡检测前应先断开电源，然后按下 SB2 不放，先测量 1、7 两点间的电阻，如电阻值为无穷大，说明 1、7 之间的电路断路。然后分阶测量 1-2、1-3、1-4、1-5、1-6 电阻值。若电路正常，则该两点间的电阻值为 "0"，当测量到某标号间的电阻值为无穷大，则说明表笔刚跨过的触头或连接导线断路。

　　b. 分段测量法。电阻的分段测量法见图 5-6。

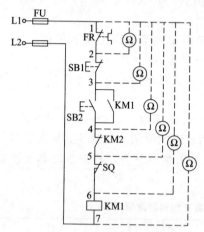

图 5-5　电阻的分阶测量法　　　　图 5-6　电阻的分段测量法

　　检查时，先切断电源，按下启动按钮 SB2，然后依次逐段测量相邻两标号点（1-2、2-3、3-4、4-5、5-6）间的电阻。如测得某两点的电阻为无穷大，说明这两点间的触头或连接导线断路。例如，当测得 2、3 两点间电阻为无穷大时，说明停止按钮 SB1 或连接 SB1 的导线断路。

　　电阻测量法的优点是安全，缺点是测得的电阻值不准确时，容易造成判断错误，为此应注意以下几点。

　　• 用电阻测量法检查故障时一定要断开电源。

　　• 如被测的电路与其他电路并联时，必须将该电路与其他电路断开，否则所测得的电阻值是不准确的。

　　• 测量高电阻值的电器元件时，把万用表的选择开关旋转至适合电阻挡。

　　（4）短接法检修　短接法是用一根绝缘良好的导线，把所怀疑的断路部位短接，如短接过程中，电路被接通，就说明该处断路。

　　① 局部短接法。局部短接法检查断路故障见图 5-7。

　　按下启动按钮 SB2 时，接触器 KM1 不吸合，说明该电路有断路故障。检查时先用万用表电压挡测量 1、7 两点间电压值，若电压正常，可按下启动按钮 SB2 不放，然后用一根绝缘良好的导线，分别短接 1-2、2-3、3-4、4-5、5-6。当短接到某两点时，接触器 KM1 吸合，说明断路故障就在这两点之间。

②长短接法。长短接法检修断路故障见图 5-8。

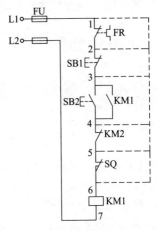

图 5-7　局部短接法

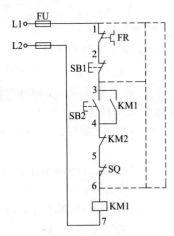

图 5-8　长短接法

长短接法是指一次短接两个或多个触头来检查断路故障的方法。

当 FR 的动断触头和 SB1 的动断触头同时接触不良，如用上述局部短接法短接 1、2 点，按下启动按钮 SB2，KM1 仍然不会吸合，故可能会造成判断错误。而采用长短接法将 1、6 短接，如 KM1 吸合，说明 1、6 段电路中有断路故障，然后再短接 1、3 和 3、6，若短接 1、3 时，按下 SB2 后 KM1 吸合，说明故障在 1-3 段范围内，再用局部短接法短接 1、2 和 2、3，很快就能将断路故障排除。

短接法检查断路故障时应注意以下几点。

• 短接法是用手拿绝缘导线带电操作的，所以一定要注意安全，避免发生触电事故。

• 短接法只适用于检查压降极小的导线和触头之间的断路故障。对于压降较大的电器，如电阻、接触器和继电器的线圈等断路故障，不能采用短接法，否则会出现短路故障。

• 对于机床的某些要害部位，必须保障电气设备或机械部位不会出现事故的情况下才能使用短接法。

2. 短路故障的检修

(1) 电源间短路故障的检修　这种故障一般是通过电器的触头或连接导线将电源短路，见图 5-14。

图中行程开关 SQ 中的 2 点与 0 点因某种原因发生连接而将电源短路，合上电源，按下 SB2 后，熔断器 FU 就熔断。现采用电池灯进行检修的方法如下。

① 拿去熔断器 FU 的熔芯，将电池灯的两根线分别接到 1 点和 0 点上，如灯亮，说明电源间短路。

② 将行程开关 SQ 的动合触头上的 0 点拆下，如灯暗，说明电源短路在这个环节。

③ 再将电池灯的一根线从 0 点移到 9 点上，如灯灭，说明短路在 0 点上。

④ 将电池灯的两根线仍分别接到 1 点和 0 点上，然后依次断开 4、3、2 点，当断开 2 点时灯灭，说明 2 点和 0 点间短路。

上述短路故障亦可用万用表的电阻挡检修。

(2) 电器触头本身短路故障的检修　如图 5-9 中停止按钮 SB1 的动断触头短路，则接触器 KM1 和 KM2 工作后就不能释放。又如接触器 KM1 的自锁触头短路，这时一合上电源，KM1 就吸合，这类故障较明显，只要通过分析即可确定故障点。

(3) 电器触头之间短路故障的检修　如图 5-10 所示，接触器

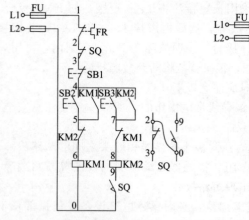

图 5-9　电源间的短路故障

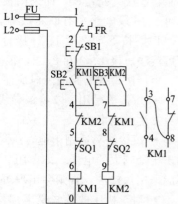

图 5-10　电器触头之间的短路故障

KM1 的两个辅助触头 3 和 8 因某种原因而短路，这样当合上电源时，接触器 KM2 即吸合。

① 通电检修。通电检修时可按下 SB1，如接触器 KM2 释放，则可确定一端短路故障在 3 点；或将 SQ2 断开，KM2 也释放，则说明短路故障可能在 3 点和 8 点之间。若断开 7 点，KM2 仍吸合，则可确定 3 点和 8 点为短路故障点。

② 断电检查。将熔断器 FU 拔下，用万用表的电阻挡（或电池灯）测 2、9 点电阻，若电阻为"0"（或电池灯亮），则表示 2、9 之间有短路故障；然后按 SB1，若电阻为"∞"（或电池灯不亮），则说明短路也不在 9 点。然后将 7 点断开，电阻为"0"（或电池灯亮），则可确定短路故障点在 3 点或 8 点。

三、机床电气故障的修复

当找出电气设备的故障点后，就要着手进行修复、试运转、记录等，然后交付使用，但必须注意如下事项。

① 在找出故障点和修复故障时，应注意不能把找出的故障点作为寻找故障的终点，还必须进一步分析查明产生故障的根本原因。例如，在处理某台电动机因过载烧毁的事故时，绝不能认为将烧毁的电动机重新修复或换上一台同型号的新电动机就算完成，而应进一步查明电动机过载的原因，是因负载过重，还是电动机选择不当、功率过小所致，因为两者都将导致电动机过载。所以在处理故障时，修复故障应在找出故障原因并排除之后进行。

② 找出故障点后，一定要针对不同故障情况和部位采取正确的修复方法，不要轻易采用更换元器件和补线等方法，更不允许轻易改动线路或更换规格不同的元器件，以防产生人为故障。

③ 在故障点的修理工作中，一般情况下应尽量做到复原。但是，有时为了尽快恢复机械的正常运行，根据实际情况也允许采取一些适当的应急措施，但绝不可凑合行事。

④ 电气故障修复完毕，需要通电试运行时，应和操作者配合，避免出现新的故障。

⑤ 每次排除故障后，应及时总结经验，并做好维修记录。记录的内容包括：机械的型号、名称、编号、故障发生日期、故障现象、部位、损坏的电器、故障原因、修复措施及修复后的运行情况等。记

录的目的：作为档案以备日后维修时参考，并通过对历次故障的分析，采取相应的有效措施，防止类似事故的再次发生或对电气设备本身的设计提出改进意见等。

四、机床电气故障判断实例

例：一电动机的可逆控制，出现了不能正转只能反转的故障。

检修思路：能反转说明电源正常。故障可能在正转按钮或正转接触器回路。

检修步骤：检查控制盘所有引线，无掉线、脱线现象。多次弹压正转按钮、正转接触器、反转接触器等活动部件，故障排除。可能是某触头不良所致。

如果查不到故障，可按下正转按钮不放手，再按反转启动按钮，电动机不反转启动，说明按钮联锁功能有效，电路故障出在正转控制回路中。

然后按照从后向前的分步方法，先检查正转接触器。将线圈引线越过按钮及其他触头，直接接入电源，通电，电动机正转，说明接触器没有故障。然后将引线接至启动按钮后，接通电源，按下启动按钮，电动机正转，说明正转按钮正常。正转按钮和正转接触器之间只串接了一个反转按钮的动断触头和反转接触器的动断触头，电路出故障，说明故障点就在反转按钮和反转接触器的动断触头上。检查后发现反转启动按钮的动断触头不能良好闭合。

第六章

⚡ 机床的修理过程

金属切削机床包括范围很广，各种机床的外观形状和构造原理都相差甚远。但是它们的修理程序都是一样的，都包括修前准备、拆卸、清洗、检测、修复和装配及质量验收这些环节。

第一节 修前准备和拆卸

一、修理前的准备

1. 试切及精度检测

机床修理前，一定要了解其当前技术运行状态，应按照设备的技术标准来对其加工的产品进行精度检验，或随机对其各项功能进行综合测试。根据产品精度和功能丧失情况发现所存在的问题，决定具体修理项目与验收要求，并做好技术物资准备；修理后仍按上述要求验收。对设备的某些精度项目进行检测，为修理工艺做好参考。

2. 外观检查

对所修设备进行外观检查，发现问题（如外部零件的损坏和缺陷、零件的缺失等）及时做好记录。

3. 安全防护装置和电气部分检查

对车床进行安全防护装置和电气检查，发现问题及时做好记录。

4. 技术文件准备

技术文件准备是为维修提供技术依据，主要包括以下几个方面。

① 准备现有的或需要编制的机械设备图册和备件图册。

② 确定维修工作类别和年度维修计划。

③ 整理机械设备在使用过程中的故障及其处理记录。

④ 调查维修前机械设备的技术状况。

⑤ 明确维修内容和方案。

⑥ 提出维修后要保证的各项技术性能要求。

⑦ 提供必备的有关技术文件等。

在图册准备中要注意：有些机械设备由有关部门出版或编制的现成图册可直接选用，而没有现成图册的则需自行编制。其图册内容应包括：主要技术数据；原理图、系统图；总装图和重要部件装配图；备件或易损件图；安装地基图；标准件图和外构件目录；重要零件的毛坯图等。

5. 准备拆卸工具和材料

根据设备的实际情况，准备必要的通用和专用工具、量具，特别是自制的特殊工具及量具。同时也要把修理过程中所需要的材料（如棉纱、白布和煤油等）准备齐全。下面介绍几种常用的简易拆卸工具。

（1）拉卸器　如图 6-1 所示，转动手柄 1 带动双头丝杠 2（一头左旋，另一头右旋）旋转，利用杠杆原理产生拉卸动作，将工件 3 拉卸出。该拉卸器为一种引进的拉卸器，型号为 GX-1000。

其参数：最大拉卸长度 45mm；被拉件外径 100～250mm；被拉件最大厚度 100mm。

（2）轴用顶具　如图 6-2 所示，弓形架 3 的上板钻孔，与螺母 2 焊接下板开一 U 形槽，槽宽刀由轴颈确定。弓形架 3 两边各焊一根加强筋 4，并可配制数块槽宽为 $b(b < B)$ 的系列多用平板，使用时按轴径大小选择槽口，交叉叠放于弓形架的 U 形槽上，这样可使一副弓形架适

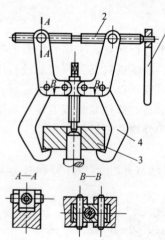

图 6-1　GX-1000S 型拉卸器

1—手柄；2—双头丝杠；

3—带轮；4—拉钩

用于多种不同轴径的需要。旋转螺栓 1 就能顶出轴上零件。

（3）孔用拉具　孔用拉具如图 6-3 所示。膨胀套 4 下端十字交叉开口，直径应略小于内径。旋转螺母 3，使安装在支架 2 上的锥头螺杆 5 上升，膨胀套 4 胀开，勾住零件 6 （注意不要胀得过紧），再旋转螺母 1，便能拉出孔内零件。

（4）圆锥滚子轴承拉具　图 6-4 所示为拉具的结构图，卡箍 4 为在整体加工后沿中心线切开的两半件。当花键轴花键部分的外径与轴承内圈的外径相同时，为使卡箍抓轴承内圈更牢固些，也可把卡箍内箍孔加工成花键套的形式。使用时，将两半卡箍 4 卡住被拉圆锥滚子轴承 6，套上外箍 5，用小轴 3 连接拉杆 1 与两半的卡箍 4，用撞块 2 向后撞，即可将圆锥滚子轴承 6 拉出。

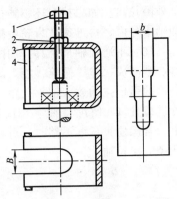

图 6-2　轴用顶具

1—螺栓；2—螺母；

3—弓形架；4—加强筋

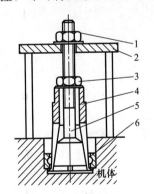

图 6-3　孔用拉具

1,3—螺母；2—支架

4—膨胀套；5—螺杆；6—零件

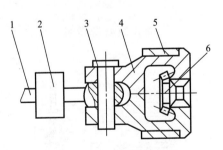

图 6-4　圆锥滚子轴承拉具

1—拉杆；2—撞块；3—小轴；

4—卡箍；5—外箍；6—圆锥滚子轴承

（5）拉轴承外圈用的工具　在图 6-5 中，齿轮两端装有圆锥滚子轴承外圈，将工具的钩部勾住轴承外圈端面，旋转右端手柄即可将轴承外圈拉出。如果拉头还不能拉出轴承外圈，则需同时用干冰局部冷却轴承外圈，再迅速从齿轮中拉出轴承外圈。

（6）不通孔轴承拉具　如图 6-6 所示，弧形拉钩 1 与筒管 3 用螺钉 2 紧固成一体，螺栓 4 旋入筒管 3 的螺孔中，拉卸轴承时，把两件对称的弧形拉钩放入轴承孔座内，并把筒管伸入两拉钩之间，用扳手旋进螺栓 4，便可将轴承 8 从装在油箱箱体 6 上的轴承不通孔中卸出。若螺栓 4 长度不够时，可在筒管 3 头端垫入一直径略小于筒管 3 孔径的接长轴 5。

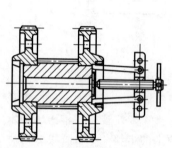

图 6-5　拉轴承外圈用的工具

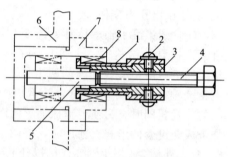

图 6-6　不通孔轴承拉具

1—弧形拉钩；2—螺钉；3—筒管；

4—螺栓；5—接长轴；6—油箱箱体；

7—法兰；8—轴承

（7）不通孔取衬套拉具　如图 6-7 所示，衬套内孔与 d_1 为间隙配合，d_2 比 d_1 大 $2.5 \sim 4mm$，L 大于衬套长度 $20 \sim 40mm$。使用时，用手使弹性钩爪螺母 1 做径向收缩后插入衬套内径中，并使其四钩爪正好挂在衬套的内端面上，这时一手握止动扳手 2，另一只手握旋转扳手 4，顺时针方向转动，当螺旋顶杆 3 顶到不通孔底部时，衬套便随同弹性钩爪螺母 1 一起被拉出。

（8）螺钉取出器　如图 6-8

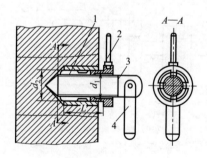

图 6-7　不通孔取衬套拉具

1—弹性钩爪螺母；2—止动扳手；

3—螺旋顶杆；4—旋转扳手

所示。它是取出断头螺钉的专用工具，它的外形与锥度铰刀类似，A 为刃部，外形为带锥部的螺旋形，左旋，螺旋线头一般是 4 头。从法向截面看，曲率较小，工作时 G 处起挤压作用。刃部有较高的硬度，达 50HRC，使用时，先在断螺钉的中心钻一个小孔，能使刃部插入 1/2 即可。然后使取出器逆时针旋转，螺钉便可取出。

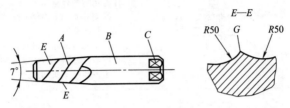

图 6-8　螺钉取出器

二、机床的拆卸

1. 机床零件拆卸的一般原则

① 拆卸前应熟悉设备的构造、原理，这是进行正确拆卸的首先条件。

② 拆卸作业要由表及里逐级拆卸。根据设备的结构特点，按其拆卸顺序进行。先由整机拆成总成，然后由总成拆成部件、零件。各种拆卸工作都有其要求和使用的专用工具及拆卸步骤。

③ 在拆卸轴孔装配件时，通常应该坚持"用多大力装配，就用多大力拆卸"的原则。如果出现异常情况，就应该查找原因，防止在拆卸中将零件碰伤、拉毛，甚至损坏。热装零件要利用加热来拆卸。例如热装轴承可用热油加热轴承内圈进行拆卸。滑动部件拆卸时，要考虑到滑动面间油膜的吸力。一般情况下，在拆卸过程中不允许进行破坏性拆卸。

④ 要坚持拆卸服务于装配的原则。如果被拆卸设备的技术资料不全，拆卸中必须对拆卸过程有必要的记录，以便安装时遵照"先拆后装"的原则重新装配。在拆卸中，为防止搞乱关键件的装配关系和配合位置，避免重新装配时精度降低，应该在装配件上用划针做出明显标记。对于拆卸出来的轴类零件应该悬挂起来，防止弯曲变形。精密零件要单独存放，避免损坏。

2. 零部件拆卸的常用方法（见表 6-1）

表 6-1　零部件拆卸的一般方法

拆卸方法		图　形	特点及注意事项
击卸法	用锤子击卸		(1)特点　适用的场合比较广泛,操作方法方便,不需特殊的工具和设备 (2)注意事项 ①锤子的重量选择要适当,拆卸时要注意用力的轻重 ②对击卸件的轴端、套端,轮缘要采取保护措施 ③要先对击卸件进行试击,从而辨别其走向,牢固程度,锈蚀程度 ④击卸时要注意安全
	利用零件自重击卸		(1)特点　操作简单,拆卸迅速,不易损坏部件 (2)注意事项　冲击时注意安全
	利用吊棒冲击击卸		(1)特点　操作者省劲,但需要吊车或其他悬挂装置的配合 (2)注意事项　冲击时注意安全
拉拔法	用拉卸工具拉卸		(1)特点　拆卸比较安全,不易损坏零件,适用于拆卸精度较高或无法敲击、过盈量较小的过盈配合件 (2)注意事项　拆卸时,两拉杆应保持平行
	拔销器拉卸(轴)		(1)特点　拆卸比较安全,不易损坏零件,适用于拆卸精度较高或无法敲击过盈量较小的过盈配合件 (2)注意事项 ①要仔细检查轴上的定位紧固是否完全拆开 ②先试拉,查明轴的拆出方向 ③在拆出过程中,要注意轴上的弹性垫圈、卡环等卡住零件

拆卸方法		图　形	特点及注意事项
顶压法	用压力机拆卸		(1)特点　属静力拆卸方法。适用于小型或形状简单的静止配合零件的拆卸 (2)注意事项　冲击时，要注意冲压的行程和压力的大小，并注意安全 　压力的计算 $$P>2.9il$$ 式中　i——最大过盈量，mm 　　　l——配合长度，mm
	气割拆卸		(1)特点　适用于拆卸热压、焊接、铆接的固定连接的固定连接件或轴与套互相咬死，花键扭转 (2)注意事项　尽可能不采用
	机械加工		(1)特点　变形严重锈蚀时采用的一种保存主件、破坏副件的拆卸方法 (2)注意事项　尽可能不采用
温差拆卸法	热胀		(1)特点　利用热胀的原理使薄壁件迅速膨胀，容易拆卸。适用于轴承内圈的拆卸 (2)注意事项　尽可能不采用
	冷胀		(1)特点　用干冰冷缩机构内的零件，使其受冷内缩易拆，一般干冰可使局部冷却到-70℃左右 (2)注意事项　尽可能不采用

第二节 零件的清洗和修换

一、零件的清洗

1. 清洗零件的要求

① 在清洗溶液中，对全部拆卸件都应进行清洗。彻底清除表面上的脏物，检查其磨损痕迹、表面裂纹和砸伤缺陷等。通过清洗，决定零件的再用或修换。

② 必须重视再用零件或新换件的清理，要清除由于零件在使用中或者加工中产生的毛刺。例如，滑移齿轮的圆倒角部分、轴类零件的螺纹部分、孔轴滑动配合件的孔口部分都必须清理掉零件上的毛刺、毛边，这样才有利于装配工作与零件功能的正常发挥。零件清理工作必须在清洗过程中进行。

③ 零件清洗并且干燥后，必须涂上机油，防止零件生锈。若用化学碱性溶液清洗零件，洗涤后还必须用热水冲洗，防止零件表面腐蚀。精密零件和铝合金件不宜采用碱性溶液清洗。

④ 清洗设备的各类箱体时，必须清除箱内残存磨屑、漆片、灰砂、油污等。要检查润滑过滤器是否有破损、漏洞，以便修补或更换。对于油标表面除清洗外，还要进行研磨抛光提高其透明度。

2. 清洗溶液的选择

① 煤油或轻柴油在清洗零件中应用较广泛，能清除一般油脂，无论铸件、钢件或有色金属件都可清洗。使用比较安全，但挥发性较差。对于精密零件最好使用含有添加剂的专用汽油进行清洗。

② 目前，为了节省燃料，正在大力研究和推广清洗机械零件用的各种金属清洗剂。它具有良好的亲水、亲油性能，有极佳的乳化、扩散作用。市场价格便宜，有良好的使用前途，适用性也很好。

3. 清洗方法

① 人工进行清洗。对于小型零件可直接放入盛有清洗溶液的油盆之中，用毛刷仔细刷洗零件表面。对于油盆无法容纳的零件，例如床身等，应先用旧棉纱擦掉其上的油污，然后用棉纱蘸满清洗溶液反复进行擦洗。最后一道清洗，应使用干净棉纱蘸上干净的清洗溶液进行擦洗，这样，既有利于节约清洗溶液，又能保证清洗质量。

② 用清洗箱进行喷洗。清洗箱是一个由网眼架分成两层的箱体结构，一般长 1200mm，宽 600mm，高 500mm，由四个滚轮支承。箱体的上层可以适当大一些，用以盛放待洗的零件。箱体的下层用以储放清洗溶液。箱体上层的侧面安放一个齿轮油泵，与箱体外面的电动机相连。当通电时，电动机带动液压泵，就将溶液通过管路吸出，并经过一个前端表面布满小孔的球形喷头，喷洒到待洗零件上面。由于喷头安装在一根软管上可以来回移动，喷出的溶液具有一定的压力，而且进油管口安装一个过滤器，保证了溶液的干净，因此，清洗效果良好。由于清洗溶液可以循环使用，实现了节约用油。

③ 用超声波清洗机清洗。超声波清洗技术目前已被越来越多的机械、汽车、电子、五金等行业广泛应用。相比其他多种清洗方式，超声波清洗机显示出了巨大的优越性。尤其在专业化、集团化的生产企业中，已逐渐用超声波清洗机取代了传统浸洗、刷洗、压力冲洗、振动清洗和蒸汽清洗等工艺方法。超声波清洗机的高效率和高清洁度，得益于其声波在介质中传播时产生的穿透性和空化冲击波。所以很容易将带有复杂外形、内腔和细孔的零部件清洗干净，对一般的除油、防锈、磷化等工艺过程，在超声波作用下只需两三分钟即可完成，其速度比传统方法可提高几倍到几十倍，清洁度也能达到高标准，这在许多对产品表面质量和生产率要求较高的场合，更突出地显示了用其他处理方法难以达到或不可取代的结果。

二、零件修换选择的原则

设备拆卸以后，零件经过清洗，必须及时进行检查，以确定磨损零件是否需要修换，如果修换不当，不能继续使用的零件没有及时修换，就会影响机械设备使用功能及性能的正常发挥，并且要增加维修工作量。如果可用零件被提前修换，就会造成浪费，提高修理费用。

决定设备零件是否需修换的一般原则如下。

① 根据磨损零件对设备精度的影响情况决定零件是否修换。在机床的床身导轨、滑座导轨、主轴轴承等基础零件磨损严重，引起被加工工件几何精度超差，以及相配合的基础零件间间隙增大，引起设备振动加剧，影响加工工件表面粗糙度的情况出现时，应该对磨损的基础零件进行修换。对于影响设备精度的主要零件如主轴、箱体等，虽然已经磨损，但尚未超过公差规定，估计还能满足下一个修理周期

使用的要求时，可以不进行修换。对于一般零件，无论是过盈配合零件，或者间隙配合零件，在对设备精度影响不大的前提下，由于拆卸或使用中磨损引起尺寸变化时，可以使配合关系适当改变。通常间隙配合的孔、轴公差等级都可以降一级。例如 H8/h7 的配合关系可以适当改变为 H9/h8。过盈配合的孔、轴经拆卸后，一般过盈量都会明显减少。但是，如果还能保持原配合关系所需最小过盈量的 50% 左右，就基本上能满足下一个修理周期的使用要求。否则，就应该进行修换。

② 根据磨损零件对设备性能的影响情况决定零件是否修换。通常评价磨损零件对机械设备性能的影响，在综合考虑的基础上，主要考虑对设备的功能可靠性、生产性能及操作灵活等方面的影响。零件磨损会使设备不能完成预定的使用功能。例如离合器失去传递动力的作用；链传动中销轴与套筒的工作面间，因相对滑动而磨损，导致链节距伸长，发生脱链现象；液压机构不能达到预定的压力或压力分配要求；凸轮因磨损不能保持预定的运动规则。在这些情况下，零件都应该进行修换。当零件磨损，例如机床导轨磨损、间隙增加、配合表面研伤等，使设备不能满足产品质量要求，不能进行满负荷工作，增加工人的精力消耗和设备空行程时间。这样，就会降低设备的生产性能。这时，只有对磨损零件进行修理或更换，才能恢复生产对设备的使用要求。还有许多零件磨损后，虽然设备还能完成规定的使用功能，但会降低设备许多方面的性能。例如，齿轮噪声过大，既影响工人的工作情绪，又影响设备的使用寿命，还会降低传递效率，损坏工作平稳性，影响设备的生产性能。齿轮产生噪声增大的因素很多，只有查出根源，对有关零件进行修换，才能使噪声减小。

③ 重要的受力零件在强度下降接近极限时应进行修换。设备零件必须有足够的强度，才能保证其承载后不会发生断裂和产生残余变形超过容许限度的情况。尤其一些传递力的零件，当强度下降接近极限时，应及时进行修换。例如，低速蜗轮由于轮齿不断磨损，齿厚逐渐减薄，如果超过强度极限，就容易发生齿面剥蚀或齿牙断裂，在使用中就有可能迅速发生变化，引起严重事故。这些都是根据零件材料的强度极限决定零件的修换标准。

④ 磨损零件的摩擦条件恶化时应进行修换。在零件磨损量超过

一定限度后，会使磨损迅速加剧，造成摩擦面间发热，摩擦条件恶化，出现摩擦面咬焊拉伤、零件毁坏等事故。例如，机械设备的导轨刮研面被磨光后，如果继续使用，在重压之下就容易破坏摩擦面间形成的油膜，造成导轨面咬焊拉伤。渗碳主轴的渗碳层在滑动轴承中被磨掉，渗氮齿面在传动中被磨掉，如果对这些摩擦条件恶化的零件继续使用，必将引起剧烈磨损。因此，对这些零件应根据磨损零件的摩擦条件状况，决定零件是否需要修换。

第三节　零件的修复与装配

一、零件的修复

机床的修理主要是失效零部件的修理。在确定为能修复，且修复后能恢复其技术、经济要求的，就可以根据零部件的失效情况确定修理工艺。参照零件修复工艺确定并根据修理零部件的精度、性能要求，对各种可能的修理工艺进行充分比较，选择装配精度以及部件相对于整台设备的精度要求。确定好修复工艺后，严格按照工艺进行修复。常用零件的修复方法见图 6-9。

二、装配与调整

机床零部件修理后的装配和调整就是把经过修复的零件以及包括更新件在内的其他全部合格零件，按照一定的技术标准、一定的顺序装配起来，经调整后达到规定的精度和使用性能要求的整个工艺过程。装配和调整质量的好坏，在很大程度上影响机床的性能。

1. 对装配工作的要求

① 装配前，应对零件的形状和尺寸精度等进行认真检查，特别要注意零件上的各种标记，以免装错。对有平衡要求的旋转零件，还应按要求进行静平衡或动平衡试验，合格后才能装配。

② 固定连接的零部件，不得有间隙；活动连接的零件，应能灵活而均匀地按规定方向运动。

③ 各种变速和变向机构，必须位置正确，操作灵活，手柄位置和变速表应与机器的运转要求符合。对某些有装配技术要求的零部件，如装配间隙、过盈量、灵活度、啮合印痕等，应边安装边检查并随时进行调整以避免装配后返工。

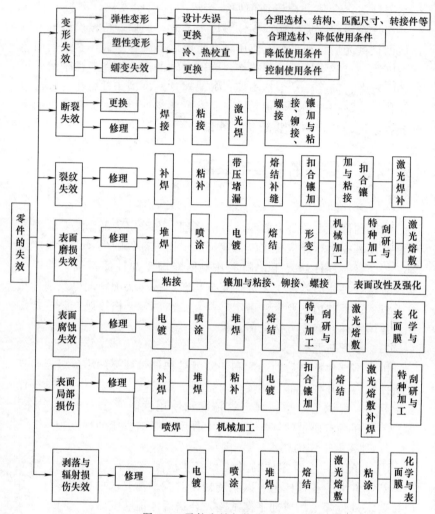

图 6-9 零件失效与修理工艺

④ 高速运动机构的外面不得有凸出的螺钉头和销钉头等。

⑤ 各种运动部件的接触表面，必须保证有足够的润滑油，并且油路要畅通。

⑥ 对于过渡配合和过盈配合零件的装配如滚动轴承的内、外圈等必须采用相应的铜棒、铜套等专门工具和工艺措施进行手工装配，

按技术条件借助设备进行加温加压装配。

⑦ 各种管道和密封部件，装配后不得有渗漏现象。

⑧ 每一部件装配完后，都必须严格仔细地检查和清理，防止有遗漏或错装的零件，尤其是对要求固定安装的零部件。特别是在封闭的箱内（如齿轮箱等），不得遗留任何杂物。

⑨ 试车时，应对各部件连接的可靠性和运动的灵活性等进行认真检查；试车时，要从低速到高速逐步进行，并且要根据试车情况，进行必要的调整，使其达到运转的要求。

2. 装配的一般过程

(1) 装配前的准备

① 熟悉装配图和有关技术文件，了解所装机械的用途、构造、工作原理、各零部件的作用、相互关系、连接方法及有关技术要求，掌握装配工作的各项技术规范。

② 确定装配的方法和程序，准备必要的工艺装备。

③ 准备好所需的各种物料（如铜皮、铁皮、保险垫片、弹簧垫圈、止动铁丝等）。所有皮质油封在装配前必须浸入加热至 66℃ 的机油和煤油各半的混合液中浸泡 5～8min；橡胶油封应在摩擦部分涂以齿轮油。

④ 检查零部件的加工质量及其在搬运、堆放过程中是否有变形和碰伤，并根据需要进行适当修整。

⑤ 所有的偶合件和不能互换的零件，要按照拆卸、修理和制造时所做的记号妥善摆放，以便成对成套地进行装配。

⑥ 装配前，对零件进行彻底清洗，因为任何脏物或灰尘都会引起严重磨损。

(2) 零件和机构的装配　为部件装配做准备。

(3) 部件装配　部件装配是总装配的基础。

(4) 总装配　将零件、机构和部件装配成完整的机械设备称为总装配。总装配时要避免多装、漏装零件，并防止污物进入机械内部；各部位紧固牢靠，移动部件能灵活移动，不能有歪斜、卡塞现象；滑动和旋转部位加润滑油，以防运转时拉毛、咬死甚至损坏。

(5) 调整、检验和试车

① 调整工作。调整各零件、机构间的相互位置、配合间隙和结

合程度等，目的是使各机构工作协调。

②检验工作。检验设备的几何精度和工作精度。

③试车工作。试验设备运转的灵活性、振动、工作温升、噪声、转速、功率等性能指标是否符合技术要求。

（6）装配后的整理与修饰　机械设备装配、调试完毕后，进行整理与修饰，其主要工作包括各种门、盖、罩和指示牌的安装及整机的表面修饰等。修饰的目的是防止设备表面锈蚀，使外观美观。设备外表面的修饰，就是在不加工表面涂漆，在加工表面上涂防锈油。

第四节　机床总体修理后的质量要求和试车

一、机床修复（大修）后的质量要求

1. 机床修理后总体质量要求

普通机床修复后应同时满足下列四个方面的要求。

① 达到零件的加工精度或工艺要求。

② 保证机床的切削性能。

③ 操纵机构应省力、灵活、安全、可靠。

④ 排除机床的热变形、噪声、振动、漏油之类的故障。

2. 机床修理后对外观的质量要求

① 机床大修后必须全部刷（喷）漆复新。机床各部分的颜色应按照以下规定：车床外表面刷（喷）浅灰色油漆，或按使用部门要求的颜色刷（喷）漆；机床电器箱和储油箱的内壁涂白色或其他浅颜色油漆；加润滑油的位置标志和其他安全标志涂红色油漆。

② 不同颜色的油漆应界限分明，不得相互侵染，油漆表面要光滑平整，应有足够的强度，不得起皱和脱落，并且要有耐油和耐冷却液侵蚀的能力。

③ 装在机床外部的电器和其他附件的未加工表面涂与机床颜色相同的油漆。

④ 机床所有盖、罩壳、油盘等应保持完整。

⑤ 手柄、手柄球和手轮不得缺少，规格、颜色应符合规定。

⑥ 机床的各种标牌应清晰、位置正确，不得歪斜。

3. 机床修理后对装配质量的要求

① 机床上的滑动和转动部位要运动灵活、轻便、平稳，并且无阻滞现象。

② 可调的齿轮、齿条和蜗杆副等传动零件装配后的接触斑点和侧隙应符合标准规定。

③ 变位齿轮应保证准确可靠的定位。啮合齿轮轮缘宽度小于等于 20mm 时，轴向错位不得大于 1mm；啮合齿轮轮缘宽度大于 20mm 时，轴向错位不能超过轮缘宽度的 15%，且不得大于 5mm。

④ 在花键上装配的齿轮不应有摆动，动配合的花键轴与齿轮、离合器等配合件，在轴上应有滑动无阻的移动，不得有咬塞现象。

⑤ 传动轴上，固定配合的零件不得有松动和窜动现象；滑动配合的零件，在轴上要能自由地移动，不得有啃住和阻滞现象；转动配合的零件，转动时应灵活、均匀。

⑥ 重要的固定结合面应紧密贴合，紧固后用 0.04mm 塞尺检验时不得插入，特别重要的固定结合面，除用涂色法检验外，在紧固前后均用 0.04mm 的塞尺检验，不得插入。

⑦ 滑动、移动导轨表面除用涂色法检验外，还应用 0.04mm 塞尺检验，塞尺在导轨、镶条、压板端部的滑动面间插入深度不得超过下列数值：机床质量小于等于 10^4 kg 时为 20mm；机床质量大于 10^4 kg 时为 25mm。

⑧ 有刻度的手轮、手柄的反向空行程量，不得超过下列规定：各型号机床精确位移的手轮：1/60 转；普通机床精确位移的手轮：1/40 转；普通机床直接转动的手轮：1/30 转；普通机床很少转动的手轮：1/10 转。

机床运转时，不应有不正常的尖叫声和不规则的冲击声。车床噪声的测量应在空运转的条件下进行，噪声级不得超过下列规定：精密机床，75dB（A）；精密机床和普通机床，85dB（A）。

4. 机床修理后对液压系统的质量要求

① 机床大修后应更换新油，油面要加至规定的高度；滤油网应清洗，失去性能的应更换。油箱要仔细清理，并涂以耐油防锈白漆，要有防止切屑、灰尘等落入的防护装置。

② 拆修的所有液压元件应进行清理、清洗和严格的检查。装配前，液压件要用清洁的中性轻质油清洗。零件表面要擦干净，并防止

纤维粘在表面上。

③ 连杆、活塞、缸筒、阀芯等零件表面不得有划伤、研沟和裂纹，阀体、液压缸等铸件不得有气孔、砂眼等。

④ 用钢球密封的阀座必须经过研磨，使接触正确，从而保证密封性能良好。

⑤ 液压件的装配间隙应符合规定，装配后用手转动或移动时，在全程上必须保证运动灵活，应感觉轻重均匀、无阻滞。

⑥ 油管不得压扁，表面不得有裂纹和明显的压坑，端部喇叭口应平整光滑，符合技术要求，油管内腔必须清洁，保证畅通。

⑦ 吸油管的敷设，要排列整齐，管路尽量短，金属管要用卡子固定，以免工作中产生振动而使接头松动。

⑧ 液压系统内形成真空的各个部分，必须可靠地进行密封。

⑨ 液压系统进行工作时，油箱内油液不得产生泡沫。液压系统连续工作 2h 以上，油温不得超过 60℃；当环境温度达到或高于 35℃，油温不得超过 70℃。

⑩ 液压系统在工作范围内和换向时，不得发生显著振动、噪声、冲击和停滞现象，更不得爬行，回程精度和起程量应符合规定。

5. 对冷却、润滑系统的质量要求

① 冷却装置应灵活可靠，阀门、管道不得有渗漏现象，喷嘴应能调节，冷却液应能畅通地喷到切屑形成的地方。

② 各润滑部位应有相应的注油器或注油孔，并保持完善齐全。

③ 润滑标牌应完整清晰，润滑系统必须完整无缺。所有润滑元件，油管、油孔、油道必须清洁干净，保证畅通。

④ 表示油位的标志应清晰，要能观察出油面或润滑油滴入的情况。

6. 对安全防护装置的质量要求：

① 设备上各部分超负荷安全装置的弹簧、配重块、保险销等应按有关规定予以调整配齐，不得随便调整、更换尺寸或使用不合适的材料，安全装置的动作应灵活可靠。

② 对机床运动中有可能松脱的零件，应有防松装置。机床上的各种保险装置应完整、齐全、可靠。

③ 露在外面的齿轮、带轮、飞轮等应有合适的防护罩，砂轮应

有坚固的防护罩。

④ 所有防护罩必须用螺钉可靠地固定，不得用铁丝、布条等捆绑。防护罩不得与设备的运转部分有任何摩擦和接触。

⑤ 设备移动部分的行程限位装置应齐全可靠。

⑥ 各滑动导轨的两端应装有防尘、防切屑的毡垫。毡垫应清洗干净，保持与导轨面紧贴，外加金属压板加以固定。

⑦ 电动机的旋转方向在适当零件的外部用箭头表示出来。

二、机床总体修理后的试运行和预验收

机床总体修理组装后，应按说明书或其他技术文件的规定，对机床进行整体检验试运行和验收。机床的整体检验是机械设备修竣后一次全面的质量鉴定，是保证机械设备交付使用后具有良好性能和安全可靠性等的重要环节。整体检验包括空载试运转、负荷试运转、试运转后检查等步骤。对重要设备还需要进行压力试验和致密性试验。

1. 试运行

试运行首先检查各部连接、紧固、润滑、密封、运转情况、试验操纵系统、调节控制系统、安全装置的动作和作用，并进行适当的调整，同时检查各类仪表的指示情况是否符合规定标准。试运行的步骤是：先空载，后负荷；先单机，后联动。必须在上一步骤检查合格后，才能进行下一步骤。试运行中应注意以下几点。

① 严格按照设备操作规程，开机试车运行，新设备磨合时间按照技术协议的规定执行；当无规定时，单机设备空运转时间至少24h，负荷运转至少36h。

② 试运行期间，设备工作能力必须达到技术协议规定，设备动作准确、平稳，无明显撞击、振动，无跑、冒、滴、漏等现象。

③ 设备的附属设备、安全附件、仪表等应齐全，运行正常，无其他技术隐患，电气、液压、冷却、润滑等系统工作正常可靠。

④ 设备的动作、行程、速度及联锁控制等均应符合设计功能要求。

2. 预验收

预验收的目的是检查、验证机床经修理后，修前的各种故障是否处理彻底，修后能否达到机床的原始技术指标，是否能满足用户加工质量的要求。为机床的全面检验和最终验收打好基础。

⚡ 机床的拆卸工艺

拆卸是修理工作中缩短修理周期、提高经济效益的重要环节。当设备不能正常运转时，首先要进行拆卸，找出故障原因，然后才能确定修理方法。特别是当机床进行大修时，拆卸工作尤为重要。机械设备的构造各有其特点，零部件在重量、结构、精度等方面存在 差异，因此若拆卸不当，将使零部件受损，造成不必要的浪费，甚至无法修复。为保证维修质量，在解体前必须周密计划，做好拆卸前的准备工作。

第一节　机床拆卸的要求和顺序

一、机床拆卸前的要求

（1）拆卸前首先必须熟悉设备的技术资料和图纸，弄懂机械传动原理，掌握各个零部件的结构特点、装配关系以及定位销子、轴套、弹簧卡圈，锁紧螺母、锁紧螺钉与顶丝的位置和退出方向。

（2）在拆卸时要想到装配，为顺利装配做好准备，为此在拆卸时要注意以下事项。

① 核对记号，做好记号。许多相互配合的零件，在制造时做有装配记号（如刻线、箭头、圆点、缺口、文字、字母等），拆卸时，要仔细核对和辨认。对记号不清或没有记号的，要用适当的工具（如电火花笔、油漆、刻痕等），在非工作面（非配合面）做出记号，以便装配时恢复原状。

② 合理放置，分类存放零件。要按零件的精度、大小分别存放，不同方法清洗的零件，如钢、铸铁、铝、橡胶件、塑料件等，也应分开存放。

③ 同一总成或部件的零件，应集中存在一起，并按拆卸顺序摆放。精密重要零件应专门存放保管。

④ 易变形、易丢失的零件，如垫片等应单独存放，对于调整垫片等还应注意安装位置、数量和方向。

⑤ 存放零件应有相应的容器、位置，防止在存放过程中零件变形（特别是长零件）、碰伤、丢失等。

⑥ 拆下的螺栓、螺母等在不影响修理的情况下应装回原位，以免丢失和便于装配。

（3）拆卸大型设备的零部件，应用起重设备，并拴牢、稳吊、稳放、垫好。为此在吊挂时应注意以下事项。

① 部件的挂吊点必须选择能使部件保持稳定的位置。首先应当使用原设计的挂吊位置。在没有专用挂吊装置时，应充分估计部件的重心，如图 7-1 所示，主轴箱在吊离时，应将 a、b 两处同时挂住，如果只挂 a 处或 b 处，主轴箱起吊时将发生偏转。

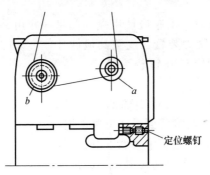

图 7-1　吊离主轴箱

② 要充分考虑拆卸过程中挂吊点的受力变化。如图 7-2 所示，拆卸 C620 型车床进给箱时，一般首先拆下两个定位销，接着用吊绳将箱体两端挂住，在紧固螺钉拆松之前吊绳不能挂得太紧，只要吊绳稍微受力即可。当拆卸紧固螺钉时，由于进给箱是安装在床身垂直面上的部件，其拆卸顺序应由下而上，先拆螺钉 1、2，然后才能拆卸

螺钉 3、4。如先拆螺钉 3、4，则当松开螺钉 1、2 时，会发生图 7-2（b）所示的情况，因其重心高于支撑点，部件会发生突然偏转，可能别坏螺钉或箱体边缘，甚至发生人身事故。对于垂直面上安装的重型部件，都应当注意这一情况。

③ 要充分估计挂吊处的强度，是否足以承受部件的重量，同时挂吊点应尽可能靠近箱壁、法兰等处，因为这些地方刚度较强。

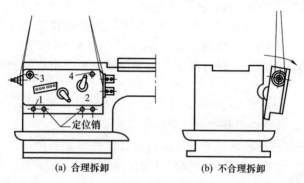

(a) 合理拆卸   (b) 不合理拆卸

图 7-2 部件拆卸

1~4—螺钉

④ 部件吊离时，吊车应使用点动起吊，并用手试推部件，观察其是否完全脱离紧固装置，或被其他件挂住。如图 7-1 所示，C620 型车床主轴箱的定位螺钉较为隐蔽，易漏拆，随便起吊容易发生事故。

⑤ 对于具有垂直滑道面的部件，如图 7-3 所示的镗床主轴箱，在拆卸时，一般应将其降到最低位置，把滑道面锁住，下面用枕木垫实，防止部件在拆卸过程中突然下滑。

⑥ 部件在吊运移动过程中，应保持部件接近地面的最低位置行走，一般不允许从人体上方或机床上空越过。

⑦ 部件在吊放时，要注意强度较弱的尖角、边缘和凹凸部分，防止碰伤或压溃，如图 7-4 所示，主轴箱放置时要注意枕木高于螺母的高度。

二、普通卧式车床的拆卸顺序

车床主要部件的拆卸顺序见图 7-5。

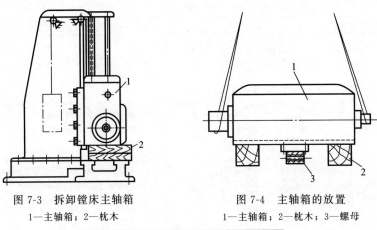

图 7-3　拆卸镗床主轴箱　　　　　　　图 7-4　主轴箱的放置

1—主轴箱；2—枕木　　　　　　　1—主轴箱；2—枕木；3—螺母

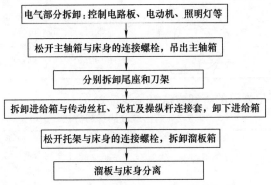

电气部分拆卸：控制电路板、电动机、照明灯等

↓

松开主轴箱与床身的连接螺栓，吊出主轴箱

↓

分别拆卸尾座和刀架

↓

拆卸进给箱与传动丝杠、光杠及操纵杆连接套，卸下进给箱

↓

松开托架与床身的连接螺栓，拆卸溜板箱

↓

溜板与床身分离

图 7-5　C620-1 卧式车床主要部件的拆卸顺序

第二节　不易分解零件的拆卸方法

一、锈蚀螺钉的拆卸方法（见表 7-1）

表 7-1　锈蚀螺钉的拆卸方法

锈蚀状况	图　形	拆　卸　方　法
一般性锈蚀		用锤子敲击螺母或螺钉，以敲松锈层，然后拧下

锈蚀状况	图　形	拆　卸　方　法
螺钉有明显的锈蚀	纱布头	将浸过煤油的纱布头包扎在锈蚀的螺钉头或螺母上，待 1h 后，旋松拧下
	煤油　工件	拆卸小工件上锈蚀的螺钉，可将工件浸泡在煤油容器中，待 20～30min 后再拆卸
螺钉锈蚀严重		①用扳手将螺母先紧拧 1/4 圈，再退出来，如此反复地松紧，逐步拧出 ②可用乙炔或喷灯将螺母加热后迅速拧出
螺母锈蚀严重		当锈结的螺母不能用浸油等方法排除时，可在其一边打眼钻孔，既不伤害螺栓柱，又在外侧留一薄层，并将薄层用錾铲去，即可以容易地将螺母拧出

二、断损螺纹的拆卸方法（见表 7-2）

表 7-2　断损螺纹的拆卸方法

损坏特征	原　因	图　形	检　修　方　法
螺纹部分弯曲	①螺纹部分被碰撞挤压 ②装卸不适当	α　弯曲部分	当弯曲度 α 不超过 15°时可用下法检修：找两个合适的螺母拧到螺杆的弯曲部分，使弯曲部分处于两螺母之间，并保持一定的距离（3～5mm），然后夹到台虎钳上校正，或就地校正
螺纹端部被碰伤、镦粗	①螺纹部分被碰撞挤压 ②装卸不适当	碰伤镦粗	①螺纹露出部分较长，锯割方便时可将其锯掉 ②如露出部分有少许、较短，可将露出部分錾或锉平卸下
螺纹部分滑扣	①螺纹部分长期没卸动而锈死 ②拆卸前没用油润滑螺纹部分		①将带螺母的螺钉凿掉或锯掉换新 ②螺钉滑扣，可用一杆顶住螺钉的底端，然后拧螺钉的头部，如螺钉仍卸不下，可用电钻钻掉

损坏特征	原 因	图 形	检修方法
螺纹部分失紧	①选用螺母、螺钉不合适或制造得不标准 ②装配时拧的力太大,造成螺纹部分损伤	 疲劳损伤或不标准	①临时找不到合适的螺栓或螺钉时,可将螺纹底孔直径扩大一个规格 ②更换螺钉或螺栓
螺钉被拧断	螺纹部分锈死或锈蚀	 扭断	①如螺钉较大(M8以上),可在断头螺钉上钻孔,楔入一多角的钢杆,然后拧下 ②在断螺钉上钻孔,攻相反螺纹,然后将螺钉拧出 ③用直径略小于螺纹小径的钻头钻孔,然后将螺钉敲松或用铲扁拧出 ④在断头上焊一螺母,然后拧出 ⑤用电火花加工将断头部分腐蚀掉
螺钉头棱角变秃	扳手开口不当	 棱角变秃　锉刀	①用锉刀将六方的两对边锉扁后用扳手拧下 ②用钝錾子錾螺钉边缘,卸下换新
螺钉口损坏	①螺钉旋具没有按紧或歪斜 ②螺钉口太浅	 平头　圆头　损坏	①用錾子把螺钉口錾深,按紧旋具卸下螺钉 ②用钝錾子錾螺钉边缘,卸下换新

三、键的拆卸方法 (见表7-3)

表7-3　键的拆卸方法

名称	图 形	拆卸方法
钩头楔键	 煤油 先用油润,再用工具拆卸	如钩头键伸出部分的缝隙大小与扁錾的厚度相当,可将扁錾錾尖插入,用锤敲击卸下
		用煤油浸润1h后,再用手锤向里顶几下,然后用拉卸器卸下

名称	图 形	拆 卸 方 法
钩头楔键	 煤油 先用油润，再用工具拉卸	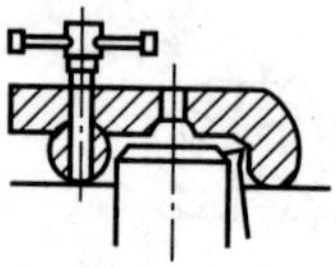 用拆卸工具将钩头楔键撬出
		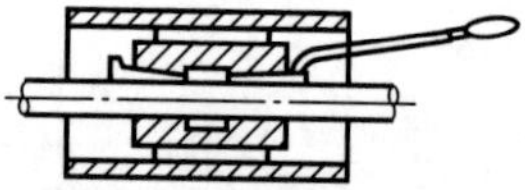 用拔卸工具拆卸钩头楔键如键锈蚀严重，不能直接拆出，可把键的钩头锯掉，用钻头将键钻掉
导向平键	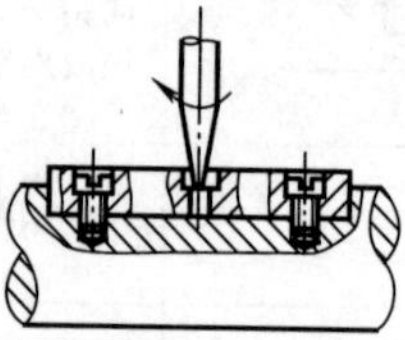	先把两端螺钉卸下，然后用螺钉旋具把中间螺钉向槽向拧入便可把键顶出
普通平键	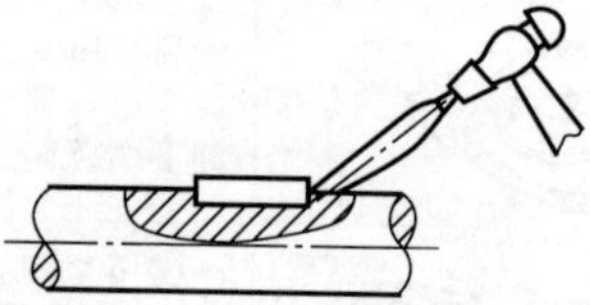	用錾子与手锤从键的两端或侧面将键剔出

四、销的拆卸方法（见表7-4）

表7-4　销的拆卸方法

名 称	图 形	拆卸方法
圆柱销和圆锥销	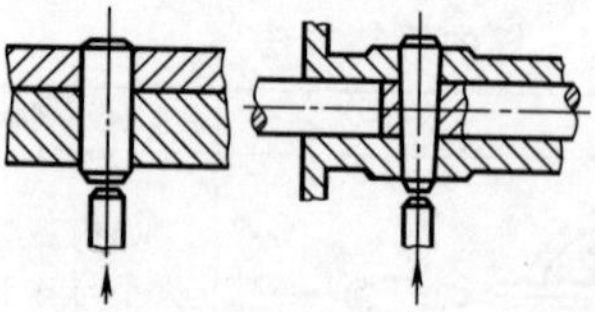	取一直径小于销孔的金属棒，用手锤敲击
内螺纹圆柱销和内螺纹圆锥销	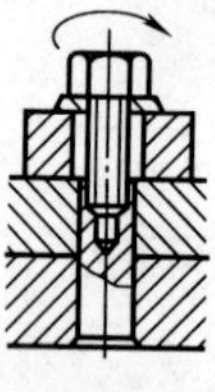	用一个与螺钉内螺纹相同的螺钉按图示形式旋出，或用拔销器拔出

名　　　称	图　　　形	拆卸方法
螺尾锥销		用一个与锥销螺尾相同的螺母，垫一钢圈旋出

五、轴套的拆卸方法（见表 7-5）

表 7-5　轴套的拆卸方法

措施		图　　　形	拆卸方法
盲孔轴套拆卸法	錾削		用尖凿将轴衬錾削三道沟槽，然后剔出
	在轴套底钻孔		在轴套底钻 2 个比轴衬壁厚略大的孔，然后用圆冲和手锤将轴衬卸出
	在轴套底旁边钻孔		在轴套底两旁钻两个小孔，把专用工具的卡角插进轴衬的孔内，旋转螺钉，即可提取轴衬
	车削	车刀　卡盘	在车床上将轴衬车削掉
	用螺套拆卸	螺塞　螺杆	用一只直径稍大于轴套内孔的丝锥，把轴套攻出螺纹，并将特制的专用螺塞拧入轴套，旋入螺杆，即可退出轴套

措施		图　形	拆卸方法
盲孔轴套拆卸法	螺纹顶卸		拆卸方法1：如果衬套的孔径与相应尺寸的丝杠的小径尺寸相当，可将1个至几个滚珠放到衬套内，用丝杠对衬套进行轻微地攻螺纹，至滚珠后，将衬套从机件中拔出 拆卸方法2：如若衬套内径较大，可车配一与衬套内径等径的套，其内径可与一相应的螺栓相配，将套焊在原衬套上，向内径投若干个滚珠，拧动螺栓，即可将衬套顶出
	灌油击卸法	衬套　销子	往衬套内灌油，用锤头或油压打击或挤压衬套无间隙的销柱，使衬套退出
轴上衬套的拆卸		衬套	当轴套的外径与轴的尺寸相等或相差不大时，中间又无间隙，可在其接合处锉（或车、磨）2个V形槽，在槽内摆2根钢丝或销子，夹在台虎钳或用管钳加压，使衬套与轴间出现间隙后，再用一般方法将其拔掉
通孔轴套拆卸法	用敲棒和垫片拆卸	敲棒　垫片 长螺杆　棒锤	将宽度略小于轴套的内径、长度略小于轴套的外径的垫片放入轴套内，然后用敲棒轻轻敲击，若敲棒无法插入时，可在垫片的中心钻孔，攻螺纹，然后拧入一根有棒锤的长螺杆，用棒锤敲击螺杆头部，即可将轴套拆下
通孔轴套拆卸法	用顶杆拆卸	顶杆　锥杆	将顶杆从轴套的一端插入，与另一端插入的锉销相配，使顶杆带有锥孔的端部扩张，然后用手锤轻轻敲打，即可将轴套顶出
	用套管和垫片拆卸	垫片　螺杆　套管　垫片	将扁长形的垫片插入轴套的内端，再将螺杆穿过垫片，套管拧入垫片螺孔内，继续旋转螺杆，即可将轴套卸出

第三节 典型部件拆卸实例

一、主轴箱的拆卸

主轴箱的构造如图 7-6 所示，其拆卸可按下列步骤进行。

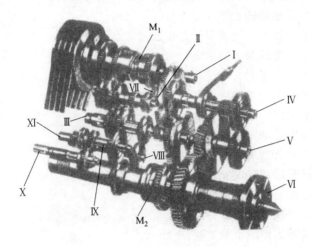

图 7-6　主轴箱的构造

（1）做好拆卸前的各项准备工作，如准备好拆卸用的各种工具、量具、仪表和材料等。

（2）检查主轴箱工作情况：检查噪声、振动和轴承温度。

（3）检查离合器与主轴变速操纵机构。

（4）检查主轴回转精度。

（5）检查主轴轴向窜动。

（6）检查轴尖支承的跳动。

（7）检查定心轴颈的径向跳动。

（8）检查主轴间隙。

（9）床头箱的拆卸清洗，放完主轴箱中机油。

（10）松开带轮上的固定螺母，拆下带轮。

（11）拆下主轴箱盖。

（12）拆润滑机构和变速操纵机构

① 松开各油管螺母；

② 拆下过滤器；

③ 拆下单向泵；

④ 拆下变速操纵机构。

（13）拆卸 I 轴

① 放松正车摩擦片（减少压环元宝键的摩擦力）；

② 松开箱体轴承座固定螺钉；

③ 装上顶丝，用扳手上紧顶丝；

④ 取下 I 轴和 I 轴承座。

（14）拆卸 II 轴

① 先拆下压盖，后拆下轴上卡环；

② 采用拔销器拆卸 II 轴；

③ 取出 II 轴零件与齿轮。

（15）拆卸 IV 轴的拨叉轴

① 松开拨叉固定螺母；

② 用拔销器拔出定位销子；

③ 松开轴上固定螺钉；

④ 采用铝棒敲出拨叉轴；

⑤ 将拨叉和各零件拿出。

（16）拆卸 IV 轴

① 松开制动钢带；

② 松开 IV 轴位于压盖上螺钉，卸下调整螺母；

③ 用拔销器拔出前盖，再拆下后端端盖；

④ 拆卸 IV 轴左端拨叉机构紧固螺母，取出螺孔中定位钢珠和弹簧；

⑤ 用机械法垫上铝棒，将拨叉轴和拨叉、轴承卸下（将零件套好放置）；

⑥ 用卡环钳松开两端卡环；

⑦ 用机械法拆下 IV 轴，将各零件放置在油槽中。

（17）拆卸 III 轴：采用拔销器直接取出 III 轴，再取出各零件。

（18）拆卸主轴（VI 轴）

① 拆下后盖，松下顶丝，拆下后螺母；

② 拆下前法兰盘；

③ 在主轴前端装入拉力器，将轴上卡环取出后将主轴——取出放入油槽中，竖直放好主轴。

（19）拆卸Ⅴ轴

① 拆下Ⅴ轴前端盖，再取出油盖；

② 采用机械法垫上铝棒将Ⅴ轴从前端拆出；

③ 将Ⅴ轴各零件放入油槽中。

（20）拆卸正常螺距机构

① 用销子冲拆下手柄上销子，取下前手柄；

② 用螺钉旋具拆下后手柄顶丝，再拆下后手柄；

③ 取出箱体中的拨叉。

（21）拆卸增大螺距机构

① 用销子冲拆下手柄上销子，后拆下手柄；

② 在主轴后端用机械法拆出手柄轴；

③ 抽出轴和拨叉并套好放置。

（22）拆卸主轴变速机构

① 拆下变速手柄冲子，用螺钉旋具松开顶丝，拆下手柄；

② 卸下变速盘上螺钉，拆下变速盘；

③ 拆下螺钉取出压板，卸下顶端齿轮，套好零件放置。

（23）拆卸Ⅶ轴

① 将Ⅶ轴上挂轮箱拆下，并取下各齿轮；

② 用内六方扳手卸下固定螺钉，取下挂轮箱；

③ 拧松Ⅶ轴紧固螺钉；

④ 采用机械法垫上铝棒将Ⅶ轴取出；

⑤ 将Ⅶ轴及各齿轮放置在一起。

（24）拆卸轴承外环

① 拆下主轴后轴承，拧下螺钉取下法兰盘和后轴承；

② 依次取出各轴承外环（注意不要损伤各轴承孔）。

（25）分解Ⅰ轴

① 将Ⅰ轴竖直放在木板上，利用惯性拆下尾座与轴承；

② 用销子冲拆下元宝键上销子，取出元宝键和轴套；

③ 再用惯性法拆下另一端轴承，退出反车离合器、齿轮套、摩

擦片；

④ 拆除花键一端轴套、双联齿轮套、锁片和正车摩擦片；

⑤ 松开正、反车调整螺母，用冲子冲出销子，取出拉杆，竖起轴，用铝棒将滑套和调整螺母取下。

注意：要将各零件分组摆放整齐，较小零件妥善保管避免丢失。

（26）拆下主轴箱中其他零件

① 拆下主轴拨叉和拨叉轴；

② 拆下刹车带；

③ 拆下扇形齿轮；

④ 拆下轴前定位片和定位套；

⑤ 拆下离合器拨叉轴，拆下正反车变向齿轮。

（27）清洗和检验各零件。

二、挂轮箱的拆卸

依据挂轮箱的结构，采用由外到内的拆卸方法逐步把每个零部件拆卸下来，步骤如下。

（1）拆卸防护罩　防护罩在车床上起防护的作用，保护带轮正常运转。防护罩由螺栓连接，所以只需要利用扳手就可以拆卸。但是在拆卸的时候需要注意螺栓拆卸完后，防止防护罩落下来砸到人。

（2）拆卸传动带　将一字螺钉旋具插入带轮的槽内，把传动带的位置撬到向外"跑"的趋势，然后启动带轮，传动带就会向着起刀的方向跑，这样转完一圈后传动带就可以拆卸下来。

（3）拆卸带轮　由于带轮是由螺栓固定的，所以可利用扳手把它的螺栓拆卸松。拆卸时需要注意用扳手捉着带轮，以防止螺栓拆卸后，落下来砸到人或零件。

（4）拆卸箱体外壳　箱体外壳与内壳组成了一个让操作机构运动的空间，同时也保障了润滑条件。外壳与内壳也由螺栓连接，应用内六角扳手拆卸。在拆卸过程中要防止润滑油的滴漏。

（5）拆卸双联齿轮 C　双联齿轮 C 由键连接在进给箱的轴上，所以拆卸时需要注意用锤敲击铜棒把它拆卸下来或者利用拨轮器拨下来。锤击时需要注意用力和改变方向锤击。

（6）拆卸双联齿轮 B　双联齿轮 B 与挂件相连接组成一个整体件，为了减轻挂件的重量，先拆卸齿轮 B。

（7）拆卸双联齿轮 A　双联齿轮 A 与主轴箱的第三根轴相连接，所以利用锤击的办法和拉拔的办法进行拆卸。

（8）拆卸法兰　法兰主要用于固定挂件的横向摆动，由内六角螺栓固定，只需要利用内扳手即可将其拆卸下来。

（9）拆卸挂件　挂件与主轴箱的第三根轴配合，同时还和内壳上的一颗螺栓相连接。所以只需要把内壳上的螺母拆掉就可以拆卸挂件了。

（10）拆卸内壳　内壳与主轴箱通过螺栓连接，所以只需要用内角扳手就可以拆卸。但是需要注意的是在拆卸时需要防止它落下来砸到人。

（11）拆卸主轴箱其他轴上的轴承和齿轮　依然可按照上述方法拆下来。

（12）所有零件拆卸完毕之后，采用人工清洗法把齿轮、轴放在盛有清洗剂的盆中，用毛刷仔细刷洗零件表面，然后再进行检测分类。

三、溜板箱的拆卸

溜板箱的结构如图 7-7 所示。

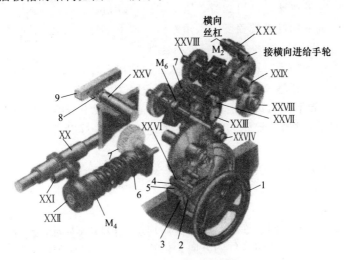

图 7-7　溜板箱结构示意图

1—手轮；2—固定销；3—端盖；4—轴；5—箱体；6—弹簧；7—蜗轮；8—齿轮；9—齿条

1. 溜板箱拆装顺序

（1）拆三杠支架。取出丝杠、光杠、锥销及操纵杠、螺钉，抽出三杠，取出溜板箱定位锥销，旋下内六角螺栓，取下溜板箱。

（2）拆开合螺母机构。开合螺母由上、下两个半螺母组成，装在溜板箱体后壁的燕尾形导轨中，开合螺母背面有两个圆柱销，其伸出端分别嵌在槽盘的两条曲线中，转动手柄开合螺母可上下移动，实现与丝杠的啮合、脱开。拆下手柄上的锥销，取下手柄；旋松燕尾槽上的两个调整螺钉，取下导向板，取下开合螺母，抽出轴等。

（3）拆纵、横向机动进给操纵机构。纵、横向机动进给动力的接通、断开及其变向由一个手柄集中操纵，且手柄扳动方向与刀架运动方向一致，使用比较方便。

① 旋下十字手柄、护罩等，旋下 M6 顶丝，取下套，抽出操纵杆，抽出锥销，抽出拨叉轴，取出纵向、横向两个拨叉（观察纵、横向的动作原理）。

② 取下溜板箱两侧护盖、M8 沉头螺钉，取下护盖，取下两牙嵌式离合器轴，拿出齿轴及铜套等。

③ 悬下蜗轮轴上螺钉，打出蜗轮轴，取出蜗轮等。

④ 旋下快速电动机螺钉，取下快速电动机。

⑤ 旋下蜗杆轴端盖、内六角螺钉，取下端盖，抽出蜗杆轴。

（4）拆卸超越离合器、安全离合器。

① 拆下轴承，取下定位套，取下超越离合器、安全离合器等。

② 打开超越离合定位套，取下齿轮等。

（5）旋下横向进给手轮螺母，取下手轮，旋下进给标尺轮内六角螺栓，取下进给标尺轮。取出齿轮轴连接锥销，打出齿轮轴，取下齿轮轴。

2. 溜板箱拆卸注意事项

（1）看懂结构再动手拆，并按先外后里、先易后难、先下后上的顺序拆卸。

（2）先拆紧固、连接、限位件（顶丝、销钉、卡圆、衬套等）。

（3）拆前看清组合件的方向、位置排列等，以免装配时搞错。

（4）拆下的零件要有秩序地摆放整齐，做到键归槽、钉插孔、滚珠丝杠盒内装。

（5）注意安全，拆卸时要注意防止箱体倾倒或掉下，拆下零件要往桌案里边放，以免掉下砸人。

（6）拆卸零件时，不准用铁锤猛砸，当拆不下或装不上时不要硬来，分析原因（看图）搞清楚后再拆装。

（7）在扳动手柄观察传动时不要将手伸入传动件中，防止挤伤。

四、尾座的拆卸

尾座的拆卸可按下列步骤进行（见图7-8）。

（1）**拆顶尖套锁紧装置** 逆时针旋转手柄16，直到下套筒开合螺母12完全掉下来为止，然后将手柄16同螺杆15及销钉一起拨出，之后可以用一根长螺杆从下往上穿过中间的孔取出上套筒开合螺母13，最后将销钉打出来即可分离手柄16和螺杆15，见图7-8（a）。

（2）**拆顶尖套及其驱动机构** 旋转手轮1顶卸出后顶尖14→拧下端盖20上的螺钉将顶尖套及其驱动机构整个取出来（可轻轻敲顶尖套17左端）→然后将手轮1从丝杠2中拆下来→取下端盖20和止推轴承，拧下套筒端盖，取出顶尖套17→最后从丝杠2上旋下螺母18即可，见图7-8（b）。

（3）**拆尾座紧固机构** 拆夹紧螺栓组合9→拆拉杆螺栓6上的螺母垫圈等，取下拉杆7→拆下紧固手柄19→拆下销3，取下拉杆螺栓6→拆下压紧螺栓组合8→取下压板10，见图7-8（c）。

（4）**拆尾座基体并将尾座从床身导轨上卸下** 完全松开基座上的

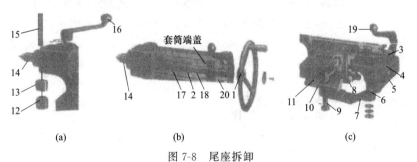

图7-8　尾座拆卸

1—手轮；2—丝杠；3—销；4—尾座体；5—尾座底板；6—拉杆螺栓；7—拉杆；
8—压紧螺栓组合；9—夹紧螺栓组合；10—压板；11—螺钉；12—下套筒开合螺母；
13—上套筒开合螺母；14—后顶尖；15—螺杆；16—手柄；17—顶尖套；
18—螺母；19—紧固手柄；20—端盖

调整螺钉 11（两边）→取下尾座体 4→最后取下尾座底板 5。

第四节　拆卸零件的清洗和鉴定

一、零件的清洗

从机床上拆卸下来的零件，其表面沾满脏物和油渍，应立即清洗。零件的清洗对提高测量精度、方便测量具有重要的作用。不同的零件清洗方法也不同。下面介绍常用零部件的清洗方法。

（1）齿轮箱（如主轴箱、变速箱等）的清洗　清洗前，应先将箱内的存油放出（若为干油也应去掉），再注入煤油，手动使齿轮回转，并用毛刷、棉布清洗，然后放出脏油，待清洗干净后再用棉布擦干。应注意箱内不得有铁屑、灰砂等杂物。

如箱内齿轮所涂的防锈干油过厚，不易清洗时，可用机油加热至 $70\sim80℃$ 或用煤油加热至 $30\sim40℃$，倒入箱中冲洗。

（2）冷却器的清洗

① 冷却管的清洗。冷却管内孔污垢一般采用旋转动力头（如电钻、风钻等）带动与管子内径相等的圆柱形钢丝刷子往复运动进行刷洗。但刷子的钢丝不能太粗、太硬，否则会在管子内孔留下划痕，缩短管子的使用寿命。

② 冷却腔的清洗。冷却器腔内污垢一般采用化学清洗法，其配比为（按质量计）：氢氧化钠 3%，碳酸钠 3%，磷酸三钠 2%，水玻璃 1.5%，水 90.5%。将配好的溶液放入冷却器腔内，加热到 $85\sim900℃$，停放约 2h（在停放期间，不断将浮在溶液上的污油及时清除掉）后，将溶液放掉，用 $60℃$ 的温水冲洗，直到没有碱性为止。

（3）油孔的清洗　油孔是机械设备润滑的孔道。清洗时，先用铁丝绑上蘸有汽油的布条，塞到油孔中往复捅几次，把里面的铁屑、污油擦干净，再用清洁布条（干净白布）捅一下，然后用压缩空气吹一遍。清洗干净后，用油枪打进油，外面用蘸有油的木塞堵住，以免灰尘侵入。

（4）液压系统的清洗　向油箱中注满清洗油（一般为液压系统油或试车油，而不用煤油、汽油等会腐蚀液压组件的油），边加热边间歇转动（停歇时间：转动时间为 1：10，停歇时间最多不超过

60min）运转液压泵，清洗时间具体视液压系统的污染程度、大小和复杂程度及要求而定。在清洗的过程中，要注意用软锤轻轻敲击油管数次，以去除附着物，另外液压泵要在油箱温度降低后再停止运转。经过上面的清洗后，排出脏油，并再次清洗油箱。接着进行第二次清洗，先向油箱中注入液压系统实际运转所用的液压油，正常运转液压系统并开动液压泵供油，使液压系统在空载的情况下运转 4～12h，再看过滤网有无杂质，若没有杂质即可使用。

（5）滚动轴承的清洗　先检查轴承是否有锈或斑痕，若有则用研磨粉从多方向交叉擦掉。用棉布（严禁用棉纱）蘸汽油擦洗或浸洗，反复几次，直到清洗干净。对于在轴上的轴承可用油枪打入热汽油，冲去旧干油和研磨粉，然后再喷一次汽油，清除内部余油。清洗时要注意在轴承未清洁到一定程度前不得转动，以免杂质划伤滑道或滚动体。

（6）部件表面的清洗

① 先清洗外露的防锈油漆，对较厚的油脂，可先用竹木板或塑料板刮去，再用洗油清洗；防锈油漆可用香蕉水等清洗。

② 加工面上发生锈蚀，应做好记录，必要时需使用单位确认；若用洗油棉布（棉纱）无法清洗掉时，可用细砂布（00# 或 000#）蘸机油或细油石擦洗。

③ 传动丝杠清洗时，先刮去过厚油脂，然后用布条在螺纹槽内往复拉动擦洗，除掉油脂后，蘸洗油擦洗，洁净后擦干，涂上一层机油。

二、零件的鉴定

零件清洗之后，应根据检修技术要求，对零件逐个进行鉴定。常用的零件鉴定方法主要有以下几种。

（1）感觉检验法　此方法不用量具或只用简单的量具、仪器，主要靠检验人员的直观感觉和经验来鉴别零件的技术状况。多用于缺陷明显、精度要求不高的场合，要求检验人员经验丰富。这种方法只是一种定性分析法，必要时应对相关零件进行仪器定量测试。常用方法如下。

① 目测法。即用肉眼或一般的放大镜对零件进行观察，以确定其损坏磨损程度，如零件断裂、疲劳剥落、明显的变形裂纹等。

② 耳听法。根据零件工作或人为敲击时所发出的声响来判断其技术状况。敲击零件时,若声音清脆,说明无缺陷;若声音沙哑、沉闷,则零件可能有裂纹或砂眼。

③ 触觉法。用手触摸零件表面,可以判断零件表面磨损痕迹的深浅,大体判断其磨损量。用手晃动或转动未分解的动配合件的活动量,可判断是否松旷、间隙大小,如挡铁、微动开关。刚工作后的零件用手感觉其温度,判断工作状况,如制动鼓、火花塞。

④ 比较法。将零件与新的标准件比较,鉴别其技术状态,如喷油嘴、弹簧。

(2) 仪器检验法　这是一种常用的方法,通过一定的仪器、仪表、量具对零件进行检验,可以达到一定的精度。这种方法要求检验人员具有操作这些检验工具的技术,通常对零件做如下几方面的检验。

① 零件尺寸的检验。尺寸的测量是通过各种通用量具、专用工具来实现的。如用测长仪测量不同精度要求的长度尺寸;用测角仪、万能角度尺和光学分度头测不同精度要求的角度尺寸;利用放射性仪器测量厚度等。

② 零件几何形状的检验。主要是检验几何形状误差,如用圆度仪测圆度、准直望远镜或自准仪测阶梯轴的同轴度,用光切法、光波干涉法、针触法或激光法来测表面粗糙度。

③ 弹力、转矩的检验。弹力的检验用弹簧检验仪或弹簧秤来进行。通常有两个指标,即自由长度和变形时的弹力。对于转矩的检验,不同的零件有不同的指标。例如,螺纹锁紧转矩可采用简单的扭力扳手。比较重要时,如连杆轴承盖、曲轴轴盖的螺栓,可用硅压阻式传感器或电阻应变计式转矩传感器进行检测。

④ 密封性检验。一般检查气密性或水密性。如对发动机缸盖进行的水密性检验,根据有无渗漏来确定有无裂纹;对轮胎进行气密性检验,可用压力传感器。

⑤ 平衡检验。主要指高速转动零件的动平衡,以免因机械振动而不能正常运行。如发动机上的风扇及机械传动中的轴、轴承等,可用涡流式振动测量仪。

(3) 探测检验法　探测检验法主要用于零件的隐蔽缺陷或细微裂

纹的检验，因此要求一定要细心，对于不同的零件要用不同的方法。如发动机曲轴的检验，可用浸油振动法。检查前，先将零件浸入柴油或煤油中一定时间，取出后擦干表面，撒上薄薄的一层白粉，然后用小锤轻轻地均匀敲击零件的非工作表面，则裂纹处的白粉会因为柴油或煤油的溅出而呈现出黄色浅痕。如果条件许可，还可使用超声波无损探伤仪，但此仪器价格昂贵，会使检验与鉴定成本上升。

（4）逻辑分析法　若零件处于整机状态或不便于停机检验，则可根据工作过程中出现的不正常现象或在线检测与监控系统中预先设定的报警、跳闸等动作，进行逻辑分析与推理，实现鉴定的目的。如某机床主轴箱中的齿轮发生疲劳损伤时，会影响齿轮副的正常啮合，造成冲击增大、振动加剧。但逻辑分析法只是定性分析，若将其与仪器检验法结合，就可显著地提高检验效率和鉴定质量。

（5）状态检测法　这种方法运用的仪器种类很多，如压力传感器、流量传感器、速度传感器、位移传感器和油温监测仪等。把测试到的数据输入计算机系统，计算机根据这些数据提供的信息及技术参数，来判断零件或部件的工作状况。

第八章

机械设备的检修工艺

第一节 零件修换的技术规定

机床设备拆卸后，通过检查把零件分为继续使用件、更换件和修复件三类。需要更换的零件要准备备件或者重新制作。修复件经过修理，经检验合格才可重新使用。决定磨损零件是否需要修换是一项很重要的工作。不该修的零件修了，不该换的零件换了会造成浪费；而该修的零件不修，该换的零件不换，可能引发更大的故障，或增加以后修理的工作量。这就需要确定各种零件的使用极限。

一、设备主要铸件部分

（1）床身导轨发生咬焊拉伤现象，可以采用锡铋低温合金补焊，或者用环氧树脂补修。导轨面磨损与变形在 0.3mm 以内时，可以用刮研修复；在 0.3～0.6mm 范围时，可以用导轨磨削修复；大于 0.6mm 时，可以刨削后刮研（或磨削）修复。原有基础是刮研面的，第一次大修时，仍应尽可能刮研修理。

（2）箱体上安装滚动轴承的孔，拆后应进行尺寸测量。安装 P4、P5 级轴承的孔，实际尺寸应严格控制在原公差带范围之内。安装 P6 级轴承的孔，实际尺寸允许超过原公差带的 1/2。安装 P0 级轴承的孔，尺寸精度可以根据轴承的工作状况决定，以不造成运转振动及轴承外圈在孔内转动为宜。当轴承孔尺寸严重超差时，在孔壁尺寸允许的条件下，可以采用镶套法修复。若孔壁很薄，应进行涂镀修复。只有特殊急需的情况下，允许在轴承外圈上镀金属层或者用环氧树脂粘接剂进行修复。箱体上有破损及漏油等缺陷时，在不影响设备强度及刚度的条件下允许修复，可用补焊、粘接、搭扣等方法修理。

（3）工作台滑座及溜板上的导轨，一般都采用刮研修理。如果设备已经过多次修理，往往会造成安装尺寸链无调节余量的情况，这时应采用粘接尼龙板、聚四氟乙烯板或用耐磨涂层等方法进行修理，恢复设备尺寸链的设计要求，否则应更换。

二、主轴

（1）主轴支承轴颈部位有下列情况时，均应进行修复。

① 表面粗糙度比原设计粗一级或者 Ra 值大于 $1.6\mu m$。

② 圆度误差及圆柱度误差超过原设计允差 50%。

③ 前、后支承轴颈处的径向圆跳动误差超过允许值。

主轴的修磨允许量可参照表 8-1 进行。

（2）主轴的螺纹损坏，一般可修小外径，螺距不变。

（3）锥孔磨损，可以修磨。修磨后端面位移量 a 值（见图 8-1）不得超过表 8-1 所列数值。

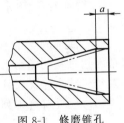

图 8-1　修磨锥孔

表 8-1　锥孔端面允许位移量

莫氏锥度	1#	2#	3#	4#	5#	6#
a/mm	1.5	2	3	4	5	6

（4）主轴有严重伤痕、弯曲、裂纹或修理后不能满足精度要求时，必须更换新件。

三、轴类零件

（1）一般小轴加工工作量小，磨损后应进行更换。

（2）传动轴

① 滑动轴承的轴颈处应修磨轴颈后配做轴套进行修复。其允许修磨量如表 8-2 所示。

表 8-2　滑动轴承轴颈允许修磨量

热处理情况	热处理层厚度 c	轴的用途	允许修磨量
调质处理	全部	主轴	<1mm
		传动轴	<直径尺寸的10%
表面淬火	1.5～2mm	主轴与传动轴	<0.5c

热处理情况	热处理层厚度 c	轴的用途	允许修磨量
渗碳处理	1.1~1.5mm	主轴与传动轴	<0.4c
氮化处理	0.45~0.6mm	主轴与传动轴	<0.4c

② 装配滚动轴承、齿轮或带轮处磨损，可修磨见光后涂镀。

③ 轴上键槽损坏，可根据磨损情况适当增大，最大可按标准尺寸增大一级。结构许可时，允许在距原键位置 60°处另加工键槽。

④ 装有齿轮的轴弯曲度大于中心距允许误差时，不能用校直方法修复，必须更换新轴，一般细长轴允许校直恢复精度。

（3）花键轴符合下列情况可继续使用，否则应更换新

① 定心轴颈的表面粗糙度 Ra 值不大于 6.3μm，间隙配合的公差等级不超过次一级精度。

② 键侧表面粗糙度 Ra 值不大于 6.3μm，磨损量不大于键厚的 2%。

③ 键侧没有压痕及不能消除的擦伤，倒棱未超过侧面高度的 30%。

（4）曲轴的支承轴颈处表面粗糙度 Ra 值大于 3.2μm，轴颈的几何精度超过其公差带大小的 60%以上时应修复。修复后的轴颈尺寸，最大允许减小名义尺寸的 3%。

（5）丝杠符合下列情况时可继续使用

① 丝杠、螺母的轴向间隙不大于原螺纹厚度的 5%。

② 一般传动丝杠螺纹表面粗糙度 Ra 值不大于 6.3μm，精密丝杠螺纹表面粗糙度 Ra 值不大于 3.2μm。修复丝杠时，要求丝杠外径减小量不得超过原外径的 5%，允许螺纹厚度减薄量不大于 10%。一般传动丝杠弯曲允许校直，精密丝杠弯曲必须进行修复。

四、齿轮

（1）圆柱齿轮与圆锥齿轮

① 齿面有严重疲劳点蚀现象，约占齿长 30%，高度在 50%以上，或者齿面有严重明显的凹痕擦伤时，应更换新件。

② 倒角损伤，在保证齿轮强度的前提下，允许重新倒角。

③ 接触偏斜，接触面积低于装配要求时，应换新件。

④ 在齿形磨损均匀的前提下，弦齿厚的磨损量主传动齿轮允许

6%，进给齿轮允许 8%，辅助传动齿轮允许 10%，超过者应更换。

⑤ 齿部断裂、中小模数的齿轮应进行更换；大模数（$m > 6$）齿轮损坏的齿数不超过 2 齿，允许镶齿；补焊部分不超过齿牙长度的 50% 时，允许补焊。

（2）蜗轮、蜗杆

① 齿表面粗糙度 Ra 值大于 $3.2\mu m$ 时应进行修复。

② 齿面磨损经修复后，齿厚减薄量不能超过原齿厚的 8%。

③ 齿的接触面积低于装配要求时，应进行修理。

五、离合器

（1）爪式离合器　爪部有裂纹或端面磨损倒角大于齿高的 25% 时，应更换新件。齿部允许修磨，但齿厚减薄量不得大于齿厚的 5%。

（2）片式离合器　摩擦片平行度误差超过 0.2mm 或出现不均匀的光秃斑点时，应更换新件。表面有伤痕，修磨平面时，厚度减薄量应不大于原厚度的 25%，由厚度减薄而增加的片数应不超过 2 片。

（3）锥体离合器　锥体接触面积小于 70%，锥体径向圆跳动大于 0.05mm 时，应修磨锥面。无法修复时，可更换其中一件。

六、轴承

（1）主轴滑动轴承有调节余量时，可进行修刮，否则应更换。

（2）滚动轴承的滚道或滚动体发生伤痕、裂纹、保持架损坏以及滚动体松动时应更换新件。

（3）轴套发生磨损，轴瓦发生裂纹、剥层时应进行更换。

七、带轮及飞轮

（1）带轮

① 轮缘及轮辐有损坏及断裂现象时应更换，在不影响精度要求时，允许补焊。

② 工作表面凹凸不平或者表面粗糙度 Ra 值大于 $3.2\mu m$ 时应加以修复。

③ 径向圆跳动及端面振摆超过 0.2mm 时，应修复。

（2）飞轮的径向圆跳动和轴向窜动超过表 8-3 列标准时应修复。修理后的飞轮必须平衡，符合设计要求。

表 8-3　飞轮转精度允许误差　　　　mm

轮缘直径	允许径向圆跳动	允许轴向窜动
$\phi 400\sim 800$	0.10	0.15
$\phi 800\sim 1200$	0.15	0.20
$\phi 1200\sim 2000$	0.20	0.30

八、制动装置

（1）闸瓦摩擦衬垫厚度磨损达 50％后应更换。

（2）制动轮的工作面磨损超过 1.5～2mm 及表面划伤深度超过 0.5mm 时应进行修复，修复后的制动轮壁厚不得小于原厚度的 50％。

（3）轴磨损量超过原直径 5％，圆度误差超过 0.5mm 以及有裂纹的拉杆，应进行更换。

（4）圆孔的磨损超过名义尺寸 5％，应扩孔配新轴进行修理。

（5）弹簧上有裂纹以及有永久变形时应更换新件。

第二节　旧损零件的检修工艺方案

一、导轨常见故障的修理

导轨常见故障的修理见表 8-4。

表 8-4　导轨常见故障的修理

常见故障	原因分析	排除方法
导轨变形移动时或紧或松	1. 导轨被切屑等杂物擦伤 2. 机床床身局部发热或受外界温度变化而产生导轨变形 3. 安装不当，使导轨长期处于扭曲状态	1. 检修防尘装置，清除切屑或杂物，修复擦伤 2. 精密机床或床身导轨较长的机床应尽量控制在标准温度（20℃）的条件下工作 3. 定期检测导轨水平情况
导轨滑动面间出现整块贴合吸附现象，产生较大阻力	1. 导轨面磨损，润滑构造不良 2. 缺乏润滑良好的油槽	1. 修复磨损，改进不良结构 2. 刮花导轨滑动面
导轨接触不良	1. 零部件有变形或扭曲现象 2. 刀架底部接触不良，受压时引起刀架变形	1. 按修理原则修复 2. 检修刀架底面，调整刀架中心螺杆与底面的垂直度误差

常见故障	原因分析	排除方法
滑板移动不灵活	1. 导轨面粗糙 2. 导轨面的接触点过少,有效承载面积减少,油膜被破坏	重新刮研与修磨导轨面
工作台溜板有卡住现象	床身导轨面与传动杆轴线不平行或传动杆弯曲	检验传动杆的轴线位置及磨损情况与几何精度并加以修复
溜板箱安装后有水平偏转,移动时有刹紧现象	滑板间隙过大,滑板在溜板箱的重力下产生偏转,形成单边间隙,使导轨面接触不良,破坏了润滑条件,使阻力增大	1. 重新刮研压板,使间隙适当 2. 将可高压板改成不可调以增加其刚性及稳定性
滑板移动时有或松或紧现象	床身导轨或燕尾导轨有锥度	拆卸修复达到精度要求
导轨面的油膜不能形成	1. 润滑油不洁净 2. 润滑油黏度不适当	选用黏度适当的清洁润滑油

二、机械连接件的修理

常见机械连接件的修理见表 8-5。

表 8-5　常见机械连接件的修理

名称	连接件	失效部位及原因	修理方法
螺纹连接	外螺纹	弯曲	将两个螺母拧到弯曲部位,再夹在台虎钳上校正
		端部被镦粗	1. 修锉后重新套螺纹;2. 锯去损坏部分修锉后重新套螺纹
		滑丝	更换螺钉或螺母
		外六角变圆	1. 锉扁后取出更换;2. 錾凿取出更换;3. 镶加取出更换
		平头、半圆头损坏	1. 用凿或锯加深槽后取出更换;2. 錾边缘取出更换
		折断	1. 断面钻孔后攻反螺纹或嵌入钢杆取出更换(直径大于 8mm);2. 换位加工;3. 补焊加工
		锈蚀	浸油一段时间后振松、凿边缘、加热等取出更换
	内螺纹	内螺纹损坏	1. 扩孔攻大一级螺纹;2. 镶加塞块后重新打孔攻螺纹;3. 变位重新打孔攻螺纹;4. 拧双面螺纹塞;5. 补焊后重新加工;6. 粘接塞块重新打孔攻螺纹;7. 丝锥校正
键连接	键	键损坏	1. 堆焊重新加工;2. 电刷镀;3. 低温镀铁后重磨;4. 用大一级键修配;5. 修正到小一级键;6. 单边粘接钢片(单面磨损);7. 加工阶梯键
	键槽	键槽损坏	1. 堆焊后加工;2. 补焊后转位加工新键槽;3. 键槽加宽重新配键;4. 镶加粘接后重新在原位置加工新槽;5. 用细锉或油石修整

名称	连接件	失效部位及原因	修 理 方 法
铆接	铆钉	铆钉折断	1. 锉去头后用刚杆顶出更换;2. 在铆钉上钻孔取出更换;3. 直接取出更换;4. 圆形软材代替,如焊条
		铆钉松动	拆除更换
	铆钉孔	铆钉孔损坏	1. 原孔修正;2. 补焊后重钻;3. 变位重钻;4. 铰大一级;5. 粘接后重钻;6. 镶加重钻
销接	销钉	销钉松动	直接取出更换
		销钉损坏	1. 顶出更换;2. 用较大一级修配
	销钉孔	销钉孔损坏	1. 原孔修正;2. 变位重钻;3. 铰大一级;4. 补焊后重钻;5. 粘接后重钻;6. 镶加重钻

注:以上连接都需配修。

三、轴类零件的修理

轴类零件的失效一般为变形,磨损,断裂三种。常见的修理方法如表 8-6 所示。

表 8-6　常见轴类零件的修理

名称	失效部位及原因	修 理 方 法
一般轴	弯曲变形	1. 变形较小,冷校并人工时效处理;2. 变形较大,热校并低温稳定化处理
	断裂	1. 补焊;2. 先焊接后机械加工;3. 先机械加工后粘接,再机械加工;4. 机械修理的镶加法,镶加套、轴(暗销、嵌入)等
	装滑动轴承的轴颈或外圆柱面磨损	1. 镀铬、铁或喷涂金属,加工至基本尺寸,车或磨削精加工,保证表面粗糙度和加工精度;2. 气相沉积加工
	装滚动轴承的轴颈或静配合面	1. 镀铬、铁;2. 堆焊;3. 镶加套;4. 滚压(如滚花等);5. 真空熔结;6. 激光熔覆;7. 化学镀铜(0.05mm 以下);8. 喷涂金属(静配合力较小)
	轴上键槽	1. 堆焊后加工;2. 补焊后转位加工新键槽;3. 键槽加宽重新配键;4. 镶加粘接后重新在原位置加工新槽
	花键	1. 堆焊重新加工;2. 电刷镀;3. 低温镀铁后重磨;4. 用大一级键修配
	轴上螺纹	1. 堆焊后重车;2. 加工成小一级螺纹;3. 粘接镶加螺纹部分
	外圆锥面	磨至较小尺寸
	圆锥孔	磨至较大尺寸
	轴上销孔	1. 铰大一级;2. 换位重新加工
	扁头、方头、球面	1. 对焊后重新加工;2. 机械加工后镶加
	表面划伤	1. 电刷镀(划痕较浅);2. 补焊后修磨(划痕较深)

名称	失效部位及原因	修 理 方 法
主轴	装滑动轴承轴颈磨损（圆度和锥度超差）	1. 修磨轴颈，注重保持表面硬度层，收缩轴承内孔并配研至要求或更换新轴承；2. 轴颈磨光后镀铬或电刷镀后磨至要求，注意修复层厚度不宜超过 0.2mm
	装滚动轴承轴颈磨损	用局部镀铬、刷镀、金属喷涂等方法修补后，再精磨恢复尺寸。渗碳轴最大修磨量不超过 0.5mm，氮化、氰化轴最大修磨量为 0.1mm 左右，修磨后硬度不低于原设计要求的下限值
	与传动件配合的轴颈	1. 同装滑动轴承轴颈磨损；2. 如果允许可镶加套
	主轴锥孔	主轴内锥孔有毛刺、凸点，可用刮刀铲去；有轻微磨损，而跳动量仍在公差范围内，可研磨修光；若锥孔精度超差，可在精密磨床上磨削，修磨后锥孔端面的位移量在下列范围内：1 号 ≤1.5mm；2 号≤2mm；3 号≤3mm；4 号≤4mm；5 号≤5mm；6 号≤6mm
	注：主轴是精密零件，其修复质量要求高，因此修复时要慎重选择修复工艺、质量控制和检测。修复后，其圆柱度、同轴度一般不超过原规定公差，其轴肩跳动量应为 0.008mm，装轴承的轴颈的径向跳动不超过原公差的 50%，主轴前端装法兰的定心轴颈与法兰盘的配合符合规定的公差，不得有晃动，表面粗糙度不低于原要求或在 0.8μm 以下	
花键轴	花键磨损	1. 手工堆焊（磨损量小）；2. 振动电堆焊或等离子弧堆焊（磨损量较大）；3. 塑性变形滚压法（磨损量在 2mm 以下）；4. 镶加花键套
	支承轴颈磨损	1. 电刷镀（磨损较小）；2. 超声速电弧喷涂、振动电堆焊、气体保护堆焊、真空熔结、滚压变形等（磨损较大）
	注：1. 花键失效还有轴变形、轴断裂、轴面划伤、螺纹损坏等，其修复与上面类同；2. 修复技术要求：花键槽宽不得超过标准槽宽的 10%，大修时不得超过标准槽宽的 5%；工作侧面应相互平行，节距与槽宽偏差不得超过 0.03mm；表面硬度符合原要求，气孔不得多于 10 个	
曲轴	主轴颈和连杆轴颈磨损或轴颈有椭圆和锥度轴颈擦伤、划伤、压伤	1. 按修复尺寸磨削；2. 低温镀铁或镀铬；3. 金属电喷涂、火焰喷涂、等离子喷涂等；4. 振动电堆焊、埋弧焊等；5. 管状焊丝二氧化碳保护电弧堆焊
	回油螺纹磨损	车深螺纹并磨削轴颈，将磨损痕迹磨去
	轴端部滚动轴承外环配合部位磨损	1. 镗削配合部位压入衬套；2. 金属热喷涂后镗孔；3. 堆焊后再镗孔
	飞轮固定销孔磨损	按修理尺寸铰削
	螺纹滑扣	加深螺孔并按加长螺栓攻螺纹

名称	失效部位及原因	修 理 方 法
曲轴	曲轴扭曲	1. 按修理尺寸磨削并做动平衡校验;2. 堆焊轴颈并车、磨外圆后,再做动平衡校验
	轴颈上有裂纹	1. 按修理尺寸磨削;2. 焊补后磨削
	曲柄上有裂纹	1. 按修理尺寸磨削;2. 焊补后磨削

机床轴类零件的修复可参照以上方法修理。

四、孔类零件的修理

常见孔类零件的修理见表 8-7。

表 8-7 常见孔类零件的修理

失效部位及原因	修 理 方 法
孔径磨损	1. 镶加套;2. 堆焊后机械加工;3. 电镀后机械加工;4. 粘补后机械加工;5. 镦粗后机械加工;6. 挤压外径后加工;7. 扩张后镶套;8. 滚压薄环;9. 镶加半环(单面磨损)
孔内键槽	1. 堆焊后加工;2. 补焊后转位加工新键槽;3. 键槽加宽重新配键;4. 镶加粘接后重新在原位置加工新槽
圆锥孔	1. 镗孔后镶套,再磨削或刮研修整;2. 加工大一级的锥孔;3. 扩大锥孔孔径;4. 电刷镀后加工
小槽、导槽	1. 变位重开;2. 加工掉重镶;3. 焊补后再加工;4. 镶加后再加工;5. 粘补后再加工
凹坑、球面窝	1. 铣掉重镶;2. 扩大尺寸

五、壳体零件的修理

常见壳体零件的修理见表 8-8。

表 8-8 常见壳体零件的修理

名称	失效部位及原因	修 理 方 法
缸体零件	铸铁汽缸体变形	1. 机械修整后再调整;2. 补焊、刷镀、熔结、喷涂、堆焊、镶加等修补各配合面尺寸后,再机械加工
	活塞缸体磨损或拉伤	1. 抛光研磨修整;2. 机械加工后研磨再配活塞;3. 镶加缸套;4. 电刷镀后研磨;5. 粘补;6. 刷镀胶液后再加工
	密封结合面泄漏	1. 研修结合面;2. 更换密封圈;3. 粘补堵漏;4. 改变密封形式;5. 火焰喷焊;6. 等离子喷焊;7. 低真空熔结后加工
	缸体裂纹	1. 补焊;2. 强密扣合;3. 粘补;4. 激光熔焊;5. 真空熔敷;6. 镶加补板;7. 黄铜钎焊;8. 胶粘堵漏
箱体零件	轴承座孔	参照孔的修复
	箱体结合面	1. 机械加工(注意定位面的选择);2. 覆盖修复层后加工
	箱体裂纹	同缸体裂纹的修复
	箱体变形	1. 冷热矫正;2. 其余同铸铁汽缸体变形的修复

齿轮箱的修复可参照以上方法修理。

六、传动类零件的修理

常见传动类零件的修理见表8-9。

表8-9　常见传动类零件的修理

名称	失效部位及原因	修理方法
齿轮	轮齿磨损或损坏	1. 冷热挤压或滚压变形；2. 修磨；3. 变位切削加工成负修整齿轮(可加工)；4. 镶加齿坯再加工；5.直接镶加齿圈；6. 堆焊后机械加工；7.刷镀后修整；8. 真空熔结后加工；9. 热锻堆焊相结合；10. 真空扩散焊；11. 涂覆后加工；12. 粘接
	部分齿磨损或损坏	1. 镶加齿(螺钉、销钉固定)；2. 粘接齿；3. 拼接部分齿；4. 其余同轮齿磨损或损坏的修复
	齿角	1. 对称形状的齿轮掉头倒角使用；2. 锉磨齿角；3. 堆焊；4. 真空熔结
	离合器爪	堆焊后加工
	孔径、键槽等参照以上修理	
链轮	链轮轮面变形	在平板上对链轮进行检查和校正
	轮齿磨损	1. 换位使用(部分磨损)；2. 将链轮翻转面继续使用；3. 冷热挤压或滚压变形；4. 修磨
	整体链轮与链条一起磨损	1. 调整中心距；2. 拆除一段链节；3. 更换链条；4. 调节张紧轮
链条	链条磨损	1. 更换新链条；2. 喷涂后跑合；3. 加润滑油或防磨剂
带轮	带轮变形	校正后检测动平衡
	带轮崩裂	1. 镶加后加工；2. 镶加坯料再加工；3. 直接镶加带轮圈；4. 堆焊后机械加工；5. 粘接
	孔径、键槽、轮毂断裂等参照以上方法修理	
带	带磨损	1. 更换新带；2. 带面打防滑剂；3. 粘接橡胶皮
	带断裂	1. 缝合并加固；2. 粘接并用软金属板加固
螺母	螺母磨损	1. 修研；2. 镶加螺母套；3. 刷镀后精研或精磨；4. 更换
丝杠	丝杠弯曲	在较大平板上敲击或压力机校正，校正后检测
	丝杠磨损	1. 精研修正(磨损量较小)；2. 调头使用；3. 切除损坏部分镶加一段；4. 刷镀后跑合；5. 堆焊后校直并加工

传动配合件修复后要达到原来的配合间隙、配合精度、传动精度。

七、轴承的修理

常见轴承故障的修理见表8-10。

表 8-10　常见轴承故障的修理

名称	故障及原因	修 理 方 法
滑动轴承	轴套磨损及损伤	1. 调整间隙；2. 精研精磨修正；3. 涂镀后加工；4. 钎焊后加工(铜铅合金轴承)；5. 手工烙焊；6. 硬模浇铸或离心浇铸；7. 补焊后加工；8. 缩小接触角；9. 塑性变形(青铜制造)修复后及时找正安装
	轴套孔磨损	1. 更换轴套；2. 覆盖修复层后机械加工；3. 减小轴套长度或缩小内径
	滚子磨损或碎裂	1. 更换；2. 精研精磨修正；3. 刷镀后精密加工
	咬合	1. 防止过热；2. 加强润滑，安装对中
	疲劳断裂	1. 提高安装质量；2. 防止过载；3. 控制温升；4. 采用性能较好材料加工断裂部分
	拉毛	1. 锉后精研；2. 精磨
	变形	1. 防止过热；2. 加强润滑，安装对中；3. 防止过载
	腐蚀	1. 调整；2. 刮研；3. 刷镀防腐材料；4. 增大供油压力
	温升过高	1. 加强润滑；2. 加强密封；3. 防止过载或过速；4. 提高安装质量；5. 调整间隙并磨合
	整体损坏	1. 更换；2. 正确装配和使用
滚动轴承	滚动轴承损坏后一般不修复，而是调整和更换，但在缺乏和修复效益高等必要情况下可采用以下修复法：1. 调整法；2. 电镀法(如内外圈等)；3. 焊接；4. 修整保持架。遇到以下故障时注意检修和维护及采取必要措施		
	温升过高	1. 加油或疏通油路；2. 换油；3. 调整并磨合；4. 控制过载和过速
	有异常声音	1. 加强润滑；2. 更换；3. 调整间隙
	内外圈有裂纹	1. 精磨后电镀，再加工；2. 更换
	有剥落金属	1. 调整间隙；2. 防过载；3. 保持干净，加强密封；4. 修复剥落部分(可修复)
	点蚀麻坑	1. 除去麻坑后添加修复层；2. 更换黏度高的油或极压齿轮油；3. 防止过载、过速
	咬死或刮伤	清洗并修整，找出发热原因
	轴承磨损	1. 修整后重新装配，并调整间隙；2. 加强润滑；3. 防止过载、过速；4. 更换

第三节　旧损零件修复工艺的操作方法

一、喷塑工艺

喷塑工艺是一种重要的零件修复工艺。工程塑料中常用于喷涂的品种有尼龙、低压聚乙烯、聚氯醚、聚苯硫醚、氯化聚醚等。塑料喷涂方法有热熔法、静电喷涂法、沸腾床法等。实践证明，热熔法和静电喷涂法最好，不需溶剂，涂层质量高，十分美观，粘接力强，操作时无污染，喷涂的次数少，速度快，容易控制，粉末可回收使用。

实践中根据工件的形状和特点选择适当的喷涂方法：对于结构形状较复杂的工件，可选用静电喷涂法；工件内部由于受到静电屏蔽作用而使粉末难以黏附的，宜使用热熔法；结构简单，圆弧表面的工件，可采用沸腾床法。

(1) 喷涂件的结构与表面处理

① 喷涂件的结构要求。喷涂件的结构表面必须平整光滑，没有气泡、蜂窝、砂眼，棱角部分应以圆角过渡，其半径 R 不小于 3mm。焊接时必须两面对焊，焊缝必须是连续无孔的，焊完后磨光除去波痕。不允许有缝隙、气孔、裂纹和微孔存在。如有，则必须返修磨光，直至消除缺陷为止。设备的管件焊接需在喷涂以前完成，喷涂后严禁切割、焊接。管口一律使用法兰连接，管子要采用无缝管。

② 工件的表面处理。表面处理的方法很多，以机械喷砂处理和酸洗磷化处理为好。两种方法都可以增加涂层与金属的附着力，可以根据不同材料和不同工件进行选择。经过表面处理的工件应达到无油、无锈，使金属露出本色。

(2) 热熔法的工艺过程　借助已受热工件的热量，使喷涂到工件上的树脂粉末熔化而黏附在工件上，该方法的主要设备有空气压缩机、喷枪、粉桶。

① 工件表面处理。这是保证提高涂层与工件结合强度的重要环节。一般过程是：先去油，可用丙酮或四氯化碳擦洗，也可使用烘箱加热至 300℃ 左右，并保温一定的时间即可去油，或者用氧-乙炔的火焰烘热去油，然后进行喷砂处理，去除氧化物、金属等杂物，并使表面粗糙。

② 工件预热处理。掌握合理的预热温度，对于提高塑料喷涂质量很重要。若预热温度过低，则树脂流动性就差，得不到均匀涂层；若预热温度过高，会导致金属表面氧化，涂层的黏附性降低，甚至使树脂分解、变焦。喷涂塑料品种不同，工件的预热温度也不同。一般情况，涂尼龙 1010 时，预热温度在 270℃ 左右；喷涂聚氯醚时，预

热温度在 230℃ 左右；而喷涂低压聚乙烯时，预热温度在 300℃ 左右；喷涂聚氯乙烯时，预热温度在 270℃ 左右。

③ 喷涂与热处理。将预热后的工件取出，立即进行喷涂。粉末粒度为 0.125～0.18mm，喷枪与工件的距离在 150mm 左右。手持喷枪来回喷涂，也可使用静电喷涂仪进行喷涂，每次喷涂后的工件都要进行热处理，即进行塑化。待涂层完全熔化后，再喷涂下一层，在涂层达到要求的厚度后，取出浸入水中淬火，其目的是使涂层急冷，减少结晶度，提高涂层的韧性和附着力。

④ 检验。检查涂层是否存在针孔。检测的工具可以用绝缘电阻表。测定时将引线的一端接在工件的基材上，另一端接在探头上，用探头扫描涂层的每一个点，如果涂层有针孔或厚度不够的地方，绝缘电阻表的电阻值都会显示出来。防腐涂层的电阻值在 500Ω 以上为合格。也可用电火花仪检测针孔，即根据涂层的厚度，确定火焰的长度，然后扫描涂层，要是冒出火花就说明涂层上有针孔或厚度不够。对于检查出来的缺陷要进行补喷。

注意事项：喷涂塑料进行修复工件操作时，被修复工件的表面必须进行修整，禁止出现各类材料缺陷，在待喷涂的工件表面尤其不能存在砂眼、裂纹和锐边等现象。喷涂之前，必须根据工件的材质选用塑料的配方和预热的温度，否则会造成已经喷涂的表面出现拱起和脱壳的现象。对已经喷涂的工件表面还要用仪器实施严格的检查。

二、喷焊工艺

如果将喷涂层用氧-乙炔或其他热源加热，使其熔融，并与母材形成冶金结合，则称为喷焊。喷涂和喷焊两种覆盖层的形成方法不全相同，表现在结构性能和用途上有所区别。

第一，喷涂层与母材之间为机械结合，结合强度不高，使用范围受到限制；而喷焊层与母材之间呈冶金结合，结合强度高，能满足各种工作条件的要求。

第二，喷涂前工件的预热温度低，喷涂后升温一般小于 250℃，因此引起的热应力变形小，母材金相组织的性能也不会改变；而喷焊时工件表面的温度常高达 1000℃，刚度较差的工件易产生变形。

第三，喷涂层组织疏松，有孔隙，能吸油，可改善润滑状况，但腐蚀介质也容易穿过孔隙使母材受到腐蚀；而喷焊层组织致密，表面存油性差，不利于在要求良好润滑的摩擦副中工作，但腐蚀介质不易渗入，可以保护母材。

① 喷前准备。喷前准备工作包括工件清洗和预加工等工序。工件在喷前要仔细清洗，去除一切油污、水锈、氧化皮等，使工件表面呈金属光泽，保证表面质量。对需要喷焊的部位，预留涂层厚度，并对工件表面进行粗糙处理，以提高结合强度。喷焊时的预热温度较高，以减少喷焊层与母材间的应力，并可改善合金粉熔融后对母材的润湿性。一般钢铁材料制作的工件预热到 200～300℃ 即可，小件、薄件则低一些。某些含有易氧化元素的母材，预热温度还要降低，甚至不能预热。

② 喷焊作业。喷焊时，喷粉与重熔工艺紧密衔接，常用的工艺有两种。

a. 一步法。喷粉和重熔同时进行。工件经预热并喷薄层合金粉预保护后，开始局部加热，当预保护粉开始湿润时，间歇按动送粉开关喷粉，同时将喷上去的合金粉熔融。根据合金粉熔融情况及对喷焊层的厚薄要求决定火焰的移动速度，火焰向前移动时，再间歇喷粉并熔融。这样，喷粉、熔融、移动，周期地进行，直至整个工作表面喷焊完毕。

除控制好火焰移动速度外，要保持适当的喷嘴距离。一般，焰心尖端与工件表面间的距离在喷粉时以 20mm 左右为宜，熔融时以 6～7mm 较好。一步法对工件的热输入较低，引起的工件变形较小，对母材金相组织的影响也较小。同时，粉末的利用率较高，容易获得所需喷焊层的厚度。适用于小型工件或工件虽大但需喷面积较小的场合。

b. 二步法。喷粉和重熔分两步进行。先对工件进行大面积或整体预热；喷预保护层后，继续加热至 500℃ 左右再喷粉，喷嘴距离约150mm；进行多次薄层喷粉，每次喷粉厚度不超过 0.2mm；达到预计厚度时，停止喷粉，立即进行重熔。重熔是把喷在工件表面的合金粉加热熔融，使原来疏松多孔的、呈机械结合的喷涂层变成致密的、与母材呈冶金结合的喷涂层。对重熔所使用的火焰及操作方法都应十分重视，要使用大功率的柔软火焰，气体压力不可过高，以防火焰速度过快，吹力过大，把熔融表面吹开，引起喷焊层厚薄不均。重熔时要始终用中性焰或轻微的碳化焰。重熔后喷焊层将收缩，收缩量视各自的合金粉而有所不同，一般为 20%～25%。喷粉时应考虑这个收缩量来控制喷粉厚度。二步法主要用于轴类零件和大面积的表面喷焊。

③ 喷后处理。经喷焊重熔处理的工件，表面温度高，对其冷却应视其材料性质和形状作不同的处理，处理的原则是防止裂纹和变形。比如，长度较大的轴类工件或面积较大的平板类工件，在冷却时易变形。对细长的轴类工件，重熔完毕后不能立即停止转动，否则会因自重而弯曲，需空转一定时间，等工件表面温度降至 300～400℃时，垂直放置或挂在架子上冷却。喷后的尺寸精度和表面粗糙度往往不能满足工件要求，必要时需进行精加工。

注意事项：在使用喷焊工艺修复工件时，必须要根据被修复工件的几何形状、特点选择修复工艺和方法，对于大型工件或形状较复杂的工件一般不宜采用"一步法"修复。喷焊所用的焊粉材料进行重熔时，必须要慎重掌握所使用的火焰及操作方法，通常的情况是必须使用大功率的柔软火焰，而且气体压力也不宜过高，这样可以防止火焰速度过快，吹力过大，把熔融表面吹开，引起喷焊层的厚薄不均。对于已经喷焊重熔处理合格的工件，由于其表面仍然保留着较高的温度，所以冷却时禁止将工件随意摆放，而应视其材料性质和形状进行不同处理，选择防止裂纹和变形的合理摆放方法。

三、粘接工艺

粘接剂（或胶黏剂、黏合剂）是以具有黏性的物质为原料，并加入了各种添加剂后组成的黏性物质，它能将物件牢固地粘接在一起，给粘接面以足够的粘接强度。粘接的工艺可以将金属与橡胶、塑料、陶瓷等非金属材料粘接在一起。经粘接的零件，容易做到表面光滑、平整、美观，粘接处应力分布均匀，整体强度高，重量轻，胶缝也易于做到绝缘、密封、耐蚀，所以，粘接技术在修复旧损零件中被广泛应用。在使用粘接剂时，由于其品种众多，性能复杂，且各品种使用条件要求严格，所以要特别注意对其进行认真选择。选择时可以参阅有关技术手册。

粘接方法修复工件的工艺，一般不适用于受力变化较大和温度变化剧烈的工件的修复。同时，在涂抹粘接剂之前，不宜随意选择清洗溶剂对粘接工件表面进行清洗处理，这主要是考虑到清洗使用的溶剂可能对工件的表面产生腐蚀作用和对粘接剂的附着能力产生影响。

四、镶套工艺

生产中对有些局部损伤的零件，根据不同的要求，可以分别采用镶套、镶齿、镶边和镶盘的办法，使零件恢复配合性质，以达到旧损零件修复再使用的目的。这种修旧的方法通常称为"补充零件法"，这是一种简易、有效的常用修旧方法之一。现以镶套修复工艺为例介绍。

镶套是将一个套形零件（内衬套或外衬套）以一定的过盈量装在磨损零件的轴孔或轴颈上，然后加工到最初的基本尺寸或中间的修理尺寸，恢复组合件原来的配合间隙。在图 8-2（a）和（b）表示内衬套和外衬套承受摩擦力矩 $M_摩$，图 8-2（c）表示内衬套（如汽缸衬套）承受摩擦力 T。内、外衬套用过盈配合装到被修复的零件上，其配合过盈量的大小应根据所受力矩和摩擦力来计算。有时还可以用螺钉、点焊或其他方法来固定。如果需要提高内、外衬套的硬度则应在压入前进行热处理。

但是，此种方法只允许在轴颈减小或孔扩大的情况下使用。

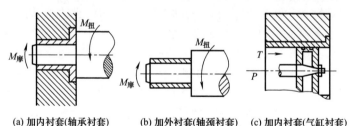

(a) 加内衬套(轴承衬套)   (b) 加外衬套(轴颈衬套)   (c) 加内衬套(气缸衬套)

图 8-2　套修理方法

例如，图 8-3 所示车床尾座套筒。已经磨损，但它的其他部分还保持着较好的几何精度，所以可以考虑采用镶内套的方法来进行修复。

在修复时，内套与套筒之间可留有 0.2mm 的间隙，供无机粘接层用。为防止移位或变形，粘接之后可以加两个定位销。另外，为了保证镶套后套与主轴保持同心，粘接时在主轴箱的主轴上装一个标准

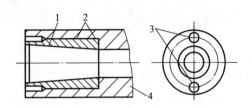

图 8-3　尾座套筒锥孔套修复略图

1—镶套；2—涂无机粘接层；3—定位销；4—母体

心轴，外端尾座与镶套内锥孔相配，并将镶套定位在标准心轴上，涂以粘接剂，把尾座移近主轴箱，待黏结剂固化后，再将尾座从标准心轴中退出。

镶套修复工艺只适用于轴颈减小或孔径扩大的零件，而且这些零件的修复部位不允许受到较大的摩擦作用或转矩。用于镶套的材料必须与被修复的零件材料相同，这样就能保证所镶套与零件间过盈配合部位的热胀冷缩变化一致，以防该部位出现松动。

五、镶嵌工艺

（1）用镶齿（镶圈、镶边等）方法修复旧损齿轮　一些齿轮有少数齿严重磨损，甚至齿折断，可用镶补方法修复，此方法适用于传动精度要求不高或模数大、齿数多的齿轮的修复工艺。在齿轮的损坏部位加工出燕尾槽，如图 8-4 所示（若被修齿轮是淬火的，应先在加工部位局部退火），再将经加工的镶件用过盈配合嵌入燕尾槽内。利用完好齿廓制作划线样板，所做样板的齿数，应比被修复的轮齿齿数多出两个，以便划线时找正。划线时注意样板齿形与齿轮齿形重合，以保证必要的精度，这样就可以按划线粗加工齿廓。小模数齿可用钳工工具手工加工；大模数齿可以用机床刨、插加工。将粗加工好的齿轮装好，试啮合。根据啮合接触点来修正，直到啮合正常。当齿部需要淬火时，则将镶件取下淬火，经回火后再嵌入，并在齿轮两端面用电

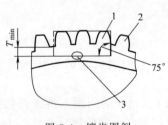

图 8-4　镶齿图例

1—镶件；2—齿轮；3—点焊

弧焊点焊接缝处，不需淬火的齿轮可用铜焊把镶件与齿轮固定。

为保证被修复轮齿的强度，可提高镶件材料强度等级，如铸铁齿轮用 45 钢做镶件；45 钢齿轮用 40Cr 做镶件。

（2）用壳体镶套（镶筋等）方法修复磨损缸体　液压泵泵体的磨损一般发生在吸油腔，当磨损严重时，可用镶套法修复。先按图 8-5 加工出两个半圆铜套，用铜焊焊合，将泵体内腔镗大到与铜套外径有 0.03mm 的过盈，将铜套外表面和泵体内表面涂以环氧树脂粘接剂，然后压合，钻进、出油孔，同时精镗铜套内圆，使其与齿轮外圆有 0.1～0.15mm 的间隙即可。

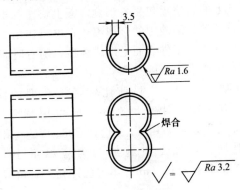

图 8-5　壳体镶铜套

（3）用镶巴氏合金方法修复磨损缸体　各类压缩机，由于汽缸与活塞环硬度差大及气体不洁等原因，磨损加快，缸壁的镜面受到破坏而变成粗糙的表面，又使得硬度低的活塞支承巴氏合金支承托很快磨损，同时由于活塞自重，造成整个活塞下沉，影响正常运行。因此利用原有的铸铁活塞环，在其上开燕尾槽，镶焊上巴氏合金，能改善活塞环与缸壁的摩擦，降低缸壁表面粗糙度值，同时也改善活塞的巴氏合金支承托与缸壁的摩擦情况，取得了较好的效果。不仅可用于

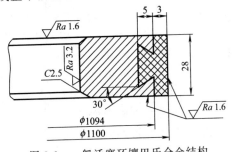

图 8-6　一般活塞环镶巴氏合金结构

压缩机的一、三段，也可应用于二段，如图 8-6 所示。

注意事项：当被镶嵌的零件需要一定的硬度时，必须将其配合格之后才可以进行热处理加工；并且在镶嵌最后固定时，禁止使用电焊接的方法，只能使用铜焊接的方法。对于内腔较复杂的缸体进行镶套时，不宜采用相配整体套，而可以考虑采用拆配的方法进行镶嵌。

六、涂镀工艺

涂镀是在局部工件表面上快速电沉积金属的一种技术。

（1）金属涂镀基本工艺

① 涂镀作业。涂镀采用直流电源，负极接工件，正极与涂镀笔相连接。涂镀笔上的石墨极包裹着棉套，蘸上快速沉积金属溶液与工件接触，并相对运动，溶液中的金属离子在电场作用下向工件表面迁移，放电后结晶沉积在工件表面上形成镀层，随着时间的延长，沉积层逐渐增厚，直至要求的厚度。

② 磨削（刮削）加工。目前比较经济合理的涂镀层厚度为 0.5mm 以下。当涂镀层小于 0.05mm 时可用刮刀刮研；而大于 0.05mm 时则需磨削，或者用 TK-14、YC08、YC09 和 YC10 硬质合金刀进行切削加工，加工时施加的力应尽量小，背吃刀量为 0.05mm，线速度小于 25m/min，车刀应锋利，后角应大些，但最好是磨削。

（2）金属涂镀应用范围　在工业部门的用途有以下几个方面。

① 恢复磨损或加工超差零件的尺寸，使零件具有耐磨性，特别适用于精密结构。

② 新零件的保护层，用于防磨、耐蚀和抗高温氧化等场合，可节约贵重金属。

③ 大型和精密零件局部磨损、擦伤、凹坑、腐蚀的修复。

④ 可起防腐、防渗碳、防氮化作用。在异种材料钎焊时，在材料表面涂镀相应的镀层可改善其可钎焊性，如石墨涂镀铅铜（TDY403）可以实现铜导线与石墨碳刷的钎焊。另外，还可以修补槽镀过程中镍、钴、镍-钨等镀后剥离或漏镀。

⑤ 改善轴承和配合面的过盈配合性能。

⑥ 印制线路板的维修和保护。

⑦ 电器触点、接头和高压开关的维修和防护。

⑧ 模具的修理和防护。

⑨ 通常槽镀难以完成的工作可以采用涂镀工艺，如修复有缺陷的镀件；工件太大或要求特殊而无法槽镀；工件难拆下来或拆装运输费用昂贵，大型设备的现场涂镀；对大件只需镀局部或不通孔或槽镀方法无法保障深孔、狭缝均匀质量和深度效果；用于铝、钛和高合金钢的过渡层，增强槽镀层的结合力；工件浸入镀槽会引起其他部分的损坏或污染槽液；用金属溶液或活化液，应用电解原理对工件去毛刺、模具刻字和动平衡去重等，也可用于工件局部阳极化处理和修理阳极化层。

注意事项：

① 在能够充分供应的价廉的零件上进行大面积涂镀以及镀层厚度大于 0.5mm 时，一般不采用涂镀修复零件的方法，因为经济效益不明显。

② 涂镀不宜镀铬，因涂镀铬速度很慢，而且镀层的硬度和耐磨性比槽镀铬差，涂镀是用镍钴、镍、钨等镀层来达到槽镀铬的效果。

③ 涂镀工件表面粗糙度 Ra 最好在 $1.6\mu m$ 以上，如无疲劳裂纹、剥离等缺陷，则应尽量少去除工件加工表面的金属，以达到少耗电能和省时省溶液的效果。

七、校直工艺

轴类零件的校直可以采用冷校直法、热校直法和混合校直法。

（1）用冷校直法校直轴类零件

① 调直器校直法。如图 8-7 所示，将轴件在常温状态下从凸面施加静压力使之发生塑性变形，当静压消除后即可使变形矫正。具体方法及要求如下。

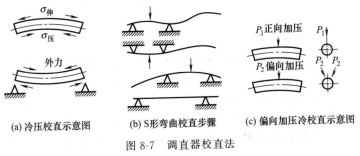

(a) 冷压校直示意图　　(b) S形弯曲校直步骤　　(c) 偏向加压冷校直示意图

图 8-7　调直器校直法

a. 此法适用于硬度低于 35HRC 的碳钢、合金钢、表面经硬化处理（如渗碳、高频感应加热淬火）的轴及直径长度比值较小的轴。

b. 校直工作必须注意金属的"回弹"特性，用模拟方法测定回弹值后，再校直。

c. 校直前将 V 形块垫在弯曲两头起点的下方，当轴件需要承受较大的压力时，V 形块与轴间垫铜、铝等软料。

d. 用压力机或千斤顶等工具在弯曲最高点处对轴施加压力，同时用千分表测量，一般需经反复几次加压，每次加压量要小，以避免调过量。施力点应恰好在最高点，否则将会导致轴的新扭曲、弯曲而增加校正难度。

e. 对于 S 形弯曲应分步进行校直，直到校成 C 形后再总校。

f. 对于不易校直的轴件，可在最高点的两上侧（与水平线成 45°角）对称地同时施加压力，其目的是使用外力变形时，在钢件内有更大范围的晶粒参与滑移，从而避免局部过大滑移而造成断裂。

② 捻棒校直法

a. 该校直法只用于弯曲度不大的轴。校直时弯曲最高点的凸面放在下方，并半装在平台上垫实，使之几乎是线接触，轴两端用卡子压住。

b. 捻棒用硬度较高的铜材制成，一般宽为 15～40mm、厚为 10～20mm，根据轴颈而定。捻棒工作面与轴接触部分做成与轴径相同的圆弧，并将边缘倒角。

c. 将捻棒压在弯轴上，用 1～2kg 锤子敲打捻棒，由弯轴凹面开始逐渐向两侧移动，最凹位置锤打次数最多，两侧逐渐减少。

d. 用该法校直的过程中，在最初锤打时，轴伸直较快，然后逐渐缓慢，整个校直过程必须随时用千分表检查，避免过量。

（2）用热校直法校直轴类零件

① 局部加热校直法

a. 用氧-乙炔火焰喷嘴进行校直。对于细轴或精加工过的小工件，应选用小号火嘴和氧化性火焰，并使火头离开加热表面 2～3mm，以得到小的加热面积和较快的加热速度；对于粗大的轴，则用大号火嘴、中性焰、较大的加热面积及较慢的加热速度。

b. 找出最高点确定加热区。将弯轴平放，最高点朝上，两端垫

V形块。对于圆点状及条状加热方法，当一次调直不够再加热时，不可在同一加热点、线上加热，而应在原加热点、线附近，再对称地加热。热校直成功的关键，是找准最大弯曲的位置及方向，同时加热火焰形成的热区也要和弯曲的方向一致，否则会出现扭曲。当发生扭曲现象时，应根据扭曲情况，在原热点（线）的左边或右边再加热，冷却可矫正扭曲。校直后需经回火处理，以消除内应力。加热温度一般为 $580\sim650℃$。

② 电弧点焊校直法。对于细长轴在粗加工后形成弯曲，在精加工前可用电弧点焊来校直，校直后再加工。校直方法是用 $\phi2\sim3mm$ 焊条，电流 $2\sim4A$，在凸面处点焊，空气中冷却。应注意点焊速度要快，其焊点的直径：用 $\phi3mm$ 焊条时一般为 $\phi4\sim5mm$，用 $\phi2mm$ 焊条时一般为 $\phi3\sim4mm$。

（3）用混合校直法校直轴类零件

① 局部加热加压校直法

a. 此法是凸面加压而凹面加热，使凹面的应力得到松弛。

b. 对于淬火、回火轴件，局部加热温度不得高于回火温度，如属不重要的部位或允许硬度降低的部位才允许稍提高温度。

c. 热压校直应注意加热温度、压力大小及加压时间之间的关系。加热温度高（红热）可以用较大的压力，持续时间不必很长；对于只能受较低温度的轴件，则用较小的压力而持续较长的时间。

② 加热加压校直轴法

a. 在轴最大弯曲处圆周上加热（用氧-乙炔焰或感应加热器）。

b. 加热温度为 $580\sim650℃$（应小于钢材原调质的回火温度）。

c. 加热后在轴的凸面加压校直。

（4）实例

① 主轴的校直——冷压校直法。$\phi104mm$、长 $2300mm$ 的 45 钢轴，弯曲最大处 $1.3mm$，变形为 C 形，方向相同。要求校直后的弯曲变形不超过 $0.02mm$。

a. 找出最高点并做记号，轴的两端用 V 形块支起，变形凸面朝上，在变形量最大处用液压机缓慢压下 $10mm$，此时用锤子在变形量最大的凹面敲击三下，敲击处垫一铜块，保护轴表面不损伤，然后松开液压机检测，结果最大变形量由 $1.3mm$ 减小到 $0.4mm$。

b. 第二次施压，压下 4mm，敲三下，松开检测，变形量进一步减小到 0.2mm。

c. 第三次施压，压下 3mm，敲三下，松开检测，变形量达到 0.02mm，合格。

② 表面镀铬轴的校直——小变量冷态压直法。ϕ63mm，长 1300mm，45 钢短轴，表面镀铬层厚 0.8～1mm，表面硬度为 60～62HRC，最大变形量为 1.4mm。要求校直后的弯曲不大于 0.02mm。

a. 测量最高点，发现在全长的 2/3 处有 100mm 多局部硬弯，做好标记。

b. 因为有镀铬层，应采用多次小变形冷压校直。

c. 用 V 形块支于变形部位两侧，跨度为 250mm，变形凸面朝上，用液压机在变形最大处施压。

d. 第一次施压，压下 5mm，矫正 0.05mm；第二次施压，压下 5.5mm，矫正 0.03mm；第三次施压，压下 6mm，矫正 0.03mm；第四次施压，压下 6.5mm，矫正 0.03mm；第五～八次施压，分别压下 7mm、7.5mm、8mm、8.5mm，矫正 0.25mm；此后陆续小变量施压校直，每次变形量约 0.03mm；最终至第 58 次达到 0.02mm 的要求，镀铬层保持完好。

③ 丝杠的校直——冷态专用工具敲击法。将丝杠在平板上架起，如图 8-8 所示。

找出弯曲的凹部各值，并做好记录。做调直工具"卡板"如图 8-9 所示。丝杠弯曲量在 300mm 长度内大于 2mm 时，先用调直器粗调；然后用图 8-10 所示方法精调达到在 1～2m 内弯曲不超过 0.06～0.10mm，符合 6～7 级精度要求。精调方法：将丝杠置于平板上，将卡板卡住丝杠弯曲中心的底径，敲击卡板并依次向两端移动卡板，对每牙已弯曲的底径进行敲击，敲完一次，测量一次，以便掌握敲击力，经反复矫正即可校直。

④ 钻杆轴的校直——局部加热校直法。钻杆轴是台阶轴，利用大直径的部分将轴水平架起，如图 8-11 所示。找出最大弯曲位置及最大弯曲量。将轴置于 V 形块上，凸面朝上，用孔径为 0.5～1mm 的氧-乙炔气焊枪，调节氧气压力至 50kPa，乙炔气压力至 2～30kPa。将火焰的白芯尖离加热表面 2～3mm，在最高点轴线上加热，加热面

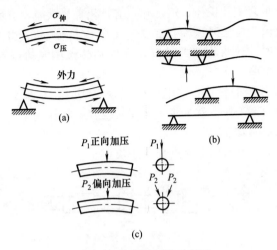

图 8-8 校直丝杠的示意图

1—垫铁；2—千分表；3—丝杠

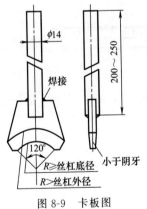

图 8-9 卡板图

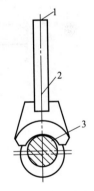

图 8-10 精调示意图

1—敲击部位；2—卡板；3—丝杠

直径 3～4mm，一次加热时间不可过长，以免工作表面因过烧而脱碳。轴被加热后将进一步弯曲，在轴头的锥孔中插一 200～300mm 长的试棒，用千分表测量加热后的弯曲值，待新增弯曲数为原弯曲的 1～5 倍时（与原弯曲方向一致），立即浇水急冷，轴将向相反方向弯曲，可以校正原弯曲。温度恢复常温后，测量弯曲值，如未达到理想要求时，可重复上述操作，但加热点必须沿原轴线移动几毫米，直至校直达到要求。矫正时该轴要多校过 0.01～0.02mm。当因误操作发生扭曲现象时，应根据扭曲情况，在原加热点的左边或右边再热一点，以矫正扭曲。

⑤ 半光棒料的校直——电弧点焊校直法。在车制细长轴前，有一道重要的加工工序，就是将半光棒料校直。将棒料架起，如图8-12所示。因该轴需加工，不能用热校方法校直，因热校后加热点硬度高，不易加工，可采用电弧点焊方法校正。

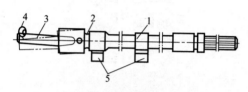

图 8-11　钻杆轴的校直

1—钻轴；2—点热处；3—试棒；4—千分表；5—V形块

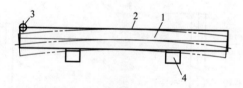

图 8-12　半光棒料校直的示意图

1—半光棒料；2—焊热点；3—千分表；4—V形块

第九章

机械设备的装配工艺

机床零件修理后装配的基本原则：*产品的装配从基准开始，从零件到部件，从部件到机器；先内后外，先难后易；先重大后轻小；先精密后一般；先集中某一方位后其他方位，以不影响下道工序的进行为原则，有序地进行。* 本章将重点讲述通用机床各种零部件的装配工艺。

第一节　连接件的装配

一、螺纹连接的装配

（1）螺纹连接要保证有合适的拧紧力。承受动载荷的、较为重要的螺纹连接，一般都规定有预紧力要求。装配时必须按要求拧紧。对于没有预紧力要求的普通螺纹连接也应该有合适的拧紧力。

（2）成组螺纹连接的零件，拧紧螺栓必须按照一定的顺序进行，并做到分次逐步拧紧。这样，有利于保证螺纹间均匀接触，贴合良好，螺栓间承载一致。成组螺栓拧紧顺序如图 9-1 所示。

① 长方形布置的成组螺栓，拧紧的顺序是先从中央开始，逐步向两边对称地扩展进行［见图 9-1（a）］。

② 圆形布置的成组螺栓，应按一字交叉方向拧紧［见图 9-1（b）］。

③ 方形布置的成组螺栓必须对称地拧紧［见图 9-1（c）］。

（3）为了防止螺栓受振松脱，螺纹连接必须有合适的锁定措施。

① 加弹簧垫圈。这种方法适宜于机械外部的螺纹防松。为保证

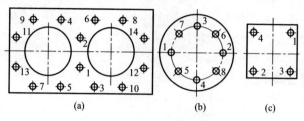

图 9-1　成组螺栓拧紧顺序

弹簧垫圈有适度的弹力，要求在自由状态下，开口处相对面的位移量不小于垫圈厚度的 50%。

② 用双螺母锁紧。锁紧螺母采用薄型螺母。在拧紧薄型螺母时，必须用两只扳手将薄型螺母与原有螺母相对拧紧。

③ 用止退垫圈锁定。这种方法适用于圆螺母防松。锁定时将垫圈的内爪嵌入外螺纹的槽中，将垫圈的外爪弯曲压入圆螺母的槽中。止退垫圈的结构如图 9-2 所示。

④ 用钢丝绑紧。成对或成组的螺钉，可以用钢丝穿过螺钉头互相绑住，防止回松。用钢丝绑的时候，钢丝绕转的方向必须与螺纹拧紧方向相同，如图 9-3 所示。对于紧定螺钉必须在轴槽上绕一圈钢丝，使钢丝嵌入紧定螺钉的起子槽内绑紧。

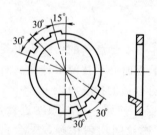

图 9-2　止退垫圈的结构

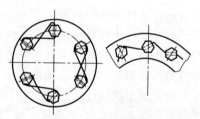

图 9-3　用钢丝绑紧

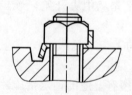

图 9-4　用保险垫圈锁定

⑤ 用保险垫圈锁定。螺母拧紧以后，将垫圈外爪分别上、下弯曲，使向下弯曲的爪贴住工件，向上弯曲的爪贴紧到螺母的六角对边上，注意不能贴在角上，如图 9-4 所示。

⑥ 用开口销锁紧。螺母拧紧到规定的力矩范围以后，使槽形螺母的端面槽对准销孔，

再将开口销插入，分开销头紧贴到螺母的六角侧平面上。使用无槽螺母时，应配作垫圈厚度，使开口销插入销子孔能恰好顶住螺母端面。

二、键销连接的装配

① 平键连接中，键的工作面是两个侧面。一般机械中要求键在轴槽中固定，在轮毂槽中滑动。在传递重载、冲击及双向转矩的机械传动中，应使键在轴槽和轮毂槽中都固定。对于轮毂及键沿轴槽导向的机械，必须使键在轮毂槽中固定，在轴槽中滑动。修理装配中，通常都是重新加工键，用平磨单配键宽达到要求。

② 斜键连接一般都应用于同轴度要求不高的连接件，它的工作面是上、下面，有1:100的斜度。键打入时，造成轴与轮毂间的压力而产生摩擦以传递转矩。因此，它的上、下两面与键槽的上、下两面贴合要好，一般要进行研磨，侧面与键槽间应有一定的间隙。

③ 花键连接时，花键轴、孔间的配合要求比较准确。装配时，必须首先清理凸起处的毛刺和锐边，防止产生拉毛和咬住现象。然后涂色检查孔、轴配合情况，通过装配，使花键孔在轴上能自由滑动。

④ 锥销连接的锥销锥度为1:50，具有自锁作用，可保证连接件的定位精度。其定位精度主要取决于锥孔精度。用铰刀铰出的锥孔要求与锥销的接触面积大于60%，并均匀分布。

⑤ 圆柱销连接时，销孔间的配合要求过盈。经拆卸失去过盈时，必须重新钻铰尺寸大一级的销孔，安装新圆柱销。

三、过盈配合的装配

过盈配合主要适用于受冲击载荷零件的连接，以及拆卸较少的零件连接。装配方法主要是采用压力机压入装配和温差法装配。

根据零件的配合性质选择过盈配合的装配方法。以优先常用配合为例，按照H7/n6、N7/h6、H7/p6、P7/h6配合关系装配的零件，可以用压力机压入。按照H7/s6、S7/h6配合关系装配的零件，既可用压力机压入，也可用温差法进行装配。按照H7/u6、U7/h6配合关系装配的零件，通常都是用温差法进行装配。

压入装配的压入力的大小，与零件的尺寸变化、刚性强弱、过盈量多少有关。在修理装配过程中，是根据现有工具和压力机情况采用试验的方法进行。在小型工厂中可以用液压千斤顶借助钢轨框架进行压入，如图9-5所示。在试验压入时，可根据零件压入所需压力，选

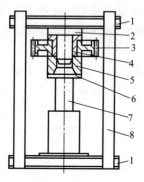

图 9-5 压入装配

1—钢轨；2—压轴；3—齿轮；
4—衬套；5—垫套；6—垫板；
7—千斤顶；8—侧框

择液压千斤顶的大小。压入时要保持零件干净，并在配合面上涂一层机油。安放零件要端正，以免压入时发生偏斜、拉毛、卡住等现象。

温差法装配，通常主要是加热包容件进行装配。加热的方法有以下几种。

① 油中加热，可达 90℃ 左右。

② 水中加热，可达近 100℃。

③ 电与电器加热。温度可控制在 75～200℃ 之间进行。主要方法有电炉加热、电阻法加热以及感应电流法加热等。

对于薄壁套筒类零件的连接，条件具备时常采用冷却轴的方法进行装配。常用冷却剂有：干冰、液态空气、液态氮、氨等。

过盈量较小的小直径零件，可用手锤借助铜棒或衬垫敲击压入件进行装配。

第二节 V 带传动机构的装配

一、V 带传动机构组装前的准备工作

① 首先要检验各个零件的尺寸、几何形状和表面粗糙度是否达到要求。

② 再将带轮及转轴清理干净，并按要求准备好连接键。当带轮和转轴的配合面是圆锥面时，需要使用涂色法检查其配合的接触情况，其接触的面积必须要达到 75% 以上，且均匀分布。

③ 带轮与转轴装配时要根据要求选择压入的方法和准备好适当的压入工具。

二、安装方法和质量检查

（1）带轮和轴的装配方法 带轮和轴的连接一般是采用过渡配合，其连接的形式有图 9-6 所示的几种。图 9-6（a）所示为圆锥形轴的配合形式，在轴的端面要加垫圈并用螺母拧紧；图 9-6（b）所示为圆柱形轴的配合形式，一般要利用轴肩和轴端加挡圈并用螺钉紧

固；图 9-6 (c) 所示为圆柱形轴头采用楔键紧固的装配形式；图 9-6 (d) 所示为圆柱形轴头采用轴套定位的形式，并要在轴端加垫圈后再用螺钉紧定。

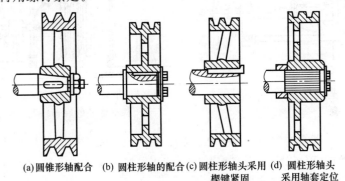

(a) 圆锥形轴配合　(b) 圆柱形轴的配合 (c) 圆柱形轴头采用　(d) 圆柱形轴头
　　　　　　　　　　　　　　　　　　　　楔键紧固　　　　　采用轴套定位

图 9-6　带轮的连接形式

把带轮压入轴中一般可以采用以下几种方法。

① 锤击法。这种方法主要适用于轴径较小而且转动精度要求不高的场合。在进行锤击时，可以使用锤子或大锤，但不允许用锤直接敲击带轮的轮毂，而是要用木块或软金属垫块垫在轮毂上。

② 螺旋压入法。如图 9-7 所示，螺杆通过金属块将其压力传递给轮毂。

③ 压入机压入法。这种方法只用于较大型的带轮装配时。

为了便于带轮的压入，压入之前应在配合面上涂上一层润滑油，这样能够提高装配质量。

当带轮和转轴被安装好了之后，应该对于它们的径向圆跳动和端面圆跳动进行检查。普通情况可以使用划针进行检查，而在要求比较高的情况下，就要采用千分表检查。具体检查的操作可以参照图 9-8 所示的方法进行。带轮径向圆跳动和端面圆跳动误差的原因及消除方法见表 9-1。

表 9-1　带轮径向圆跳动和端面圆跳动误差的原因及消除方法

原因	轴弯曲	轴与孔配合间隙过大	带轮孔本身缺陷；带轮孔与其外圆不对称；轮孔中心线与端面不垂直
消除方法	轴校直	在轴和孔间垫薄铜片，也可用喷涂方法增大轴径或减小孔径	修配或更换带轮

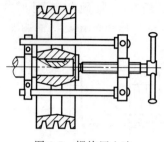

图 9-7　螺旋压入法

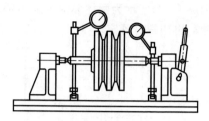

图 9-8　带轮径向圆跳动和端面圆
跳动误差的检查装置

（2）带轮的配对装配方法　大、小带轮在安装后应对其相互位置的正确性进行检查。带轮相互位置的正确性主要是由带轮轴向偏移量和带轮中心线平行度来衡量。

带轮轴向偏移量的测量方法有两种，直尺测定法（在中心距不大的场合使用）和拉线测定法，具体方法如图 9-9 所示。

带轮中心线平行度的检查方法如图 9-10 所示。通过测量 L_1 和 L_2 及轴向长度为 L，可得

$$每米长度上的平行度误差 = \frac{L_1 - L_2}{L} \times 1000$$

L_1、L_2、L 的单位均为 mm。

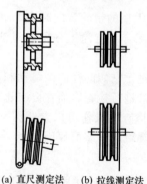

(a) 直尺测定法　(b) 拉线测定法

图 9-9　带轮轴向偏移测定法

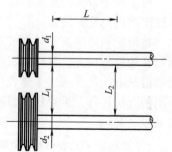

图 9-10　带轮中心线平行度测量

（3）V 带的安装方法　安装 V 带时，应该先将中心距调小，再将 V 带放入轮槽，并调整好中心距。V 带的型号应与轮槽角度吻合，

V 带在轮槽中的位置应恰当，如图 9-11 所示。

(a) 正确   (b) 不正确

图 9-11   V 带在槽中的位置

适当的预紧力是保证 V 带正常工作的重要因素。预紧力不足，V 带将在带轮上打滑，使带轮发热，胶带磨损；预紧力过大，则会使 V 带的寿命降低，轴和轴承间比压增大，磨损加快。在 V 带传动中，V 带预紧力是通过在两带轮的切边中点处，且垂直带边加一个载荷 P，使其产生规定的挠度来控制，如图 9-12 所示。

（4）V 带张紧装置的安装方法　在运行一段时间后，V 带会产生松弛现象，为此，在许多场合下，应该使用 V 带张紧装置来确保 V 带能维持在一定的张力下工作。

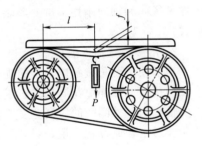

图 9-12   V 带预紧力测定法

安装 V 带张紧装置时，必须注意两个方面：一是应使张紧力适宜，如果过紧，易使 V 带加速磨损，缩短使用寿命；二是应使 V 带两侧张紧力一致，即张紧轮轴线应与带轮轴线保持平行。

第三节　滚动轴承的装配

一、角接触球轴承在主轴上的配置与预紧

1. 角接触球轴承通常布置形式

角接触球轴承有三种布置形式，如图 9-13 所示。

（1）背对背式布置，既宽边相对［见图 9-13（a）］。

（2）面对面式布置，即狭边相对［见图 9-13（b）］。

（3）同向成对背对背式布置，即并列成对后背对背［见图 9-13（c）］。

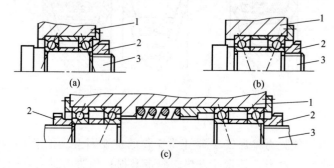

图 9-13　角接触球轴承常用布置形式

1—轴承座；2—螺母；3—主轴

其中，背对背式布置轴承的接触角线沿着回转轴线扩散，因此，增加了径向和轴向刚性，抗变形能力较大，是最常用的一种轴承布置形式。

2. 角接触球轴承的预紧

为了使配置角接触球轴承的主轴提高精度、增强刚性，必须给轴承预加负荷。预加负荷要稍大于或者等于工作载荷。一般采用较多的是用轴承内、外圈间的衬套宽度差，在螺母的作用下，来对轴承预加载荷。对于普通设备来说，只要既能保证主轴灵活运转，温升较低，又能满足工作需要的刚性就为装配合适。修理中，通常都是以原有衬套的宽度差为基础适当进行调整。对于高精度旋转主轴来说，常用的方法是在轴承内、外圈间放进衬套，内衬套可以略斜出一点，然后以双手的大拇指及食指消除两只轴承的全部间隙，另以一只中指伸入轴承内孔，拨动原先放偏的内衬套，检查其阻力是否与外衬套相似。

二、圆锥滚子轴承在主轴上的配置与调整

1. 圆锥滚子轴承在主轴上常见布置形式

圆锥滚子轴承在主轴上通常有四种布置形式，如图 9-14 所示。

① 主轴前、后各放一个轴承的结构［见图 9-14（a）］。

② 主轴前端以背对背形式安装两个轴承，后端放一个圆柱滚子轴承［见图 9-14（b）］。

③ 主轴前端以背对背形式安装两个轴承。后端安装一个轴承，并用几个弹簧压住其外圈以消除间隙［见图 9-14（c）］。

④ 主轴前端安装两个轴承，在轴向固定。后端安装两个轴承，其外圈允许轴向移动［见图 9-14（d）］。

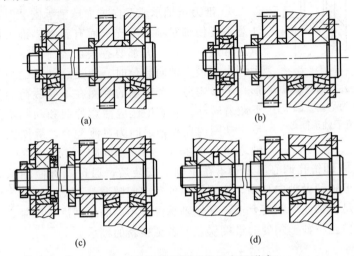

图 9-14　圆锥滚子轴承常用布置形式

2. 圆锥滚子轴承在装配中的调整

① 严格控制轴承内孔与轴的配合。必须使轴承内圈在轴颈处配合既不松，又能灵活地沿轴向移动。要求内、外圈装配时，在轴颈及轴承座孔处以双手的大拇指刚能推入的配合为适当。

② 调整螺母使轴承承受适当的预加载荷，具有能与主轴最大转速相应的间隙。调整时，可以一边拧紧螺母，一边转动主轴。使主轴转动时既有一点阻力，又不致卡得过紧。最终还必须经过试运转，使主轴在工作中既能满足工作精度要求，轴承又不发热，长期运转不超过 70℃。

③ 对于轴上安装的圆锥滚子轴承间隙，可通过轴承盖处的垫进行调整。如图 9-15 所示，调整时，轴承盖上先不加垫，直接用螺钉将轴承盖压上，使轴承中具有合适间隙，转动轴的手感阻力应很小。然后用塞尺测量 A 处间隙 a，并根据 a 值加垫。若垫的尺寸不合适，还可配磨轴承盖的 B 处。

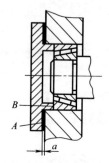

图 9-15　通过轴承盖
处的垫调整圆锥
滚子轴承间隙

三、其他类型轴承装配调整特点

① 深沟球轴承应用非常广泛，安装时应注意配合关系选择要合适。装配后轴承的滚珠与滚道间应无间隙或只产生少量的预加载荷。

② 推力球轴承或双向推力球轴承安装时，要注意不能使轴对轴承座支承面有歪斜。推力球轴承通常成对布置，大都要有预加载荷。压紧力要大到出现最大轴向载荷时，使受载轴承的弹性变形，不影响另一个轴承的静圈在不受载荷的情况下跟着转动。安装中还应注意静圈和动圈不能装反。动圈内孔和轴之间为过渡配合，静圈内孔和轴之间有 0.2～0.3mm 的间隙。

③ 圆锥孔调心滚子轴承在主轴上安装后，通过螺母使轴承内圈沿锥形轴颈做轴向移动，实现轴承的径向间隙调整。调整螺母应根据既满足主轴使用精度要求，又使轴承温升不高的原则进行控制，否则应该检查主轴轴颈处的锥度误差或者更换新的轴承。

第四节　滑动轴承的装配

滑动轴承分为动压滑动轴承和静压滑动轴承两种形式。动压滑动轴承是通过主轴旋转将润滑油带入轴承的间隙中，建立起油膜压力。静压滑动轴承是通过外界供油系统供给一定压力油到轴承间隙中，建立起滑膜压力。在一般机械中，动压滑动轴承应用要比静压滑动轴承广泛得多。

一、动压滑动轴承的结构特点

一般机械设备主轴上使用的动压滑动轴承，根据工作时形成的油楔情况不同可分为单油楔动压滑动轴承和多油楔动压滑动轴承。

1. 单油楔动压滑动轴承的结构

（1）间隙无调轴承根据其结构特点可分为整体式轴承和自位式轴承两种形式。这类轴承无法调节轴承与轴颈间因磨损产生的间隙。整体式轴承如图 9-16 所示。其结构简单，轴瓦和轴承座可用同种材料或者不同材料制造。通常用于低速、轻载、精度不高的机械上。自位

式轴承如图 9-17 所示。它能自动适应轴线产生歪斜的情况，适用于
细长轴的支承。

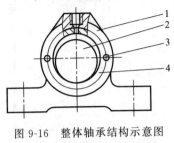

图 9-16　整体轴承结构示意图
1—轴承座；2—轴；3—定位螺钉；
4—轴瓦

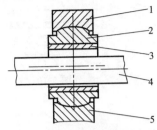

图 9-17　自位轴承结构示意图
1—轴承上壳体；2—自位调节座；
3—轴瓦；4—轴；5—轴承下壳体

（2）间隙可调轴承按其结构特点可分为对开调节式轴承和锥度调
节式轴承。对开调节式轴承如图 9-18 所示。通过调整垫片的厚度，
并修刮上、下轴瓦的接触面，就可以调节轴承与轴颈间的间隙，具有
装拆方便的特点，应用比较广泛。

锥度调节式轴承可分为外锥圆筒式
轴承和内锥圆筒式轴承。外锥圆筒式轴
承如图 9-19 所示。轴瓦外圆为锥形，并
对称分布四条槽，其中一条为通槽。内
圆为圆柱形。通过调节螺母使轴瓦在内
锥形轴承座上移动，调节轴承与轴颈间
的径向间隙。内锥圆筒式轴承的内孔为
锥形，支承在主轴轴颈的锥体表面上。
通过调节螺母使轴承产生轴向移动，而
主轴不动；或者使主轴产生轴向移动，
轴承不动。从而达到调节轴承与轴颈间
间隙的目的，如图 9-20 所示。

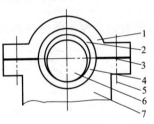

图 9-18　对开调节轴承
结构示意图
1—轴承盖；2—上轴瓦；
3—垫片；4—下轴瓦；
5—螺栓；6—轴；7—轴承座

2．多油楔动压滑动轴承的结构

多油楔动压滑动轴承以短三瓦调位轴承应用比较广泛，尤其磨床
的砂轮主轴上使用比较多。它由三块包角为 60°的轴瓦均布在主轴轴
颈上。轴瓦背面支承在球头螺钉上，通过拉紧螺钉、空心螺钉消除螺

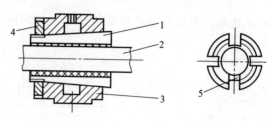

图 9-19　外锥圆筒式轴承结构示意图

1—轴瓦；2—主轴；3—轴承座；4—螺母；5—夹条

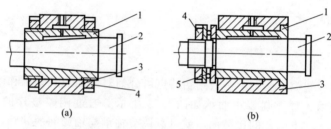

(a)　　　　　　　　　(b)

图 9-20　内锥圆筒式轴承结构示意图

1—轴瓦；2—主轴；3—轴承座；4—螺母；5—推力轴承

纹间隙，使球头螺钉锁紧，如图 9-21 所示。

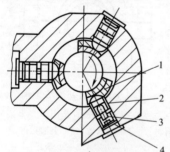

图 9-21　短三瓦调位轴承
结构示意图

1—轴瓦；2—球头螺钉；
3—空心螺钉；4—拉紧螺钉

二、动压滑动轴承的装配要求

① 轴颈在轴承中转动时，润滑油在轴颈和轴承的楔形间隙中必须形成承压油楔。油楔的承载能力是随着油楔厚度减小而增加的。

动压滑动轴承油膜承压能力的分布情况如图 9-22 所示。因此，轴承和轴颈之间必须有正确的配合关系，使其在承载条件下能形成适于液体摩擦的间隙。一般机械的轴承和轴颈的配合可偏松一点，常选取 H8/f9 和 H8/e9 为宜。若要求精度较高，按具

体情况可选取 H6/f6，H7/f7，H8/f8。对于要求特别精密的轴承，如分度头的主轴轴颈和轴承的配合宜选取 H6/g5。

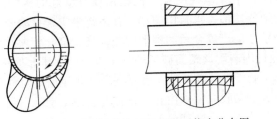

图 9-22　动压滑动轴承油膜承压能力分布图

车床主轴轴承要求比较精密，其轴颈与轴承的配合宜选取 H7/g6。高速、中载的轴颈和轴承的配合间隙宜大一些，可选取 H7/e8以及 H7/d8。在高温下工作的轴颈和轴承的配合间隙要更大一些，常选取 H7/c8。

② 轴承必须通过装配保持良好的接触精度。装配时应配刮轴承，使刮研面和轴颈接触面积均匀，占到全轴承表面的 70%～80%，点子数每 25mm×25mm 面积达到 15～20 点。重负荷及高速运转的轴承应取上限，中等负荷及连续运转的轴承可取下限。为了防止滑动轴承工作一定时间后，在热态下出现抱轴现象，刮研的点子应在轴向中间比前、后软一点；对单油楔动压轴承来说，周向中间两侧的点子又应更软一点。这样，才能使轴承在热态下达到接触真正均匀的要求。

③ 装配单油楔动压滑动轴承时，要注意使轴承表面的油槽处于油膜承受载荷最小的区域。这样，可以保证油膜承载的连续性；实现进油处间隙大于出油处间隙，增大油液在楔形间隙中的积聚趋势，提高轴承的承载能力。

④ 滑动轴承要求润滑油必须供应充分。如果供油不足，油液不能形成积聚，就不能建立承载油膜。因此，装配后油孔不能堵塞，油路要保持畅通。泵供油要充足，润滑油要有合适的黏度。

三、装配动压滑动轴承应注意的事项

① 动压滑动轴承的外圆支承要接触严密。单油楔动压滑动轴承装入主轴箱壳体主轴孔内，必须检查其外壁与壳体接触是否严密，要求没有间隙。轴瓦的瓦背与轴承座的接触面积一般应达 50% 以上，才能进行轴承内表面刮研。短三瓦调位轴承的轴瓦背面上的球形凹坑，与支承螺钉球形端头经过配研，接触面积应达 80% 以上。并且

经过安装调整，消除螺纹间隙，使轴瓦在有良好的接触刚度的前提下，能灵活地绕球形支承自由摆动，在工作中实现自动调整。只有这样，滑动轴承才能形成合适的楔形间隙，建立符合要求的承压油楔。

② 不允许因装配调整而破坏轴承工作面已刮研好的精度。例如，外锥圆筒轴承装配时，应先收缩轴承内孔，再刮研达尺寸要求。不允许刮研瓦面后，又收缩轴承内孔。这样，会因轴承的不均匀变形丧失刮研精度，尤其要增大圆度误差降低轴承的承载能力。

③ 前、后轴承必须有良好的同轴度。前、后轴承的同轴度不好，承压油楔容易受到破坏，轴承运转中就容易出现轴承损坏及抱轴现象。装配中，从配刮开始起就要注意这个问题。尤其单油楔动压滑动轴承配刮时，如果后轴承是滚动轴承，一定要用一个工艺套代替后轴承控制主轴处于正常位置，才能进行配研和刮削。对短三瓦调位轴承应通过装配工装使主轴以主轴箱壳体止口处为基准放正，然后再以主轴轴颈为基准安装已配刮合适的瓦片，并调整间隙达要求。

第五节　齿轮的装配

一、圆齿轮装配

1. 圆齿轮装配前的准备工作

① 对零件进行清洗、去除毛刺，并按图样要求校对零件的尺寸、几何形状、精度、表面粗糙度是否符合要求。经清理好的零件应摆放好，并加以覆盖，以免灰尘污染。

② 齿轮与轴的配合面在压入前应涂润滑油。配合面为锥形面时，应用涂色法检查接触状况，对接触不良的应进行刮削，使之接触良好。

③ 闭式传动箱体孔轴心线的中心距和平行度直接影响装配质量，在装配前应予以认真校验。轴心线中心距的校验方法如图 9-23 所示，即将心轴插入箱体孔中，可得中心距为

$$a = [(L_1 + L_2) - (d_1 + d_2)]/2$$

轴心线在水平方向上平行度的校验如图 9-23 所示，测量出 L_1 和 L_2，设齿宽为 b，则轴心线水平方向上的误差为

$$f_x = (L_1 - L_2)b/L$$

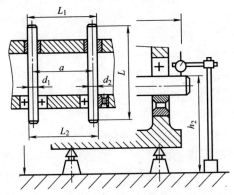

图 9-23　齿轮轴线中心距的测量及轴心线在水平方向上平行度的校验

　　轴心线在垂直方向上平行度的校验如图 9-24 所示，即将测量心轴插入箱体孔中，箱体用三个千斤顶支承在平板上，调整千斤顶使相啮合的两轴心线中的某一轴线与平板平行，然后测量另一心轴至平板的距离得 h_1、h_2，设齿宽为 b，则此两轴心线在垂直方向上的平行度误差为

$$f_y = (h_1 - h_2)b/L$$

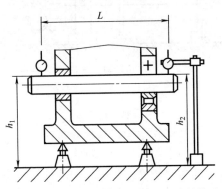

图 9-24　轴心线在垂直方向上平行度的校验

　　④ 选择合理的装配方法，并准备好工具。常用的装配方法有压入装配和加热装配两种，压入装配多数采用压力机，对于过盈量不大的装配也可采用锤子或冲击器打入。加热装配用于过盈量较大的齿轮传动件装配，其加热温度视过盈量大小而定，但一般不大于 350℃。

当轮缘断面和轮辐断面相差较大时，不宜采用将齿轮整体加热进行装配的方法。

2. 圆齿轮的装配程序

① 对装配式齿轮，先进行齿轮的自身装配。

② 齿轮装于轴上。

③ 齿轮—轴装于箱体内。

④ 安装后的齿轮啮合状况的检查与调整。

3. 检查和调整齿轮啮合状态的方法

（1）径向和端面跳动的检查　其方法如图 9-25 所示，将齿轮支持在 V 形块或顶尖上，使轴和平板平行，把圆柱规放在齿轮的轮齿间，将千分表 6 的触头抵在圆柱规上，从千分表上读出数值，每隔 3～4 个轮齿重复进行一次，即可测得齿轮顶圆径向圆跳动量。将千分表 8 抵在齿轮端面上，即可测得端面圆跳动量。

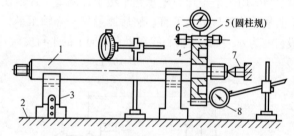

图 9-25　齿轮径向、端面圆跳动量

1—轴；2—平板；3—V 形块；4—齿轮；5—圆柱规；6,8—千分表；7—顶尖

（2）齿轮啮合接触面的检查和调整　其检查方法一般采用涂色法，即用红铅油均匀地涂在主动齿轮的轮齿面上，检查时用主动齿轮来驱动从动齿轮，并用手动运转后，则色迹印显出来，根据色迹可以判定齿轮啮合接触面是否正确。装配正确的齿轮啮合接触面必须均匀地分布在节线上下，接触面积应符合要求。装配后齿轮啮合接触面常有正常接触、同向偏接触、异向偏接触、游离接触（在整个齿圈上接触区由一边逐渐移向另一边）等几种情况。为了纠正不正确的啮合接触，可采用改变齿轮中心线的位置、研刮轴瓦或加工齿形等方法来修正。当齿轮啮合位置正确，而接触面积过小时，可在齿面上加研磨剂，并使两齿轮转动进行研磨，以达到足够的接触面积。

（3）齿轮啮合间隙的检查　其检查方法有以下三种。

① 塞尺法。用塞尺直接测出齿轮啮合顶间隙和侧间隙，得到的数值一般比实际偏小。

② 压铅法。它是测量齿顶间隙和齿侧间隙最常用的方法。其测量方法如图9-26所示。测量时将铅丝放置在小齿轮上，一般在齿宽两端各放置一根，对齿宽较大者测量时，可酌情放 3~4 根，铅丝直径一般不超过侧隙的 4 倍，铅丝的端部要放齐，使其能同时进入啮合的两轮齿之间。在放好铅丝后，均匀地转动齿轮，使

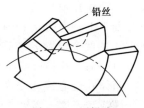

图 9-26　压铅法

铅丝受到碾压，压扁后的铅丝用千分尺或游标卡尺测量其厚度，最厚部分的数值为齿顶间隙，相邻两较薄部分的数值之和即为齿侧间隙。

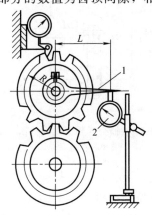

图 9-27　千分表法
1—夹紧杆；2—千分表

③ 千分表法。如图 9-27 所示，将一个齿轮固定，在另一个齿轮上装上夹紧杆 1，来回摆动该齿轮，在千分表 2 上即可得读数为 j，设分度圆半径为 R，指针长度为 L，则齿侧间隙为

$$j_n = jR/L$$

4. 装配注意事项

必须保证齿轮与轴装配时的质量，不得有偏心或歪斜现象。经过装配后的两齿轮啮合时的啮合间隙不宜过大，而且在啮合齿面的部位必须要有一定比例的接触面积和正确的接触部位。两齿轮的中心距精度，要确保在技术要求的范围之内。对转速较高的齿轮，应做动平衡和静平衡，检查合格后才能安装。对于过盈量不大的装配可采用锤子或冲击器打入。加热装配用于过盈量较大的齿轮传动件装配，其加热温度视过盈量大小而定，但一般不允许大于 350℃。当轮缘断面和轮辐断面相差较大时，禁止采用将齿轮整体加热后再装配的方法。

二、锥齿轮装配

锥齿轮传动件的装配与圆柱齿轮传动件的装配基本相同。这里仅

对轴线相交并垂直的锥齿轮装配中常遇到的几种情况加以说明。

① 两齿轮轴心线的垂直度和相交度的校验。装配正确的锥齿轮，其轴心线应相互垂直并相交。对闭式传动的箱体孔，在装配前应进行校验。箱体孔轴心线垂直度的校验方法如图 9-28 所示，将千分表装在心轴 1 上，为防止心轴轴向窜动，应加定位套，而后旋转心轴 1，在 180° 的两个位置上，千分表触尖与心轴 2 接触，可读出两个数值，其差值即为两孔轴心线在长度 L 内的垂直度误差。

箱体孔轴心线相交度的检验方法如图 9-29 所示，将心轴 1 的测量端做成叉形槽，心轴 2 的测量端按相交度允差做成两个阶梯形，即通端与止端。检查时，若通端能通过叉形槽，而止端不能通过，则相交度在允差范围内。

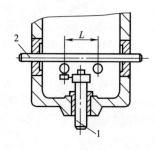

图 9-28　轴心线垂直度检查法
1,2—心轴

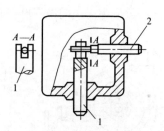

图 9-29　轴心线相交度检验法
1,2—心轴

② 锥齿轮的轴向定位。一般小齿轮的轴向定位以大齿轮的轴心线为基准来确定，如图 9-30 所示。而大齿轮一般以调整侧隙决定其轴向位置。以背锥面为基准的锥齿轮装配时，将背锥面对平齐来保证两齿轮正确的装配位置。

③ 锥齿轮啮合侧隙和接触状况的检查调整。锥齿轮侧隙的检查方法与圆柱齿轮相同，侧隙的控制范围可按表 9-2 执行。

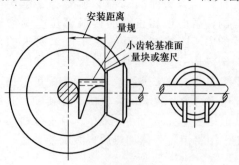

图 9-30　圆锥齿轮轴向定位

表 9-2　锥齿轮侧隙　　　　　　　　　　　mm

精度等级	锥　　距				
	≤50	>50~100	>100~200	>200~500	>500~800
7	0.10~0.20	0.15~0.30	0.25~0.50	0.35~0.70	0.45~0.90
8	0.15~0.30	0.20~0.40	0.30~0.60	0.40~0.80	0.50~1.00

锥齿轮啮合接触状况一般采用涂色法检查，正确啮合的接触面积应达到表 9-3 的要求。接触面必须均匀地分布在节线上下，考虑到锥齿轮受载后，接触区会发生移动，因此在装配调整时应预计到受载后的变动，一般空载时接触面应靠近锥齿轮小端。

表 9-3　锥齿轮正确啮合接触面积

精度等级	7	8	9
沿齿高/%	>60	>50	>40
沿齿宽/%	>60	>50	>40

对锥齿轮进行装配时，必须保证两齿轮的轴心线相互垂直并相交，一般是不允许以其他角度相交。锥齿轮安装时，其轴向定位不宜以小齿轮的轴心线为基准，而必须要以大齿轮为定位基准。对大齿轮自身的轴向位置，一般以调整其侧隙来决定。

三、圆弧齿轮装配

圆弧齿轮的装配与圆柱齿轮的装配基本相同，这里仅就圆弧齿轮装配中的特殊要求加以说明。

① 圆弧齿轮啮合状况的检查。圆弧齿轮装配后，啮合接触面的检查一般采用涂色法（具体参见圆柱齿轮的检查方法）。正确啮合的圆弧齿轮啮合接触面的正确位置应分布在理论接触痕迹线的上、下两侧，其允许偏差见表 9-4。单圆弧齿轮的理论接触痕迹线距齿顶的高度：凸齿为 $0.45m_n$；凹齿为 $0.75m_n$。

表 9-4　圆弧齿轮接触精度

精度等级		5	6	7	8
接触面	沿齿长	95%	90%	85%	85%
	沿齿高	60%	55%	50%	45%
接触迹线位置偏差		$\pm 0.2m_n$	$\pm 0.2m_n$	$\pm 0.25m_n$	$\pm 0.25m_n$

注：以上均指经过磨合后的齿轮。

② 圆弧齿轮装配间隙的检查和调整。检查圆弧齿轮装配间隙的方法和圆柱齿轮相同，用塞尺直接测量和用压铅法测量均可以检查其

齿顶间隙和齿侧间隙，只是当使用千分表测量齿侧间隙时，表尖应定在理论接触痕迹线上。

圆弧齿轮传动的齿顶间隙和齿侧间隙的理论数值由齿形决定，见表 9-5。圆弧齿轮传动的实际侧隙应不小于理论数值的 2/3。

表 9-5　圆弧齿轮啮合间隙

圆弧齿轮齿形	齿 侧 间 隙		齿顶间隙
	$m_n = 2 \sim 6mm$	$m_n = 7 \sim 30mm$	
JB929-67 型	$0.06m_n$	$0.04m_n$	$0.16m_n$
统一通用双圆弧齿	$0.06m_n$	$0.04m_n$	$0.2m_n$
S74 型双圆弧齿	$0.05m_n$	$0.04m_n$	$0.2m_n$
FSPH-75 型双圆弧齿	$0.07m_n$	$0.05m_n$	$0.25m_n$

圆弧齿轮的装配要求基本与直齿圆柱齿轮相同，其比较特别的要求是圆弧齿轮传动的齿顶间隙和齿侧间隙的理论数值必须由齿形决定，而不宜使用直齿圆柱齿轮计算的一般公式。

四、蜗轮、杆传动机械装配

1. 蜗轮、蜗杆传动类型

在空间交错轴间传递动力和运动，最常用的是交错角为 90° 的蜗杆传动。按蜗杆形状不同，可分为图 9-31 所示的三种蜗杆传动：圆柱蜗杆传动、弧面蜗杆传动和锥蜗杆传动。

(a) 圆柱蜗杆传动　　(b) 弧面蜗杆传动杆传动　　(c) 锥锅

图 9-31　蜗杆传动的类型

2. 蜗轮、蜗杆装配前的准备工作

① 首先对零件进行清洗，并按图样核对零件的几何形状、尺寸、精度及表面粗糙度。经清理好的零件应摆放好，并加以覆盖，防止灰尘污染。

② 蜗轮和轴配合面在压入之前，应涂抹润滑油。

③ 在闭式蜗杆传动中，箱体孔的中心距和轴心线间的夹角直接影响装配质量，装配之前应进行严格检查。中心距可按图 9-32 所示的方法进行检验，即分别将心轴 1 和 2 插入箱体孔内，箱体用三个千斤顶支承在平板上，调整千斤顶使其中某一心轴与平板平行，然后分别测量两心轴至平板的

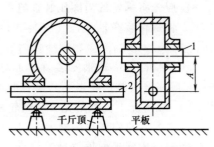

图 9-32　蜗杆与蜗轮箱体孔中心距检验
1，2—心轴

距离，则可测出中心距 A，其偏差应在表 9-6 规定的范围内。

表 9-6　蜗杆和蜗轮中心距允许偏差　　　　　　　　　　mm

精度等级	中　心　距					
	<40	40～80	80～160	160～320	320～630	630～1250
7	±0.030	±0.042	±0.055	±0.070	±0.085	±0.110
8	±0.048	±0.085	±0.090	±0.110	±0.130	±0.180
9	±0.075	±0.105	±0.140	±0.180	±0.210	±0.280

两轴心线的垂直度误差可按图 9-33 所示的方法进行检验。分别将测量心轴 1 和 2 插入箱体孔中，并在心轴的一端套一个千分表架，用螺钉固定，然后旋转心轴 1，使千分表在心轴 2 的两端得到两个读数差 δ，设蜗轮齿宽为 b，测量点距离为 L，则两轴心线垂直度偏差在蜗轮齿宽上以长度度量的扭斜度为

$$\Delta f_y = b\delta/L$$

其偏差值应在表 9-7 的允许范围。

表 9-7　蜗杆和蜗轮的中心线垂直偏差在
蜗轮齿宽上以长度度量的扭斜度　　　　　　　mm

精度等级	轴　向　模　数				
	1～2.5	2.5～6	6～10	10～16	16～30
7	0.013	0.018	0.026	0.036	0.058
8	0.017	0.022	0.034	0.045	0.075
9	0.021	0.028	0.042	0.055	0.095

④ 选择合理的装配方法，并备好合适的装配工具。

3. 蜗轮、蜗杆装配程序

① 应先将蜗轮的齿圈压装在轮毂上，并进行紧固。

② 将蜗轮装在轴上，其安装和检验方法、质量要求与圆柱齿轮相同。

③ 把蜗杆和蜗轮轴安装就位。对闭式传动的蜗轮和蜗杆，其具体安装顺序按其结构特点不同，有的可先装蜗轮后装蜗杆，有的则相反。但一般情况下，都是先安装蜗轮后安装蜗杆。

4. 装配后的检查和调整

① 蜗轮中间平面偏移量的检查

a. 样板检查法。如图 9-34 所示，即将样板的两边分别紧靠在蜗轮两侧的端面上，然后用塞尺测量样板和蜗杆之间的间隙 a，两侧的间隙差值即为蜗杆中间平面的偏移量。

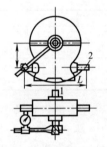

图 9-33 轴心线垂直度检验

1,2—轴

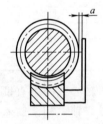

图 9-34 样板测量法

b. 拉线检查法。用一根线挂在蜗轮轴上，然后分别测量拉线与蜗轮两端面的间隙 a，两侧的间隙差值即为蜗轮中间平面的偏移量。

所测得偏移量应符合规定范围，若大于规定范围应予以调整，一般调整蜗轮的轴向位置。

② 啮合侧间隙的检查。检查方法应根据蜗杆的传动特点进行，啮合侧间隙无论是采用塞尺法测量，还是压铅法测量，都有一定困难，所以一般采用千分表测量。如图 9-35（a）所示，在蜗杆轴上固定一个带有量角器的刻度盘 2，把千分表的测量尖顶在蜗轮齿面上，用手转动蜗杆，在千分表指针不动的条件下，用刻度盘相对于指针 1 的最大转角来判断间隙大小。如用千分表测量尖直接与蜗轮齿面接触有困难时，可以在蜗轮轴上装一个测量杆，如图 9-35（b）所示。

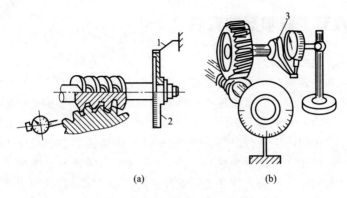

图 9-35　蜗杆与蜗轮测隙的检查

1—指针；2—刻度盘；3—测量杆

③ 啮合接触面的检查调整。蜗杆和蜗轮啮合接触面的检查方法一般是采用沫色法，即将红丹油涂于蜗杆螺旋面上，转动蜗杆并根据蜗轮齿面上的色痕来判断啮合质量。啮合接触面的正确位置应如图 9-36 （a） 所示。

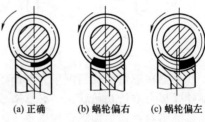

(a) 正确　　　(b) 蜗轮偏右　　(c) 蜗轮偏左

图 9-36　蜗杆和蜗轮啮合接触面

如果出现图 9-36 （b）、 （c） 所示的情况时，则应调整蜗轮的轴向位置。

④ 转动灵活性检查。装配后的蜗轮传动机构，还需要检查其灵活性，当蜗杆在任何位置上，所需要的转动力应基本相等。

5. 注意事项

蜗轮、蜗杆在进行装配时，首先要保持其间隙和接触面积，这就要求对所安装箱体的孔距进行严格检查，尤其是异面的垂直度精度和轴线距离。通常情况下，轴线的距离不宜取尺寸的下限。由于该机构的传动有摩擦的作用，在运转的过程中会有大量的热，所以装配时一定要保证有良好的润滑，而且装配好后机构的润滑油液面最少要浸过蜗轮直径尺寸的 1/3。

第六节 联轴器的安装

一、联轴器的对中要求

在联轴器装配中关键要掌握联轴器所连接两轴的对中。如果安装后出现对中误差，必然出现中心线不同轴的情况。安装中，两根转轴可能出现的不对中情况如图 9-37 所示。图 9-37（a）中两轴中心线不相交，沿径向产生平行位移。图 9-37（b）中两轴中心线相交于联轴器中心，相互之间发生角位移。图 9-37（c）中两轴中心线相交，但交点不在联轴器中心，相互之间既发生角位移，又存在径向位移。

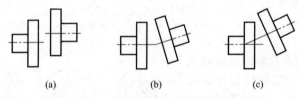

(a)　　　　　　　　　(b)　　　　　　　　　(c)

图 9-37　两根转轴安装的不对中情况

联轴器在不对中的情况下安装固定之后，轴系旋转时，由于两半联轴器要尽力维持初始状态，必然造成轴及其支承的周期性变形，出现轴系的不对中强迫振动，加剧支承轴承的磨损。因此，安装联轴器的首要问题是保证两根转轴的同轴度误差。对不同形式的联轴器，同轴度的允差值也不相同。对于一般机械设备上所使用的联轴器，安装对中的要求如表 9-8 所示。

表 9-8　联轴器安装对中允差值　　　　　　　　　　mm

联轴器连接类别	允许误差		
	径向圆跳动量	端面圆跳动量	
	最大值(a)	最大值(b)	
刚性与刚性	0.04	0.03	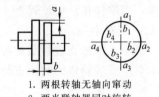
刚性与半挠性	0.05	0.04	1. 两根转轴无轴向窜动
挠性与挠性	0.06	0.05	2. 两半联轴器同时旋转
齿轮式	0.10	0.05	
弹簧式	0.08	0.06	

二、联轴器找正的方法

联轴器找正时，主要测量同轴度（径向位移或径向间隙）和平行度（角向位移或轴向间隙），根据测量时所用工具不同有以下三种找正方法。

① 利用直角尺测量联轴器的同轴度（径向位移），利用平面规和楔形间隙规来测量联轴器的平行度（角向位移），这种方法简单，应用比较广泛，但精度不高，一般用于低速或中速等要求不太高的运行设备上，如图 9-38 和图 9-39 所示。

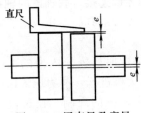
图 9-38　用直尺及塞尺测量联轴器径向位移

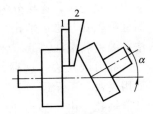
图 9-39　用平面规各楔形规测量联轴器的角位移

② 直接用百分表、塞尺、中心卡测量联轴器的同轴度和平行度。调整的方法：在垂直方向加减主动机（电动机）支脚下面的垫片或在水平方向移动主动机位置。

③ 安装联轴器时，可以做一个简单工装，用千分表进行测量找正，如图 9-40 所示。测量找正时，用螺栓将测量工具架固定在左半联轴器上。在未连接成一体的两半联轴器外圈，沿轴向划一直线，做上记号，并用径向千分表和端面千分表分别对好位置。径向千分表对准右半联轴器外圆记号处，端面千分表对准右半联轴器侧面记号处。将两半联轴器记号处于垂直或水

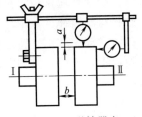
图 9-40　联轴器安装找正工装

平位置作为零位。再依次同时转动两根转轴，回转 $0°$，$90°$，$180°$，$270°$ 并始终保证两半联轴器记号对准。分别记下两个千分表在相应四个位置上指针相对零位处的变化值，从而测出径向圆跳动量 a_1、a_2、a_3、a_4 和端面圆跳动量 b_1、b_2、b_3、b_4。根据这些值的情况就可判断 II 轴相对 I 轴的不对中情况，并且进行调整，直到 $a_1 = a_2 = a_3 = a_4 = 0$，$b_1 = b_2 = b_3 = b_4 = 0$，就可以认为 I 轴与 II 轴对中找正了。

联轴器在对中找正时应当注意：一般都是先将两半联轴器分别安装在所要连接的两轴上，然后将主机找正，再移动、调整、连接轴，以主机为基准，向主机旋转轴对中。通过测量两半联轴器在同时旋转中，径向和轴向相对位置的变化情况进行判定。

三、联轴器的装配方法

联轴器在轴上的装配是联轴器安装的关键之一。联轴器与轴的配合大多为过盈配合，连接分为有键连接和无键连接，联轴器的轴孔又分为圆柱形轴孔与锥形轴孔两种形式。装配方法有静力压入法、动力压入法、温差装配法及液压装配法等。

（1）静力压入法　这种方法是根据装配时所需压入力的大小不同，采用夹钳、千斤顶、手动或机动的压力机进行，静力压入法一般用于锥形轴孔。由于静力压入法受到压力机械的限制，在过盈较大时，施加很大的力比较困难。同时，在压入过程中会切去联轴器与轴之间配合面上不平的微小凸峰，使配合面受到损坏。因此，这种方法应用不多。

（2）动力压入法　这种方法是指采用冲击工具或机械来完成装配过程，一般用于联轴器与轴之间的配合是过渡配合或过盈不大的场合。装配现场通常用手锤敲打，方法是在轮毂的端面上垫放木块或其他软材料作缓冲件，依靠手锤的冲击力，把联轴器敲入。这种方法对用铸铁、淬火的钢、铸造合金等脆性材料制造的联轴器有局部损伤的危险，不宜采用。这种方法同样会损伤配合表面，故常用于低速和小型联轴器的装配。

（3）温差装配法　用加热的方法使联轴器受热膨胀或用冷却的方法使轴端受冷收缩，从而能方便地把轮联轴器装到轴上。这种方法与静力压入法、动力压入法相比有较多的优点，对于用脆性材料制造的轮毂，采用温差装配法是十分合适的。温差装配法大多采用加热的方法，冷却的方法用得比较少。加热的方法有多种，有的将轮毂放入高闪点的油中进行油浴加热或焊枪烘烤，也有的用烤炉来加热，装配现场多采用油浴加热和焊枪烘烤。油浴加热能达到的最高温度取决于油的性质，一般在200℃以下。采用其他方法加热轮毂时，可以使联轴器的温度高于200℃，但从金相及热处理的角度考虑，联轴器的加热温度不能任意提高，钢的再结晶温度为430℃。如果加热温度超过

430℃，会引起钢材内部组织上的变化，因此加热温度必须小于430℃。为了保险，所定的加热温度上限应在400℃以下。至于联轴器实际所需的加热温度，可根据联轴器与轴配合的过盈值和联轴器加热后向轴上套装时的要求进行计算。

四、联轴器的安装工艺

联轴器安装前先把零部件清洗干净，清洗后的零部件，需把沾在上面的油擦干。在短时间内准备运行的联轴器，擦干后可在零部件表面涂透平油或机油，防止生锈。对于需要较长时间才投用的联轴器，应涂以防锈油保养。

对于应用在高速旋转机械上的联轴器，一般在制造厂都做过动平衡试验，动平衡试验合格后划上各部件之间互相配合方位的标记。在装配时必须按制造厂给定的标记组装，这一点是很重要的。如果不按标记任意组装，很可能发生由于联轴器的动平衡不好引起机组振动的现象。另外，这类联轴器法兰盘上的连接螺栓是经过称重的，使每一联轴器上的连接螺栓质量基本一致。如大型离心式压缩机上用的齿式联轴器，其所用的连接螺栓互相之间的质量差一般小于0.05g。因此，各联轴器之间的螺栓不能任意互换，如果要更换联轴器连接螺栓中的某一个，必须使它的质量与原有的连接螺栓质量一致。此外，在拧紧联轴器的连接螺栓时，应对称、逐步拧紧，使每一连接螺栓上的锁紧力基本一致，不至于因为各螺栓受力不均而使联轴器在装配后产生歪斜现象，有条件的可采用力矩扳手。

五、安装后的检查

联轴器在轴上装配完后，应仔细检查联轴器与轴的垂直度和同轴度。一般是在联轴器的端面和外圆设置两块百分表，盘车使轴转动时，观察联轴器的全跳动（包括端面跳动和径向跳动）的数值，判定联轴器与轴的垂直度和同轴度的情况。不同转速、不同形式的联轴器对全跳动的要求值不同，联轴器在轴上装配完后，必须使联轴器全跳动的偏差值在设计要求的公差范围内，这是联轴器装配的主要质量要求之一。造成联轴器全跳动值不符合要求的原因很多，首先是由于加工造成的误差。而对于现场装配来说，由于键的装配不当引起联轴器与轴不同轴。键的正确安装应该使键的两侧面与键槽的壁严密贴合，一般在装配时用涂色法检查，配合不好时可以用锉刀或铲刀修复使其达到要求。键顶部一般有间隙，间隙为 0.1～0.2mm。

高速旋转机械对于联轴器与轴的同轴度要求高，用单键连接不能得到高的同轴度，用双键连接或花键连接能使两者的同轴度得到改善。各种联轴器在装配后，均应盘车，看看转动是否良好。总之，联轴器的正确安装能改善设备的运行情况，减少设备的振动，延长联轴器的使用寿命。

第七节　总装配后的质量检查

一、整机检验

整机检验即整机技术状况的检验。包括机械的工作能力、动力经济性能等，检验的方法如下。

1. 检视法

此法仅凭眼看、手摸、耳听来检验和判断，简单可行，应用广泛。

（1）目测法　对零件表面损伤如毛糙、沟槽、裂纹、刮伤、剥落（脱皮）、断裂以及零件较大和明显变形、严重磨损、表面退火和烧蚀等都可通过目视或借助放大镜观察确定。还有像刚性联轴器的漆膜破裂、弹性联轴器的错位、螺纹连接和铆接密封的漆膜的破裂等也可用目测判断。

（2）敲击法　对于机壳类零件不明显的裂纹、轴承合金与底瓦的结合情况等，可通过敲击听声音清脆还是沙哑来判断好坏。

（3）比较法　用新的标准零件与被检测的零件相比较来鉴定被检测零件的技术状况。如弹簧的自由长度、链条的长度、滚动轴承的质量等。

2. 测量法

零件磨损或变形后会引起尺寸和形状的改变，或因疲劳而引起技术性能（如弹性）下降等。可通过测量工具和仪器进行测量并对照允许标准，确定是继续使用，还是待修或报废。例如对滚动轴承间隙的测量、温升的测量、对齿轮磨损量的测量、对弹簧弹性大小的测量等。

3. 探测法

对于零件的隐藏缺陷特别是重要零件的细微缺陷的检测，对于保证修理质量和使用安全具有重要意义，必须认真进行，主要有以下办法。

（1）渗透显示法　将清洗干净的零件浸入煤油中或柴油中片刻，取出后将表面擦干，撒上一层滑石粉，然后用小锤轻敲零件的非工作面，如果零件有裂纹，由于震动使浸入裂纹的油渗出，而使裂纹处的滑石粉显现黄色线痕。

（2）荧光显示法　先将被检验零件表面洗净，用紫外线灯照射预热 10min，使工件表面在紫外线灯下观察呈深紫色，然后用荧光显示液均匀涂在零件工作表面上，即可显示出黄绿色缺陷痕迹。

（3）探伤法　磁粉探伤检验、超声波检验、射线照相检验。主要用来测定零件内部缺陷及焊缝质量等。

二、零部件检验

1. 紧固件

① 螺纹连接件和锁紧件必须齐全，牢固可靠。螺栓头部和螺母不能有铲伤或棱角严重变形。螺纹无乱扣或秃扣。

② 螺母必须拧紧。螺栓的螺纹应露出螺母 1～3 个螺距，不能在螺母下加多余的垫圈来减少螺栓伸出长度。

③ 弹簧垫圈应有足够的弹性。

④ 同一部位的紧固件规格必须一致，螺栓不得弯曲。

2. 键和键槽

① 键不能松旷，键和键槽之间不能加垫。键装入键槽处，其工作面应紧密结合、接触均匀。

② 矩形花键及渐开线花键的接触齿数应不少于2/3。键齿厚的磨损量不能超过原齿厚的 5%。

3. 轴和轴承

① 轴不能有裂纹、损伤或腐蚀，运行时无异常振动。

② 轴承润滑良好，不漏油，转动灵活，运行时无异响和异常振动。滑动轴承温度不超过 65℃，滚动轴承温度不超过 75℃。

4. 齿轮

① 齿轮无断齿，齿面无裂纹和剥落等现象。齿面点蚀面积不超

过全齿面积的 25%，深度不超过 0.3mm。用人力盘动时，转动应灵活、平稳并无异响。

② 两齿轮啮合时，两侧端面必须平齐。圆柱齿轮副啮合时，齿长中心线应对准，偏差不大于 1mm，其啮合面沿齿长不小于 50%，沿齿高不小于 40%，圆锥齿轮副啮合时，端面偏差不大于 1.5mm，其啮合面沿齿高、齿宽不小于 50%。

③ 弧齿锥齿轮应成对更换。

5. 减速器

① 减速器箱体不得有裂纹或变形，如有轻微裂纹，允许焊补修复，但应消除内应力。

② 减速器箱体结合面应平整严密，垫应平整无折皱，装配时应涂密封胶，不得漏油。

③ 减速器内使用油脂牌号正确，油质清洁，油量合适。润滑油面约为大齿轮直径的 1/3，轴承润滑脂占油腔 1/3～1/2。

④ 空载运行正、反转各 0.5h，减速器各部温升正常，无异响，无渗漏油现象。

6. 联轴器

① 弹性联轴器和弹性圈内径应与柱销紧密贴合，外径与孔应有 0.3～0.7mm 的间隙，柱销螺母应有防松装置。

② 齿轮联轴器齿厚磨损量不得超过原齿厚的 20%。

③ 液力耦合器外壳不得有变形、损伤、腐蚀或裂纹，工作介质清洁，易融合，其熔化温度应符合各型号液力耦合器的规定，一般为 120～140℃。

7. 密封件

各部密封件齐全，密封性能良好，O 形密封圈无过松、过紧现象，装在槽内不得扭曲、切边，保持性能良好。

8. 涂饰

各种设备的金属外露表面均应涂防锈漆，涂漆前，必须清除毛刺、氧化层、油污等脏物，按钮、油嘴、注油孔、油塞、防爆标志等外表面应涂红色油漆。电动机涂漆颜色应与主机一致。

第十章

机床的机构调整

机床检修后，都需要进行检验和调整。检验的目的在于检查部件的装配是否正确，故障处理是否得当，设备是否符合《金属切削机床安装工程施工及验收规范》的要求。凡检查出不符合规定的地方，都要进行调整，为试运转创造条件，保证机床检修后能达到规定的技术要求和生产能力。

第一节　动力传动机构的调整

机床动力传递机构的调整，关系到机床有效负荷能力的充分发挥。下面分别对与动力传动相关机构的调整进行讲述。

一、电动机 V 带松紧的调整

V 带是将电动机的动力传递给车头箱的第一个传动件。V 带过松，就不能有效地传递电动机功率。车削时，如发现 V 带因过松而产生过大的跳动，则需移动电动机底座位置，适当拉紧 V 带，特别是在强力车削时，更要预先将 V 带拉紧，否则会出现 V 带空转打滑等现象。但在调整时，也不是越紧越好，要防止损坏 V 带、电动机等有关传动件。

二、车头箱摩擦离合器的调整

车头箱摩擦离合器的调整，是关系到车床有效负荷能力充分发挥的一个十分重要的方面。如摩擦离合器过松，将会影响车床额定功率的正常传递，使主轴在车削时的实际转速低于铭牌上的转速，甚至发生"闷车"现象。因此在车削时，特别在强力车削时，必须正确调整车头箱摩擦离合器。

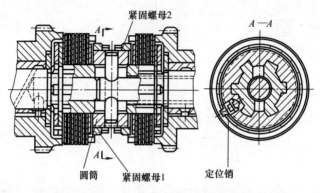

图 10-1　摩擦离合器的调整

　　调整车头箱摩擦离合器的要求，是使之能传递额定的功率，且不发生过热现象。其调整方法（见图 10-1）：先将定位销揿入圆筒的孔内，然后转动紧固螺母，调整它在圆筒上的轴向位置，如发现顺转时摩擦离合器过松，则应使紧固螺母 1 向左适当移动一些；过紧，则使紧固螺母 1 向右适当移动一些。如发现倒转时摩擦离合器过松，则应使紧固螺母 2 向右适当移动一些；过紧，则应使紧固螺母 2 向左适当移动一些。在调整后，定位销必须弹回到紧固螺母的一个缺口中。

　　在调整摩擦离合器时，也不能使其过紧，否则，将可能在使用中因发热过高而"烧坏"；或者在停车时会出现主轴"自转"现象，影响操作安全。

三、拖板箱脱落蜗杆的调整

　　拖板箱脱落蜗杆是传递纵横走刀运动的一个机构。在正常情况下，由它将光杠的转动传递给拖板箱。当拖板箱在纵横走刀时，遇到障碍或碰到定位挡铁，则脱落蜗杆将会自行脱落，而停止走刀运动。因此在强力车削时或使用定位挡铁装置时，必须检查、调整拖板箱脱落蜗杆机构。

　　拖板箱脱落蜗杆的调整要求是：车削时使用可靠，能正常传递动力进行纵横走刀，又能按定位挡铁的位置自行走刀运动。其调整方法（见图 10-2）：适当拧紧螺母，增大弹簧的弹力，即可防止脱落蜗杆在车削时自行脱落，但也不能将弹簧压得太紧，否则当拖板箱撞到定位挡铁，或在走刀运动中遇到障碍，脱落蜗杆不能自行脱落，将使车床遭到损坏。

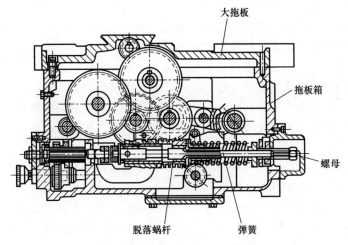

图 10-2　拖板箱脱落蜗杆的调整

四、齿轮传动机械的检验和调整

（1）齿轮径向圆跳动的检验

① 齿轮压装后可用软金属锤敲击来检查齿轮是否有径向圆跳动。

② 用千分表检验齿轮在轴上的径向圆跳动［见图 10-3（a）］：检验时，将轴 1 放在平板 2 的 V 形铁 3 上，调整 V 形铁，使轴和平板平行，再把圆柱规 5 放在齿轮 4 的轮齿间，把千分表 6 的触头抵在圆柱规上，即可从千分表上得出一个读数。然后转动轴，再将圆柱规放

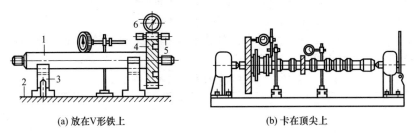

(a) 放在V形铁上　　　　　(b) 卡在顶尖上

图 10-3　检验压装后齿轮的跳动量

1—轴；2—平板；3—V 形铁；4—齿轮；5—圆柱规；6—千分表

在相隔 3～4 个牙的齿间进行检验，又可在千分表上得出一个读数。如此便确定在整个齿轮上千分表读数的平均差，该差值就是齿轮分度圆上的径向圆跳动。

（2）齿轮端面圆跳动的检验和调整　检验时，用顶尖将轴顶在中间，把千分表的触头抵在齿轮端面上 ［见图 10-3（b）］，转动轴，便可根据千分表的读数计算出齿轮端面的圆跳动量。如跳动量过大，可将齿轮拆下，把它转动若干角度后再重新装到轴上，这样可以减少跳动量。如果照这样重装了还是不行，则必须修整轴和齿轮。

（3）齿轮中心距的检验　齿轮装配时，两轮中心距的准确度直接影响着轮齿间隙的大小，甚至使运转时产生冲击和加快齿轮的磨损或使齿"咬住"。因此，必须对齿轮的中心距进行检验。检验时，可用游标卡尺和内径千分尺进行测量，也可使用专用工具进行检验。

（4）齿轮轴线间平行度和倾斜度（轴线不在一平面内）的检验和调整　传动齿轮轴线间所允许的平行度和倾斜度，根据齿轮的模数确定。对于第一级的各种不同宽度的齿轮来说，当模数为 1～20mm 时，在等于齿轮宽度的轴线长度内，轴线最大的平行度误差不得超过 0.002～0.020mm。在四级精度的齿轮中，最大平行度误差不得超过 0.05～0.12mm，最大倾斜度误差不得超过 0.035～0.08mm。

如果齿轮轴心线平行度或倾斜度超过了规定范围，则必须调整轴承位置或重新镗孔，或者利用装偏心套等方法消除误差。

（5）接触啮合精度的检验和调整　齿轮啮合精度的判定，一般是根据接触斑点来进行的。接触斑点是指在安装好的齿轮副中，将显示剂涂在主动齿轮上，来回转动齿轮，在从动齿轮上显示出来的接触痕迹或亮点，根据从动齿轮上的痕迹或亮点的形状、位置和大小，就可以判断出齿轮的啮合质量，并确定其调整办法。

表 10-1～表 10-3 分别为圆柱齿轮、锥齿轮和蜗轮齿面接触斑点的调整方法。

表 10-1　圆柱齿轮接触斑点的调整方法

接　触　斑　点	原　因　分　析	调　整　方　法
 正常接触	—	—

接触斑点	原因分析	调整方法
偏向齿顶接触	中心距太大	调整轴承座,减小中心距
偏向齿根接触	中心距太小	刮削轴瓦或调整轴承座,加大中心距
同向偏接触	两齿轮轴线不平行	刮削轴瓦或调整轴承座,使轴线平行
异向偏接触	两齿轮轴线歪斜	刮削轴瓦或调整轴承座,修正轴线平行
	两齿轮轴线不平行同时歪斜	检查并调整齿轮端面,与回转轴心线保持垂直
	齿面有毛刺或有碰伤凸面	去毛刺、修整齿面

表 10-2　锥齿轮接触斑点的调整方法

图　例	痕迹方向	调整方法
	在轻载荷下,接触区在齿宽中部,略等于齿宽的一半,稍近于小端,在小齿轮齿面上较高,大齿轮上较低,但都不到齿顶	—
低接触　高接触	①小齿轮接触区太高,大齿轮太低,原因是小齿轮轴向定位有误差	小齿轮沿轴向移出,如侧隙过大,可将大齿轮沿轴向移动
	②小齿轮接触区太低,大齿轮太高,原因同①,但误差方向相反	小齿轮沿轴向移近,如侧隙过小,则将大齿轮沿轴向移动
高低接触	③在同一齿的一侧接触区高,另一侧低,如小齿轮定位正确且侧隙正常,则为加工不良所致	装配无法调整,需调换零件。若只做单向运动,可按上述①或②的方法调整,但应考虑另一齿侧的接触情况

続表

图　　例	痕　迹　方　向	调整方法
 小端接触 同向偏接触	①两齿轮的齿两侧同在小端接触,原因是轴线交角太大	不能用一般方法调整,必要时修刮轴瓦
	②同在大端接触,原因是轴线交角太小	
 大端接触 小端接触 异向偏接触	大、小两齿轮在齿的一侧大端接触,原因是两轴心线有偏移	应检查零件加工误差,必要时修刮轴瓦

表 10-3　蜗轮齿面接触斑点的调整方法

接触斑点	症　状	原　因	调整方法
	正常接触	—	—
	左、右齿面对角接触	中心距大或蜗杆轴线歪斜	①调整蜗杆座孔位置(缩小中心距) ②调整(或修整)蜗杆基面
	中间接触	中心距小	调整蜗杆座孔位置(增大中心距)
	下端接触	蜗杆轴心线偏下	调整蜗杆座孔向上
	上端接触	蜗杆轴心线偏上	调整蜗杆座孔向下
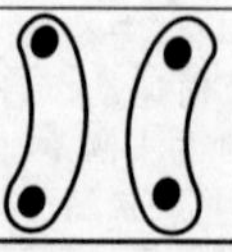	带状接触	①蜗杆径向圆跳动误差大 ②加工误差大	①调换蜗杆轴承(或修刮轴瓦) ②调换蜗轮或采取跑合

接触斑点	症 状	原 因	调整方法
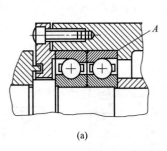	齿顶接触	蜗杆与终加工刀具齿形不一致	调换蜗杆
	齿根接触		

第二节 机械转动机构的调整

一、滚动轴承的调整

1. 滚动轴承间隙的调整

滚动轴承间隙调整，主要是调整径向间隙和轴向间隙，必须调整到要求值，保证工作时能补偿热伸长，并形成良好的润滑状态。

通常需要调整的是推力轴承，非推力轴承不需调整。同时，径向间隙和轴向间隙存在一个正比关系，所以只要调整轴向间隙即可。

轴承间隙的调整方法是按轴承的结构而定，有垫片调控法、螺钉调整法、环形螺母调整法。

（1）垫片调整间隙法（见图 10-4）

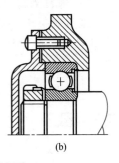

(a)　　　　　　　　　　(b)

图 10-4　垫片调整间隙

① 将轴承端盖拧紧到轴承内、外圈与滚动体间没有间隙为止，可用手转动轴承，感觉发紧即可。

② 用塞尺测量端盖内端面与座孔端面的间隙值 δ_0，查出轴承要

求的间隙值 $\delta_{间}$，则 $\delta = \delta_0 + \delta_间$ 为垫片厚度。

③ 拆下端盖，将厚度为 δ 的垫片置于端盖与轴承座圈间，拧紧端盖螺栓即可得到需要的间隙。

（2）螺钉调整间隙法（见图 10-5）

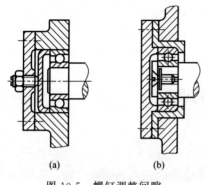

图 10-5　螺钉调整间隙

① 将端盖上的调整螺钉螺母松开，然后拧紧调整螺钉压紧止推盘，止推盘将轴承外圈向内推进，使间隙消失（转动轴感觉发紧为止），此时轴向间隙值为零。

② 根据轴承要求的间隙、螺钉的螺距，将调整螺钉倒转回一定角度，使之等于要求的间隙值。调整后将螺钉上的螺母拧紧即可。

调整间隙值和螺钉螺距的关系式为

$$\delta = SA/360°$$

式中　δ——轴承间隙值，mm；

　　　S——调整螺钉的螺距，mm；

　　　A——螺钉倒转的角度，(°)。

（3）环形螺母调整法（见图 10-6）

① 拆开止动件，旋紧环形螺母至发紧时为止，此时表示轴承已不存在间隙。

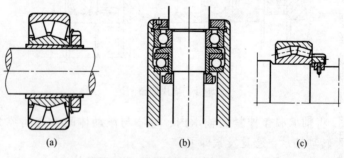

图 10-6　环形螺母法调整间隙

② 按设备技术文件规定的轴承间隙值，将环形螺母倒转一定角度，使螺母退出的距离等于要求的间隙值即可。

③ 锁住止动件，转动轴检查，应轻快、灵活、无卡涩现象。

2. 间隙调整注意事项

① 垫片调整的总厚度，应以端盖拧紧螺栓后，用塞尺检查测量的厚度为准，不准以各垫片的厚度相加来确定。

② 垫片的材质有钢、铜、铝、青壳纸，按要求选用。垫片要平整光滑，不允许有卷边、毛刺和不平现象。

③ 调整完成后，调整螺钉、螺母和环形螺母必须锁紧，避免发生松动产生间隙变动。

二、滑动轴承的调整

1. 滑动轴承的间隙

滑动轴承的间隙有两种：一种是径向间隙（顶间隙和侧间隙），另一种是轴向间隙。径向间隙主要作用是积聚和冷却润滑油，以利形成油膜，保持液体摩擦。轴向间隙的作用是在运转中，当轴受温度变化而发生膨胀时，轴有自由伸长的空间。

间隙的检验方法主要有塞尺检验法、压铅检验法和千分尺检验法。

（1）塞尺检验法　对于直径较大的轴承，用宽度较小的塞尺塞入间隙里，可直接测量出轴承间隙的大小，如图 10-7 所示。轴套轴承间隙的检验，一般都采用这种方法。但对于直径小的轴承，因间隙小，所以测量出来的间隙不够准确，往往小于实际间隙。

（2）压铅检验法　此法比塞尺检验法准确，但较费时间。所用铅丝不能太粗或太细，其直径最好为间隙的 $1.5 \sim 2$ 倍，并且要柔软和经过热处理。

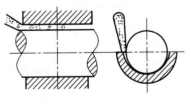

(a) 检验顶间隙　　(b) 检验侧间隙

图 10-7　用塞尺检查轴承的间隙

检验时，先将轴承盖打开，把铅丝放在轴颈头上和轴承的上下瓦接合处，如图 10-8 所示。然后把轴承盖盖上，并均匀地拧紧轴承盖上的螺钉，而后再松开螺钉，取下轴承盖，用千分尺测量出压扁铅丝的厚度，并用下列公式计算出轴承的顶间隙：

$$顶间隙=\frac{b_1+b_2}{2}-\frac{a_1+a_2+a_3+a_4}{4} \qquad (mm)$$

铅丝的数量，可根据轴承的大小来定。但 a_1、a_2、a_3、a_4、b_1、b_2 各处均有铅丝才行，不能只在 b_1、b_2 处放，而 a_1、a_2、a_3、a_4 处不放。如这样做，所检验出的结果将不会准确（仍须用塞尺进行测量）。

（3）千分尺检验法 用千分尺测量轴承孔和轴颈的尺寸时，长度方向要选 2 个或 3 个位置进行测量；直径方向要选 2 个位置进行测量，见图 10-9。然后分别求出轴承孔径和轴径的平均值，两者之差就是轴承的间隙。

采用千分尺检验轴套轴承的间隙比采用塞尺法和压铅法更为准确。

2. 滑动轴承间隙的调整

（1）圆柱形滑动轴承的检验和调整 圆柱形滑动轴承的检验和调整分为轴瓦与轴颈的接触面、轴瓦与轴颈之间的间隙两部分，现分述如下。

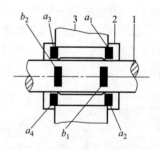

图 10-8 轴承间隙的压铅检验法

1—轴；2—轴瓦；3—轴承座

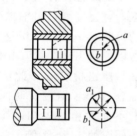

图 10-9 轴承间隙的千分尺检验法

① 轴瓦与轴颈接触面的检验和调整。轴瓦与轴颈的接触要求均匀而且分布面要广，因此，必须认真检查和调整。一般的轴承要求其轴瓦与轴颈应在 $60°\sim90°$ 的范围内接触，并达到每 $25mm\times25mm$ 不少于 $15\sim25$ 点。

② 间隙的确定

a. 根据设计图样的要求决定。

b. 根据计算确定。

$$轴承的顶间隙：a = Kd \quad （mm）$$

式中　d——轴的直径，mm；

　　　K——系数，见表 10-4。

表 10-4　系数 K 值表

类　　别		K
一般精密机床轴承或一级配合精密度的轴承		≥0.0005
二级配合精密度的轴承，如电动机之类		0.001
一般冶金机械设备轴承		0.002~0.003
粗糙机械设备轴承		0.0035
离心机三类轴承	圆形瓦孔	0.002
	椭圆瓦孔	0.001

轴承的侧间隙见图 10-10 和图 10-11。

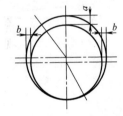

图 10-10　圆形瓦孔的侧间隙

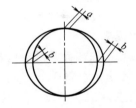

图 10-11　椭圆形瓦孔的侧间隙

一般情况下，可采用 $b = a$；

如顶间隙较大时，采用 $b = \dfrac{1}{2}a$；

如顶间隙较小时，采用 $b = 2a$。

（2）内圆外锥开槽轴承的检验和调整　内圆外锥开槽轴承的结构如图 10-12 所示。这种轴承的外锥面上对称地开有 4 条直槽，其中一条切通。调整时，转动轴承两端的螺母可使轴承套在支座中轴向移动，轴承的张开或收缩可调整其径向间隙。在切通的槽内夹有一条与槽宽相等的耐油橡胶板。检验精度时，在主轴的中心孔内，用黄油粘一钢珠，用千分表检验轴向窜动量。检验时，千分表读数的最大差值在规定范围内即为合格。

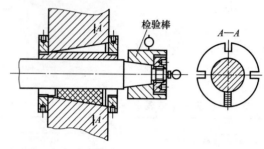

图 10-12　内圆外锥开槽轴承的检验和调整

（3）外圆内锥滑动轴承的调整　外圆内锥滑动轴承的结构如图 10-13 所示。调整时，先调整轴向窜动，合格后再调整径向圆跳动。调整轴承两端的螺母即可将轴向窜动量调整到规定范围内。轴承两端的圆螺母，松后紧前可减少其径向圆跳动量，松前紧后可增加其径向圆跳动量。

三、主轴间隙的调整

转动机构的精度最终体现在主轴上，因此，要对主轴的转动精度进行检验和调整。

（1）主轴端面圆跳动的检验　如图 10-14 所示，将千分表测头顶在主轴端面靠近边缘的地方，转动主轴，

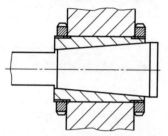

图 10-13　外圆内锥滑动轴承的调整

分别在相隔 180° 的 a 点和 b 点进行检验。a 点和 b 点的误差分别计算，千分表两次读数的最大差值，就是主轴端面圆跳动误差的数值。

（2）主轴锥孔径向圆跳动的检验　如图 10-15 所示，将杠杆式千分表固定在床身上，让千分表测头顶在主轴锥孔的内表面上。转动主轴，千分表读数的最大差值就是主轴锥孔径向圆跳动误差的数值。

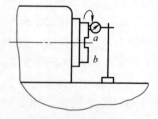

图 10-14　主轴端面圆跳动误差检验

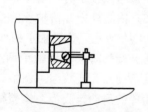

图 10-15　主轴锥孔径向圆跳动的检验

（3）主轴轴向窜动的
检验

① 带中心孔的主轴。
检验其轴向窜动时，可在
其中心孔中用黄油粘一个
钢球，将平头千分表的测
头顶在钢球的侧面［见图
10-16（a）］，然后转动主

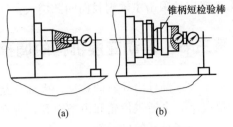

锥柄短检验棒

(a)　　　(b)

图 10-16　主轴轴向窜动的检验

轴。千分表读数的最大差值就是带中心孔的主轴轴向窜动误差的
数值。

② 带锥孔的主轴。检验其轴向窜动时，首先在主轴锥孔中插入
一根锥柄短检验棒，在检验棒的中心孔中粘一钢球。然后，按照检验
带中心孔的主轴轴向窜动的方法用平头千分表进行检验，如图 10-16
（b）所示。

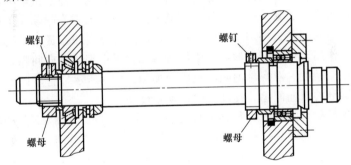

螺钉　　　　　螺钉

螺母　　　　　螺母

图 10-17　车床主轴的调整

（4）主轴的调整　下面以车床为例，通过调整其主轴轴承的轴向
窜动和径向间隙来提高主轴的转动精度。

图 10-17 为典型的车床主轴轴承位置示意图。主轴前端为调心滚
子轴承，轴承的内圈孔和主轴轴颈均为 1∶12 的锥度。将主轴后端的
螺钉松开，即可调整螺母，将主轴的窜动调整到规定的范围之内。注
意螺母的旋转方向：松开螺母会增大轴向窜动，拧紧螺母才会减少轴
向窜动。调整好后拧紧螺钉，防止螺母松动。再将主轴前端的螺钉松
开，旋转螺母，轴承内圈前移为减少径向间隙；反之，螺母松开后，

用木槌向后敲击主轴则径向间隙增大。

第三节　运动变换机构的调整

零件或部件沿导轨的移动，大部分是利用丝杠副来实现的，在某些情况下，也通过齿轮和齿条得到，现在利用液压传动装置的也越来越多。这些机械的作用就是将旋转运动变换为直线运动，所以称为运动变换机构。

一、螺旋机构的调整

螺旋机构是丝杠与螺母配合将旋转运动转为直线运动的机构，其配合精度的好坏，直接决定其传动精度和定位精度，所以无论是装配还是修理调整都应达到一定的精度要求。

1. 螺旋机构的检验和调整方法

（1）丝杠螺母副配合间隙的测量及调整　轴向间隙直接影响丝杠的传动精度，通常采取消除间隙机械来达到所需的适当间隙。单螺母传动的消除间隙机构如图 10-18 所示，它通过适当的弹簧力、液压力或重力作用，使螺母与丝杠始终保持单面接触以消除轴向间隙，提高单向传动精度。双螺母消除间隙机构如图 10-19 所示，它可以消除丝杠和螺母的双向间隙，提高双向传动精度。

测量配合间隙时，径向间隙更能正确地反映丝杠螺母的配合精度，故配合间隙常用径向间隙表示。通常配合间隙只测量径向间隙，其测量方法如图 10-20 所示。测量时，将螺母旋至离丝杠一端 3～5 个螺距处，将百分表测头抵在螺母上，轻轻抬动螺母，百分表指针的摆动差值即为径向间隙值。

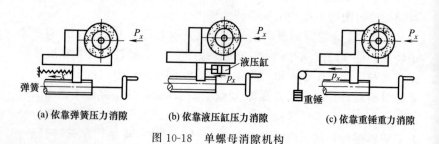

(a) 依靠弹簧压力消隙　　(b) 依靠液压缸压力消隙　　(c) 依靠重锤重力消隙

图 10-18　单螺母消隙机构

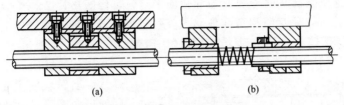

(a)   (b)

图 10-19   双螺母消隙机构

（2）校正丝杠螺母副同轴度及丝杠中心线对导轨基准面的平行度　在成批生产中用专用量具来校正，如图 10-21 所示。修理时则用丝杠直接校正，其对中原理是一致的，方法如图 10-22 所示。校正时，先修刮

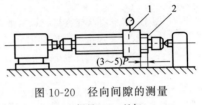

图 10-20　径向间隙的测量
1—螺母；2—丝杠

螺母座 4 的底面，使丝杠 3 的母线 a 与导轨面平行。然后调整螺母座

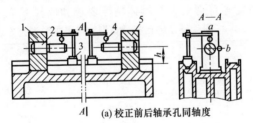

(a) 校正前后轴承孔同轴度

1,5—轴承孔；2—专用心轴；3—百分表座；4—百分表

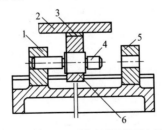

(b) 校直螺母孔与前后轴承孔的同心度

1,5—轴承孔；2—滑板；3—垫片；4—专用心轴；6—螺母座孔

图 10-21　校正螺母孔与前后轴承孔的同轴度

的位置使丝杠 3 的母线 b 与导轨面平行，再修磨垫片 2、7，调整轴承座 1、6，使其顺利自如地套入丝杠轴颈，要保证定位固紧后丝杠转动灵活。

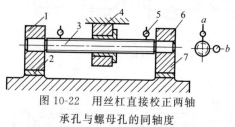

图 10-22　用丝杠直接校正两轴

承孔与螺母孔的同轴度

1,6—轴承座；2,7—垫片；3—丝杠；

4—螺母座；5—百分表

（3）丝杠回转精度的调整　回转精度主要由丝杠的径向圆跳动和轴向窜动的大小来表示。根据丝杠轴承种类的不同，调整方法也有所不同。

① 用滚动轴承支承时，先测出影响丝杠径向圆跳动的各零件的最大径向跳动量的方向，然后按最小累积误差进行定向装配，并且预紧滚动轴承，消除其原始游隙，使丝杠径向跳动量和轴向窜动量为最小。

② 用滑动轴承支承时，应保证丝杠上各相配零件的配合精度、垂直度和同轴度等符合要求，具体精度要求和调整方法见表 10-5。

表 10-5　滑动轴承的丝杠螺母副精度要求和调整方法

装配要求	精度要求	调整及检验方法
保证前轴承座与前支座端面、后轴承与后支座端面接触良好，并与轴心线垂直	（1）接触面研点数 12 点（25mm×25mm），研点分布均匀（螺孔周围较密） （2）前、后支座端面与孔轴心线的垂直度误差不超过 0.005mm	修刮支座端面，并用研具涂色检验，使端面与轴心线的垂直度达到要求
保证前、后轴承与轴承座或支座的配合间隙	配合间隙不超过 0.01mm	测量轴承外圈及轴承座内孔直径，如配合过紧，刮研轴承座孔或支座孔
保证丝杠轴肩与前轴承端面的接触质量	（1）轴肩端面对轴心线的垂直度误差不超过 0.005mm （2）接触面积不小于 80%，研点分布均匀	以轴肩端面为基准，配刮前轴承端面
保证止推轴承的配合间隙	（1）两端面平行度误差为 0.002～0.01mm （2）表面粗糙度 Ra 为 0.8μm （3）配合间隙 0.01～0.02mm	配磨后刮研，推力轴承达到配合间隙

装配要求	精度要求	调整及检验方法
保证轴承孔与丝杠轴颈的间隙	丝杠轴颈为 $\phi100mm$ 时，配合间隙的推荐值为 0.01～0.02mm	分别检验轴承孔与丝杠轴颈直径，如间隙过小可以刮研轴承孔
前、后轴承孔同心	同轴度误差不超过 0.01mm	见图 10-22

典型的滑动轴承支承结构如图 10-23 所示。

2. 注意事项

在对机床的螺旋机构进行装配和调整时，必须将丝杠机械的矫正工序作为重要的操作。因为机械中丝杠矫正的质量如果得不到保证，那么螺旋机构整个装配和调整质量肯定是达不到要求，而且丝杠矫正

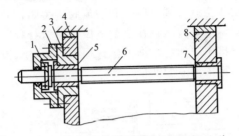

图 10-23　用滑动轴承支承的丝杠螺母副
1—推力轴承；2—法兰盘；3—前轴承座；4—前支座；
5—前轴承；6—丝杠；7—后轴承；8—后支座

的操作也不能只进行一次，而应在装配和调整过程中反复多次校核，一旦发现丝杠矫正质量出现偏差，就必须进行再次矫正，直至最终合格为止。

二、液压传动装置的检验和调整

液压设备经检修或重新装配以后，必须经过调试才能使用。液压设备调试时，要仔细观察设备的动作和自动工作循环，有时还要对各个动作的运动参数（力、转矩、速度、行程等）进行必要的测定和调试，以保证系统的工作可靠。此外，对液压系统的功率损失、油温等也应进行必要的计算和测定，防止电动机超载和温升过高影响液压设备的正常运转。

液压设备调试后，主要工作内容应有书面记录，经过核准手续归入设备技术档案，作为以后维修时的原始技术数据。

以图 10-24 所示的钻削机床为例来说明调试的一般步骤和方法。

① 将油箱中的油液加至规定的高度。

② 将系统中阀 1、2 的调压弹簧松开。

③ 检查泵的安装有无问题，若正常，可向液压泵灌油。然后启动电机使泵运动，观察阀 1、2 的出口有无油排出，如泵不排油则应对泵进行检查，如有油且泵运转正常，即可往下进行调试。

④ 调节系统压力。先调节卸荷阀 2，使压力表 p_1 值达到说明书中的规定值（或根据空载压力来调节）；然后调节溢流阀压力，即逐渐拧紧溢流阀 1 的弹簧，使压力表 p_1 值逐步升高至调定值为止。

⑤ 排除系统中的空气。将行程挡铁调开，按压电磁铁按钮，这时由于空载，卸荷阀 2 和溢流阀 1 关闭，使双联泵的全部流量进入液压缸，于是液压缸在空载下做快速全行程往复运动，将液压系统中的空气排出，然后根据工作行程大小再将行程挡铁调好固紧。同时要检查油箱内油液的油量。

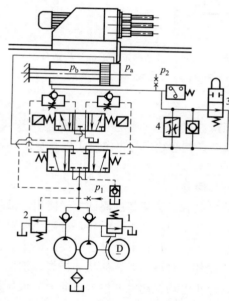

⑥ 若系统启动和返回时冲击过大，可调节电液动换向阀控制油路中的节流阀，使冲击减小。

⑦ 各阀的压力调好以后，便可对液压系统进行负荷运转，观察工作是否正常，噪声、系统温升是否在允许的范围内。

⑧ 工作速度的调节。应将行程阀 3 压下，调节调速阀 4，使液压缸的速度最大，然后再逐渐关小调速阀来调节工作速度。并且应观察系统能否达到规定的最低速度，其平稳性如何，然后按工作要求的速度来调节调速阀。调

图 10-24　组合机床液压系统
1—溢流阀；2—卸荷阀；3—行程阀；4—调速阀

好后要将调速阀的调节螺母固紧。

⑨ 压力继电器的调节。在图 10-24 中压力继电器为失压控制，当压力低于回油路压力 p_2（p_2 不大于 0.5MPa）时，压力继电器将

返回电磁铁接通，于是工作台返回。因此，压力继电器的动作压力应低于调速阀压力差和快进时的背压。

按上述步骤调整后，如运转正常，即调试完毕。有时根据设备的不同，调试方法和内容也不完全相同，如压力机械需进行超负荷试验，对某些要求高的设备，有时需进行必要的测试等，在达到规定数值后，方允许投入使用。

三、导轨的检验和调整

由于机床运动方向的变换绝大多数都是在导轨上实现的，所以本节将重点讲述导轨的间隙和精度调整。

1. 导轨的间隙调整

对于普通机械设备来说，滑动导轨之间的间隙是否合适，通常用 0.03mm 或者 0.04mm 厚的塞尺在端面部位插入进行检查，要求其插入深度小于 20mm。如果导轨间隙不合适，必须及时进行调整。导轨间隙调整的常见方法如下。

（1）用斜镶条调整导轨间隙　其典型结构如图 10-25 所示。

斜镶条 1 在长度方向上一般都带有 1∶100 的斜度。通过调节螺钉 2 将镶条在长度方向上来回适当移动，就

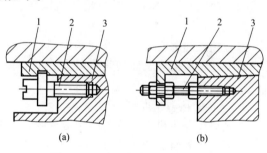

图 10-25　常见镶条调整间隙结构

1—斜镶条；2—调节螺钉；3—滑动导轨

可以使导轨间得到合理间隙。显然，图 10-25（a）中的结构调整起来方便简单，但精度稳定性要差一点。图 10-25（b）中的结构调整起来麻烦一点，但精度稳定性要好得多。

（2）通过移动压板调整导轨间隙　其典型结构如图 10-26 所示。

调整时，先将紧固螺钉 4、锁紧螺母 2 拧松，再用调节螺钉 1 使压板 3 向滑动导轨 5 方向移动，以保证导轨面间有合理的间隙。调整中可以先将紧固螺钉 4 略微拧紧，带一点劲，然后用调节螺钉 1 一边顶压板，一边使滑动导轨进行运动，一边逐渐拧紧紧固螺钉 4，直到

导轨运动正常、导向精度符合要求为止。

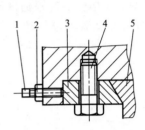

图 10-26 移动压板调整导轨图

1—调节螺钉；2—锁紧螺母；3—压板；
4—紧固螺钉；5—滑动导轨

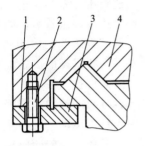

图 10-27 磨刮压板结合面
调整导轨间隙的结构

1—结合面；2—紧固螺钉；3—压
板；4—滑动导轨

（3）磨刮板结合面，以调整导轨间隙 其常见结构如图 10-27
所示。

调整导轨间隙时，必须拧开紧固螺钉 2，卸下压板 3，在压板的
结合面 1 处，根据导轨面间间隙调整量的大小进行磨刮，从而使导轨
间隙得到调整。

2. 导轨的接触精度调整

接触精度是指机床导轨副的接触精度。为保证导轨副的接触刚度
和运动精度，导轨的两配合面必须有良好的接触。表 10-6 为导轨接
触精度的调整方法。

表 10-6 导轨的接触精度的调整方法

出现的问题	原 因 分 析	调 整 方 法
检修安装后，导轨接触不良	（1）由于对导轨面上的重型部件的拖研程序不当，使安装后的零部件（如滑板）产生变形或扭曲 （2）刀架底部接触不良，加压力时引起刀盒变形	（1）对装有重型部件的床身导轨面的刮研，应按导轨面的修理原则装修 （2）检修刀架底面，调整刀回中心螺杆与底面的垂直度
滑板移动时，导轨面产生划痕	（1）导轨面粗糙，有刮研或磨削毛刺 （2）导轨面的接触过少，导轨面的有效承载面积降低，油膜破坏	将工作台、滑板拆下，重新刮研或磨削导轨面直至达到精度要求

出现的问题	原 因 分 析	调 整 方 法
滑板移动不灵活有卡紧现象	(1)楔条与滑板的角度不吻合,横断面成斜劈间隙,当拖板移动时,镶条下落或上升卡紧滑道面 (2)镶条弯曲变形压紧滑道面 (3)镶条调整螺钉的位置过上或过下,使镶条在卡紧时上下承压不均,产生偏斜和卡紧现象 (4)滑板端面的防尘装置(如毛毡等)压得太紧,使其与导轨面产生较大阻力	(1)修磨楔条,纠正尖劈间隙 (2)修理调整螺钉的端头为球形点接触 (3)调整螺钉达适当位置 (4)调整防尘装置,使之松紧适当
拖板箱安装后,滑板产生水平偏移,移动时有刹紧现象	滑板间隙过大,滑板在拖板箱的重力作用下产生偏转,形成单向单隙,使导轨面接触不良,破坏了润滑条件,产生了较大阻力	(1)重新研配压板,使其间隙适当 (2)可调压板最好改成不叮调的,以增加其刚性和稳定性
拖板移动时有渐松或渐紧现象	床身导轨或燕尾导轨有锥度	拆卸修复
有卡住工作台滑板的现象	床身导轨面与传动杆(如丝杠、光杠等)轴线不平行或传动杆弯曲超差	检验传动杆的轴线位置,校验传动杆的磨损情况和几何精度,并加以修复
导轨面的油膜不能形成	(1)导轨润滑油的黏度选择不当 (2)润滑油不清洁	改用黏度适当的清洁润滑油
工作中的导轨产生变形,摇动时或松或紧	(1)机床床身局部发热或受外界温度变化的影响而产生导轨变形 (2)导轨被切屑等杂物擦伤	(1)精密机床和床身导轨较长的机床,应尽量控制在标准温度(20℃)的条件下工作 (2)检修防尘装置,清洗切屑或杂物,修复擦伤
导轨滑动面出现整块贴合吸附现象,产生较大阻力	导轨面磨损,润滑构造不良,缺乏润滑良好的油槽	修复磨损及改进不良的结构,对滑板导轨面刮花

第四节　其他结构部分的调整

一、对合螺母塞铁的间隙调整

对合螺母在车削螺纹时,起带动拖板箱移动的作用,如对合螺母

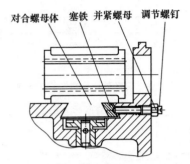

图 10-28　对合螺母塞铁间隙的调整

塞铁的间隙未经正确调整，就会影响到螺纹的加工精度，并且使操作麻烦（指采用开闸对合螺母方法车削螺纹时），因此在车削螺纹时，必须注意对合螺母塞铁的间隙情况。

对合螺母塞铁间隙的调整要求，是开闸时轻便，工作时稳定，无阻滞和过松的感觉。

对合螺母塞铁间隙的调整方法如下（见图 10-28）：拧松并紧螺母，适量拧紧调节螺钉，使对合螺母体在燕尾导轨中滑动平稳，同时用塞尺检查密合程度，间隙要求在 0.03mm 以内，即可拧紧并紧螺母。

二、大拖板压板和中、小拖板塞铁的间隙调整

大拖板及中、小拖板在车削中，起着车床纵横方向的进给作用，因此大拖板和床身导轨之间的间隙以及中、小拖板塞铁的间隙，会直接影响工件的加工精度和表面粗糙度。

大拖板压板和中、小拖板塞铁的间隙调整要求，是使大拖板及中、小拖板在移动时，既平稳、又轻便。

调整大拖板压板间隙的方法（见图 10-29）：拧松并紧螺母适当拧紧调节螺钉，以减小外侧压板的塞铁和床身导轨的间隙。然后用 0.4mm 塞尺检查，插入深度应小于 20mm，并在用手移动大拖板时无阻滞感觉，即可拧紧并紧螺母。对大拖板内侧压板则可适量拧紧吊紧螺钉，然后用同样方法检查。

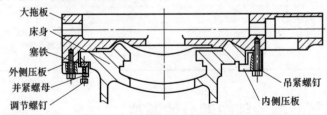

图 10-29　大拖板压板间隙的调整

调整中、小拖板塞铁间隙的方法，是分别拧紧、拧松塞铁的两端调节螺钉，使塞铁和导轨面之间的间隙正确，然后再用上述方法进行检查。

三、丝杠轴向窜动间隙的调整

车床丝杠的轴向窜动对螺纹的加工精度有着很大的影响，因此必须注意正确调整。

丝杠轴向窜动间隙的调整方法（见图10-30）：适量并紧圆螺母，使丝杠连接轴、推力球轴承、走刀箱壁、垫圈及圆螺母之间的间隙减小。随后用平头百分表测量（见图10-31）。在闸下对合螺母后，丝杠正、反转时的轴向游隙应控制在0.04mm左右，轴向窜动应小于0.01mm。

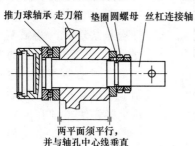

推力球轴承 走刀箱 垫圈 圆螺母 丝杠连接轴

两平面须平行，
并与轴孔中心线垂直

图10-30 丝杠轴向窜动间隙的调整

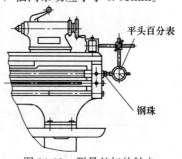

平头百分表

钢珠

图10-31 测量丝杠的轴向
游隙和轴向窜动

四、中拖板丝杠螺母的间隙调整

中拖板丝杠螺母在长期使用后，由于磨损，会影响工件的加工质量。如精车大端面工件时，中拖板丝杠螺母的间隙过大，会使加工平面产生波纹。因此当车床的中拖板丝杠螺母可以调整时（如C620车床），便可通过调整它的间隙，来保证工件的加工质量。

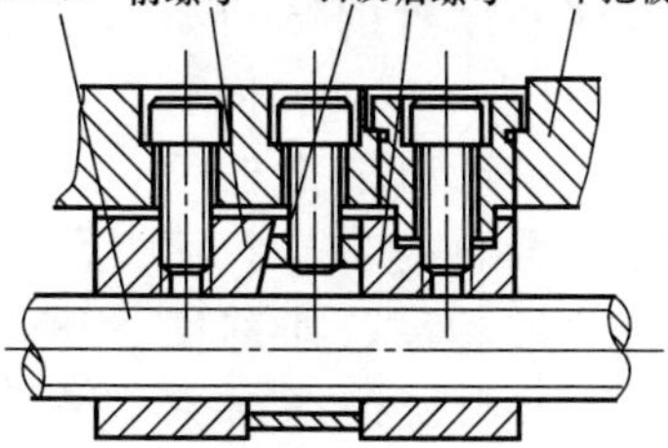

中拖板丝杠螺母间隙的调整方法（见图10-32）：先将前螺母上的螺钉拧松，然后适量拧紧中间的一只螺钉将斜铁拉上，使丝杠在回转时灵活准确，以及在正、反转时，空隙小于1/20转，即可再拧紧前螺母上的螺钉。

中拖板丝杠 前螺母 斜铁 后螺母 中拖板

图10-32 中拖板丝杠螺母间隙的调整

五、制动器的调整

C620型车床的制动器结构如图10-33所示。当制动器调整过松

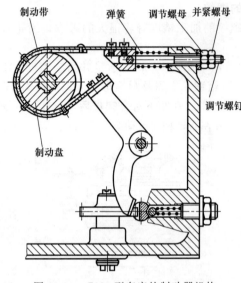

制动带　弹簧　调节螺母　并紧螺母

调节螺钉

制动盘

图 10-33　C620 型车床的制动器机构

时，会出现停车后主轴有"自转"的现象，影响操作安全；当制动器调整过紧时，则会使制动带在开车时，不能和制动盘脱开，造成剧烈摩擦发生损耗或"烧坏"。

制动器的调整方法：拧松并紧螺母，调整调节螺母在调节螺钉上的位置。如制动器过松，可用调节螺母将调节螺钉适当拉出些，使主轴在摩擦离合器松开时，能迅速停止转动；如制动器过紧，则可松开调节螺母，使调节螺钉适当缩进一些，然后再拧紧并紧螺母。

六、拖板丝杠刻度盘的调整

C620-1 型车床中拖板丝杠刻度盘的结构如图 10-34 所示。如刻度盘过松，在转动中拖板手柄时将会自行转动，而无法读准刻度；如刻度盘过紧，则使刻线格数不易调整。中拖板丝杠刻度盘的调整方法：当刻度盘过松时，可先拧

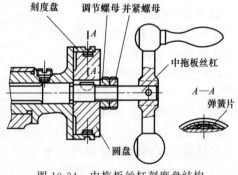

刻度盘　调节螺母　并紧螺母

中拖板丝杠

A—A
弹簧片

圆盘

图 10-34　中拖板丝杠刻度盘结构

出调节螺母和并紧螺母，拉出圆盘，把弹簧片扭弯些，增加它的弹力，随后把它装进圆盘和刻度盘之间，适当拧紧调节螺母，再拧紧并紧螺母，减小刻度盘转动间隙；当刻度盘过紧时，则可适当松开调节螺母，使刻度盘转动间隙相应增大，然后再拧紧并紧螺母。

第十一章

⚡ 机床的润滑与治漏

机床润滑是防止或延缓机床磨损的重要手段之一，加强企业设备润滑管理，是保证设备完好，充分发挥设备效能、减少设备事故和故障，延长设备使用精度和寿命，提高设备运行效益的重要前提。

一、机床润滑的特点

① 机床中的主要零部件多为典型机械零部件，标准化、通用化、系列化程度高。例如滑动轴承、滚动轴承、齿轮、蜗轮副、滚动及滑动导轨、螺旋传动副（丝杠螺母副）、离合器、液压系统、凸轮等，润滑情况各不相同。

② 机床的使用环境条件：机床通常安装在室内环境中使用，夏季环境温度最高为 40℃，冬季气温低于 0℃时多采取供暖方式，使环境温度高于 5～10℃。高精度机床要求恒温空调环境，一般在 20℃左右。但由于不少机床的精度要求和自动化程度较高，对润滑油的黏度、抗氧化性（使用寿命）和油的清洁度的要求较严格。

③ 机床的工况条件：不同类型的不同规格尺寸的机床，甚至在同一种机床上由于加工件的情况不同，工况条件有很大不同。对润滑的要求有所不同。例如高速内圆磨床的砂轮主轴轴承与重型机床的重载、低速主轴轴承对润滑方法和润滑剂的要求有很大不同。前者需要使用油雾或油/气润滑系统润滑，使用较低黏度的润滑油，而后者则

需用油浴或压力循环润滑系统润滑，使用较高黏度的油品。

④ 润滑油品与润滑冷却液、橡胶密封件、油漆材料等的适应性：在大多数机床上使用了润滑冷却液，在润滑油中，常常由于混入润滑冷却液而使油品乳化及变质、机件生锈等，使橡胶密封件膨胀变形，使零件表面油漆涂层产生气泡、剥落。因此要考虑油品与润滑冷却液、橡胶密封件、油漆材料的适应性，防止漏油等。特别是随着机床自动化程度的提高，在一些自动化和数控机床上使用了润滑/冷却通用油，既可作润滑油，也可作为润滑冷却液使用。

二、机床常见的润滑方式

① 手工加油润滑。由操作人员手工将润滑油或润滑脂加到摩擦部位，用于轻载、低速或间歇工作的摩擦副。如普通机床的导轨、挂轮及滚子链（注油润滑）、齿形链（刷油润滑）、滚动轴承及滚珠丝杠副（涂脂润滑）等。

② 滴油润滑。润滑油靠自重（通常用针阀滴油油杯）滴入摩擦部位，用于数量不多、易于接近的摩擦副，如需定量供油的滚动轴承、不重要的滑动轴承（圆周速度小于 $4\sim5m/s$，轻载）、链条、滚珠丝杠副、圆周速度小于 $5m/s$ 的片式摩擦离合器等。

③ 油绳润滑。利用浸入油中的油绳毛细管作用或利用回转轴形成的负压进行自吸润滑，用于中、低速齿轮、需油量不大的滑动轴承装在立轴上的中速、轻载滚动轴承等。

④ 油垫润滑。利用浸入油中的油垫的毛细管作用进行润滑，用于圆周速度小于 $4m/s$ 的滑动轴承等。

⑤ 自吸润滑。利用回转轴形成的负压进行自吸润滑，用于圆周速度大于 $3m/s$、轴承间歇小于 $0.01mm$ 的精密机床主轴滑动轴承。

⑥ 离心润滑。在离心力的作用下，润滑油沿着圆锥形表面连续地流向润滑点，用于装在立轴上的滚动轴承。

⑦ 油浴润滑。摩擦面的一部分或全部浸在润滑油内运转，用于中、低速摩擦副，如圆周速度小于 $12\sim14m/s$ 的闭式齿轮；圆周速度小于 $10m/s$ 的蜗杆、链条、滚动轴承；圆周速度小于 $12\sim14m/s$ 的滑动轴承；圆周速度小于 $2m/s$ 的片式摩擦离合器等。

⑧ 油环润滑。使转动零件从油池中通过，将油带到或激溅到润滑部位，用于载荷平稳、转速为 $100\sim2000r/min$ 的滑动轴承。

⑨ 飞溅润滑。使转动零件从油池中通过，将油带到或激溅到润滑部位，用于闭式齿轮、易于溅到油的滚动轴承、高速运转的滑动轴承、滚子链、片式摩擦离合器等。

⑩ 刮板润滑。使转动零件从油池中通过，将油带到或激溅到润滑部位，用于低速（30r/min）滑动轴承。

⑪ 滚轮润滑。使转动零件从油池中通过，将油带到或激溅到润滑部位，用于导轨。

⑫ 喷射润滑。用油泵使高压油经喷嘴射入润滑部位，用于高速旋转的滚动轴承。

⑬ 手动泵压油润滑。利用手动泵间歇地将润滑油送入摩擦表面，用过的润滑油一般不再回收循环使用，用于需油量少、加油频度低的导轨等。

⑭ 压力循环润滑。使用油泵将压力油送到各摩擦部位，用过的油返回油箱，经冷却、过滤后供循环使用，用于高速、重载或精密摩擦副的润滑，如滚动轴承、滑动轴承、滚子链和齿形链等。

⑮ 自动定时定量润滑。用油泵将润滑油抽起，并使其经定量阀周期地送入各润滑部位，用于数控机床等自动化程度较高的机床上的导轨等。

⑯ 油雾润滑。利用压缩空气使润滑油从喷嘴喷出，将其雾化后再送入摩擦表面，并使其在饱和状态下析出，让摩擦表面黏附上薄层油膜，起润滑作用并兼起冷却作用，可大幅度地降低摩擦副的温度。用于高速、轻载的中小型滚动轴承、高速回转的滚珠丝杠、齿形链、闭式齿轮、导轨等。一般用于密闭的腔室，使油雾不易跑掉。

三、机床润滑油的选用

机床润滑油的选用原则如下。

（1）根据摩擦副的工作条件

① 负荷大时，选用黏度较大的润滑油；负荷小时，选用黏度较小的润滑油。

② 高速时，选用黏度较小的润滑油；低速时，选用黏度较大的润滑油。

③ 往复运动和间隙运动机构，选用黏度较大的润滑油。

④ 承受冲击负荷时，选用黏度较大的润滑油。

（2）根据摩擦副的表面状态

① 运动件加工精度高、表面粗糙度值小时，选用黏度较小的润滑油；运动件加工精度低、表面粗糙度值大时，选用黏度较大的润滑油。

② 运动件表面硬度低时，选用黏度较大的润滑油；运动件表面硬度高时，选用黏度较小的润滑油；高硬度氮化主轴应选用黏度较小的精密机床主轴油。

（3）根据摩擦副的工作环境

① 工作温度高时，选用黏度大、闪点较高的润滑油；工作温度低时，选用黏度小、闪点较低的润滑油。

② 同一台机床，夏季用润滑油应比冬季用润滑油高一个黏度等级。

③ 南方地区的机床应比北方地区的机床选用的润滑油黏度稍大。

（4）根据润滑方式

① 循环润滑，选用黏度较小的润滑油。

② 滴油润滑，选用黏度较小的润滑油。

③ 飞溅和喷射润滑，选用有抗氧化添加剂的润滑油。

④ 手工加油方式润滑，选用黏度较大的润滑油。

机床主要部件选用润滑油型号举例如下。

① 卧式车床

• 主轴箱、溜板箱、进给箱选用 L-AN32、L-AN46 全损耗系统用油（或 HL15、HL32 液压油）。

• 床身导轨、尾座、丝杠、刀架导轨选用 L-AN32、L-AN46 全损耗系统用油。

② 立式钻床

• 主轴箱、进给箱、升降丝杠选用 HL32、HL46 液压油。

• 立柱导轨选用 HL46 液压油。

③ 摇臂钻床

• 进给箱选用 HL32 液压油。

• 主轴箱选用 HL15、HL22、HL32 液压油。

• 立柱导轨、升降箱选用 HL46、HL68 液压油。

④ 牛头刨床

- 油箱选用 HL46 液压油。
- 变速箱、升降丝杠、进给箱选用 HL32 液压油。
- 滑枕导轨选用 68$^\#$ 导轨油。

⑤ 卧式铣床
- 主轴箱、进给箱选用 HL32 液压油。
- 工作台导轨选用 HL46 液压油。
- 升降丝杠、床身导轨选用 46$^\#$ 导轨油。

⑥ 外圆磨床
- 液压箱选用 HL32、HL46 液压油。
- 砂轮主轴轴承选用 2$^\#$～7$^\#$ 轴承油。
- 工件主轴轴承、尾座选用 HL15、HL32 液压油。
- 床身导轨选用 32$^\#$、68$^\#$ 导轨油。

⑦ 平面磨床
- 砂轮主轴轴承选用 2$^\#$～7$^\#$ 轴承油。
- 升降丝杠、立柱导轨选用 HL22、HL32、HL46 液压油。
- 床身导轨选用 22$^\#$、32$^\#$、46$^\#$ 导轨油。

四、机床润滑装置及其保养要求

机床设备的润滑装置一般包括油箱、油泵、润滑油流量和压力调节系统、润滑管路、单体润滑装置、多润滑点供油装置、过滤装置和润滑检查保护装置等。

1. 机床设备润滑装置的清洗

机床设备润滑装置中许多部位需要定期进行清洗，其具体清洗方法如下。

（1）油绳、油毡的清洗方法　油绳、油毡都是用纯羊毛做成的，在润滑装置中起着吸油、过滤和防尘的作用。当使用到一定期限后，由于残留的脏物堵塞羊毛纤维的毛细管，使其润滑性能下降，必须进行清洗，以恢复原有的功能。清洗的步骤如下。

① 将油绳、油毡从装置上仔细拆下，特别是羊毛毡做成的油封，拆卸时极易损坏，必须小心操作。

② 用手挤干残留油液。

③ 将油绳、油毡置于盛有清洗液的容器内浸泡 24h。常用的清洗液有航空洗涤煤油、工业酒精等。

④ 将浸泡后的油绳、油毡捞出后用手挤干；再浸入清洗液中，使之吸满清洗液；再捞出挤干，如此反复多次，直至挤不出脏物为止。

⑤ 将挤干的油绳、油毡放在与润滑时品牌及标号相同的润滑油中浸泡。

⑥ 将已充分吸收润滑油的油绳、油毡重新安装在装置上。

(2) 油杯的清洗方法　机械设备中常用的油杯有压注油杯、旋盖式油杯、旋套式注油油杯、弹簧盖油杯、针阀式注油油杯等。油杯在使用中残留的脏物渐渐增多，特别是长期残留在油杯中的润滑脂与空气接触，极易变质。一旦这些残留物进入设备润滑部位，就会破坏正常的润滑功能。所以，要对油杯定期进行清洗，清洗的步骤如下。

① 从设备上将油杯仔细拧下（压配式压注油杯除外）。因为油杯螺纹部分处于颈部易折断，故操作时应小心谨慎。

② 清除油杯中的残油、残渣。

③ 用清洗剂反复清洗，清洗剂可为油剂，也可为水剂。

④ 仔细擦净清洗剂，特别是水剂清洗剂。因为残留的清洗剂会使新加入的润滑剂变质。

⑤ 将洗净的油杯重新安装到设备上。

⑥ 安装好的油杯应立即注入所要求品牌标号的润滑剂，以免清洗后遗漏润滑点。

(3) 过滤装置的清洗方法　设备润滑系统的过滤装置有网式滤油器、线隙式滤油器、纸芯式滤油器、烧结式滤油器等。过滤装置对润滑剂起着过滤作用。长期使用后，由于被过滤截流的各种杂质积存过多，堵塞过滤装置，使设备的润滑性能下降。因此，必须定期对过滤装置进行清洗或更换。

① 网式滤油器。清洗网式滤油器一般用航空洗涤煤油，滤油器洗净后要用压缩空气吹干，清洗时切勿将滤网弄破，否则必须更换新滤网才能保证过滤精度的要求。

② 线隙式滤油器。其过滤材料是用铜丝或铝丝绕制而成的，因此，强度较低，杂质堵塞后很难清洗，一般要更换新的滤网。如果没有滤网备品，则可将滤油器拆下，反向通入清洗剂进行冲洗。

③ 纸芯式滤油器。发现纸芯式滤油器堵塞，只能更换过滤纸芯，

同时将滤油器的其他部分用清洗剂清洗干净。

④ 烧结式滤油器。滤芯一旦堵塞，清洗十分困难，一般要更换新滤芯。也可反向通入清洗剂进行冲洗，但效果不明显。

(4) 油箱（池）的清洗　在对润滑系统更换新油前，必须将油箱清洗干净，其一般步骤为：先将油箱中的陈油放出，并用其他工具将放油后油箱中的残留物全部清理干净；再采用水剂清洗剂清洗油箱，要避免在清洗中留有死角；将清洗后的油箱擦拭干净并注入新油。

2. 设备润滑装置易损件、密封件的更换

经过多次堵塞和清洗油绳、油毡的毛细管作用明显下降，此时必须更换新的油绳、油毡。更换时必须使用全羊毛制品，不能用合成纤维或混纺制品代替。

润滑系统中的油封皮碗大多是橡胶制品，长期与润滑油接触后易变质老化，所以在进行润滑系统维护时最好予以更换，以免在使用中因损坏后更换造成停机时间过长而影响生产。

润滑系统的部件连接面有的采用纸垫密封，每次拆卸维护后最好更换新纸垫，这是因为纸垫质地较脆，装拆过程中极易破损；原有纸垫使用过程中，长期在油中浸泡，重新装配不可能达到原有的密封性能。制作纸垫时应按要求形状画线后用剪刀剪成，切勿将其直接压在密封件上用锤子敲击，这样会损伤密封面，影响密封性能。

五、机床润滑系统的保养实例

本节以卧式车床为例，讲述一下机床润滑系统的清洗和保养（见图 11-1）。

CA6140 卧式车床的润滑工作应遵守下列要求。

1. 清洗油箱油路的步骤

(1) 先清洗主轴箱

① 将容器置于主轴箱的放油孔处，拧开油塞，放净主轴箱内的润滑油。

② 重新拧紧油塞后，倒入清洗用油（一般采用煤油）。

③ 用长柄毛刷（或用木棒包上棉布）伸入主轴箱内仔细清洗，要特别注意死角部位。

④ 用勺子舀取清洗油反复冲淋主轴箱内齿轮、轴、轴承等处，将传动装置上黏附的脏物尽量冲净。

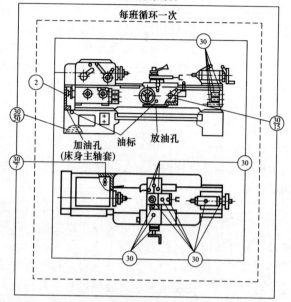

图 11-1　CA6140 卧式车床的润滑系统

⑤ 拧开油塞，放净主轴箱内的清洗油。

⑥ 用擦料（一般为棉纱或棉布）将主轴箱仔细擦净。

⑦ 拧紧油塞，注入新润滑油至油面要求高度。

（2）清洗柱塞泵润滑系统

① 将进油箱连同滤网从油泵上拆下，用煤油清洗滤网，如发现滤网有破损，必须更换新滤尘网。

② 将塞柱泵的柱塞从泵体中拔出，在煤油中清洗并用棉布擦净后重新装入。

③ 更换橡胶油封。

④ 用四氯化碳擦净观察油窗孔。

（3）取下进给箱上的进给标牌盖板，清洗油盘及油绳或更换新油绳。

（4）拆下床鞍两侧的油毡和丝杠托架上油池的毛毡后进行清洗，或更换新毛毡。

（5）清洗油杯时拆下润滑脂用旋盖式油杯，刮去残油，在清洗剂内清洗并擦干后重新装上。

（6）清洗完毕后，按润滑图要求的油品对车床各润滑点重新加油。

2. 给油润滑的要求

车床油箱油路清洗干净之后，应及时向机内注油润滑。

机床采用 L-AN 全损耗系统用油，使用人员可按工作环境的温度适当调节。主轴箱、进给箱采用箱外循环强力润滑。床腿内油箱和滑板箱的润滑在两班制的车间 50～60 天更换一次，但第一次和第二次应为 10 天和 20 天，以便排除试车时未能洗净的污物。废油放净后储油箱和油线要用干净煤油彻底洗净。注入的油应经过过滤。

主轴箱和进给箱的润滑油泵由电动机经 V 带带动，把润滑油打到主轴箱和进给箱。启动车床后应检查主轴箱油窗油液流动是否正常。启动主电动机 1min 后主轴箱内形成油雾，各润滑点得到润滑油，才能启动主轴，使润滑油泵泵来的油润滑各点，润滑油最后流回油箱。

滑板箱下部是个油箱，应把油注到油标的中心，滑板箱上有储油槽，用羊毛线引油润滑各轴承，蜗杆、部分齿轮浸泡在油中，当转动时形成油雾润滑各齿轮，当油位低于油标时应打开加油孔向滑板箱内注油。

床鞍和床身导轨的润滑是由床鞍内油盒供给润滑油的，每班加油一次，加油时旋转床鞍手柄将滑板移至床鞍前后方，在床鞍中部油盒中加油。刀架和横向丝杠是用油枪加润滑油的。床鞍两端防护油毡每周用煤油清洗一次，并及时更换已磨损的油毡。

交换齿轮轴头有一螺塞，每班转动螺塞一次，使箱内的 $2^\#$ 钙基润滑脂供给轴与套之间的润滑。

尾座套筒和丝杠转动的润滑可用油枪每班加一次。

丝杠、光杠及变向杠的轴颈润滑是用后托架的储油池内的羊毛线引油。

第二节　机床的密封

密封的功能是阻止流体的泄漏。流体泄漏会引起机械设备运转异常，故障增多，效率下降，寿命缩短，能源浪费，环境污染，有碍文明生产，影响劳动者健康。因此，防漏治漏是机修作业的一项重要工作，而应用密封技术防漏治漏则是最常用的方法。

一、常用的密封材料

（1）橡胶类密封材料　橡胶类密封材料具有高弹性、耐液体介质腐蚀、耐高温及耐低温、易于模压成形等优点，是最主要的密封材料。橡胶分为天然橡胶和合成橡胶，合成橡胶中应用最广的是丁腈橡胶、氯丁橡胶和氟橡胶。

（2）密封胶　用密封胶涂敷在结合面上，将两结合面胶接，堵塞缝隙部位的泄漏，这种治漏方法称为胶密封。在采用胶密封时，应根据不同的材料和工作环境等要求选用不同的密封胶。常用的密封胶有液态密封胶、硅酮型液态密封胶、厌氧胶、热熔型密封胶和带胶垫片等。

所有密封胶在使用时，应按下列程序施工。

① 表面处理。除去灰尘、锈迹、油污，再用汽油、酒精、丙酮或三氯乙烯等有机溶剂清洗并晾干。

② 涂胶。涂胶厚度视间隙大小而定，螺纹连接密封时只在外螺纹上涂胶。

③ 干燥。各种密封胶晾干放置的时间按密封胶说明书的要求确定。厌氧胶、带胶垫片等不需要晾干放置。

④ 紧固密封。一般紧固力越大，结合面的间隙越小，密封效果越好。

⑤ 清理。及时清除结合面挤出来的多余胶液，因为密封胶固化后清理十分困难。

⑥ 固化。密封胶的固化时间一般为 $8\sim24h$，待固化后才能承受压力或试运行。

（3）塑料类密封材料　塑料类密封材料应用较多的是聚四氟乙烯，它是一种化学稳定性好的耐磨材料，故常用于耐蚀、耐高温和减少摩擦、防止爬行的密封装置中。

（4）石墨　石墨具有耐热、耐蚀、耐辐射、自润滑、摩擦因数小、导热性好等优点。浸渍石墨可制成端面密封的软环或石墨密封带，作为阀门密封使用。

二、常用的密封方式

(1) 往复运动的密封

① 软填料密封。软填料密封俗称盘根，是用软填料填塞环形缝隙后压紧的密封形式。软填料靠压盖的轴向压力产生径向变形，贴紧轴表面和填料盒内壁来实现密封。常用的填料有氟纤维、碳纤维、浸渍油脂的棉麻绳、浸渍油脂和石墨的石棉编织品等。

② O 形密封圈密封。O 形密封圈是一种横截面形状为圆形的耐油橡胶环，如图 11-2 所示。拆卸或装配 O 形密封圈时要仔细，防止 O 形密封圈被划伤、切断。装配时应注意以下事项。

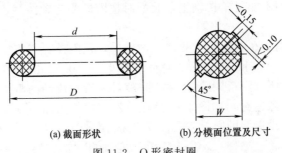

(a) 截面形状   (b) 分模面位置及尺寸

图 11-2   O 形密封圈

· 零件轴头、台肩处应有倒角，O 形密封圈安装时途经之处的棱角和毛刺均要用锉刀修整。

· 通过螺纹、键槽时，应设置用纸或塑料纸卷成的保护套，轴径和内孔中涂润滑油。

③ 唇形密封圈密封。唇形密封圈按断面形状不同，分为 Y 形密封圈、V 形密封圈、U 形密封圈、L 形密封圈和 J 形密封圈，如图 11-3 所示。用唇形密封圈时应注意以下事项。

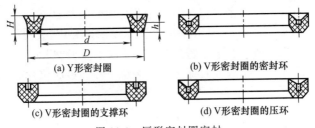

(a) Y形密封圈   (b) V形密封圈的密封环

(c) V形密封圈的支撑环   (d) V形密封圈的压环

图 11-3   唇形密封圈密封

- 安装部位各锐棱应倒钝，圆角半径应大于 0.1～0.3mm。
- 按载荷方向安装密封圈，切勿反装，否则会将载荷加到密封圈的背面，使密封圈失去密封作用。
- 安装前对密封圈要通过的表面涂润滑油，对用于气动装置的密封圈则涂润滑脂。

（2）回转运动的密封

① 毡圈密封。毡圈密封结构简单，同时具有密封、储油、防尘、抛光作用。使用时应注意以下事项。

- 毡圈需用细羊毛毡冲裁成圈，不能用毡条装入槽中代替毡圈。
- 毡圈不能紧压在轴上，装配时毡圈既要与轴接触，又不能压得过紧。
- 毡圈装在斜度为 4°的梯形沟槽中，毡圈外径与槽底面保持径向间隙 0.4～0.8mm，轴和壳体间应有 0.25～0.40mm 的间隙。

② 间隙密封。利用配合件的间隙对润滑油流动的阻力来阻止漏油，称为间隙密封，如图 11-4 所示。利用曲折通路节油效应，降低压力差来减少泄漏的密封方式，称为迷宫密封。

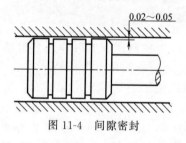

图 11-4　间隙密封

③ 油封。带有唇口密封的旋转轴密封件称为油骨架加强，并用环形弹簧加压。

油封安装前要在唇口和轴的表面上涂润滑油或润滑脂，安装时要注意方向，弹簧一侧朝里，操作时要防止弹簧脱落、唇口翻转。当油封通过轴上键槽、孔或花键时，要保护油封唇口。油封装入座孔时应保持垂直压入，切勿歪斜。

（3）静密封　静密封就是两固定结合面间的密封。

① 垫片密封。要根据工作压力、工作温度和密封介质等因素合理选择密封垫片材料。常用密封垫片有纸垫、橡胶垫片、夹布橡胶垫片、聚氯乙烯垫片、橡胶石棉垫片、缠绕垫片和金属垫片等。

② 螺纹的密封。常用的密封方法有以下几种

- 直接封严螺纹部分。其方法有：在外螺纹上缠麻丝并涂铅油、在外螺纹上缠聚四氟乙烯密封带、在螺纹上涂密封胶等。

- 在螺纹退刀槽处装 O 形密封圈。
- 在螺钉头与被连接面间加垫片。
- 在螺纹盲孔端部加垫片。

第三节 机床的防漏

漏油是机械设备常见的一种故障。通常将漏油划分为渗油、滴油和流油三种形态。一般规定,静结合面部位,每 0.5h 滴一滴油为渗油;动结合面部位,每 6min 滴一滴油为渗油。无论是动结合面还是静结合面,每 2～3min 滴一滴油时,就认为是在滴油;每 1min 滴五滴油时,就认为是在流油。

在排除设备漏油故障中,使设备达到治漏的一般要求是,设备外部静结合面处不得有渗油现象,动结合面处允许有轻微渗油,但不允许流到地面上;设备内部允许有些渗油,但不得渗入电气箱和传动带上,不得滴落到地面,并能引回到润滑油箱内。

一、机床漏油的常见原因

1. 由设计不合理引起的漏油

① 没有合理的回油通路,使回油不畅造成设备漏油。

例如,轴承处回油不畅,就容易在轴承盖处出现积油或者形成一定压力,使轴承盖处出现漏油现象。有的设备回油孔位置不对,容易被污物堵塞,回油不畅出现漏油的现象,有的设备回油槽容量过小,容易造成回油从回油槽溢出的现象。有的设备在工作台旋转时,容易将油甩出,而又没有设计适用的回收装置,就会造成润滑油漏到地面的现象。

② 密封件与使用条件不相适应,造成设备漏油现象。

在机械设备中最常用的密封件是 O 形橡胶密封圈,选用时必须根据设备的使用条件和工作状态进行选择。在用油润滑条件下,当密封压力小于 2.9MPa 时,可选用低硬度耐油橡胶 O 形密封圈;当密封压力达到 2.9～4.9MPa 时,应选用中硬度耐油橡胶 O 形密封圈;当密封压力达到 4.9～7.8MPa 时,应选用高硬度耐油橡胶 O 形密封圈。若用油润滑选择了普通橡胶 O 形密封圈,或者虽然选用了耐油橡胶 O 形密封圈,但应用压力范围低于设备密封压力,就会造成设备漏油故障。

③ 该密封的没有设计密封，或者密封尺寸不当，与密封件相配的结构不合理造成设备出现漏油现象。

例如箱体上的螺钉孔设计成通孔，又没有密封措施；箱体盖处没有设计密封垫；转轴与箱体孔的配合间隙过大；密封圈与轴配合的过盈量不合要求；密封槽设计不合理等情况都可能使设备中的润滑油从没有实现密封的环节中漏出。

2. 由缺陷和损坏引起的漏油

① 铸造箱体时，质量不合要求，出现砂眼、气孔、裂纹、组织疏松等缺陷，而又未及时发现，在设备使用过程中，这些缺陷往往就是设备漏油产生的根源。

② 油管选用塑料管，管接头选用塑料接头时，经过长期使用以后，会出现材料老化问题，造成油管和管接头破裂，引起漏油故障。

③ 密封圈长期使用以后，摩擦磨损会使其丧失密封性能，或者橡胶等材料老化使密封圈完全损坏，以及转轴与套之间由于磨损，使孔轴间间隙增大，从而引起漏油现象。

④ 由于箱体和箱盖的结合面加工时，平面度严重超差以及表面粗糙度太大，或者残余内应力过大引起变形，使结合面贴合不严密，或者紧固件发生损坏松动现象，往往都会引起漏油现象。

3. 由于维修不当而引起的漏油

① 相关件装配不合适引起漏油的情况比较常见。例如箱体和箱体盖之间结合面处有油漆、毛刺或碰伤，使结合面出现贴合不严的现象；未加盖板密封纸垫或者盖板的密封纸垫损坏；密封圈在拆卸安装中受到划伤损坏或者装配不当；螺钉、螺母拧得过松等原因都会使装配不合适的部位产生漏油现象。

② 换油不合要求，往往也会引起设备漏油。换油中出现的问题主要表现为三个方面：对于采用高黏度润滑油进行润滑的零部件，换油时随意改用低黏度润滑油，就会使设备中相应箱体的密封性能受到一定影响；换油时，不清洗油箱，油箱中的污物就有可能进入润滑系统，堵塞油路，造成漏油；换油时加油过多，在旋转零件的搅动下，容易出现溢油现象，造成漏油。

③ 对润滑系统选用和调节不合适而引起漏油。例如维修选用油

泵时，选用了压力过高或者输油量过大的油泵，或者调节润滑系统时使油压过高，油量过大，与回油系统以及密封系统不能适应，就造成了漏油现象。

二、漏油检查的一般方法

1. 机械系统的漏油检查

① 按部件进行检查。一般设备都包括主轴箱、进给箱、床身部件、工作台部件等几大部分。检查设备漏油情况时，应一个部件检查完后，再检查另一个部件。先将要检查的部件外表用棉纱擦干净，再进行观察，看从什么部位出现渗漏润滑油，并测定其渗漏程度。检查时要注意动密封部位，例如转轴的孔轴配合处，由于间隙的存在容易出现漏油现象，旋转工作台若回油不畅容易将油甩出、溢出，通过观察都能很容易地发现问题。对于静密封，应检查的主要部位是箱体盖缝、油标、油管、管接头等处。

② 对重点部件要进行细查。由于箱体大多储存大量的润滑油，又有旋转零件的作用及受负荷后的变形，从而使箱体成为最容易漏油的部件，因此治漏时要作为重点进行细查。

当箱体的底部漏油时，可将白纸塞入怀疑部位，5min 后抽出，观察纸片上的滴油情况，进行判断。若能进行拆卸检查，可以将箱体内部擦干净，然后对怀疑是由于裂纹、疏松引起漏油的部位涂上煤油。过一段时间再将煤油擦净，并敷上白粉，用小锤连续敲击，在金属裂缝中的煤油就会透过白粉显出裂纹、疏松的轮廓。缺陷位置找到以后，就可以进行修理。

③ 重视设备使用过程的日常观察工作。要求设备操作者在日常维护中，重视设备表面及润滑系统各部位的清洁工作。通过这项工作可以观察设备各部位的渗漏情况，弄清渗漏部位，以便为治漏中查清漏因提供依据。对于有些设备的箱体由于开敞性很差，漏油原因隐蔽，漏油部位一时很难查清时，就需要采用试堵漏后再观察的方法进行反复检查，才能逐步弄清漏油的真正原因。

2. 液压润滑系统的漏油检查

① 按顺序进行普查。液压润滑系统主要由液压泵、滤油器、液压控制元件、油管、管接头以及液压缸等部分组成。检查其漏油情况时，应从液压泵开始，按照进油的顺序进行检查。检查时，必须将各

液压元件及管路各处擦干净后，在正常供油情况下进行检查。对于重点怀疑的部位可以缠上白吸油纸，观察是否因吸有渗漏出的油滴而变黄，就能将问题判断清楚。

② 通过增压试验进行细查。为了检查出可能漏油的薄弱环节，可以进行增压试验，将液压润滑系统的压力调高，使其比正常工作压力高出 25%～30%，然后检查油路各部分的渗漏情况。增压试验检查法具有发现问题迅速、不会留有隐患的特点。

③ 由日常液压动作进行观察。对于液压系统来说，不但要考虑其向部件外部漏油的问题，还要防止从部件的一个腔流到另一个腔的内部漏油问题。例如液压缸活塞处就可能发生内部漏油，同时也造成了机械系统工作效率下降，甚至会发生液压动作失调的现象。对于液压系统的内漏问题，一般应重视日常液压动作的观察，看是否有动作失调、开关失灵、效率下降的现象发生。发现问题后，可以由维修人员进行拆卸检查。

三、常见漏油故障的治理

由于机床的类型繁多，机体构造千变万化，漏油的部位和方式也各不相同，因此对漏油的防治，本章只能做一个综合性的概述，制定一个指导性的方案，具体到每台机床的漏油处理，将在故障处理一章中做针对性的讲解。

一般治理设备漏油的常用方法有调整法、紧固法、疏通法、封涂法、堵漏法、修理法、换件法、改造法等。

① 调整法。通过调整液压润滑系统的油压，减小系统压力，调整滑动轴承，减小轴承孔与轴颈之间的间隙，以减少设备各处由于溢流过大而引起的渗漏。调整刮油装置，例如毛毡的松、紧、高、低，用以克服因刮油装置失效而引起的漏油问题。在治漏过程中，首先应考虑通过调整来进行治漏，只有在相关零件配合关系正确的基础上，再采取其他方法治理才为最合理。

② 紧固法。通过紧固渗漏部位的螺钉、螺母、管接头等处，可以消除因连接部位松动引起的漏油现象。一般在治漏过程中，应注意检查各连接部位的紧固情况。日常维护保养中，操作者也必须注意这个问题，要求做到发现松动部位，立即进行紧固，以避免发生漏油现象，或发生其他意外故障与事故。

③ 疏通法。保证回油畅通是治理漏油的重要措施。在回油通道上，如果回油孔过小、结构不合理、被污物堵住，应及时将回油孔扩大，排除污物，进行疏通，或者增加新的回油孔槽管路。油路畅通了，就减少了润滑油渗漏的机会。

④ 封涂法。对于管接头，箱体接缝处可以涂抹封口胶进行密封紧固，以消除渗漏现象。用封涂法进行治漏具有方法简单、效果明显、成本低廉、适应性广的特点。一般工厂有 70％～80％ 的设备都可不同程度地采用封涂法进行治漏。

⑤ 堵漏法。尤其对于存在砂眼、透孔的铸件可以采用堵的方法进行治漏，例如用环氧树脂堵塞箱体砂眼或者被打透的螺钉孔效果还比较好。另外堵漏时还可以采用铅块等物进行堵塞。

⑥ 修理法。例如，箱盖结合面不严密的应进行刮研修理。由于油管喇叭口不合适而造成管接头处漏油的时候，应对油管喇叭口进行修理。液压润滑控制系统元件有时因为出现毛刺、拉伤、变形时，会造成外部漏油或内部漏油现象。一般问题不大时，也可以通过修理法排除这种情况下造成的漏油故障。

⑦ 换件法。当设备漏油是因密封件磨损、相关件损坏而又不能修复时，应进行更换，更换时应注意新换件与相配件要保持合适的配合关系。避免原有的漏油问题解决了，新的漏油问题又出现。

⑧ 改造法。在治漏过程中，有时还需要通过改善密封材料、改变紧固方法、改换润滑介质、改变回油位置、改进防漏措施等才能消除设备存在的渗漏现象，用改造法进行治漏方法很多，一般应注意不要影响设备的正常运转，不能破坏设备原有的强度和刚度，尤其采用增加回油槽、扩大螺钉孔、加置接油盘等措施时，要注意这个问题。

四、治漏典型实例

1. 转轴部位漏油治理

① 用增加回油孔槽的方法实现治漏。如图图 11-5 （a）为治理前的结构形式，采用了毡垫结构进行密封防漏。但是当轴承润滑比较充分时，往往会有润滑油沿转轴渗出，尤其毡垫使用较长时间以后情况更加严重。图 11-5 （b）为改进后的结构形式，去掉毡垫，把毡垫槽作为回油槽，再在轴承座处打一个回油孔，并将带轮凸缘外圆处加工成锯齿状圆槽，这样有利于将沿转轴流出的润滑油甩进回油槽，使油流

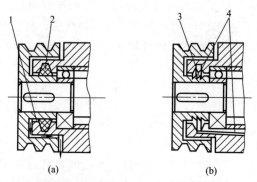

图 11-5　用增加回油孔槽的方法治漏

1—漏油处；2—毡垫；3—锯齿状结构；4—回油孔槽

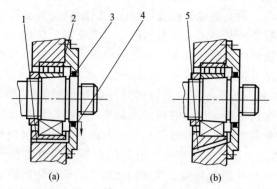

图 11-6　使回油孔畅通实现治漏

1—平回油孔；2—密封垫；3—毡垫；4—漏油处；5—斜回油孔

回油箱，起到治漏作用。

　　② 使回油孔畅通实现治漏。如图 11-6 所示，图 11-6（a）为治理前的结构形式，由于回油孔处于水平状态，回油时的畅通性比较差，容易产生积油现象，往往会使润滑油沿轴向外渗出。图 11-6（b）为改进后结构，使回油孔倾斜较大角度，并增大孔径，以便加速回油，实现回油畅通，避免积油，从而排除渗油故障。

　　③ 增加密封圈实现治漏。如图 11-7 所示，图 11-7（a）为治理前的结构形式，由于手柄轴与套之间存在较大间隙，从而造成了润滑

油沿轴渗出的现象。图 11-7（b）为改进后结构，在手柄转轴上分别切出两个环形槽，并加上 O 形密封圈，以防止润滑油渗出。

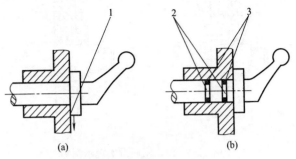

图 11-7　增加密封圈实现治漏

1—漏油处；2—环形槽；3—密封圈

④ 用堵头进行堵漏。如图 11-8 所示，图 11-8（a）为治理前的结构形式，由于转轴与轴套之间是间隙配合，并且随使用时间的延长而磨损加剧，会增大孔轴间间隙，从而造成润滑油从孔轴间隙中渗出的现象。图 11-8（b）为改进后结构，根据转轴与轴套的结构特点，将轴头截去 10 ～ 15mm，然后在轴套端头压入

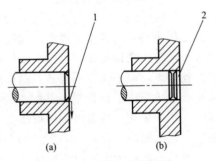

图 11-8　用堵头进行堵漏

1—漏油处；2—堵头

一个过盈配合的堵头。这样就避免了孔轴间的磨损对漏油情况的影响。

⑤ 油改脂润滑实现治漏。如图 11-9 所示，图 11-9（a）为治理前的结构形式，由于用油润滑滚动轴承，在毡垫磨损后，往往会使润滑油沿轴渗出。图 11-9（b）为改进后结构，仍然保持毡垫和密封垫结构形式，但是润滑方式改为用脂润滑。在这种情况下，密封措施主要起到防灰尘作用。由于不采用润滑油进行润滑，就从根本上消除了漏油的可能性，具有治漏效果明显的特点。

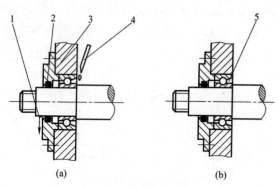

图 11-9　油改脂润滑实现治漏

1—漏油处；2—毡垫；3—密封垫；4—润滑油管；5—用脂润滑

2. 箱体部位漏油的治理

① 通过堵砂眼、气孔等缺陷实现治漏的方法。发生漏油的箱体多数是因为铸造时产生了砂眼、气孔等缺陷。对于开敞性比较好、缺陷又很明显的漏油箱体，可以采用环氧树脂粘接剂进行涂补。对于开敞性比较差，缺陷又很不明显，例如出现裂纹、疏松的箱体，可以采用水玻璃填充法进行修复。其配方为：水玻璃 70%，水 30%。使用前，先用四氯化碳或者丙酮将箱体内部清洗干净，再将配好的水玻璃溶液，倒入箱内，存放 24～32h，以保证水玻璃能充分填充入缺陷之中。然后把箱内的水玻璃溶液倒出，用煤油洗净箱体，就可使用。在使用中还应注意观察治理部位是否正确，发现问题要重新补治。

② 对结合面之间不平的缺陷实现治漏的方法。箱体结合面之间不平的缺陷主要是因为加工表面粗糙度太大，或者加工后由于还存在较大的残余内应力，使箱体在使用中发生变形而引起。进行治理的常用措施随结合面的拆卸性质不同而不同。

对箱体上不经常拆卸的结合面处产生漏油现象时，一般可采用刮平结合面后，用虫胶漆酒精溶液或者清漆涂抹纸垫两面然后再压紧的方法进行治理。这种方法一般适用于结合面之间存在 0.03mm 以下间隙的情况。对于结合面之间存在 0.3mm 以下间隙情况，可以使用赛璐珞溶液涂抹纸垫两面后再在结合面处压紧的方法进行治理。赛璐珞溶液的配方为：赛璐珞（质量分数）为 15%，丙酮（质量分数）

为 85％，并配以少量滑石粉。配制时将赛璐珞碎块按比例加入丙酮之中，密封放置，待全部溶解后即可使用。使用前可在配制好的赛璐珞溶液中加入滑石粉，一般可在 10 份溶液中加入 1 份滑石粉。要求边加滑石粉边搅拌，直到均匀才能使用。使用时，将配好的涂剂用刷子直接涂抹在用丙酮已经擦洗干净的纸垫两面，再将结合面用丙酮擦干净，之后把纸垫放置合适，并在涂剂干燥以前，使箱体结合面实现结合。对于结合面之间存在 0.5mm 以下间隙情况，可以采用封口胶进行治理。在用封口胶治理漏油时，应注意涂剂都具有固化快的特点，因此，对于面积较大的结合面处应多人同时涂抹涂剂，以便固化前实现加盖密封。

对箱体上经常拆卸的结合面处产生的漏油现象进行治理时，一般采用的方法是刮平结合面，对于小型箱体的结合面尤其应该如此。对于较大型箱体的结合面，一般都采用在结合面四周开槽加耐油橡胶密封线的方法进行治漏。有时，也可以根据箱体结构和漏油原因，在其内表面增加一个内挡板，或者在结合面四周增开回油槽与回油孔，或者采取其他更适宜的措施实现治漏。

3. C620、C620-1 卧式车床的主轴治漏

① 漏油部位：主轴箱主轴，见图 11-10、图 11-11。

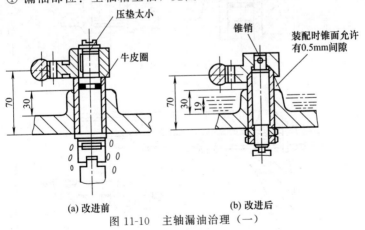

(a) 改进前   (b) 改进后

图 11-10　主轴漏油治理（一）

② 漏油原因：垫圈太小，箱内飞溅的油顺键槽下流。扇形轮和轴套有间隙。

③ 治漏方法：改变结构。扇形轮和轴采用紧配合，以锥销固定或加大垫圈，下装牛皮垫或加防油罩。扇形轮和轴套的结合面采用斜面，保持 0.5mm 的间隙，或在轴上开槽装两个密封圈。

4. C620、C620-1、C630 卧式车床拉杆治漏

① 漏油部位：主轴 O 形密封箱刹车带拉杆，见图 11-12。

② 漏油原因：拉杆与箱体孔有间隙，同时，在工作过程中箱体外的牛皮垫有微量窜动。

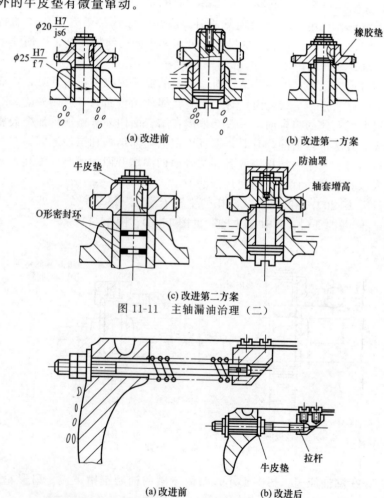

$\phi 20 \dfrac{H7}{js6}$

$\phi 25 \dfrac{H7}{f7}$

橡胶垫

(a) 改进前　　　　　　　　(b) 改进第一方案

牛皮垫

O形密封环

防油罩

轴套增高

(c) 改进第二方案

图 11-11　主轴漏油治理（二）

(a) 改进前　　　　(b) 改进后

拉杆

牛皮垫

图 11-12　拉杆漏油治理

③ 治理方法：箱体内侧加牛皮垫或用螺栓拧紧，如图 11-12（b）所示。

5. X62W 万能铣床前轴承的治漏

① 漏油部位：图 11-13（a）所示前轴承处。

② 漏油原因：回油孔处在水平位置，使回油不顺利。

③ 治理方法：将回油孔改为 75°斜孔，如图 11-13（b）所示。

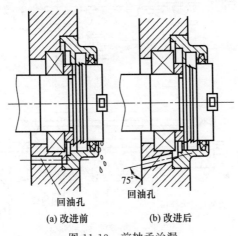

回油孔   回油孔

(a) 改进前   (b) 改进后

图 11-13　前轴承治漏

6. X62W 万能铣床后轴承的治漏

① 漏油部位：X62W 万能铣床主轴后端防护盖处，如图 11-14（a）所示。

② 漏油原因：防护盖处润滑油不能畅流。

③ 治理方法：新制防护盖，内车两个槽，一个装毡垫，另一个槽底钻回油孔，如图 11-14（b）所示。

7. T68、T611 卧式镗床治漏

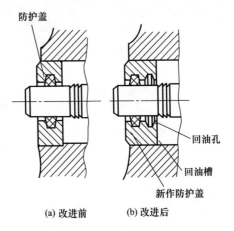

防护盖

回油孔

回油槽

新作防护盖

(a) 改进前   (b) 改进后

图 11-14　后轴承治漏

① 漏油部位：工作台下滑座，如图 11-15 (a) 所示。

② 漏油原因：未设置盛油盒，油沿箭头所示方向流到地面。

③ 治理方法：在两端设置两个盛油盒，使油流入盛油盒内，定期处理，如图 11-15 (b) 所示。

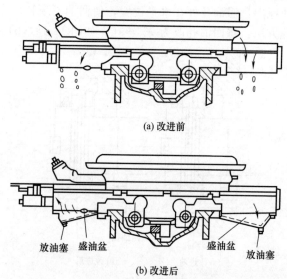

(a) 改进前

(b) 改进后

图 11-15　T68、T611 卧式镗床下滑座治漏

第十二章

⚡ 机床检修的典型实例

第一节　零件修复

一、连接件的修复

1. 螺纹连接件的修复方法

（1）螺纹连接配合过松的修复　当零件上的螺孔损坏或与螺钉、螺柱的配合太松时，可将该螺孔钻大，攻制较大尺寸的新螺孔，更换与新螺孔相配的新螺钉、新螺柱，以满足尺寸配合的要求。

① 用镶配螺纹套修复。将损坏的螺纹孔扩大到适当的尺寸，并用丝锥攻制新螺纹，用机加工的方法加工出具有内、外螺纹的螺纹套。螺纹套的内螺纹与原螺纹孔的螺纹相同，外螺纹与新攻制的内螺纹相同。为防止被镶入的螺纹套转动，可在螺纹套与原零件的缝隙处钻一个骑缝孔，然后打入止动的圆柱销，如图12-1所示。

② 配制台阶螺栓修复。先将损坏的螺纹孔扩大，攻比原螺纹尺寸大的新螺纹，再根据新螺纹配制台阶螺栓。台阶螺栓大直径的螺纹和新攻制的螺纹孔配合，小直径的螺纹和原螺纹孔相同，将台阶螺栓拧紧在处理好的螺纹孔内即可，如图12-2所示。

（2）螺纹牙型损坏的修复

① 当螺纹牙型因受力过大造成塑性变形时，可采用丝锥（或圆板牙）重新攻螺纹（或套螺纹）的方法修复。

② 当螺纹牙型严重磨损时，应更换新的螺母或螺栓。

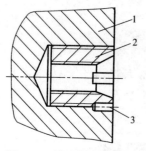

图 12-1 镶配螺纹套修复

1—零件本体；2—螺纹套；3—圆柱销

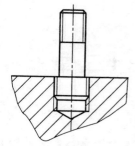

图 12-2 配制台阶螺栓修复

（3）螺纹因锈蚀难以拆卸的修复 可将连接件放在煤油中或在有锈蚀的部分滴上煤油，待煤油渗入连接部位后进行拆卸。对于锈蚀不太严重的螺纹连接，可先用锤子敲击螺母或螺栓头部，待略有松动后用扳手拆卸。

（4）螺钉或螺栓折断后的取出方法

① 螺钉或螺栓在螺孔外面断裂的取出方法。在孔外的螺栓部分用锉刀锉出两个平行的平面后，用扳手将孔内的螺杆旋出，如图 12-3（a）所示；在孔外螺的端面上用手锯锯出一个直槽，然后用一字旋具将断在孔内的螺杆旋出，如图 12-3（b）所示；在孔外螺栓端面上焊接一个螺母，然后用扳手扳动焊接的螺母，即可将断在螺纹孔内的螺栓取出，如图 12-3（c）所示。

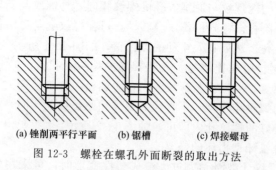

(a) 锉削两平行平面　　(b) 锯槽　　(c) 焊接螺母

图 12-3 螺栓在螺孔外面断裂的取出方法

② 螺栓在螺孔内折断的取出方法。用直径略小于螺纹小径的钻头将断在孔内的螺栓钻掉，然后用同样尺寸的丝锥在原螺孔攻出内螺

纹，如图 12-4 所示。

如果有电火花机时，也可用电火花机将断在孔内的螺栓全部击穿熔化后，再用丝锥重新攻制螺纹。

（5）螺纹连接装配和修理的注意事项

① 双头螺柱装配时，必须注意螺柱对机体表面的垂直度，用 90°角尺检查垂直度，如图 12-5 所示。

(a) 钻去折断的螺杆　　(b) 攻制出原内螺纹

图 12-4　螺栓在螺孔内折断的取出方法

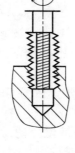

图 12-5　用 90°角尺检查垂直度

② 双头螺柱和机体的连接必须采用过盈配合。

③ 对于有拧紧力矩要求的螺纹连接，必须用指针式扭力扳手（也称测力扳手）按技术要求旋紧。

④ 拆卸断在螺孔内的螺柱时，用力要均匀，动作不能太猛。

⑤ 钻削断在螺孔内的螺柱时，钻头应尽量与原螺纹孔轴线同轴，否则会损伤原螺纹孔。

⑥ 遵守安全操作规程，避免事故发生。

2. 键槽连接件的修复

（1）键槽损坏的修理

① 以原键槽中心平面为基准，用铣削的方法将原键槽铣宽。

② 根据修复（铣宽）的键槽尺寸，重新锉配新键。

③ 将键以及与键连接的键槽表面清洗干净，涂上润滑油，将键压入键槽后再把套件装上。

④ 键连接中当只有一个键槽损坏时，只要将损坏的键槽修复

（用铣削方法铣宽），然后根据修复后键槽尺寸和与其配合的键槽尺寸，重新配制成阶梯键即可，如图 12-6 所示。

（2）键磨损或损坏的修复

① 将套件从轴上拆卸下来。

② 用錾子或一字旋具将损坏的键从键槽中取出来。

③ 根据键槽尺寸配制新键。

④ 将键和键槽清理干净，涂上润滑油，将键压入（或用铜棒敲入）键槽。

⑤ 装上配合套件。

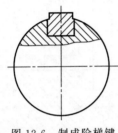

图 12-6　制成阶梯键

（3）扭曲变形或被剪断的修复

① 用增加键槽长度的方法增加键的强度。

② 用增加键槽宽度的方法增加键的抗剪强度。

③ 在原槽位置的对称部位再铣一个键槽，采用双键连接的方法来增加键的抗剪强度。

（4）花键磨损的修复　花键磨损会造成间隙过大，可采用镀铬的方法增加花键齿的齿宽，然后用铣削或磨削的方法使花键达到技术要求。当花键严重磨损时，要用堆焊的方法加厚花键的齿宽，然后再用铣削或磨削的方法使花键达到技术要求。

（5）损坏的修复　当花键局部损坏时，可采用堆焊的方法修复，即先在损坏处堆焊，然后进行热处理，最后采用铣削或磨削等方法使其达到技术要求。

（6）注意事项

① 键连接在装配前一定要将键和连接部分清洗干净并涂上润滑油，防止装配时将键或配合表面拉伤。

② 当平键作为导向键或滑键时，必须对平键及其键槽进行检验。主要检查键槽相对于中心平面的对称度和平行度。

③ 用錾子或一字旋具将损坏的键从键槽中取出时，应小心操作，不能拉伤轴表面和键槽。

④ 用堆焊法修复花键时，焊层不能太厚，否则将增加锉削或磨

削的工作量。

3. 销连接件的修复

（1）当圆柱销磨损或剪断时，应先将磨损或剪断的圆柱销从销孔中取出，然后配制新的圆柱销。

（2）当销孔损坏时，应先把销孔中的销子取出，重新铰制销孔，然后根据铰削后销孔的实际尺寸，配制新的销子。

（3）注意事项

① 在不通孔（也称盲孔）内装配圆柱销时，圆柱销的表面上应磨有通气槽，否则圆柱销很可能装配不到预定位置。

② 铰削圆锥销孔时，不能一次铰削到深度尺寸，应根据圆锥销的长度进行试配，根据试配的情况逐步将圆锥销孔铰削成形，如图12-7 所示。

③ 采用圆锥销连接时，装配后大端不允许进入销孔内。

④ 过盈配合的圆柱销拆卸后，应更换新销，不得继续使用。

⑤ 铰削销孔时，要合理选用切削液，铰削后销孔的表面粗糙度值 Ra 应小于 $1.6\mu m$。

⑥ 用敲击法实现圆锥销过盈时，不能将圆锥销头部敲打变形，敲击时用力要适当，最好用铜棒敲击，或垫上铜垫后用锤子敲击。

二、齿轮件的修复

1. 齿轮的故障形式

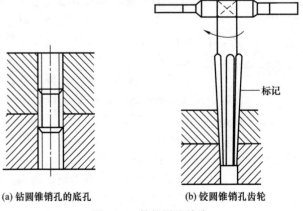

(a) 钻圆锥销孔的底孔　　　(b) 铰圆锥销孔齿轮

图 12-7　钻铰圆锥销孔

（1）齿面疲劳点蚀　齿面疲劳点蚀多发生在小齿轮上，约10年左右开始出现点蚀，轻微点蚀不影响使用，当点蚀严重引起传动不稳，产生较大的附加动载荷和噪声时，应更换新件。大齿轮产生疲劳点蚀的时间相对长些。

（2）断齿　轮齿产生疲劳断裂的情况不多。压力机齿轮轮齿多为一次加载断裂，原因多为超载造成。如闭合高度调低、压双料等；双边传动时，单边产生键松动、配合失常以及装配误差等造成单边齿轮过载；造成断、裂齿的另一个原因是齿间掉入杂物，如小工具、键、螺钉及螺母等。

（3）齿面严重磨损和研伤　多为润滑不良引起。啮合齿面间磨料（灰尘、铁屑及自身磨损产物）积累过多，产生磨料磨损，造成齿面磨损加快和研伤。齿轮加工误差和装配误差也是造成齿面严重磨损的主要因素之一。

（4）变形　齿轮材质不好或掉入硬质物体可造成齿轮变形。变形严重时，需要更换。齿面被压出凸凹痕迹时，不严重的可以修掉，不影响使用。

（5）裂纹　裂纹可产生于轮缘和轮壳部位，产生的原因是材质不好、铸造时的残余应力和过载等。

（6）滚键　产生滚键的原因有齿轮与轴配合间隙过大、键的材质不好等。滚键时，不仅键遭到破坏，齿轮和轴也会受到严重破坏。

2. 齿轮的修复方法

（1）镶齿　小齿轮断齿时，一般更换新件。大齿轮断齿时，可根据断齿的具体情况采用图12-8或图12-9所示方法进行镶配后重新加工或按样板修整齿形。此种方法镶的齿不能承受工作载荷，偏心齿轮承受工作载荷的几个齿折断时，不能用此方法修复。一般传动齿轮应用此方法修复后，可以把键槽位置改变一下，让没有折断的轮齿去承受工作载荷。

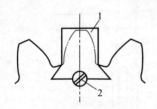

图 12-8　镶齿法
1—镶入的齿形块；2—骑缝螺钉

（2）应用变位法　小齿轮要比大齿轮磨损得快，磨损后，啮合齿侧间隙变大，传动平稳性下降，产生冲击振动和噪声。可用高度变位法修复，大齿轮采用负变位修复，按测量计算车修齿顶圆，在齿轮机床上修复齿形，以同样变位系数加工一个新的正变位的小齿轮。

（3）打补强板　齿轮缘产生裂纹可用打补强板的方法修复。如图12-10所示，在裂纹处镶装补强板，用螺钉紧固，再焊接加固。

（4）热扣合　轮毂处裂纹可采用热扣合方法修复。车修轮毂外径，按一定过盈量加工两个钢套，将钢套加热后，套装在轮毂外径上，冷却后，便固紧其上（见图12-10）。

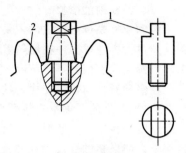

图 12-9　镶齿法
1—圆柱；2—齿轮

（5）扩孔镶套或堆焊　发生滚键后，齿轮的孔和键槽会受到不同程度的破坏。修复方法之一为扩孔镶套法，即将孔镗大后镶套，如图12-11所示，套镶入后，在结合面上打入销子并焊牢。在轮毂外径上再应用热扣合法。

修复方法之二是用低碳钢焊条把孔和键槽堆焊修补，将孔精车修复并留一定余量，进行滚压加工，以降低表面粗糙度值，提高表面硬度。加工键槽时，应换一个位置。

注意修孔时，其尺寸应与轴的修理一起考虑，以达到配合要求。

以上齿轮修复方法除变位修复法外，均不宜长期使用，修复后，使用初期应注意观察运转情况。准备好备件，结合计划修理适时更换新件。

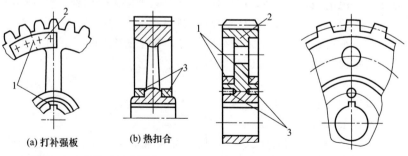

(a) 打补强板　　(b) 热扣合

图 12-10　轮缘裂纹的修复
1—裂纹；2—补强板；3—热扣合套

图 12-11　扩孔镶套法
1—套；2—齿轮；3—销

三、丝杠副的修复

滑动丝杠螺母副失效的主要原因是丝杠螺纹面的不均匀磨损，螺距误差过大，造成工件精度超差。因此，丝杠副的修理，主要采取加工丝杠螺纹面、恢复螺距精度、重新配制螺母的方法。

在修理丝杠前，应先检查丝杠的弯曲度超过 0.1mm/1000mm 时（由于自重产生的下垂量应除去）就要进行校直。然后测量丝杠螺纹实际厚度，找出最大磨损处，估算一下丝杠螺纹在修理加工后的厚度减小量，如果超过标准螺纹厚度的 15%～20%，则该丝杠应予以报废，不能再用。在特殊情况下，也允许以减小丝杠外径的办法恢复标准螺纹厚度，但外径的减小量不得大于原标准外径的 10%。螺纹部分如需修理，还应验算其厚度减小后，刚度和强度是否仍能满足原设计要求。

对于未淬硬丝杠，一般在精度较好的车床上将螺纹两侧面的磨损和损伤痕迹全部车去，使螺纹厚度和螺距在全长上均匀一致，并恢复到原来的设计精度。精车加工时要尽量最少切削，并注意充分冷却丝杠。如果原丝杠精度要求较高，也可以在螺纹磨床上修磨，修磨前应先将丝杠两端中心孔修研好。

淬硬的丝杠磨损后，应在螺纹磨床上进行修磨。如果丝杠支承轴颈或其端面磨损，可使用刷镀、堆焊等方法修复，恢复原配合性质。

丝杠螺纹部分经加工修理后，螺纹厚度减小，配制的螺母与丝杠应保持合适的轴向间隙，旋合时手感松紧合适。用于手动进给机构的丝杠螺母副，经修理装上带有刻度装置的手轮后，'手柄反向空行程量应在规定范围内。对于采用双螺母消除间隙机构的丝杠副，丝杠螺纹修理加工后，主、副螺母均应重新配制。

对于重负载丝杠、车床的纵向丝杠、镗床的横向进给丝杠，由于是通用备件，丝杠磨损后也可更换新件。

四、铸造件的修复

机床的床身、机架、壳体等部件大部分为铸造件。常见的故障可按下列方法来修复。

① 大型铸件发生裂纹时，可用补强板加固的方法进行修理。修补时，要在裂纹的尽头处钻卸荷孔，以防止裂纹继续扩大。当螺钉的紧固力不够时，还可以再增加销钉，如图 12-12 所示。

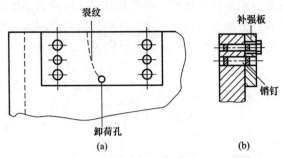

图 12-12 用钢板和螺钉加固有裂纹的铸件

② 箱体或复杂零件上的螺纹孔丝扣损坏后,可用扩孔后攻直径大一级的螺纹孔来修复,或考虑在其他部位新制螺纹孔,也可用扩孔后镶丝套的办法进行修复,如图 12-13 所示。

③ 箱体上的一般孔磨损后,可用扩孔镶套的方法修复。这时套和箱体上的孔可用过盈配合连接或用过渡配合加骑缝螺钉紧固,如图 12-14 所示。

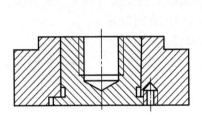

图 12-13 镶丝套的办法修复螺纹孔

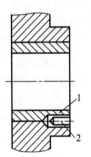

图 12-14 用扩孔镶套的方法修复孔
1—镶套;2—骑缝螺钉

④ 床身、机架、壳体等铸件产生裂纹后还可采用金属扣合法来修复。一般分为热扣合法和冷扣合法两种。热扣合法是利用加热的扣合件在冷却过程中产生的收缩将损坏机件锁紧的修复方法。这种方法常用来修复大型飞轮、齿轮和重型机身。冷扣合法是在垂直于损坏机件的裂纹或折断面方向,钻(或铣)出具有一定形状和尺寸的波形槽,然后镶入与其形状相吻合的波形键,并在常温下铆合,使波形键

产生塑性变形而充满波形槽腔，甚至使其嵌入铸件的基体之内，借波形键的凸缘和波形槽互相扣合，使损坏机件断裂的两面重新牢固地连接为整体，如图 12-15 所示。其具体操作如下。

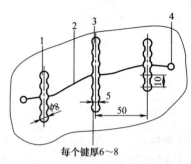

图 12-15　金属扣合法
1—波形键；2—裂纹；
3—环氧树脂黏结层；4—卸荷孔

a. 在裂纹末端钻卸荷孔。

b. 波形键一般采用单数凸缘形结构，凸缘可以有 5 个、7 个或 9 个。中间的一个凸缘应置于裂纹或断裂面上，以提高其牢固度。键的凸缘可采用 $\phi 8$mm，凸缘间距为 10mm，键的厚度以 6～8mm 为宜（必要时可多层安装）。每两个键槽的间距为 30～60mm。波形键的材料可采用塑性和冷作硬化性能好的低碳镍铬不锈钢或与铸铁膨胀系数相近的材料。

c. 按波形键的凸缘结构位置制造钻模。利用钻模在垂直于裂纹或折断面方向上依钻孔。注意利用第一个孔定位。

d. 加工波形槽。小型零件可在铣床上用立铣刀加工；大型零件用錾子加工。加工时，必须使槽与键的配合间隙为 0.1～0.2mm。

e. 在波形键四周涂上环氧树脂黏结剂，并镶入波形槽中。

f. 铆击已镶好的波形键凸缘处。铆击强度应由两端向中间凸缘依次减弱。在一个波形槽里需装入多层波形键时，第一层键镶平铆透后再装第二、第三层键，并逐层消除残屑，逐层进行铆击。

五、导轨的修复

床身导轨是床鞍、鞍座等移动的导向面，是保证刀具直线运动的关键。图 12-16 为卧式车床床身导轨的截面图。其中，2，6，7 为床鞍用导轨，3～5 为尾座用导轨，1，8 为压板用导轨。在机床修理工作中，无论大修或日常维修，机床导轨面的修理都占据着一个十分重要的地位。在精度方面，它不但直接影响加工零件的精度，而且往往是其他部件精度检查的基准。同时，在操作机床时导轨机构运动是否轻便，将直接影响操作者的劳动强度，这是机床修理的重点。

导轨表面本身具有一定的直线度、平行度和接触精度的要求，同时与床身上其他各安装基面也具有一定的平行度、垂直度要求，床身导轨表面粗糙度 Ra 应达 $0.8\mu m$ 以上，这些精度要求一般都是由磨床来完成。若机床导轨损伤的沟槽深度在 5mm 以上，采用机械加工方法修复，不但会大大削弱导轨的寿命，而且会引起与导轨配合的各部件间的

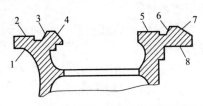

图 12-16　卧式车床床身导轨的截面
1,8—压板用导轨；2,6,7—床鞍用导轨；
3～5—尾座用导轨

尺寸链变化，造成机床修理工作的复杂化。划伤沟槽深度在 0.3 mm 以下的导轨，可以采用补焊、粘补、喷涂、镶嵌等修复方法加以修复，并能取得较好效果。

1. 对机床导轨面修理质量的基本要求

机床导轨面在修理后必须达到：机床导轨具有良好的导向精度（即导轨在水平面内和垂直面内的直线度，单个导轨面的扭曲和导轨面间的平行度等），以满足生产工艺或检验标准的要求；运动部件在导轨面上运动的平稳性与灵敏性；导轨面的耐磨性与承载能力；导轨具有良好的接触率及良好的润滑条件等。

2. 导轨面修理的一般原则

① 导轨面修理基准的选择，一般应以本身不可调的装配孔（如主轴孔、丝杠孔等）或不磨损的平面为基准。

② 对于不受基准孔或不受结合面限制的床身导轨，一般应选择使整个刮研量最少的面或工艺复杂的面为基准。

③ 导轨面相互拖研时，应以刚性好的零件为基准，来拖研刚性差的零件。如磨床床身与工作台相互拖研时，应先将床身导轨面刮好，再将工作台置于床身导轨上拖研；如果以工作台导轨为基准拖研床身导轨，床身导轨就很难得到理想的平直度，因为工作台长而薄，刚性差，由于自重变形，自然与床身贴合，无法判断着色点的接触情况。

④ 对于装有重型部件的床身，应将该部件先修好装上或在该处配重后再进行刮研，否则，安装部件时床身变形，会造成返修。

⑤ 导轨面拖研时，一般应以长面为基准拖研短面，这样易于保

证拖研精度。

⑥ 导轨面修理前后，一般应测绘其运动曲线，以供修理、调整时参考分析。

⑦ 机床导轨面修理时，必须保证在自然状态下，并放在坚实的基础上进行，以防止在修理过程中变形或影响测量精度。

⑧ 机床导轨面磨损在 0.3mm 以上者应先精刨后刮研或磨削。

3. 机床导轨面的修理方式

（1）刮研修复法床　床身导轨面和工作台导轨面都用刮研方法修复。其优点是：设备简单，修理精度取决于刮研质量和刮研技术。

一般适用于高精度机床，或者条件较差的工厂和车间的设备修理。其缺点是：劳动强度大，工效低。

（2）机加工和刮研相结合修复法　一般对床身导轨采用精刨、精磨其配合件（工作台、拖板等）的导轨与床身导轨配刮，这是目前广泛采用的方法。其优点是：既减少了钳工劳动量，又能达到理想的配合精度。缺点是：需要精度较高的导轨磨床等。钳工刮研量仍然很大。

（3）配磨修复法　即床身导轨和工作台导轨都采用磨削加工来达到要求，因此不用钳工刮研，大大地提高了劳动生产率，这已成为导轨加工和修理的发展方向。

4. 导轨修理后的常见弊病及其消除

机床导轨面修理后，最常见的弊病是移动不灵活，阻力大，摇动调整费劲，经常成为操作者要求返修的项目。其基本原因及消除措施如下。

① 床身导轨面安装变形，使导轨面产生扭曲，减小了楔条或压板与导轨间的有效间隙，使导轨面间的接触不好。应按机床验收标准重新调整床身导轨的平直度与扭曲。

② 导轨面光洁程度差，有刮研或磨削毛刺，或导轨面间的接触点过少，降低了导轨面的有效承压面积，使油膜破坏。应将工作台、拖板等拆下，用细油石或砂布去除毛刺，再将工作台、拖板装上，用氧化铬加少许煤油抛光导轨面（抛光时，应用手摇动，勿用机动）。

③ 楔条与压板接触不良或调整不当

a. 楔条。斜度不合、楔条弯曲；工作台或拖板楔条边角度不合，使配研后的楔条横断面形成尖劈，当拖板移动时，楔条下落卡紧滑道面；工作台或刀盒与楔条结合面不平直，楔条不能调整；楔条调整螺钉头外圆过大，挤压楔条槽底部；调整螺钉弯曲，调整时迫使楔条变形压紧滑道面；楔条有毛刺或间隙调整过小等都是影响导轨灵活性的原因，必须检查清楚并加以解决。

b. 压板。可调压板间隙调整过大，使拖板在拖板箱重力作用下产生偏转现象，形成单边间隙，使导轨面接触不良，破坏了润滑条件，产生较大的阻力；可调压板上的顶锥孔与调整螺钉顶锥接触不良，在受摩擦力时，压板窜动上移，容易卡住导轨面。改进方法：可将压板钉头改为平头，最好改为不可调压板，其优点是刚性好，控制间隙稳定。其他原因如接触不良、间隙调整过小都是引起导轨面阻力的原因，应仔细检查并加以解决。

④ 床身导轨或燕尾导轨有锥度，使工作台或拖板移动出现松紧，应检查修复。

⑤ 床身导轨面与传动杆（如丝杠、光杠等）轴线不平行或传动杆弯曲超差，卡住工作台、拖板等，应检查解决。

⑥ 防尘装置（如毛毡等）压得太紧，增加了导轨阻力，应调整防尘装置使之符合要求。

⑦ 刀架底部接触不良（或中心螺杆与底面不垂直），压刀时引起刀盒变形，减小了楔条的有效间隙，应检查解决。

⑧ 导轨磨损、精度丧失，应刮研修复。

⑨ 导轨润滑油黏度选择不当，油的黏度太低，导轨面间的单位面积受力太大，油膜不能形成；润滑油不清洁，有油泥等。应改用黏度适当的清洁润滑油。

⑩ 导轨面润滑构造不良，如配磨导轨或导轨磨损导致整块接触，中间缺乏润滑油，使滑动面间产生贴合吸附现象，形成较大阻力。面对这种情况，应将拖板导轨面刮花，这样导轨中间可以储油，四角接触使拖板运动平稳。经验证明，这种方法对减小导轨运动阻力较为有效。

⑪ 温度变化，如机床油箱等局部发热，或因季节变化导致导轨变形。这对精度要求高、床身导轨较长者，应按季节调整。

六、轴类零件的修复

1. 一般轴的检修方法

一般轴的检修方法见表 12-1。

表 12-1　一般轴的检修方法

损坏部位		图　示	检修方法
小轴及轴套的磨损		磨损	①按照设计更换新件 ②修理小轴配作轴套
轴颈磨损	一般转动的轴颈及外圆柱面的磨损		①轴和轴套为间隙配合或过渡配合,其精度超过原配合公差的 50% 时,应修或换。修理后的尺寸减小量不得超过基本尺寸的 1/2 ②热压和粘接、镶套修复
	安装滚动轴承、齿轮或带轮的轴,其轴颈有磨损		①采用恢复尺寸修理方法,如镀铬或金属喷涂等方法 ②气体保护电振动堆焊 ③镀铁
轴上键槽磨损		磨宽 	①适当加大键槽的宽度:键宽 6mm 时允许最大加宽至 8mm;键宽大于 6mm 时,加宽不允许超过 3mm。在强度允许的情况下,可转位 120° 另铣键槽 ②轴端键槽经堆焊后,可通过机加工修复
轴端螺纹损坏		损坏 	①在不影响强度的情况下,可适当将螺纹车深一些 ②堆焊后重车
外圆锥面损坏		损坏 	①按原锥度将损坏面磨掉 ②车成圆柱形镶配圆锥面 ③采用普通堆焊
圆锥孔磨损		磨损	①按原锥度将磨损部分磨去 ②将锥孔车成圆柱孔,然后配套焊牢,按原锥孔要求车出

损坏部位	图 示	检修方法
轴上销孔损坏		①铰大 ②填充换位
方头、扁头、端孔、环面损坏		①机加工后镶接 ②堆焊修复
弯曲		①火焰矫正 ②冷矫正:首先测出轴的最大弯曲点,在压力机上进行矫直
局部凹部		①刷镀 ②金属喷涂
轴台肩部横向裂纹		将台肩部车平,钻孔,配车台肩部轴径,并留有余量,然后焊接,车削至要求
轴折断		如果轴的载荷不大,承受的转矩亦不大,而且折断部位又不重要的断轴,可用螺杆对接后电焊修复

2. 曲轴的检修方法

曲轴的检修方法见表12-2。

表 12-2 曲轴的检修方法

曲轴磨损情况		检 修 方 法
曲轴局部弯曲	压床矫正法	将曲轴支承在两块V形块上,用压床施压于曲轴弯曲的凸面,矫正过正量应大于挠曲量的10~15倍,并保证载荷作用时间为10~15min,矫直后进行人工时效,使曲轴定性
	表面敲击冷矫法	用球形手锤或风动手锤敲击曲轴弯曲表面。敲击时,锤子在同一点的敲击次数不能超过3~4次,被敲表面不应进行切削加工

曲轴磨损情况		检 修 方 法
轴颈磨损	切削法	即轴颈最大缩小量不超过 2mm 的,可在磨床上进行磨削修理
	喷涂粘接法	如果曲轴轴颈的磨损量较大,即磨损量为曲轴支承颈基本尺寸的 1/30～1/20 时,可用喷涂法、粘接法进行修复,但修复前必须进行强度验算
	切割焊粘法	先把已加工好的轴套切开两半,焊粘到曲轴磨损的轴颈上,焊缝应退火,消除应力,然后加工到需要的尺寸
	改变曲率法	在使用条件允许的情况下,曲拐半径的变动量在 1mm 左右,可采用此方法

第二节 部件修理

一、减速器部件的检修

减速器是一种由封闭在箱体内的齿轮传动或蜗杆传动机构组成的独立部件,也称为减速箱。一般装在原动机与工作机之间。减速箱用来降低转速,改变转矩,具有润滑良好、不易磨损和便于维修等特点。

(1) 减速器的分类及结构　常用的减速器有圆柱齿轮减速器、圆锥齿轮减速器、圆锥-圆柱齿轮减速器、蜗杆减速器、蜗杆-齿轮减速器等,此外,还有自由行星齿轮减速器、摆线针轮减速器、谐波齿轮减速器等多种结构形式。减速器的结构如图 12-17 所示。

(2) 减速器的装配形式　同一型号减速器的基本元件是相同的,根据输入轴和输出轴的方向、位置不同,在传动比不变的情况下,可组成不同的装配形式。ZD 型减速器的装配形式如图 12-18 所示。

(3) 减速器修理的实施　修理前要认真分析减速器的失效形式。因为减速器一般是以高速轴输入、低速轴输出的方式来传递转矩的,所以,它的失效形式多表现为转矩损失和丧失,有时是断续地传递转矩。减速器的主要失效形式有以下几种。

① 箱体失效。很多型号的减速器箱体都是由箱盖和箱座扣合而成的。箱体失效多为轴承孔磨损,是轴承在孔内的跑圈和箱体的变形造成的。

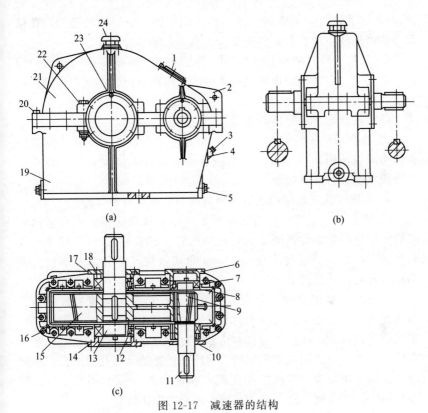

(a)

(b)

(c)

图 12-17　减速器的结构

1—视孔盖；2—吊环；3—油尺；4—油尺套；5—螺塞；6,10,14,17—端盖；
7,12—轴承；8—挡油环；9—高速级齿轮；11—高速轴；13—低速轴；
15—低速级齿轮；16—定位销；18—甩油盘；19—底座；
20,22—连接螺栓；21—箱盖；23—螺钉；24—通气罩

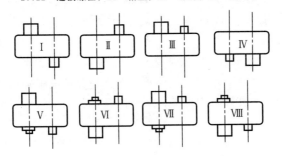

图 12-18　ZD 型减速器的装配形式

② 轴系失效。主要包括高速轴、低速轴、中间轴的键槽、花键部分的磨损或扭曲,轴颈的磨损(尤其是装轴承处的轴颈)。

③ 齿轮、蜗杆副和其他旋转零件的失效。断续传递转矩时,撞击力量很大,会使齿面出现坑痕,因疲劳出现麻点、剥落,齿部出现裂纹、断裂等。

(4) 减速器主要零件的修理

① 减速器箱体的修理。箱盖扣至箱座上,检查螺栓孔或定位销孔是否断裂,用 0.05mm 塞尺检查其结合面变形情况;检查轴承孔的磨损状况。修理方法如下。

a. 若螺栓孔或定位销孔有裂缝或断裂,应进行补焊修理。

b. 箱盖与箱座结合面若有变形,应用平板刮研结合面,达到要求后,用螺栓和定位销固定(定位销孔要经过铰制)。然后找正原孔和同轴系两孔的同轴度应在 0.01mm 以内,按尺寸公差及形位公差精镗所有的孔并达到要求。

c. 轴承孔磨损呈椭圆形或有拉毛时,在箱座与箱盖扣合的结合面达到要求的前提下,可按上述镗孔找正方法和要求找正,镗孔后,镶入整体式轴套,在箱体与套的结合处打骑缝销孔,装入销钉以防止套转动。也可以采用在孔间隙处填补胶来修补轴承与孔的配合,根据填补胶的使用要求,可将磨损孔镗大 0.05~0.2mm。还可以精刨箱盖与箱座的结合面,然后用直接镗孔成形的方法修理。

② 减速器传动件的修理。轴的修理:轴颈磨损处可采取镀铬或涂镀技术,键槽磨损可在原键槽 60°处重铣键槽,花键磨损可焊接,重新加工和铣花键,磨损严重则更换。旋转传动件的修理:一般都采取更换的方法。键槽磨损可在 180°处再插键槽,蜗杆副的蜗轮磨损严重可飞刀修齿,再配做蜗杆。蜗杆副必须对研、配做接触区。

③ 减速器轴承修复。减速器结构中常有深沟球轴承、圆锥滚子轴承、调心球轴承和角接触球轴承。尤其是圆锥滚子轴承和角接触球轴承,全靠调整其间隙来保证传动精度,这些轴承一般采用更换的方法进行修复。

④ 减速器辅件的修复。主要采用刮研接触面和更换密封件的方法来解决漏油的问题。

二、溜板箱部件的检修

为了介绍方便，此处把丝杠、光杠和溜板箱部分的修理放在一起分析。溜板箱用于完成机床的纵向进给运动、横向进给运动及螺纹切削进给等运动。前两项运动由光杠传动，后者由丝杠传动，此外，在溜板箱内还有防止丝杠、光杠同时传动的互锁保安装置和防止进给运动中负荷过载的脱落蜗杆装置。

1. 修理丝杠、开合螺母

丝杠的磨损在全长上是不均匀的，又由于床身导轨的磨损，溜板箱（连同开合螺母）的下沉使丝杠弯曲，丝杠的精度、丝杠开合螺母的啮合质量以及开合螺母的稳定性，都会影响到车削螺纹的质量。由于丝杠制造成本高，工期长，所以丝杠、开合螺母副的修理方法一般是修丝杠、重新配做开合螺母。

（1）丝杠的修理

① 校直丝杠的弯曲变形可用压力校直法和敲打法。但压力校直法要求技术性高，不易掌握，在实际工作中多用敲打法进行校直。用敲打法进行校直时，必须注意要使丝杠的直接受力点在丝杠的底径上，而不能在丝杠的外圆上，为了防止丝杠再次变形，必要时可增加一道低温时效处理工序。

② 精修丝杠外径，在修车丝杠螺纹以及总装校表时都是以丝杠外径为基准，必须确保丝杠外径在全长上的尺寸一致。

③ 精车螺纹，在修理前，要检查丝杠的螺距误差和螺距累积误差，确定最大的修理余量，以避免修车到丝杠末尾部分时出现螺纹乱牙。

（2）开合螺母的配做

① 开合螺母的内螺纹（包括螺纹底孔）先不加工，其余按尺寸车成。

② 开合螺母体按要求尺寸加工，开合螺母体的导轨要与溜板箱燕尾导轨配刮，塞铁也配刮好，然后装配到溜板箱上。

③ 根据距离光杠中心的尺寸，在镗床上加工出开合螺母的内螺纹底孔，最后在车床上精车内螺纹，内螺纹尺寸要根据丝杠修复后实际尺寸配做。上述方法是通过开合螺母内螺纹中心的偏移来纠正光杠与丝杠中心在同一垂直平面的偏差以及纠正光杠与丝杠中心距尺寸的

偏差。

2. 修复光杠

光杠的修复是校直，因为光杠与丝杠一同弯曲后势必与溜板箱的传动齿轮轴孔不同轴，相对移动受阻，回转不均匀，使进给运动产生爬行。修复光杠采用压力校直法，光杠校直后，光杠上的键槽也要修正，否则影响传动齿轮在光杠上的灵活移动。光杠键槽的检查方法如图 12-19 所示。

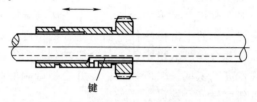

键

图 12-19　检查光杠键槽

3. 修理溜板箱体

修理溜板箱体时，其修理基准是溜板箱与溜板的结合面。溜板箱体的修理重点是与开合螺母配合的燕尾导轨（见图 12-20），溜板体的刮研工艺如下。

刮研表面 1 和 2（见图 12-20），刮研的技术要求为：对溜板箱结合面的垂直度在 200mm 测量长度上的允差为 0.08～0.10mm，接触点为 8～10 点/(25mm×25mm)。

① 用小型平板作研具刮研表面 1；用角度底座作研具刮研表面 2。

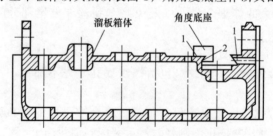

溜板箱体　　　角度底座

图 12-20　刮研溜板箱燕尾导轨

1,2—表面

② 检查丝杠、光杠孔轴线在同一平面上，如图 12-21 所示。当结合面与平板不垂直时可用支承调节该面至垂直度要求，见图 12-21（b）。

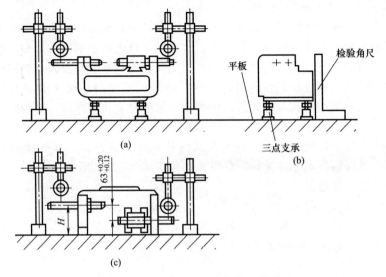

图 12-21　测量丝杠、光杠中心线高度

③ 检查丝杠、光杠孔中心距及对结合面的垂直度，如图 12-21（c）所示，也可由此测出燕尾导轨对结合面的垂直度。

当丝杠、光杠孔轴线等高超差时，可采用在开合螺母体的燕尾导轨面上粘塑料板或铜板来补偿导轨面的磨损，以达到孔轴线等高。当孔中心距尺寸超差时，可以通过修正开合螺母的操纵手柄轴上的旋槽来纠正，也可以采用开合螺母内螺纹中心的偏移来实现。图 12-21（c）中 H 是光杠孔轴线到结合面的高度，测出这个尺寸，供机床总装中调整丝杠、光杠三点支承同轴度的尺寸链时使用。

4. 脱落蜗杆装置的修理

脱落蜗杆装置能使机床在进给运动超载时自动停止。这种机构接合和脱开很方便，不会对传动件造成损伤，但是由于结构比较复杂，新式机床较少采用。脱落蜗杆装置的修理主要包括下列内容。

① 调整脱落蜗杆压力弹簧的压力，使其过载时能脱落，不过载时传动可靠。

② 当蜗轮磨损严重不能传递正常的切削载荷时，应当更换新的蜗轮。

③ 修复蜗杆的十字接头和支撑板。

5. 互锁保安装置的修理

该机构的作用是防止丝杠、光杠同时转动。在操纵开合螺母的手柄轴上装有一个互锁键，而在控制溜板纵、横进给手柄拨叉上有一凹槽，当合上开合螺母与丝杠咬合时，互锁键的凸部插入拨叉上的凹槽内，使纵、横进给机构脱开；当纵、横进给连接时，拨叉沿轴向运动，互锁键的凸部与拨叉的凹槽错开，无法合上开合螺母，从而保证纵、横进给运动与螺纹切削运动不会同时出现。

在这个机构中，重点注意拨叉内孔螺旋槽的修复。如螺旋槽松动，可以螺杆本身为模具，在拨叉内孔中重新浇铸巴氏合金。

三、尾座部件的检修

尾座（见图 12-22）的主要作用是支承工件或在尾座顶尖套中装上钻头、铰刀、圆板牙等刀具来加工工件。因此，要求尾座顶尖套移动轻便，在承受切削载荷时稳定可靠。

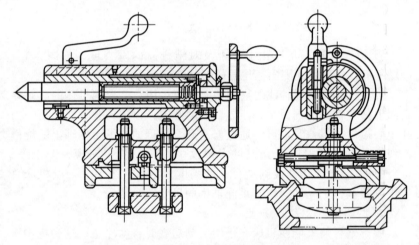

图 12-22　尾座装配图

1. 修理尾座躯体轴孔

尾座部件的修理重点是修理尾座躯体的轴孔。尾座顶尖套承受切削载荷，并且经常处于夹紧状态下工作，必然引起轴孔的变形和磨损。轴孔磨损后，前端孔口呈喇叭形，孔径圆度超差，呈椭圆形。轴孔磨损后，造成用尾座支承工件进行切削使顶尖套不稳定。

尾座躯体轴孔的技术要求：轴孔的圆度允差为 0.01mm；轴孔的直线度允差为 0.02mm；轴孔的圆柱度允差为 0.01mm。

当轴孔磨损轻微时，采用研磨方法修正；轴孔磨损严重时，应在修镗后再进行研磨修正。修镗余量严格控制在最小范围，以免影响尾座部件的刚度。轴孔修复后，根据轴孔的实际尺寸单配尾座顶尖套。

2. 修复尾座顶尖套

尾座顶尖套的技术要求为：尾座顶尖套外径 70mm 的圆度、圆柱度允差为 0.008mm；锥孔轴线对外径的径向圆跳动在端部的允差为 0.01mm，在距端部 300mm 长度上的允差为 0.02mm；锥孔修复后的轴向位移不得超过 5mm。

① 尾座顶尖套的外径应与修复后的尾座轴孔保持 H7/h5 的配合精度，除了配做新的顶尖套方法外，也可以用镀铬法修复顶尖套外径。镀铬层厚度为 0.1～0.15mm。镀铬后精磨外径。

② 尾座顶尖套的锥孔与顶尖配合不良时，车出的工件会呈棱形或椭圆，故应修研锥孔和修磨顶尖锥部，使其配合良好。

3. 修复尾座的丝杠-螺母副

尾座丝杠-螺母副磨损后，一般情况下应更换新的丝杠-螺母副，无备件时，可以采用修丝杠、配螺母的方法修复。

4. 修复尾座的紧固块

紧固块的技术要求为：圆弧表面上的接触面积在 70% 以上。修复尾座顶尖套后，必须相应地修刮紧固块，弧面接触使卡紧圆良好。

第三节　机床定期维修

机床定期维修主要包括大修、中修和小修。本节主要讲述机床的中修。

一、机床中修的步骤

机床的中修过程一般可分为修前准备、修理过程和修后验收三个阶段。

1. 修前准备

为了使修理工作顺利地进行并做到准确无误，修理人员应认真听取操作者对设备修理的要求，详细了解待修设备的主要毛病，如设备精度丧失情况、主要机械零件的磨损程度、传动系统的精度状况和外观缺陷等；了解待修设备为满足工艺要求应做哪些部件的改进和改装，阅读有关技术资料、设备使用说明书和历次修理记录，熟悉设备的结构特点、传动系统和原设计精度要求，以便提出预检项目。经预检确定大件、关键件的具体修理方法，准备专用工具和检测量具，确定修后的精度检验项目和试车验收要求，这样就为整台机床的中修做好了各项技术准备工作。

2. 修理过程

修理过程开始后，首先进行设备的解体工作，按照与装配相反的顺序和方向，即"先上后下，先外后里"的方法，有次序地解除零部件在设备中相互约束和固定的形式。拆卸下来的零件应进行二次预检，根据二次预检的情况提出二次补修件；还要根据更换件和修复件的供应、修复情况，大致排定修理工作进度，以使修理工作有步骤、按计划地进行，以免因组织工作的衔接不当而延长修理周期。设备修理能够达到的精度和效能与修理工作配备的技术力量、设备修理次数及修前技术状况等有关。对于在修理工作中能够恢复到原有精度标准的设备，应全力以赴，保证达到原有精度标准。对于恢复不到原有精度标准的设备，应有所侧重，根据该设备所承担的生产任务，对于关系较大的几项精度指标，多投入技术力量和多下工夫，使之达到保证生产工艺最基本的要求。对于具体零部件的修复，应根据待修件的结构特点、精度高低并结合现场的修复能力，拟定合理的修理方案和相应的修复方法，进行修复直至达到要求。设备整机的装配工作以验收标准为依据进行。应选择合适的装配基准面，确定误差补偿环节的形式及补偿方法，确保各零部件之间的装配精度，如平行度、同轴度、垂直度以及传动的啮合精度要求等。

3. 修后验收

凡是经过修理装配并调整好的设备，都必须按规定的精度标准项目或修前拟定的精度项目，进行各项精度检验和试验，如几何精度检验、空运转试验、载荷试验和工作精度检验等，全面检查衡量所修理设备的质量、精度和工作性能的恢复情况。设备修理后，应记录对原技术资料的修改情况和修理中的经验教训，做好修后工作小结，与原始资料一起归档，以备下次修理时参考。

二、机床中修的基本要求和工艺过程

本节仅以普通卧式车床为例,重点讲述机床中修的工艺过程。

普通车床中修的主要任务是拆卸、清洗和检查床头箱、进给箱、溜板箱,更换磨损严重的零件。修磨、刮研机床床身导轨和滑动结合面、镶条、压板。清理和检查电器系统、润滑系统、冷却系统,达到整洁、灵敏、安全好用、无泄漏。由于车床中修项目繁多,不可能对其一一讲述,在此仅对主轴箱部分的中修工艺过程作一介绍。

1. 拆装检修车床主轴箱中Ⅰ轴

(1) Ⅰ轴的结构和工作原理 卧式车床主轴箱中Ⅰ轴的结构如图 12-23 所示。Ⅰ轴位于主轴箱上方,动力由带轮经花键套传给Ⅰ轴。Ⅰ轴上装有双向多片式摩擦离合器,通过操纵机构分别压紧左、右摩擦片,即可带动正转齿轮 3 和反转齿轮 5,将动力传给Ⅱ轴,使Ⅱ轴获得正、反方向的旋转。再经变速齿轮经Ⅲ、Ⅴ轴,最后带动主轴旋转。车床主轴操纵机构如图 12-24 所示,向上扳动手柄 13 时,通过由连接杆 12 和 11 组成的杠杆机构使扇形齿轮 6 顺时针转动,带动齿条轴 10 及固定在其左端的拨叉 9 右移,拨叉又带动滑套 8 右移。滑套右移时,依靠其内孔的锥形部分将摆杆 2 的右端压下,使它绕销子顺时针摆动。其下部凸起部分便推动装在Ⅰ轴内孔中的杆 3 向左移动,再通过固定在杆 3 左端的销 1,使花键压套 4 和螺母 5 向左压紧

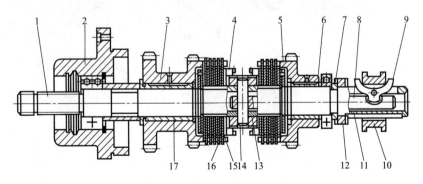

图 12-23 卧式车床主轴箱中Ⅰ轴的结构

1—Ⅰ轴;2—轴承套;3—正转齿轮;4—调整环;5—反转齿轮;6—反转齿轮铜套;
7—对开定位垫;8—拉杆;9—摆杆;10—滑套;11—键;12—偏心套;13—花键套;
14—圆柱销;15—静摩擦片;16—动摩擦片;17—正转齿轮铜套

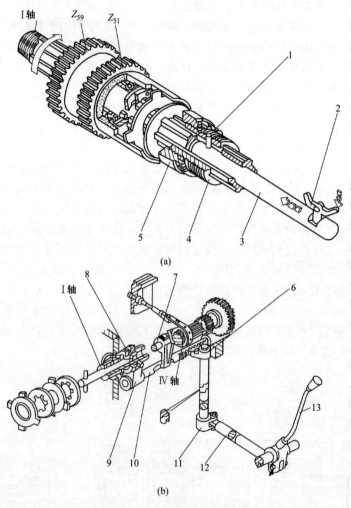

图 12-24　车床主轴操纵机构

1—销；2—摆杆；3—杆；4—花键压套；5—螺母；6—扇形齿轮；7—杠杆；
8—滑套；9—拨叉；10—齿条轴；11,12—连接件；13—手柄

左面一组摩擦片，将空套双联齿轮与Ⅰ轴连接，于是主轴启动沿正向旋转。向下扳动手柄13时，齿条轴10带动滑套8左移，摆杆2逆时针摆动，杆3向右移动，带动花键压套4和螺母5向右压紧右面一组

摩擦片。将右端空套齿轮与Ⅰ轴连接，于是主轴启动沿反向旋转。手柄 13 扳至中间位置时，齿条轴 10 和滑套 8 也都处于中间位置，双向摩擦离合器的左、右两组摩擦片都松开，不起传动作用。此时，齿条轴 10 上的凸起部分压着杠杆 7 的下端，将制动带拉紧，于是主轴被制动，迅速停止旋转。而当齿条轴 10 移向左端或右端位置，使离合器接合，主轴启动时，其上圆弧形凹入部分与杠杆 7 接触，制动带松开，主轴不受制动器作用。

（2）Ⅰ轴的拆卸和修理

① 拆卸Ⅰ轴的步骤和方法。用拔销器将拨叉与齿条轴相连接的定位销拔出，然后按图 12-23 所示拆下轴承套 2 上的连接螺钉，便可将Ⅰ轴连同轴承套一起从主轴箱左端孔中退出。卸下Ⅰ轴左端轴承套后，Ⅰ轴上所装的零件从右向左依次拆卸。先取下滑套 10，轻轻敲出固定销，取下摆杆 9，用挡圈装卸钳从轴上拆下弹性挡圈，取下右端轴承和对开定位垫 7，再用铜棒敲反转齿轮 5 从右端卸出。取下右端挡片和内外摩擦片，用圆棒敲出固定销 14，卸下装有调整环 4 的花键套 13 和拉杆 8，再取下左端内、外摩擦片和挡片，最后从左端拆下双联齿轮和轴承。

② 检修Ⅰ轴。由于车床的启动频繁，Ⅰ轴与 V 带轮的花键连接部分容易产生挤压变形，使花键配合松动，引起启动时的冲击。在修复时，如果Ⅰ轴端的花键部分磨损不大还能使用时，只要更换花键套；如果轴端的花键磨损严重，就要更换Ⅰ轴。

③ 检修摩擦离合器。在多片式摩擦离合器中，检修重点是摩擦片。当车床切削载荷超过调整好的摩擦片所传递的力矩时，摩擦片之间就会产生相对滑动现象，表面会被划出较深的沟道。在表面渗碳淬硬层被全部磨掉后，摩擦离合器就失去效能。中修时一般要更换新的摩擦片。

④ 检修摆杆。摆杆、拉杆和拨叉套的接触面都很小，经过一段时间的使用后产生磨损，一般情况下更换新件。

⑤ Ⅰ轴上的其他零件，如滚动轴承失效、传动齿轮的磨损严重或断齿等，则均需要更换新的备件。

⑥ Ⅰ轴的装配和调整。Ⅰ轴的装配步骤和上述拆卸步骤正好相反，如果传动齿轮已经调换，则须按新配的齿轮装上弹簧挡圈后，根

据轴承的厚度配磨中间隔圈。若摆杆已重新配过，则应按图 12-25 所示将摆杆放平，此时应使摩擦片中间的花键套处在中间位置。当用拇指压一下摆杆的一肩时，相应的齿轮应被压紧，不能用手转动。交替压下摆杆的两肩时，手感要轻快，花键套也能灵活移动。

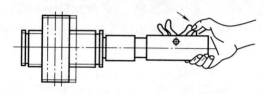

图 12-25　调整摆杆和花键套的位置

⑦ 当 I 轴装入主轴箱内，并装好左端带轮和右端拨叉后，需要根据操纵手柄的位置，调整图 12-23 中左、右两个调整环 4 的位置。按下定位套，转动左或右调整环，使其在花键套 13 上做相对位移，调整合适后，定位套应位于套端面槽的中间位置，如图 12-26（a）所示。如果处于图 12-26（b）左图所示的位置，应将左边摩擦片增加一组；如果处于图 12-26（b）右图所示的位置，则应将右边摩擦片减去一组。

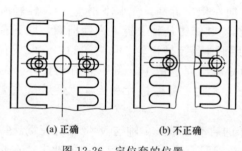

(a) 正确　　　　(b) 不正确

图 12-26　定位套的位置

2. 拆装检修车床主轴箱中主轴

（1）拆卸主轴的步骤和方法　车床主轴的结构如图 12-27 所示。先拧松紧定螺钉 2 和 5，松开两端圆螺母 1 和 4，将中间的内齿轮离合器 3 移到最左端位置，并使内齿轮离合器右端缺口向上。回转主轴使弹性挡圈的环孔处于缺口中间，用挡圈装卸钳松开各弹性挡圈并移出轴上槽的位置。拆卸右端的内六角螺钉 6 使法兰盘 7 松开，用木槌或锤子加铜垫敲击主轴左端，边敲击边松开两圆螺母，直到主轴全部卸出。用挡圈装卸钳松开弹性挡圈，并在轴上移动，不能用旋具撬，也不能用锤子敲，否则会损伤轴的表面。应按照图 12-28 所示的方法，用右手持挡圈装卸钳，把弹性挡圈胀开后，沿轴向用左手手指将

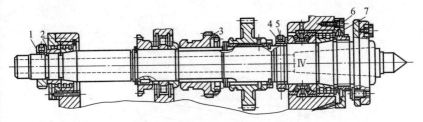

图 12-27　车床主轴箱中主轴的装配图

1,4—圆螺母；2,5—紧定螺钉；3—内齿轮离合器；6—内六角螺钉；7—法兰盘

弹性挡圈做轴向移动。两手应配合动作，使挡圈装卸钳在移动过程中，始终与轴心线相垂直。

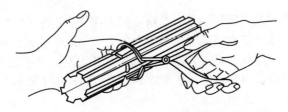

图 12-28　用挡圈装卸钳松开弹性挡圈后的移动方法

　　（2）主轴的检测与修复　　主轴本身的精度（如圆度、圆柱度、同轴度、垂直度和各种跳动等）既直接影响主轴部件工作时的径向圆跳动，又直接影响主轴部件的轴向窜动。因此，修理时必须先对主轴进行检测，其检测方法如图 12-29 所示。在倾斜底座上固定两块等高 V 形架，左端固定挡铁，主轴后端孔中装有带中心孔的闷头，将主轴安放在 V 形架上，闷头中心孔处放一个钢球与挡铁相接触。固定千分表使测头与主轴被测表面接触，用手回转主轴进行测量。要求表面 1、5 的圆度和同轴度误差在 0.005mm 内；表面 3、4 对表面 1、5 的同轴度误差在 0.01mm 内；表面 7 的径向圆跳动量在 0.008mm 内；表面 2、6 的端面圆跳动量在 0.01mm 内。再用 1∶12 锥度环规检查主轴外锥部分，接触面积要在 50% 以上，而且大端接触。主轴精度测量后，若发现超差，则需要进行修复，一般采用电镀或喷涂法加大尺寸，再在高精度磨床上精磨或研磨，将尺寸按轴承配合要求进行修复。发现主轴弯曲超差或有裂纹，则应更换新的主轴。

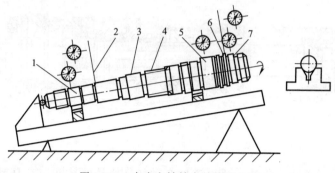

图 12-29 车床主轴精度的检测方法

1～7—表面

（3）主轴的装配和调整 主轴装配步骤与上述拆卸步骤相反，必须随着主轴逐渐装入箱体时，齿轮会一个一个地穿过主轴台肩。当跨越台肩时，应用双手将齿轮拿起，避免齿轮下垂，更不能生拉硬撞，导致损坏轴肩或齿轮孔壁。装配前端双排短圆柱滚子轴承时，先装外圈于箱体孔中，内圈及滚子则装在主轴外锥部位，可采用前述装配方法，用细铜丝沿圆周将滚子提起，再装入外圈孔内。装配后，先调整后轴承，再调整前轴承，调整时应注意前轴承因靠锥孔胀大而消除间隙，故不可调得太紧，否则主轴工作时会发热产生变形，情况严重时，会造成轴承内圈碎裂。当用手转动主轴而无阻滞现象时，拧紧前端锁紧螺母。

主轴装配调整后需进行测量，测量主轴轴承间隙的方法如图

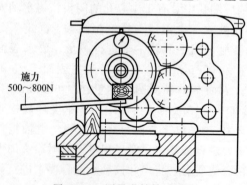

施力
500～800N

图 12-30 测量主轴轴承间隙

12-30所示。在床身平导轨上和主轴下垫木块，中间插入铁棒，一端加力 500～800N 时，从主轴上方用千分表测量，间隙应小于 0.005mm。测量主轴的回转精度、测量主轴定心轴颈的径向圆跳动时，要将百分表测量头垂直压在主轴

表面上，如图 12-31 所示，以减少测量误差。测量主轴轴肩支承面的端面圆跳动时，要检查对应的两点，以反映真实的最大综合误差，要取上、下两数据的平均值。主轴的回转精度为：定心轴颈的径向圆跳动允差为 0.01mm；轴肩支承面的端面圆跳动允差为 0.015mm；主轴的轴向窜动量为 0.01~0.02mm。主轴莫氏 5 号锥孔的精度需进行检验，在车床总装配时测量发现问题，一般采用研磨锥孔的方法来纠正。

3. 试车

车床经中修、总装配后，必须进行试车和验收。试车和验收包括以下几个方面。

(1) 静态检查　这是车床进行性能试验之前的检查，主要普查车床各部是否安全可靠，以保证试车时不出事故。主要从以下几个方面检查。

① 用手转动各传动件，应运转灵活。

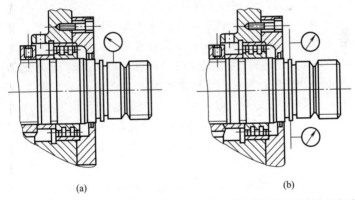

(a)   (b)

图 12-31　测量主轴轴承回转精度、主轴定心轴颈的径向圆跳动的方法

② 变速手柄和换向手柄应操纵灵活、定位准确、安全可靠。手轮或手柄转动时，其转动力用拉力器测量，不应超过 80N。

③ 移动机构的反向空行程量应尽量小，直接传动的丝杠不得超过回转圆周的 1/30 转；间接传动的丝杠，空行程不得超过 1/20 转。

④ 滑板、刀架等滑动导轨在行程范围内移动时，应轻重均匀、平稳。

⑤ 顶尖套在尾座孔中做全长伸缩，应滑动灵活而无阻滞，手轮转动轻快，锁紧机构灵敏，无卡死现象。

⑥ 开合螺母机构开合准确可靠，无阻滞或过松的感觉。

⑦ 安全离合器应灵活可靠，在超负荷时，能及时切断运动。

⑧ 挂轮架交换齿轮间的侧隙适当，固定装置可靠。

⑨ 各部分的润滑加油孔有明显的标记，清洁畅通。油线清洁，插入深度与松紧合适。

⑩ 电器设备启动、停止应安全可靠。

（2）空运转试验 空运转试验是在无负荷状态下启动车床，检查主轴转速。从最低转速依次提高到最高转速，各级转速的运转时间不少于 5min，最高转速的运转时间不少于 30min。同时，对机床的进给机构也要进行低、中、高进给量的空运转，并检查润滑油泵输油情况。车床空运转时应满足以下要求。

① 在所有的转速下，车床的各部工作机构应运转正常，不应有明显的振动。各操纵机构应平稳可靠。

② 润滑系统正常、畅通、可靠，无泄漏现象。

③ 安全防护装置和保险装置安全可靠。

④ 在主轴轴承达到稳定温度时（即热平衡状态），轴承的温度和温升均不得超过如下规定：滑动轴承温度 60℃，温升 30℃；滚动轴承温度 70℃，温升 40℃。

（3）负荷试验 车床经空运转试验合格后，将其调至中速（最高转速的 1/2 或高于 1/2 的相邻一级转速）继续运转，待其达到热平衡状态时，则可进行负荷试验。

① 全负荷强度试验。全负荷强度试验的目的，是考核车床主传动系统能否输出设计所允许的最大转矩和功率。试验方法是将尺寸为 $\phi100\text{mm}\times250\text{mm}$ 的中碳钢试件，一端用卡盘夹紧，一端用顶尖顶住。用硬质合金 YT5 的 45°标准右偏刀进行车削，切削用量为 $n=58\text{r/min}(v=18.5\text{m/min})$；$a_p=12\text{mm}$；$f=0.6\text{mm/r}$，强力切削外圆。试验要求在全负荷强度试验时，车床所有机构均应工作正常，动作平稳，不准有振动和噪声。主轴转速不得比空转时降低 5% 以上。各手柄不得有颤抖和自动换位现象。试验时，允许将摩擦离合器调紧 2~3 孔，待切削完毕再松开至正常位置。

② 精车外圆试验。目的是检验车床在正常工作温度下，主轴轴线与床鞍移动方向是否平行、主轴的旋转精度是否合格。

试验方法是在车床卡盘上夹持尺寸为 $\phi80mm \times 250mm$ 的中碳钢试件，不用尾座顶尖。采用高速钢车刀，切削用量取 $n = 397r/min$，$a_p = 0.15mm$，$f = 0.1mm/r$ 精车外圆表面。精车后试件允差：圆度为 $0.01mm$，圆柱度为 $0.01/100mm$，表面粗糙度值 Ra 不大于 $3.2\mu m$。

③ 精车端面试验。应在精车外圆合格后进行。目的是检查车床在正常工作温度下，刀架横向移动对主轴轴线的垂直度和横向导轨的直线度。试件为 $\phi250mm$ 的铸铁圆盘，用卡盘夹持。用 YG8 硬质合金 $45°$ 右偏刀精车端面，切削用量取 $n = 230r/min$，$a_p = 0.2mm$，$f = 0.15mm/r$，精车端面后试件平面度应为 $0.02mm$（只许凹）。

④ 车槽试验。目的是考核车床主轴系统及刀架系统的抗振性能，检查主轴部件的装配精度、主轴旋转精度、床鞍刀架系统刮研配合面的接触质量及配合间隙的调整是否合格。

车槽试验的试件为 $\phi80mm \times 150mm$ 的中碳钢棒料，用前角 $r_o = 8°\sim10°$，后角 $\alpha_o = 5°\sim6°$ 的 YT15 硬质合金切刀，切削用量为 $v = 40\sim70m/min$，$f' = 0.1\sim0.2mm/r$。

车刀宽度为 5mm，在距卡盘端 $(1.5\sim2)d$（d 为工件直径）处车槽，不应有明显振动和振痕。

⑤ 精车螺纹试验。目的是检查车床上加工螺纹传动系统的准确性。

试验规范：$\phi40mm \times 500mm$ 的中碳钢工件；高速钢 $60°$ 标准螺纹车刀，切削用量为 $n = 19r/min$，$a_p = 0.02mm$，$f = 6mm/r$；两端用顶尖顶车。

精车螺纹试验精度要求：螺距累计误差应小于 $0.025mm/100mm$，表面粗糙度值 Ra 不大于 $3.2\mu m$，无振动波纹。

第十三章

⚡ 机床常见机械故障的诊断与排除

第一节 设备故障的概念

一、设备故障的定义和分类

故障是指由机械设备本身原因造成机械不符合标准规定要求的非正常运动。如某些零件或部件损坏，致使工作能力丧失；发动机功率降低；传动系统失去平衡和噪声增大；工作机械的工作能力下降，机械加工量不能吃重等，当其超出了规定的指标时，均属于设备故障。

设备故障包含机械故障和电气故障两个部分，机械故障表现在结构上，主要是设备零件损坏和零件之间相互关系的破坏。如零件的折断、变形、配合件的间隙增大或过盈丧失，固定和紧固装置的松动与失效等。电气设备故障表现形式有两类，一类是有明显外表特征并容易发现的，如电动机、电器发热、冒烟甚至发生焦味或火花等，另一类是没有外表特征的，此类故障发生在控制电路中，由于元件调整不当、机械工作失灵、触头及压线端子接触不良或脱落以及小零件损坏、导线断裂等原因所引起。

设备故障的分类方法很多。一般可分为临时故障和永久性故障两大类，永久性故障又可按发生时间、表现形式、产生原因及造成后果等多方面进行分类，详细情况见故障分类图（见图 13-1）。

二、故障概率和故障率

机床的技术状况总是随着使用时间的延长而逐渐恶化，因而机床

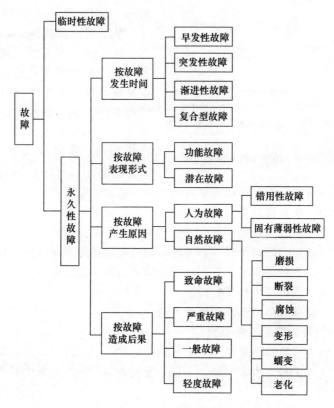

图 13-1　故障的分类

的使用寿命总是有限的。由此可知，机床发生故障的可能性总是随着时间的延长而增大的，因而它可以看成是时间的函数。但由于机床故障的发生具有随机性，即无论哪一类故障，人们都难以预料其确切的发生时间。故机床发生故障的情况都只能用概率来表示，称为故障概率。

产品在某一瞬间可能发生的故障相对于该瞬间的残存概率之间的关系，即故障率。

故障率可以定义为：产品在时间 t 内尚未发生故障，而在下一个单位时间内可能发生故障的条件概率。

机械设备整个寿命期内的故障率可以用一条曲线来表示，这条曲线

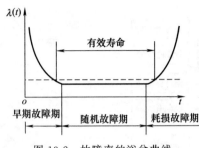

图 13-2　故障率的浴盆曲线

俗称"浴盆曲线"（见图 13-2）。

从不同故障出现的时机来看，机械设备在开始使用阶段具有较高的故障率，且此故障率是渐减性；机械产品到了有效寿命的后期，其故障率便不断增大，为渐增性；而在其他使用期内，故障率为恒定性，且其值甚小。对应各不同故障率曲线的时间范围分别称为早期故障期、随机故障期和耗损故障期。

然而，从机械设备使用者的角度出发，对于曲线所表示的早期故障，由于机械设备在出厂前和安装过程中经过充分调试，可以认为已基本得到消除，因而可以不必考虑；随机故障通常容易排除，且一般不决定机械设备的寿命；唯有耗损故障才是影响机械设备有效寿命的决定因素，因而是主要研究对象。

三、设备故障的诊断原则和方法

1. 设备故障的诊断原则

对设备故障诊断的基本要求是判断准确，迅速及时。为保证诊断工作的顺利进行，少走弯路，不做重复检查，在诊断过程中应当遵循以下原则。

（1）判断要整体性，排除要全面性　机床各系统和机构及所属的零部件之间是密切相关的，一个系统，一个机构或一个部件有故障必然要涉及其他系统、机构和部件。因此对每一个故障，我们都不能孤立地去看待，而必须考虑故障对其他系统、机构和部件的影响，因此要从故障整体分析其原因，并进行全面检查并排除。

（2）判断尽量减少拆卸　在检查故障时，若盲目地乱拆，或者由于侥幸心理与思想混乱而随意地拆卸，不仅会延长排除故障的时间，而且还可能遭到不应有的破坏或产生新的故障，拆卸只能作为在经过周密分析后采取的最后手段，在决定采取这一步骤时，一定要以结构和机构原理等知识做指导，建立在科学分析的基础上，并应在有把握恢复正常状态和确信不会由此而引起不良后果的情况下才能进行。此外，还要避免同时进行几个部位或同一部位几项探索性拆卸或调换，以防互相影响，引起错觉。

（3）切忌有侥幸心理和盲目蛮干　当遇到较严重的可能造成破坏性损坏的故障征兆时，切忌存在侥幸心理、盲目蛮干。在没有查到故障原因，并予以排除时，不能轻易地开动机床，否则会进一步扩大故障损坏程度，甚至造成大事故，实在需要开机检查时，应切实做好各种防范措施，谨慎地进行，如做好各项安全启动前的盘车检查，看有无影响运转的任何阻碍，哪怕是盘车稍感重一点，也应当引起注意，并做出相应的检查，对重要的螺栓要检查有无松动，重要的摩擦部位有无发热现象等。机床一旦启动，一定要仔细分辨运转声响，查看油润情况，发现问题应及时停机。

（4）注意调查研究，综合分析　调查、研究和了解机床在使用维修方面的经历和现状，了解机床使用管理和维修的经历，主要看常出现什么样的故障，发生在什么部位，在检查中换了哪些零件检验和装配间隙数据等。对于现状的了解，主要是观察在故障出现前后有哪些现象，已经采取了哪些措施，效果如何，掌握了这些情况后，要把思路引导到产生故障可能性大的焦点上，便于得出正确的分析和判断。

（5）亲自动手，采用看、听、摸、嗅、检查等手段，获得第一手资料

① 看：观看机床的运转外部特征，机件有无松动、裂纹及其他损伤等，油润是否正常，各种仪表的读数是否正常，是否有漏油现象等。

② 听：听机床运转声是否正常，可用长螺钉旋具（或金属棒）听各部的响声，有条件的可用电子听诊器来诊断，通过机器发出的音律和节奏，可以判断出设备内部出现的松动、撞击、不平衡等隐患。用手锤敲打零件，听其是否发生杂声，可判断有无裂纹产生。

③ 摸：用人手的触觉可以监测设备的温升、振动及其间隙的变化情况，一般轴承的温度不应超过 60℃，一般采用手摸记数的方法，从 1 数到 7（5～6s），若达不到 7 以上，就感到灼热不能忍耐，非松手不可时，这时温度必定超过 60℃。手摸不仅可以感觉温度，而且通过手感，可以检查连接是否可靠、间隙大小，甚至机油有无稀释以及黏度大小等。用手感的方法大概可以判断出故障轻重程度和具体部位。

④ 嗅：人的嗅觉可以辨别机油的气味，更明显的是电器和橡胶制品的焦味，根据气味找出故障的部分。

⑤ 检查：对可能出现故障的零件进行拆卸检查，同时要注意相关零件的损坏情况，综合分析并判断出故障的真实原因，然后对症下药，进行排除和制定预防措施。

(6) 遵循"从简到繁、由表及里、按系诊断、推理检查"的原则 "从简到繁、由表及里"含意比较明确，要求检查人员不要把故障看得过于复杂，分析排除故障的方法与一般的工作方法一样，总是从简到繁、由近及远、由表及里地进行。

"按系诊断、推理检查"则要求检查时要有层次，合理分析，判断故障不能东抓一把，西抓一把，毫无头绪。在检查故障时，一定要按系统逐一检查，检查一项排除一个疑点，逐步缩小故障的范围，最后找出产生故障的真正原因。

2. 设备故障的诊断方法

设备故障诊断的任务在于确定诊断对象的状态及其随时间而变化的特征，研究确定诊断对象实际瞬时状态的方法及检测所用的技术手段。诊断有利于早期发现设备的缺陷和故障，预防其进一步发展或在维护期间将其排除。

(1) 故障诊断方法的分类 机床的预防维修离不开诊断技术的支持，诊断技术就是机床在运行中或在基本不全部拆卸的情况下，掌握设备的运行状态，判定产生故障的部位和原因，预测、预报未来状态的技术。诊断技术是防止事故发生的有效措施，也是机床维修的重要依据，机床在运行中获得信息的诊断方法有直接观察法、振动和噪声检测法、磨损残留物检测法和运行性能检测法等。

① 直接观察法。由维修人员通过感觉器官对机床看、听、触和嗅等进行诊断，称为"实用诊断技术"，根据直接感受到的变形、转速、颜色、伤痕、温度、振动动和声音等信息判断机床的状态。这种诊断要依据长年工作经验和积累，且诊断方法简便、实用，相当有效。

② 振动和噪声检测法。机床运转时发生的振动，一般用加速度、速度和位移表示，而且它的频谱也有一定的形状，这就是机床的振动特征。处于正常状态的机床具有典型的频谱，但当机床磨损、基础

下滑、零部件变形或失效时，机床原有的振动特征将发生变化，并通过振动能量的变化反映出来，所以振动反映了机床的状态。振动的测量有 3 个步骤：第一是机床总的振动和噪声强度的测定，初步判断机床运行是否正常；第二是进行频谱分析，以进一步判断问题发生在机床的什么环节上；第三是采用特殊技术，对特定的零部件进行深入分析，例如用噪声谱分析技术监测诊断齿轮的渐开线齿廓畸变磨损等。

③ 磨损残留物检测法。机床中相对运动的零件，如齿轮和轴承等在运行过程中的磨损残留物可以在润滑油中找到，测定的方法有 3 种：一是直接检查磨损残留物，测定油膜间隙内的电量的变化、润滑油混浊度和变化等方法，可以迅速获得零件失效的信息；二是磨损残留物的收集，如采用磁性擦头或特殊过滤器等，收集齿轮、轴承和轴颈等工作表面因疲劳引起的大块剥落颗粒；三是油样分析，可以确定机床中某一零件的磨损。

④ 运行性能检测法。指的是测量整机的输出或输出与输入的关系，以及对机床可靠性起决定性影响的关键零件，以判断机床的运行状态是否正常，如机床加工精度的变化、丝杠的转动和溜板的爬行等。运行性能的测定，通常也分别采用实用诊断技术或现代诊断技术等方法进行。

本章将重点讲述车床的运行诊断方法。

（2）机床故障的运行诊断技术　运行诊断技术是机床设备故障常用的诊断方法，它是通过机床的空载和负载运行，对故障的发生和发展进行监测，来判别故障产生部位、特征及原因的一种简易诊断技术。在诊断中应该结合操作者提供的情况反映、日常操作记录、检修零件更换表、事故分析和日常维修档案重点进行故障诊断。

① 空载运转诊断。主要是由人的感官通过听、视、嗅、触诊断设备故障。其主要内容如下所述。

a. 对机床齿轮箱中，传动齿轮的异常噪声进行诊断。空载运转中应逐级变速进行判断。如果某一级速度的噪声异常，则可以初步认定与这一级速度有关的零件，如齿轮、轴、轴承、拨叉等可能有较严重的损坏或磨损。然后再打开齿轮箱盖，作进一步检查。查看轮齿的外观质量是否有失效现象，如断裂、变形、点蚀、磨损等情况发生。

用千分表测量齿轮轴是否发生弯曲现象，检查轴承间隙是否过大等。

　　b. 诊断轴承旋转部位或滑动部件间发热的原因。例如，滑动轴承发热，主要是由于轴瓦或轴颈磨损严重，表面粗糙度变大，高速旋转时轴与轴瓦摩擦加大，并伴随冲击现象发生而引起，也可能是因为轴承间隙过小，或其他原因而引起。滚动轴承发热，主要是由于轴承间隙调节过小、润滑条件恶化而引起。若轴承体发热产生过高温度，就会出现退火变色现象。诊断中应贯彻先易后难的原则，先看润滑是否合乎要求，再查轴承间隙是否过小，通过放大间隙进行试探性诊断，最后再进行拆卸后诊断。

　　c. 判断机床产生振动的主要原因。机床的故障性振动往往是由于旋转零件不平衡、支承零件有磨损、传动机构松动、不对中或者不灵活、移动件接触不良、传动带质量不好等原因引起。查找振源时，应从弄清故障性振动的频率入手。一般情况下，测量出主频率的大小就可以根据传动关系找出产生故障性振动的部位。

　　d. 查找润滑、液压系统的漏油情况。主要诊断机床在运转中漏油产生的部位，分析漏油的原因。漏油有的是由于设备设计不合理，密封件选用不合适而引起。有的是因为操作使用不当，或者维修不合要求而造成。有的还由于设备出现裂纹、砂眼而引起。其中有许多原因只有通过设备空运转，并且反复试验，才能找出根源，彻底治漏。

　　e. 对机械构件产生运动障碍的原因进行判断。例如，要判断机械作业性质的设备产生运动传递中断、动作不能到位、功能错乱或功能不全等故障的原因时，只有通过空运转设备，才能看清运动中断的位置和产生功能性故障的具体零件。

　　② 负载运转诊断

　　a. 通过加工工件判断机床的有关零件，如导轨、轴承等件的磨损情况，以及装配不当引起的精度性故障产生的原因。对于车床来说。一般都选用铝材料作为试验件，检验加工件的几何精度及表面粗糙度的变化情况。根据加工件出现的形状误差及表面波纹产生的情况，进一步分析设备存在问题的症结。

　　b. 使设备处于常用工作状态，检查负载运转中故障的表现形式，尤其是振动、温升、噪声、功能丧失的加剧程度。

③ 实验性运转诊断。诊断运转中，为了从故障产生的许多可能的估计中，准确判断故障产生的位置及主要原因，采用实验方法进行诊断具有简单易行的特点。工作实际中，常用的实验诊断方法有如下几种。

a. 隔离法。首先，根据设备的工作原理及结构特点，估计出故障产生的主要原因，然后把这些原因发生的部位分别隔离开来进行运转诊断。判断中，必须逐个排除非故障原因，找出对故障产生和消失有明显影响的部位。故障部位找准了，就可以进一步查找和分析故障产生的原因。例如，车床的主轴箱内齿轮发出异常声响，如果直接打开主轴箱，很难一下子就判断出是哪个齿轮产生噪声。这时，可以通过变速挂挡，对齿轮进行隔离判断。若有几个挡位都发出异常声响，就可找出这几个挡位传递运动的共用齿轮进行检查。若只有一个挡位发生异常声响，就可以找出只有这一个挡位才使用的齿轮进行检查。

b. 替换法。在推理分析故障的基础上，把可能引起故障的零件进行适当修理，或者用合格的备件进行替换，然后再观察对原故障现象有无明显影响以及故障变化的趋势。若通过替换零件排除了故障，就可以对原零件和替换零件进行对比，诊断故障产生的原因。例如，车床溜板出现爬行现象，常见原因有三种：一是溜板磨损严重出现凹形；二是压板贴轨面磨损变毛；三是光杠上的钩头位移键配合工作面磨损变毛。针对这三种原因，可以先用一个新钩头位移键代替旧键，进行试运转，观察爬行现象能否消除或减弱。若没有明显变化，可以再对压板贴轨面进行刮研，用新刮研面代替旧刮研面，并进行运转观察。若还不能明显解决问题，就应对溜板上的导轨面进行测量和刮研，直到找出真正的原因消除爬行现象为止。

c. 对比法。通过对比同型号设备的主轴、丝杠在用手转动时，产生阻力的大小，能初步判断待修设备在被查部位的轴承、丝杠、导轨或其他件是否存在问题。对比同型号设备滑动轴承的轴颈和轴瓦之间间隙的大小，就可判断是否因为主轴间隙小引起轴承发热或抱轴现象，是否因为主轴间隙过大引起工件表面出现波纹，造成表面粗糙度变大。

d. 试探法。当对故障原因不能准确判断时，在模糊估计的基础上，由可能性最大的部位开始，由大到小进行试探性调整。通过改变调整部位的工作条件，主要是间隙大小，观察对故障现象有无明显影响，以判断故障产生的根源。例如，车床在加工中出现让刀现象，虽然影响因素很多，但是最大可能性是中溜板与小溜板的间隙过大。常见可能性是使中溜板实现横向进给的丝杠、螺母之间磨损严重或调整不当，引起间隙过大。一般可能性是大溜板与导轨因磨损严重引起配合不良，或者刀架定位机构失效等。这样，就应先调整中溜板与小溜板的斜镶条，减小溜板与导轨之间的间隙，后调整横向进给丝杠的双螺母，减小丝杠、螺母之间的间隙。若都不能解决问题，再检查刀架定位机构，提高大溜板与导轨的配合质量等。

e. 测量法。下面以 C620-1 车床为例来说明此种方法。判断故障时，若需要考虑导轨配合间隙，应使用塞尺进行检查。滑动导轨端面塞入 0.03mm 塞尺片时，插入深度应不超过 20mm。若超过太多，就可以认为导轨磨损严重，配合质量变劣。对于溜板上的手轮规定操纵力不应超过 78N。用弹簧秤测量后，若有超过现象，就可以判断出床身上的齿条与溜板箱上的小齿轮啮合过紧，或者大溜板上的压板螺钉调得过紧。若出现移动溜板中，手轮有时重时轻现象，可能与导轨磨损不均或齿条磨损不均有关。主轴发热情况，可以用温度计测量。按规定使主轴在最高速度运转 0.5h 后，再用温度计测量主轴滚动轴承处的温度升高情况，以不超过室温 40℃ 为好。若有超过现象就可判断出轴承可能磨损严重，或者调整过紧。如果轴承间隙调整合适后，轴承仍然发热过高，就可判明为是轴承磨损严重、精度过低引起轴承发热故障。

f. 综合法。对于影响因素比较复杂的故障，诊断中不能只采用一种方法。往往需要同时应用几种方法进行实验诊断。一般来说，应该先通过隔离，尽量缩小判断、研究问题的范围，再通过比较、试探确定发生问题的具体部位，最后才能通过测量和替换进行准确判断。坚持这样的思想方法有利于提高判断问题的准确性，有利于提高工作效率。关于具体举例，实际上在上述各种方法的判断事例中，都已经贯穿了综合法的思路。仔细分析可以发现所列举的每一种故障，绝不是单纯只用一种方法就能诊断清楚，而是以一种方法为主的综合判断的结果。

第二节 机床常见故障及检修

一、普通卧式车床常见故障及检修

普通卧式车床常见故障及检修见表13-1。

表13-1 普通卧式车床常见故障及检修

故障内容	产生原因	排除方法
车削圆柱形零件有锥度	1. 主轴中心线与床鞍移动导轨不平行 2. 床身导轨扭曲超差 3. 尾座中心线与主轴中心线不同心	1. 重新调整主轴箱的安装位置 2. 重新调整床身,使其保持水平 3. 重新调整尾座中心线
车削零件有椭圆或棱圆	1. 主轴轴承间隙过大 2. 滑动轴承主轴轴颈磨偏	1. 重新调整主轴轴承间隙 2. 重新修磨主轴轴颈,再配刮轴瓦
车削工件端面出现中凸	1. 中滑板在床鞍上移动的导轨因磨损后与主轴中心线不垂直 2. 床鞍移动对主轴的平行度超差,同样会影响车端面的精度	1. 可通过设备的二级保养由机修钳工重新修刮导轨,使床鞍上、下导轨垂直,上导轨外端必须偏向主轴箱 2. 重新调整主轴箱的安装位置
车削螺纹的螺距不均匀	1. 机床丝杠磨损 2. 开合螺母磨损,与丝杠配合间隙过大,或开合螺母因燕尾导轨磨损而松动,导致螺母闭合不稳定 3. 丝杠轴向窜动过大	1. 如果是靠近主轴箱一段局部磨损,则可将丝杠掉头使用 2. 调整结合间隙和燕尾导轨镶条 3. 重新调整丝杠的轴向窜动量
车削零件表面粗糙度值过大	1. 溜板箱下沉,导致光杠弯曲 2. 主轴轴承松动 3. 床身基础松动 4. 电动机振动或V带张紧力过大	1. 可将床鞍与溜板箱结合面刨一刀,使溜板箱上移,但要纵向移动一段距离,以保持齿轮的正确啮合。移动后,重新打销孔 2. 重新调整主轴轴承 3. 重新固定地脚螺栓 4. 重新对电动机转子、V带轮进行动平衡,适度张紧V带
方刀架固定不紧	1. 方刀架与小刀架顶面结合面不平 2. 刀杆夹持过紧,造成方刀架变形	1. 重新刮配方刀架与小刀架顶面结合面 2. 可适度调整夹刀螺钉的夹紧力

故障内容	产生原因	排除方法
重载切削时自行停车	1. 摩擦片式离合器调整过松或摩擦片磨损 2. V 带调整过松 3. 操纵杆松动，使齿轮脱开或定不住位	1. 重新调整摩擦离合器，修磨或更换摩擦片 2. 重新张紧 V 带。张紧后，各螺钉必须重新紧固 3. 可更换销子、滑块，调整弹簧压力
停车后主轴有自转现象	1. 摩擦片式离合器调整过紧，停车时仍未松开 2. 刹车制动带过松	1. 重新调整离合器 2. 重新张紧刹车制动带
溜板箱自动进给手柄容易脱开	1. 溜板箱内脱落蜗杆的压力弹簧调节过松 2. 蜗杆托架上的控制板与杠杆的倾角磨损 3. 自动进给手柄的定位弹簧松动	1. 可适度调紧压力弹簧，以用手握紧纵向手轮时，脱落蜗杆会自行脱落为宜 2. 可将控制板补焊，并将挂钩处修锐，注意不能焊得太多，以免蜗杆不能脱落 3. 调整弹簧，若定位孔磨损，可将原孔铆住，重新打孔
溜板箱自动进给手柄在碰到定位挡块时仍不脱开	1. 溜板箱内脱落蜗杆的压力弹簧调节过紧 2. 蜗杆的锁紧螺母紧死，迫使进给箱的移动手柄跳开或交换齿轮脱开	1. 可适度调松脱落蜗杆的压力弹簧 2. 可松开锁紧螺母，重新调整间隙
主轴箱油窗不注油	1. 滤油器、油管堵塞 2. 柱塞泵活塞磨损、压力过小或油量过少 3. 进油管吸入空气	1. 可清洗滤油器，疏通油路 2. 可修复或更换活塞，调整活头与杠杆间的距离（柱塞泵弹簧压力） 3. 可检查进油口是否埋入油中，管接头是否拧紧

二、常见立式车床的故障及检修

现以 C5112A 立式车床为例介绍立式车床的故障及检修。

1. 影响加工质量方面的故障（见表 13-2）

表 13-2　影响加工质量方面的故障

故障表现	原因分析	处理措施
工作表面粗糙度大	1. 机床振动 2. 刀具角度不适当 3. 断续切削或不均匀切削 4. 主轴间隙过大刚性不足 5. 刀架移动存在爬行	1. 在原来机床结构的基础上，尽量提高"工件-机床-刀具"系统的刚度 2. 合理选择切削用量避免在切削过程产生积屑瘤 3. 在工艺上设法避免断续切削 4. 重新调整主轴轴承间隙，施加预紧力 5. 适当放松斜铁、压板或矫正斜铁

故障表现	原因分析	处理措施
精车外圆圆度精度低	1. 主轴承间隙过大 2. 工作台导轨产生研伤	1. 重新调整主轴轴承间隙,施加预紧力 2. 修刮研伤了的导轨
精车外圆圆柱度精度低	1. 主轴轴承间隙过大 2. 刀架导师轨斜铁松动、下塞尺、斜铁弯度过大 3. 导轨磨损不一致,滑枕走曲线 4. 垂直刀架滑枕上下移动对工作台面的垂直度加大	1. 重新调整主轴轴承间隙 2. 调整斜铁达到松紧一致,0.04mm 塞尺不入,斜铁弯度过大应矫正 3. 修刮或机械加工滑枕导轨到要求 4. 复检该项精度,并调整至要求
精车平面平面度精度低	1. 主轴间隙过大,刚性不足 2. 工作台导轨动压润滑压力较大 3. 刀架移动部件产生摆动 4. 工作台导轨面产生研伤 5. 切削用量选择不当 6. 刀架移动产生爬行	1. 重新调整主轴轴承间隙,施加预紧力 2. 降低油压 3. 检查导轨斜铁有否松动 4. 吊起工作台,查看、修刮 5. 调整切削用量 6. 适当放松斜铁、压板或矫正斜铁

2. 机械结构方面的故障（见表 13-3）

表 13-3　机械结构方面的故障

故障表现	原因分析	处理措施
工作台振摆过大	1. 主轴轴承径向间隙过大 2. 齿圈内孔中心线与主轴中心线不同轴	1. 应重新调整主轴轴承径向间隙,以减少两者的同轴度误差 2. 调整齿圈内孔和工作台结合面的间隙,四周应均匀
刀架导轨研伤	1. 由于导轨材质不佳造成 2. 刀架滑枕在切削时,伸出过长 3. 研刮质量不高 4. 切削力过大	1. 可增加夹布胶木板和锌铝铜合金板,以改变摩擦副的摩擦因数。采用电接触加热自冷淬火导轨,也是一个好方法 2. 注意刀架滑枕伸出长度,一般不得大于 200mm 3. 提高研刮修复质量 4. 适当改变切削用量,降低切削力
在重切削过程中,工作台和床身结合面松动	1. 紧固螺钉松动 2. 床身下面垫铁垫得不实	1. 调紧紧固螺钉 2. 检查垫铁是否垫牢

故障表现	原因分析	处理措施
侧面刀架垂直移动手轮拉力过大	1. 装配中存有"卡死"现象 2. 斜条调整过紧 3. 压板调整过紧	1. 检查各件装配和修复质量 2. 应稍松斜条,但 0.04mm 塞尺不得插入 3. 应调整压板松紧适宜
立车切削时,振动严重	1. 相关结合面间松动 2. 相关零件有松动现象、没有锁紧 3. 刀架滑枕伸出过长、刀杆刚性不够	1. 用塞尺检查各结合面,调整到 0.04mm 塞尺不能塞入,移动时又不能太紧为妥 2. 消除各相关件的松动现象,注意切削时要锁紧,例如:车平面时要锁紧滑枕 3. 控制刀架滑枕伸出长度不超过 200mm,选择刀杆时要有足够的刚性
刀架在切削或移动过程中走曲线	1. 导轨的直线度超差 2. 镶条的弯度过大	1. 检查导轨的直线度并刮削修复至符合要求 2. 刮削修复镶条,使其在自然状态下的直线度(全长范围内)不大于 0.05mm
刀架进给时出现爬行现象	1. 电磁离合器电刷接触不良或摩擦片失效 2. 刀架镶条和压板调整过紧 3. 镶条有较大的弯度 4. 滑动导轨面润滑不良	1. 检查摩擦片的磨损情况及更换摩擦片 2. 适当调松刀架镶条和压板 3. 校直修刮镶条至适用 4. 检查刀架滑动导轨面上的润滑情况。开机前就应按润滑表的要求加油,爬行时可增加润滑油量
车削过程中刀架发生掉刀现象	1. 刀架平衡液压缸压力波动较大 2. 当刀架向一个方向移动(如水平移动),则另一个方向(如垂直方向)移动的离合器没有制动(正常情况应该制动)	1. 检查溢流阀内小孔有否堵塞现象,应予清洗;检查吸油管和液压泵是否漏气?吸油量是否足够?如有漏气应予修复,并清洗滤油网和提高油位 2. 检查控制垂直刀架机动和手动的开关和控制侧刀架机动和手动的开关是否处于机动位置
横梁升降时声音较大	1. 升降传动丝杠的润滑情况不良 2. 丝杠弯度较大 3. 传动丝杠产生轴向窜动 4. 横梁压板压得过紧或导向镶条与立柱导轨间隙超差	1. 在升降丝杠上加足够的润滑油 2. 如果经检查发现丝杠弯度过大,检修时应校直它 3. 将升降传动丝杠上的螺母锁紧免除窜动 4. 调整横梁压板,使其松紧均匀
重切削时主轴转速低于表牌所示转速	1. 主电动机的 V 带拉力不够大 2. 主电动机拖动力不够	1. 应正确调整 V 带 2. 检修主电动机

3. 液压及油润系统的故障（见表13-4）

表13-4　液压及油润系统的故障

故障表现	原因分析	处理措施
变速箱压盖漏油	1. 盖板紧固后变形 2. 螺钉布置距离过远 3. 接触表面不平 4. 槽内容易积油	1. 盖板下面增加橡胶垫 2. 螺钉从4个增加到8个 3. 把接触表面铣平 4. 把槽的下面加工成斜坡，使油流入箱内
变速箱轴端漏油	1. 因轴向力传递作用，使端盖受力，间隙增大 2. 端盖内腔易积油 3. 螺孔是通孔	1. 把纸垫改为塑料垫 2. 螺钉上增加弹簧垫圈 3. 端盖内腔作成斜面 4. 螺孔改为不通的孔
液压泵开动后自动停止	1. 热继电器FR1调位调得较低 2. 液压泵装置装配不良，传动阻力太大	1. 应把热继电器FR1调至3A或稍高一点电流的位置 2. 重新装配调整液压泵装置，用手转动感觉其处于灵活状态
垂直刀架严重漏油	1. 平衡液压缸密封损坏 2. 平衡液压缸上部放气孔螺钉松动 3. 液压缸与滑座结合面密封环由于槽深失去了密封作用	1. 调整密封圈与活塞的配合，达到不漏油 2. 把平衡缸上部的放气螺钉调紧 3. 增加塑料垫使密封环凸出结合面，恢复液压缸与滑座结合面间的密封性
侧刀架严重漏油	1. 平衡液压缸密封环松动 2. 平衡液压缸上的放气孔螺孔松动	1. 调整密封圈与活塞的配合，以达到不漏油 2. 将放气螺钉拧紧
床身与工作台漏油	1. 床身与底座结合面的密封环槽太深而失去密封作用 2. 底座结合面中部的工艺孔漏油	1. 增加塑料垫使密封环凸出结合面，恢复床身与底座结合面间的密封性 2. 将底座卸下，测量孔径后，配上合适的封堵物，把工艺孔堵上
工作台使用高速转速时，润滑压力下降得较大	1. 床身油位较低，致使液压泵吸油量较少 2. 滤油器被杂物封闭堵塞，吸油不畅 3. 工作台导轨润滑油压太高，使工作台浮升量过大	1. 在工作台变速箱里加油，油位低于油标中位时应及时增加储油量 2. 每月不少于两次清洗滤油器，吸油不畅时应随时检查清洗滤油器 3. 适当降低导轨润滑的油压，过高时应调整溢流阀
变速箱油缸漏油	油缸与箱体配合间隙太松，结合面不严密	在油缸上涂上环氧树脂黏结剂（禁止用清洗剂，如丙酮等彻底清洗）

三、刨床常见故障及检修

刨床常见故障及检修见表 13-5。

表 13-5　刨床常见故障及检修

故障现象	故障原因	故障排除方法
液压系统油温过高	1. 球形阀压力调整过高	1. 检查并调整球形阀压力至规定值 0.6～0.8MPa
	2. 阻力阀压力调整过高	2. 检查并调整阻力阀压力至规定值 0.6～0.8MPa
	3. 液压泵、滑阀、液压缸磨损，内泄漏大	3. 修复或更换液压泵、滑阀、液压缸等磨损件
	4. 溢流阀弹簧过硬	4. 适当减弱弹簧压力
	5. 用油太稠	5. 采用 N32 或 N22 机械油
	6. 油位过低	6. 加油至油标以上
换向时冲击大	1. 针形阀调整不当	1. 左右方向旋转针形阀，使冲击降至最小
	2. 碰块、齿条等机械装置安装不当	2. 合理安装
	3. 球形阀压力调得过高	3. 检查压力，调至规定值 0.6～0.8MPa
调速阀不灵敏	1. 减压阀弹簧疲劳	1. 更换弹簧
	2. 杂质堵塞，使减压阀不灵活	2. 清洗减压阀，使其能灵活移动
液压泵出现尖叫，启动油泵后无动作	1. 电动机转向接反	1. 纠正接线
	2. 液压泵吸油口被堵塞	2. 清洗油池，去除污垢
	3. 两个液压泵转子装反	3. 根据图纸重新安装
	4. 开停阀和管道漏油，使溢流阀卸荷	4. 修复开停阀，更换管子
	5. B 阀压力过低	5. 修复 B 阀，调好压力至 5MPa
	6. 溢流阀阻尼孔堵塞，或溢流阀卡在开口处	6. 疏通阻尼孔，修复溢流阀
各级速度达不到规定值	1. 两个泵有一个装反	1. 检查并重新安装泵
	2. 杂质堵塞，使减压阀不灵活	2. 清洗减压阀，使其能灵活移动
工作台不能自动送刀或送刀量不均匀	1. 阻力阀压力调整过低	1. 阻力阀压力调整至 0.6～0.8MPa
	2. 超越离合器磨损	2. 修复超越离合器
	3. 送刀阀管道破裂，或送刀阀端面纸垫破损	3. 更换铜管或纸垫
滑枕回程时出现送刀现象	1. 超越离合器装反	1. 重新安装超越离合器
	2. 送刀液压缸的高压软管接反	2. 重新接送刀液压缸两端的软管
滑枕不换向或换向不灵敏	1. 球形阀跳动或压力调不上	1. 修复球形阀，调压至规定值 0.6～0.8MPa
	2. 导板调得过紧，或活塞杆的密封环压得过紧	2. 调整导板与滑枕间隙和密封环间隙
	3. 活塞杆与导轨不平衡	3. 拧松活塞杆与滑枕上的连接帽，待滑枕往复运动几次后，拧紧螺母
	4. 两齿轮换向轴位置调整不当，或操纵阀拉杆上的螺帽松动，使操纵阀不能到位	4. 调整换向机构的齿轮轴，拧紧固定拉杆上的螺母
	5. 针形阀开口太小	5. 适当加大针形阀的开口

故障现象	故障原因	故障排除方法
滑枕不能迅速停车或开车时滑枕不动	1. 制动阀堵塞或卡住,造成不能迅速停车 2. 球形阀卡在了开口处,使油排除造成滑枕不动	1. 检查弹簧及管道,清洗滑阀或配研滑阀 2. 清洗或配研球形阀使其灵活
滑枕只能单向移动,不能反向移动	1. 针形阀调整螺钉太紧 2. 操纵滑阀和阀体之间有灰尘或杂质,使换向阀卡住	1. 调松螺钉,使滑阀动作灵敏可靠 2. 修复并清洗滑阀,必要时配研滑阀
滑枕低速运行时有爬行现象	1. 滑枕导板过窄或润滑不良 2. 活塞杆密封环调整过紧 3. 液压系统中进入空气	1. 检查滑枕导板间隙,保证润滑良好 2. 适当调松活塞杆密封环,以能在活塞杆上见到一层薄油膜为准 3. 按滑枕最大行程,进行几次无负荷往复移动,以排除空气
工件平行度超差	1. 横梁导轨直线度超差 2. 工作台水平移动与工作台面不平行 3. 滑枕导轨与工作面平行度超差	1. 修复横梁导轨直线度 2. 刮研工作台水平移动导轨面,保证全程平行度为 0.025mm 3. 检查滑枕导轨的直线度,若与横梁导轨的垂直度正确,则调整工作台与滑枕的平行度为 0.05mm/1000mm,只允许工作台前端上偏
工件表面粗糙度值大	1. 工作台松动 2. 液压系统故障引起振动	1. 调整工作台滑枕压板,塞铁的间隙,保证 0.03mm 塞尺不得塞入 2. 检查并排除液压系统故障,保持压力稳定
工件侧面加工后与底面垂直度超差	1. 工作台垂直导轨压板间隙过大 2. 刀架零位刻线不准	1. 调整间隙不得超过 0.02mm 2. 重新测定零位线
A 阀调不动或压力调不到规定值	1. A 阀弹簧折断或疲劳 2. 钢球磨损或钢球底座磨损 3. 弹簧端面与中心不垂直 4. 钢球与底座接触处有杂物	1. 更换弹簧 2. 更换钢球,研磨修复或更换钢球底座 3. 研磨弹簧端面达到与中心垂直 4. 清洗钢球与底座
B 阀跳动或压力调不到规定值	1. B 阀的钢球底座碰坏 2. B 阀的钢球磨损 3. 溢流阀阀芯或 B 阀的弹簧折断或疲劳 4. 溢流阀阀芯与底座不密合 5. 溢流阀阀芯与阀体孔磨损,泄漏增加 6. 油中杂质堵塞,使阀芯在孔内移动不灵活 7. 油中杂质堵塞阀的阻尼孔	1. 研磨修复或更换钢球底座 2. 更换钢球 3. 更换溢流阀阀芯或 B 阀的弹簧 4. 研磨修复溢流阀及底座 5. 研磨阀孔,换新的阀芯,使间隙为 0.015～0.025mm 6. 疏通阻尼孔 7. 清洗溢流阀
滑枕温度升高	1. 压板与滑枕导轨表面接触不良或压板压得过紧 2. 滑枕移动别劲	1. 修刮或调整压板 2. 修刮上支点轴承表面
活折板卡死	1. 走刀机构连杆孔与相配轴间隙过大 2. 棘轮或棘爪磨损	1. 修孔、镶套、换轴 2. 修换棘轮或棘爪

四、卧式铣床常见故障及检修

卧式铣床常见故障及检修见表13-6。

表 13-6 卧式铣床常见故障及检修

故障内容	产 生 原 因	排 除 方 法
主轴变速箱的操作手柄自动脱落	操作手柄内的弹簧松弛	更换弹簧或在弹簧尾端加一垫圈，也可将弹簧拉长重新装入
扳动主轴箱变速手柄用力超过200N或扳不动	1. 扇形齿轮与齿条啮合不良 2. 拨叉移动轴弯曲或咬死 3. 齿条轴未对准孔盖	1. 调整啮合间隙 2. 校直、修光或更换 3. 先变换其他各级转速，或左右转动变速盘。调整星轮的定位器弹簧，使定位可靠
主轴变速齿轮不易啮合或有打击声	1. 主轴电动机的冲动线路接触点失灵 2. 微动开关闭合时间过长	1. 检查电气线路，调整冲动小轴的尾端调整螺钉，达到冲动接触要求 2. 调整微动开关位置
主轴制动不良	按下"停止"按钮，主轴不能立即停止或产生反转现象（转速控制继电器失灵）	检查控制继电器，进行检修或更换
主轴变速箱操纵手柄端部漏油	轴套与体孔间隙过大，密封性差	更换轴套，控制与体孔间隙在0.01～0.02mm
主轴轴端漏油（对立铣头而言）	1. 主轴端部的封油圈磨损，间隙过大 2. 封油圈的安装位置偏心	1. 更新封油圈 2. 调整封油圈装配位置，消除偏心
开始铣削时进给箱有破裂声	安全离合器调整太松	调整安全离合器的传递力矩在规定范围之内
进给箱没有进给运动	1. 进给电动机没有接通或损坏 2. 进给电磁离合器不能吸合	检查电气线路及元件的故障，做相应处理
进给箱工作时摩擦片发热冒烟	摩擦片的总间隙量过小	将摩擦片总间隙调整到2～3mm
进给箱正常进给时突然跑快速	1. 摩擦片调整不当，正常进给时处于半闭合紧状态 2. 快进和工作进给的互锁动作不可靠 3. 摩擦片润滑不良，突然出现咬死 4. 电磁吸铁安装不正，电磁铁断电后不能可靠松开，使摩擦片间仍有一定压力	1. 适当调整摩擦片间的间隙 2. 检查电气线路的互锁性是否可靠 3. 改善摩擦片之间的润滑，保持一定的润滑量 4. 调整电磁离合器安装位置，使其动作可靠正常

故障内容	产 生 原 因	排 除 方 法
进给箱噪声大	1. 与进给电动机箱第Ⅰ轴上的悬壁齿轮磨损,轴松动,滚针磨损 2. Ⅵ轴上的滚针磨损 3. 电磁离合器摩擦片自由状态时没有完全脱开 4. 传动齿轮发生错位或松动 5. 电动机噪声	1. 检查Ⅰ轴齿轮及轴,滚针是否磨损、松动,并采用相应的补偿措施 2. 检查Ⅵ轴上的滚针是否磨损或漏装 3. 检查摩擦片在自由状态时是否完全脱开,并作相应调整 4. 检查各传动齿轮是否松动、打牙 5. 检查电动机,消除噪声
升降台在按下"快速行程"按钮时,接触点虽接通,但没有快速行程	1. 摩擦片间的总间隙太大 2. 牙镶式离合器的行程不足6mm	1. 调整摩擦片的总间隙至2~3mm 2. 调整快速行程电磁铁的行程
升降台快速牵引电磁铁烧坏	电磁铁安装歪斜,铁芯未拉到底,叉形杆的弹簧太硬,而使负荷过载	检查电磁铁的安装位置是否垂直,调整铁芯的行程,消除间隙,调整弹簧压紧力不超过150N
工作台下滑板横向移动手感过重	1. 下滑板镶条调整过紧 2. 导轨面润滑条件差或拉毛 3. 操作不当使工作台越位,导致丝杠弯曲 4. 丝杠、螺母中心同轴度超差 5. 下滑板中央托架上的锥齿轮中心与中央花键轴中心偏移量超差	1. 适当放松镶条 2. 检查导轨润滑油供给是否良好,清除导轨面上的垃圾、切屑等 3. 注意适当操作,不要做过载及损坏性切削 4. 检查丝杠、螺母轴线的同轴度误差,若超差调整螺母托架位置 5. 检查锥齿轮轴线与中央花键轴线的同轴度误差,若超差,需重新调整螺母与丝杠的同轴度误差在0.02mm以上
工作台作横向或垂直进给时有带动纵向移动的现象	纵向进给的拨叉与离合器之间的距离过小	调整拨叉与离合器之间的轴向配合间隙,或增加离合器脱开时的距离
扳动纵向行程操纵手柄时工作台无进给运动	1. 进给箱上的操作手柄不在中间位置 2. 升降及横向进给机构中的联锁桥式接触点没有闭锁	1. 把操作手柄扳到中间位置 2. 调整进给机构中凸轮下的终点开关上的销子
工作台快速进给脱不开	电磁铁的剩磁过大或慢速复位的弹簧力不够	清洗摩擦片或调整弹簧压力及电气系统

故障内容	产 生 原 因	排 除 方 法
铣削时振动很大	1. 主轴的全跳动太大 2. 工作台松动（导轨处的塞铁太松）	1. 调整主轴承径向和轴向间隙 2. 调整工作台使导轨与塞铁的间隙在 0.02～0.03mm 之间
升降台上摇手感过重	1. 升降台镶条调整过紧 2. 导轨及丝杠螺旋副润滑条件差 3. 丝杠底座面对床身导轨的垂直度超差 4. 防升降台自重下滑机构上的碟形弹簧压力过大（升降丝杠副为滚珠丝杠时） 5. 升降丝杠弯曲变形	1. 适当放松镶条 2. 改善导轨的润滑条件 3. 修正丝杠底面装配面对床身导轨面的垂直度误差 4. 适当调整碟形弹簧的压力 5. 检查丝杠，若弯曲变形，立即更换
左、右手摇工作台手感均太重	1. 镶条调整过紧 2. 丝杠托架中心与丝杠螺母中心不同轴 3. 导轨润滑条件差 4. 丝杠弯曲变形	1. 适当放松镶条 2. 调整丝杠托架中心与丝杠螺母中心的同轴度 3. 改善导轨的润滑条件 4. 更换丝杠螺旋副
手摇工作台有明显的单向手感重	1. 滑板托架上的上、下锥齿轮中心对与之啮合的锥齿轮中心偏移量超差 2. 工作台导轨平行度超差，呈喇叭形	1. 调整托架上锥齿轮的轴线 2. 检查导轨的平行度误差
工作台进给时发生窜动	1. 切削力过大或切削力波动过大 2. 丝杠螺母之间的间隙过大（使用普通丝杠螺旋副时） 3. 丝杠两端端架上的超越离合器主轴架端面间间隙过大（使用滚珠丝杠副）	1. 采用适当的切削余量，更换磨钝的刀具，去除切削硬点 2. 调整丝杠与螺母之间的间隙 3. 调整丝杠轴向定位间隙
进给抗力过小或抗力过大	1. 保险机构弹簧过软或过硬 2. 保险机构的弹簧压缩量过小或过大 3. 电磁离合器摩擦片间隙过大或吸合力过大	1. 更换弹簧 2. 适当调整弹簧压缩量 3. 适当调整摩擦片间隙，检查电磁牵引力是否符合技术要求

五、钻床常见故障及检修

1. 立式钻床（以 Z525 立式钻床为例）

Z525 立式钻床常见故障及检修见表 13-7。

表 13-7　Z525 立式钻床常见故障及检修

故障现象	故障原因	故障排除方法
保险离合器失效	1. 超负荷钻削 2. 弹簧弹力不足 3. 离合器的钢珠损坏	1. 按负荷要求进行正常钻削 2. 调整负荷超过正常的10%，即行停止松刀 3. 更换钢珠或整个离合器
主轴在进刀箱内上下移动时出现轻重现象	1. 主轴变速箱的花键套与主轴中心偏移 2. 主轴花键部分弯曲 3. 主轴套筒的外径变形超过公差范围 4. 主轴套筒齿条有碰伤痕或毛刺	1. 修配 2. 校正花键弯曲部分 3. 检查主轴套筒外径是否有变形或咬痕。若有咬痕，则用油石修整。因装配轴承而引起主轴套筒的外径变形，则修整主轴套筒。假如由修整套筒而引起套筒与箱体套的间隙过大，则需按套筒的尺寸重新更换箱体套 4. 修整主轴套筒之齿条与其相啮合之齿轮，保证啮合
油管断油	1. 油管断裂 2. 油管接头结合面配合不良 3. 柱塞弹簧失效 4. 柱塞泵的柱塞与泵体间隙过大 5. 泵的单向阀失效，包括弹簧失效和钢珠与结合面配合不好	1. 更换新油管 2. 检查各油管接头结合面是否良好。若结合面不良，则管接头斜面重新配置 3. 若单向阀弹簧失效，则修整或重新更换弹簧 4. 若柱塞与泵体间隙过大，则用研棒研磨泵体孔，按泵体孔配研制柱塞 5. 更换弹簧；修整钢柱与结合面的配合
渗漏油	1. 主轴旋转时甩油 2. 油管接头结合面配合不良或插入式的油管端部溢油 3. 结合面不够平直，而引起的渗油	1. 主轴承润滑供油量过多，可调整导油线，以控制供油量 2. 油管接头处由于装配不当，往往容易引起漏油，其改进方法：一种是管接头斜面重新进行配置；另一种是插入式的油管改用管接头拧紧 3. 若箱盖、轴承盖的结合面不够平直时，可重新修刮至要求，并涂上人造树脂溶液，但涂层需厚薄均匀，亦可以用密封膏作涂层

故障现象	故障原因	故障排除方法
钻孔轴线倾斜	1. 主轴移动轴线与立柱导轨不平行	1. 检查主轴套移动中心线与立柱导轨的平行度,若超过偏差。修刮进给箱体导轨面至要求
	2. 主轴回转中心与工作台不垂直	2. 检查主轴套移动中心线对工作台面的不垂直度,若超差则修刮工作台面导轨至要求
	3. 主轴套筒磨损配合间隙太大	3. 主轴套筒磨损与衬套间隙达到 0.1mm 时。要进行修复,两端配堵头,精磨外圆,配做箱体衬套达到配合要求
	4. 钻头刃磨不当,钻杆内锥孔研伤	4. 按要求刃磨钻头,用刮刀修刮内锥孔研伤的毛刺
加上的孔圆度超差	1. 主轴弯曲,产生回转振摆量太大	1. 校直修复或更换主轴
	2. 主轴轴承间隙过大,主要是由于磨损而造成	2. 修整主轴套筒,更换箱体孔套,其配合间隙不得大于 0.03mm
	3. 主轴套筒与箱体孔配合间隙过大	3. 主轴轴承间隙可由装在轴承上部的螺母来调整
机床产生振动	1. 地脚螺钉松动和垫铁虚实不一	1. 均匀地紧固地脚螺钉,校正机床水平达到 0.02mm/1000mm
	2. 电动机转子不平衡	2. 拆卸电动机检查轴承,平衡转子
	3. 带轮振摆过大	3. 检查带轮外圆和端面的振摆,其振摆量不得大于 0.15mm,重新修整带轮槽,并将带轮进行静平衡
	4. 齿轮啮合不良和齿部有毛刺	4. 检查齿轮箱齿轮啮合情况,有毛刺的齿轮进行修正研磨,对啮合不好的进行更换
钻头夹不紧	1. 主轴内锥孔有脏物 2. 内锥孔磨损或拉毛	1. 装钻头以前应擦洗干净 2. 修研内锥孔
进给箱自动走刀手柄失灵	1. 齿轮销槽磨损成圆角 2. 压紧销磨损或脱开 3. 拉键弹簧折断	1. 修复齿轮销槽 2. 修复压紧销并定位 3. 更换拉键弹簧

2. 摇臂钻床（以 Z35 摇臂钻床为例）

Z35 摇臂钻床常见故障及检修常见故障及检修见表 13-8。

表 13-8 Z35 摇臂钻床常见故障及检修

故 障 现 象	故 障 原 因	故障排除方法
摇臂转动时太重	1. 内外立柱之间梯形半圆环间隙太小或有研伤现象 2. 内外立柱间的主轴轴承损坏或有脏物	1. 调整梯形半圆环间隙,先把各调整螺母拧紧,然后再等量松开,转动使轻重合适后紧固 2. 主轴轴承清洗检查,损坏时更换
自动进给手柄推入后产生拉不出现象	1. 进给手柄定位移动轴弯曲 2. 操纵手柄齿轮与内齿轮啮合时有顶滞现象,啮合后由于切削力作用使啮合的内、外齿产生较大摩擦力	1. 更换定位移动轴 2. 将内、外齿轮倒角处理圆滑,并把研伤部位修光
主轴箱在摇臂上移动时轻重不均	1. 摇臂导轨面的直线度误差太大 2. 摇臂上导轨的弹簧钢条承压变形 3. 主轴箱承压导轨滚动轴承损坏 4. 主轴箱背面的平面垫铁磨损,导致滑动面配合间隙过大,使主轴箱前倾 5. 主轴箱齿轮与导轨齿条之间有毛刺及碰伤现象 6. 左右偏心调节滚轮不处于同一水平面上。使主轴箱单面受力或主轴箱整体重心向后偏移而造成	1. 修刮平导轨,确保直线度达到 0.02mm/1000mm 2. 更换新的弹簧钢条 3. 更换轴承 4. 松开紧固螺钉,调节偏心轴,保持主轴箱水平位置,拧紧紧固螺钉,防止偏心转动 5. 清除脏物,修整毛刺或碰伤处 6. 调整滚轮,用塞尺检查左右间隙在 0.04mm 内并保持一致,使配重的重心向摇臂移近,改变主轴箱重心位置
主传动摩擦离合器失效	1. 摩擦片磨损后厚度减薄,轴向压紧环推紧后仍无法传递转矩 2. 拨叉脚磨损,使轴向压紧环的移动距离减少,失去对摩擦片的压紧作用 3. 摩擦离合器的摩擦片咬合烧伤,多数情况下,由于润滑不良,断油所致	1. 更换厚度稍厚一点的摩擦片 2. 更换拨叉或在旧的拨叉脚两平面处铜焊后修平 3. 检查润滑油路,保证供油畅通。更换新的摩擦片或将烧伤的摩擦片经喷砂修复后继续使用

故障现象	故 障 原 因	故障排除方法
主轴在主轴箱内上下快速移动时产生不平衡现象	1. 主轴花键部分弯曲 2. 主轴套筒配重失调 3. 主轴箱体与主轴箱盖中心偏移	1. 重新校直花键部分 2. 适当增减主套筒配重的重量,使主轴在全部行程范围内任何位置都处于平衡状态 3. 移动箱盖,校准两孔中心后拧紧螺钉,原锥销孔重新铰孔
立柱液压夹紧机构失效	1. 由于油池储油量不足或单向阀堵塞等因素造成液压系统出现故障 2. 若液压系统工作正常,可能是内、外立柱之间梯形半圆间隙过大,不起夹紧作用	1. 加油至油面线或拆洗单向阀 2. 可调节梯形半圆环下的螺母,增加夹紧力
渗漏油	1. 结合面不够平直而引起渗油现象 2. 油封老化 3. 油管接头结合面配合不良或插入式的油管端部溢油 4. 盛油超过油面线	1. 若箱盖,轴承盖的结合面不够平直时,可重新修刮至要求,并涂上人造树脂溶液,但涂层需厚薄均匀,亦可以用密封膏作涂层 2. 若传动杆处漏油,是由于油封老化,应更换油封 3. 油管接头处由于装配不当,往往也容易引起漏油,其改进方法:管接头斜面重新进行配置;插入式的油管改用管接头拧紧 4. 若垂直丝杠有漏油现象,可以先检查油尺,看盛油面是否超过油面线
摇臂钻升降时有冲击现象	1. 摇臂孔与立柱外圆配合过紧或过松 2. 摇臂夹紧螺钉调节过紧或过松 3. 升降丝杠与螺母配合间隙过大 4. 摇臂孔光洁度过低,外立柱表面有腰鼓形及锥度等缺陷,或是光洁度差 5. 摇臂孔与立柱外圆润滑不良	1. 检查摇臂孔与立柱外圆表面的配合间隙应在 0.08～0.1mm 的范围之内,过紧过松都会出现摇臂升降时有冲击现象 2. 适当重新调整调节螺钉,保证既能在夹紧时牢靠,又能在松开时达到上述配合间隙 3. 修复或更换升降螺母 4. 对光洁度较差或整形公差超差的零件进行修复 5. 加润滑油,确保正常润滑

故障现象	故障原因	故障排除方法
水平轴上的齿轮和主轴套筒齿条表面咬毛	主轴套筒在主轴箱体中上下极限位置时,一般由主轴套筒上的齿条与水平轴上的齿轮啮合长度加以限位,但在主轴机动进给超过主轴行程长度时,则有可能咬毛齿条和齿轮表面	这种由于机动进给超程而咬伤齿轮、齿条表面的现象,是因为主轴套筒上没有限位键的结构。除拆卸主轴套筒及水平轴对齿轮表面进行修复外,在使用过程中要防止超程
定程切削不准	1. 主轴轴向间隙太大 2. 切削定程装置的滚轮拨叉机构损坏和离合器调整不当	1. 调整主轴上的背母,消除轴向间隙 2. 检查修复损坏零件,调整离合器,使撞块与滚轮相碰时离合器应立即脱开
加工孔的轴线倾斜	1. 主轴回转中心不垂直于工作台 2. 摇臂平导轨的直线度超差 3. 主轴箱夹紧时,主轴中心线与立柱不平行 4. 主轴套筒与箱体的导向轴套配合间隙太大 5. 主轴套筒中心与主轴旋转中心不同轴,导致主轴移动对工作台面的不垂直 6. 钻头主切削刃不对称,刃口不锋利	1. 确保主轴套筒组、主轴箱、摇臂、立柱与工作台各部精度都能达到要求 2. 刮研主轴箱和横臂的导轨要求配合间隙在全长上均匀,直线度保证为 0.02mm/1000mm 3. 检查调整摇臂夹紧时的接触状态,防止摇臂和主轴箱夹紧时使主轴倾斜,并保证夹紧时的主轴中心线位移量在纵平面、横平面内分别为:0.06mm、0.1mm 4. 修整主轴套筒恢复精度,保证与主轴同轴度要求 5. 检查套筒两内孔轴颈的不同轴度,并以内孔中心线定位修磨套筒外圆,保证内、外圆同轴度 6. 正确刃磨钻头,保证切削刃锋利一致

六、磨床常见故障及检修

外圆磨床常见故障及检修见表 13-9。

表 13-9　外圆磨床常见故障及检修

故障内容	产 生 原 因	排 除 方 法
传动带打滑或传动时有噪声	1. 传动带初牵引力不足或在使用过程中伸长 2. 传动带传动有压紧轮时,压紧轮压紧程度不够 3. 传动带使用时间过久或有油污,与带轮之间摩擦力不够	1. 重新调整传动带张紧力 2. 重新调整压紧轮 3. 在传动带与带轮之间涂以松香粉或调换传动带
砂轮主轴轴承产生过热现象	1. 主轴与轴承之间的间隙过小 2. 润滑油不足或没有润滑油 3. 润滑油不干净,混入灰尘、磨屑、砂粒等脏物 4. 润滑油黏度过大或过小	1. 重新调整主轴与轴承的间隙 2. 按机床使用说明书要求加足润滑油,检查润滑油供油系统工作是否正常 3. 清洗润滑系统并加入清洁润滑油 4. 按机床使用说明书要求调换润滑油
横向和垂直进给不准	1. 进给丝杠螺母间隙过大 2. 螺母与砂轮架固定不牢,有松动 3. 进给丝杠弯曲或转动时有轴向窜动 4. 导轨摩擦阻力大,砂轮架移动时有爬行现象	1. 调整螺母间隙 2. 检修机床,将螺母紧固在砂轮架上 3. 检修丝杠或调整丝杠轴承的轴向间隙 4. 在导轨上加入足够的润滑油或采用防爬行的导轨油;正确调整导轨楔铁或配刮导轨压板,使砂轮架移动无阻滞现象
启动开、停控制阀工作台不动作	1. 系统压力建立不起来,油量不足 (1)液压泵旋转方向不对 (2)液压泵损坏或有明显磨损 (3)溢流阀失灵,滑阀被卡在开口大的位置 (4)油温低或油液黏度太大 (5)系统内、外泄漏过大 2. 互通阀故障 (1)互通阀被脏物卡死,使液压缸两腔始终互通 (2)互通阀配合间隙过大,液压缸两腔实际互通 3. 换向阀故障 (1)滑阀被杂质卡住,移动失灵 (2)换向阀控制油路上的节流阀被污物堵塞,滑阀快跳到中间位置后不能移动,使液压缸两端互通 4. 其他 (1)操作手柄与开停阀间的连接销被折断 (2)导轨润滑油不足或没有润滑油,摩擦阻力过大	(1)检查更正 (2)更换新油泵或进行修复 (3)拆下,清洗修整 (4)加温或更换黏度较小的润滑油 (5)检查排除 (1)检查、清洗滑阀 (2)重新配阀 (1)清洗换向阀,清洗油箱及换油 (2)清洗节流阀,合理调节节流阀开口量 (1)拆下修复 (2)调整润滑油调节装置,适当增加润滑油量或润滑油压力

故障内容	产 生 原 因	排 除 方 法
启动开、停控制阀工作台突然向前冲	1. 设计不合理,停车时液压缸两腔都通回油,油液泄漏造成真空,再开车时,液压缸一腔通压力油 2. 液压系统存在大量的空气 3. 背压阀失灵,如弹簧断裂,滑阀卡住等	1. 慢慢开启开停阀,同时用手摇动先导阀几次,使液压缸两腔都有油液 2. 根据情况采取措施,排除系统内空气 3. 修复背压
液压系统工作时有噪声、杂音	1. 液压泵吸空 (1)液压泵吸油口密封不严,吸油管路漏气 (2)油箱中油液不足,吸油管浸入油面太浅 (3)液压泵吸油高度太高 (4)吸油管直径太小 (5)滤油器被杂质、污物堵塞,吸油不畅 2. 液压泵故障 (1)齿轮泵的齿形精度差 (2)叶片泵困油 (3)液压泵内某些零件(如滚针、滚动轴承等)损坏或精度不良,引起机械振动 (4)液压泵磨损,轴向间隙增大或轴向端面咬毛 3. 溢流阀失灵 (1)调压弹簧永久变形,扭曲或端面不平 (2)阀座损坏,密封不良 (3)滑阀与阀体孔配合间隙太大 (4)油液不清洁,阻尼小孔被堵塞 4. 机械振动 (1)油管过长且没有固定好,造成油管抖动 (2)油管相互撞击 (3)液压泵与电动机安装不同轴或联轴器松动 5. 停车一段时间后,空气渗入系统	(1)用灌油法检查,将漏气管接头拧紧 (2)油箱加油到油标线,吸油管浸入油面以下 200～300mm (3)一般泵的吸油高度应小于 500mm (4)适当放大吸油管直径 (5)清洗滤油器 (1)将两齿轮对研,达到齿面接触良好 (2)修整配流盘的三角槽,消除困油现象 (3)更换或修复损坏与精度不良的零件 (4)修复液压泵 (1)更换调压弹簧 (2)研磨阀座,更换钢球或修磨锥阀 (3)研磨阀体孔,更换滑阀,重配间隙 (4)清洗换油,疏通阻尼孔 (1)适当增加支承管夹 (2)使管道之间、管道与床壁之间保持一定距离 (3)重新安装、调整液压泵与电动机同轴度,更换联轴器或定位固定好 5. 利用排气装置排气,开车后使工作台快速全程往复几次

故障内容	产 生 原 因	排 除 方 法
工作台运行时爬行	1. 系统内存有空气 (1)液压泵吸空造成系统进气,或长期停车后空气渗入系统 (2)液压缸两端封油圈太松	(1)排除方法见故障六 (2)调整液压缸两端锁紧螺母
	2. 溢流阀、节流阀等的阻尼孔和节流口被污物阻塞,滑阀移动不灵活,使压力波动大	2. 定期换油,经常保持油液清洁
	3. 导轨润滑油不充分或润滑油选用不当	3. 适当调整润滑油油量与压力,采用防爬行导轨润滑油
	4. 导轨摩擦阻力大 (1)导轨精度不好,局部产生金属表面直接接触,油膜破坏 (2)新修复的机床导轨刮研阻力大 (3)导轨的楔铁或压板调整太紧	(1)修复导轨精度 (2)导轨刮研后用氧化铬进行对研或用油石抛光 (3)重新进行调整或配刮
	5. 液压缸中心线与导轨不平行,活塞杆局部或全长弯曲,液压缸缸体孔拉毛刮伤,活塞与活塞杆不同轴,液压缸两端封油圈调整过紧	5. 对液压缸进行修复和重新校正安装,使精度符合技术要求
	6. 回油路背压不足	6. 调节背压阀,使背压达到要求数值
工作台快速行程的速度达不到	1. 液压泵供油量不足,压力不够 (1)液压泵吸空 (2)液压泵磨损,间隙增大 2. 溢流阀弹簧太软或失效,或者调整太松 3. 活塞与液压缸配合间隙太大 4. 系统漏油	(1)排除方法见故障六 (2)修复或更换液压泵 2. 更换溢流阀弹簧,或重新调整压力 3. 修复液压缸,保证密封 4. 拧紧漏油地方的接头螺母,更换纸垫,消除板式压力阀结合面上的凸起部分,放好 O 形密封圈
	5. 节流阀的节流口被污物堵塞,通流面积减小	5. 拆洗节流阀,更换润滑油
	6. 摩擦阻力太大,导轨润滑油不足或没有润滑油,液压缸活塞杆两端油封调整过紧,活塞杆弯曲较严重等	6. 适当增加润滑油量,适当放松液压缸两端油封压盖的紧固螺钉,重新校正活塞杆等

故障内容	产 生 原 因	排 除 方 法
工作台往返速度不一致	1. 液压缸两端的泄漏不等或单端泄漏(如单端油管损坏,接口套破裂,油封损坏等) 2. 液压缸活塞杆两端弯曲程度不一样 3. 工作台运动时放气阀未关闭 4. 换向阀由于间隙不适当或被污物卡住,移动不灵活,两个方向开口不一样 5. 油中有杂质,影响回油节流的稳定性 6. 节流阀在台面换向时,由于振动和压力冲击而使节流开口变化	1. 调整两端油封压盖,使之松紧程度相同,或调换损坏的油管、接口套和油封 2. 检查并修整活塞杆 3. 放完空气后转入正常工作时,应将放气阀关闭 4. 检查配合间隙,清除污物,重新调整使两边开口量一致 5. 清除节流开口处的杂质,调换不清洁的油液 6. 收紧节流阀的锁紧螺母
工作台换向时有冲击	1. 换向阀控制油路的单向阀失灵 (1)单向阀钢球被杂质卡住 (2)钢球被弹簧压偏 (3)钢球与阀座密合不好 2. 换向阀控制油路的针形节流阀调整失灵 3. 换向阀两端盖处纸垫被冲破	(1)清除杂质,调换不清洁油液 (2)调整或更换弹簧 (3)调整不正圆的钢球或修整阀座 2. 重新调整节流阀,或者改用三角槽形的针形节流阀代替锥形面针形节流阀 3. 检查并更换纸垫
工作台换向起步迟缓	1. 控制换向阀移动速度的节流阀开口太小(拧得太紧) 2. 系统进气 3. 系统压力不足 4. 系统泄漏 5. 换向阀在阀孔中由于拉毛被污物等阻碍,移动不灵活	1. 将节流阀适当拧松一些 2. 排除方法见故障六 3. 适当提高压力 4. 检查管路、液压缸、控制阀、操纵箱,排除泄漏 5. 清除污物,修去毛刺
手摇机构较重或不起作用	1. 手摇机构较重 (1)液压缸回油不畅 (2)工作台齿条与手摇机构齿轮的牙尖顶住 2. 手摇机构不起作用,互锁液压缸活塞处压紧垫圈松脱,齿轮轴不移动	(1)用手扳动先导阀换向杠杆几次 (2)用手推动一下工作台 2. 将活塞压紧垫圈压牢

七、镗床常见故障及检修

镗床常见故障及检修见表 13-10。

表 13-10　镗床常见故障及检修

故障现象	故障原因	故障排除方法
运转时主轴箱内有周期声响	1. 传动齿轮,有某一齿轮因热处理不当,淬火过硬,当有冲击时造成掉牙。而由于该级转速较高,齿轮因惯性仍能运转 2. 主轴上的大齿轮中某齿槽嵌入铁屑或有毛刺	1. 更换已经损坏的齿轮 2. 修整齿轮,去除毛刺,清除污物
停机时无制动	1. 采用机械式摩擦制动方式。往往由于摩擦制动器的摩擦力不够引起 2. 采用电器控制法制动,其故障往往因电器线路断路而造成	1. 调整制动带及牵引电磁铁行程在 20~25mm 之内较为适宜 2. 检查电器线路并进行处理
主轴和平旋盘轴向窜动和径向跳动量较大	空心主轴和平旋盘轴的前后圆锥滚动轴承间隙调整不当或轴承磨损严重	调整轴承间隙或更换轴承,使主轴的径向圆跳动量在伸出 300m 处为 0.025mm,主轴的轴向窜动为 0.015mm。平旋盘轴向定位面的断面圆跳动为 0.02mm 之内
主轴实际转速与转速盘所指的速度不符合	1. 速度盘在安装时,没有将各相关的刻线对准,导致传动零件相对位置不对 2. 双速电动机互相转换时电极变换不正确	1. 将主轴实际转速变到最小,重新安装好转速盘,使速度盘指示为最小转速 2. 调整好杠杆板使开关闭合灵敏,检查主轴变速手柄右侧的微动
无快速移动	1. 操纵轴上的螺母拧得过紧,出现卡住现象 2. 移动部位的镶条压板锁紧机构调整得过紧	1. 调节操纵轴上的螺母,保持松紧适当 2. 调整镶条压板的间隙,用 0.03mm 的塞尺在端面部位插入进行检查,其插入深度应小于 20mm
工作台快速移动时,一个方向正常,另一方向出现"咔咔"声	快速移动电动机正反向两侧启动器中,有一个接触不良,造成电动机时动时停。引起齿轮撞击,产生响声	修理快速移动电动机,使两侧启动器接触良好

故障现象	故障原因	故障排除方法
主轴位置发生明显变化	1. 夹紧装置调整不当,夹紧力不均匀 2. 主轴箱上的镶条配合松动	1. 调整夹紧力 2. 调整镶条间隙,0.03mm的塞尺不能插入,主轴箱夹紧和松开变化不得超过 0.04mm
小负荷时保险装置停止送刀	1. 机床各轴的螺母拧得过紧 2. 主轴箱、工作台部分等紧固装置装配过紧,增加了走刀负荷量,导致离合器自动脱落 3. 保险装置弹簧失效,离合器爪磨损	1. 检查紧固部分,使旋紧程度适中 2. 调整滑动部位的间隙,并使润滑充分 3. 更换弹簧和离合器
小负荷切削时,快速离合器打滑,调节弹簧也无效	1. 机床各轴的螺母拧得过紧 2. 主轴箱、工作台部分的导向压板、塞铁及滑动部分等装置装配过紧 3. 弹簧失效,摩擦片损坏	1. 用手盘动机床各滑动部分,检查其阻尼程度,如果阻尼过大,适当调松相关螺母 2. 调整相关导向压板、塞铁,改善润滑面的润滑状态 3. 更换弹簧及摩擦片
切削力小	1. 摩擦片打滑 2. 传动带太松或松紧不一致 3. 保险离合器弹簧过松	1. 用吹砂方法增加摩擦片的摩擦力 2. 调整电动机机座,使传动带松紧适中 3. 调整弹簧的压力,使保险离合器能承受应有的扭矩
镗孔时出现均匀螺旋线	1. 送刀蜗杆副啮合不良 2. 主轴上两条键配合间隙过大或歪斜	1. 检查蜗杆副啮合情况,调整间隙 2. 重新配键,保证间隙小于 0.04mm

故障现象	故 障 原 因	故障排除方法
镗削时工件表面产生波纹	1. 机床振动,引起振动主要原因 ①传动带过紧或长短不一致 ②电动机支架松动 ③主轴箱内的传动齿轮有缺陷,齿面有碰伤,有毛刺或缺牙 ④主轴后支承点与支座孔同轴度超差 ⑤主轴箱内驱动液压泵因磨损而引起振动 ⑥主轴上圆锥滚子轴承松动 2. 电动机振动,引起振动的原因 ①电动机前后轴承支架的同轴度超差 ②电动机轴承外环配合过松或轴承损坏	1. 消除机床振动 ①调节传动带松紧,尽量保证长短一致 ②紧固电动机机座上的螺钉,并使小带轮和大带轮端面在同一个平面上 ③修整齿面,更换磨损严重和缺牙的齿轮 ④检查调整,保证同轴度要求 ⑤修理或更换驱动液压泵 ⑥调整空心主轴后端的螺母,保证主轴径向圆跳动度不超过 0.02mm 2. 消除电动机振动 ①检查并进行修理,保证电动机前后轴承支架的同轴度在允差范围之内 ②轴承配合过松,用刷镀法进行修理或更换损坏的轴承
用平旋盘刀架铣削平面与零件底面的垂直度超差	1. 平旋盘旋转中心线与立柱导轨垂直度超差 2. 主轴箱垂直移动与工作台面不垂直 3. 机床安装水平精度差	1. 刮研修整各部位间隙,保证精度为 0.03mm/m 2. 调整主轴箱与立柱导轨,使主轴箱垂直移动对工作台面的垂直度不大于 0.03mm/m 3. 重新调整机床水平,使其达到规定精度
用长镗杆镗孔时出现斜孔	两立柱安装精度不符合要求	重新调整两立柱平行度,保证镗杆、工作台面、床身导轨相互间的平行度要求
用平旋盘刀座加工端面与用主轴镗孔的垂直度超差	1. 镗套与主轴配合间隙太大 2. 平旋盘轴各轴承支承点同轴度超差	1. 检查修复,确保其配合间隙不大于 0.02mm 2. 修复各支承点,确保其同轴度不超过 0.005mm

故障现象	故障原因	故障排除方法
主轴与工作台两次进刀接不平	1. 主轴箱夹紧装置不稳定 2. 主轴箱、工作台径向刀架的镶条调整不当 3. 床身与下滑座不垂直 4. 立柱床身、工作台部件几何精度不符合要求	1. 调整紧固压板装置,保证其稳定夹紧 2. 调整各部分镶条,保证其接触间隙不大于0.03mm 3. 修刮调整床身导轨与下滑座导轨,保证其垂直度不大于0.02mm 4. 以床身为基准,检查各项有关精度,如果超差,进行调整或修复
下滑座最低速移动时有爬行现象、光杠明显振动	1. 下滑座塞铁调得过紧 2. 下滑座中蜗杆副间隙过紧 3. 导轨接触情况不好	1. 检查和重新调整塞铁,使松紧程度适中 2. 吊下工作台和上滑座,检查和调整蜗杆副间隙 3. 改善下滑座和床身的接触情况和润滑条件
纵向移动下滑座时,主轴箱与上滑座同时或分别移动	1. 离合器内套有毛刺 2. 蜗轮蜗杆间隙过松 3. 下滑座中三个离合器的间隙调整不当,在脱开位置离合器齿面接触 4. 下滑座中某轴各齿轮滑动套与轴配合装配不当	1. 去除毛刺 2. 重调间隙 3. 重新调整使在弹簧力作用下保持应有位置 4. 使各滑动套上的配合能转动灵活
上下滑座夹不紧	夹紧块调整不当	检查各夹紧螺钉的装配和旋向是否正确,并将机构处于夹紧状态,检查各夹紧块夹紧情况,并进行重新调整
当变换发生顶牙和选好送刀量时,主轴电动机不启动	变换终了或变换顶牙时,作用在开关上的杠杆不能将开关前的接触点闭合	将安装在送刀变速机构后端的杠杆调整成弯曲形状,使变换终了时与杠杆接触的开关前接触点成闭合状态
主电动机运转时,当主轴稍受小负荷时立即中断运动(电动机仍在转动)	主电动机和主轴箱的连接皮带拉紧力不够,造成打滑现象	拉紧力依靠回转动机的底板来达到,调整主电动机的位置

故障现象	故 障 原 因	故障排除方法
转速盘的走刀量与实际走刀量不符	由于送刀变速机构各相关位置安装地不正确以及相关的刻度没有对准所致	检查送刀变速支架中的各传动齿条、齿轮及拨叉的刻线是否正确,滚子的中心线必须对准支架体上的刻线;齿轮轴上的刻线必须对准支架体上的刻线,将孔盘变换手柄在左右变成水平位置,移动齿轮放在最小走刀量位置进行调整

八、剪板机床常见故障及检修

剪板机床常见故障及检修见表 13-11。

表 13-11 剪板机床常见故障及检修

故障现象	故 障 原 因	故障排除方法
剪切零件表面直线度超差,有凸或凹的现象	1. 工作台面安装水平误差大,使设备有扭曲现象 2. 剪刃上下运动导轨面两边有扭曲现象或导轨磨损、直线度超差 上下剪刃贴合的垂直支承面平面度误差大,使剪刃紧固后直线度超差	1. 重新找正设备安装水平,使台面完全处于水平位置,保证 0.05mm/m 的安装精度 2. 修刮床身滑块导轨,使其两端互相平行,直线度保证在 0.02mm/m 之内 3. 修复上下剪刃的贴合支承面,平面度保证在 0.03mm/1000mm 之内
剪切零件宽窄不一致,成批零件剪切重复精度超差	1. 挡料板移动两边不同步,传动部位间隙大 2. 挡料板定位不准,间隙太大,导致锁紧时,有窜动现象 3. 挡料板变形,直线度超差,导致零件定位不准 4. 压料弹簧力调节不当,使压紧力不均匀,剪切时板料窜动 5. 剪刃滑块上下运动导轨与压板间隙调整不当	1. 消除传动部位间隙 2. 消除间隙,使挡料板与剪切刃之间两端距离一致。锁紧后,保证重复定位误差为 0.30mm/1000mm 之内 3. 修理挡料板平面,保证直线度误差在 0.02mm/1000mm 之内 4. 压料梁与板料的间隙调整在 10mm 左右,弹簧的压力保证为 11kN 且两端保持均匀一致 5. 调整导轨与压板之间的间隙,保证在 0.03mm 之内

故障现象	故障原因	故障排除方法
剪切窄条零件呈麻花状	1. 剪刃滑块导轨两边扭曲或磨损后直线度超差 2. 剪刃的滑块导轨面间隙调整得过大	1. 修刮滑块和床身导轨,使其接触表面为每25cm×25cm有12点,直线度保持在0.02mm/1000mm范围之内 2. 调整压板,使两边导轨各部间隙均匀保证在0.03mm之内
剪切窄条零件有夹料和推料现象	1. 挡料板平面倾斜,与水平面不垂直 2. 与上刀片贴合垂直支承面对上刀架行程方向平行度超差	1. 修整挡料板平面,保证与水平面垂直 2. 上刀架向下运动时,与上刀片和下刀片贴合的两垂直面的距离只许增大,误差在0.2mm/100mm之内
零件剪切处毛刺太大	1. 刀刃刃面磨损,刃口太钝 2. 上、下剪刃各部的间隙不均匀,间隙稍大处就会出现毛刺 3. 上、下剪刃的间隙调整不当	1. 更换或修磨剪刃口 2. 各部剪刃之间的间隙,每相隔500mm检查一次,保证均匀性不超过0.05mm 3. 上、下剪刃间隙应调整为所剪切板料厚度的5%～8%
单次行程离合器接合不上,剪刃不动作	1. 转动键的转体部分与缓冲套三角形缺口磨损,使得离合器接触时打滑,带不动曲轴 2. 刹车带与制动盘调节得过紧,使离合器打滑 3. 转动键的控制弹簧断裂或松动,力量不够,使转动键动作不灵活	1. 更换转动键,修复缓冲三角形缺口,使转动键动作灵活,卡入三角形缺口时,接触良好 2. 调整制动带的松紧度 3. 更换弹簧,调整弹簧的拉力,使转动键动作灵活
单次行程时出现连切现象	1. 转动键柄的销轴头及操纵挡块磨损,挡不住转动键的销轴头 2. 操纵控制块位置调整不当,转动键的销轴头到位时卡不住	1. 补焊、修磨转动键的销轴头,恢复原设计尺寸 2. 调整相互位置,修复控制挡块
飞轮空转时,离合器发出有节奏的响声	转动键的转体部位没有完全脱出缓冲三角槽,使得旋转一圈发出一次响声	修磨转动键的配合表面,并调整转动键的位置

故障现象	故障原因	故障排除方法
剪刃滑块在一次行程中有冲动现象和不正常的响声	1. 转动键与缓冲套三角槽配合不好，磨损出，转动键转动角度不到位，在剪刃一次往复运动中有冲动现象，并发出响声 2. 剪刃滑块上下运动的平衡弹簧力调整不当 3. 转动键的弹簧力量太小，拉不到位，当滑块由下往上时，发生冲动现象	1. 修配转动键转体部位与缓冲三角形缺口槽的接触面，使键转动到位，动作灵活、可靠 2. 调整弹簧力量，使滑块动作无冲击振动为止 3. 调整或更换弹簧

九、液压系统常见故障及检修

1. 液压系统产生噪声的原因及排除方法（见表 13-12）

表 13-12　液压系统产生噪声的原因及排除方法

故障现象	故障原因	故障排除方法
噪声	液压泵 1. 空气进入油泵而产生气穴 (1)液压泵密封不好 (2)油液中混有空气 (3)油箱中的油量不足 (4)进油管密封不好，管接头处有漏气现象 2. 滤油器的滤网过密或被污物堵塞，使吸油阻力过大 3. 液压泵吸油截面过小，造成吸油不畅 4. 液压泵的配油盘窗口过小，导致油的流速较高，产生紊流及涡流从而引起噪声 5. 油液黏度太大，增加了运动阻力 6. 齿轮泵的齿形精度不高，齿面粗糙度 Ra 值过大	1. 控制空气的侵入 (1)检查油泵的密封部位，防止由此进入空气 (2)系统的进、回油尽可能相距远些，同时要避免回油飞溅产生气泡 (3)油液保持在油标线以上，否则油面过低，会从油管吸入空气 (4)进油管的密封性要可靠。发现漏气时，拧紧管接头或更换损坏的密封圈 2. 滤油器的滤网不宜过密，一般 70 目左右。及时清除滤网表面污物，及时更换油液，保持油液清洁 3. 将进油管口做 45°斜切，增加吸油截面 4. 可适当加大配油盘窗口 5. 选用黏度适当的油液 6. 对于齿轮泵的一对啮合齿轮，可用对研的方法修正，修正量不宜过多，否则影响泵的流量

故障现象	故 障 原 因	故障排除方法
噪声	7. 叶片泵的叶片卡死、断裂或配合不良;柱塞泵的柱塞卡死或移动不灵活	7. 修理、更换损坏零件
	8. 液压泵出口压力脉动和管路影响	8. 在液压泵出口附近安装一个滤油器或蓄能器吸收液压泵的压力脉动或缓冲管路内的压力剧变,以和低油泵的噪声。为了控制管路的振动,可采取隔离装置
	9. 液压泵内某些零件损坏或精度低引起机械振动,如滚针、滚动轴承等	9. 修复或更换损坏件和精度超差件
	控制阀作用失灵 1. 阀座损坏,密封不良	1. 修研阀座,更换钢球或修磨锥度
	2. 阀孔拉毛或有污物,使滑阀在阀体内移动不灵活	2. 去毛刺,消除阀内污物,使滑阀移动灵活
	3. 滑阀与阀孔配合过紧或过松。过紧,滑阀移动困难,引起噪声;过松,造成间隙过大,泄漏严重,也将导致噪声	3. 滑阀与阀孔配合过紧,可研磨阀孔,使配合间隙适当;滑阀与阀孔配合过松,应研磨阀孔,更换新滑阀,重配间隙
	4. 控制阀中特别是节流阀,其节流开口小,流速高,易产生涡流,产生噪声。在流速高背低时,也会形成局部真空,溶解在油中的空气被析出,便产生空穴现象上起噪声	4. 减小进出口压差
	5. 调压螺母松动	5. 压力调节好后,拧紧调压螺母
	6. 弹簧永久变形或损坏	6. 更换弹簧
	7. 换向阀设计不合理引起换向冲击	7. 改为换向阀结构
	8. 控制阀选择不当,导致流量过大过小	8. 选择与液压泵相适应的控制阀
	9. 电磁阀失灵,如电极焊接不好致使接触不良;滑阀在阀孔中卡住或移动不灵活	9. 修整焊接电极;研磨阀体孔,使滑阀在阀孔内移动灵活等
	油管管道碰击 管道细长,没有用管夹装置固定而重叠在一起,造成进、回油管互相碰击	细长管道要用管夹装置固定,使管道与机床之间保持一定距离

故障现象	故 障 原 因	故障排除方法
噪声	机械系统振动 　1. 电动机上下动平衡不良或轴承损坏等产生振动 　2. 液压泵与电动机间的联轴器同轴度超差 　3. 运动部件换向时缺乏阻尼产生冲击	1. 将电动机主轴、转子、风扇等旋转件一同进行动平衡；检查轴承精度，必要时更换 　2. 使液压泵传动与电动机轴的同轴度在 0.1mm 范围之内，且要求柔性连接 　3. 调节换向节，使换向平衡无冲击

2. 液压系统产生爬行的原因及排除方法（见表 13-13）

表 13-13　液压系统产生爬行的原因及排除方法

故障现象	故 障 原 因	故障排除方法
爬行	1. 导轨精度不好，使局部金属表面直接接触，油膜破坏，产生干摩擦或半干摩擦 　2. 调整导轨间隙的楔铁或压板太紧或者楔铁弯曲 　3. 润滑不良，相互运动的接触面间润滑油不充分或润滑油选用不当 　4. 液压系统中侵入空气，油液受压后体积变化不稳定，使部件运动不均匀	1. 修刮或配磨导轨，同时，在修刮导轨产，应校正机床安装水平。若两导轨面接触不良，可在导轨接触面均匀地涂上一层薄薄的氧化铬，用手动的方法使之相对运动，对研几次，以减少刮研点所引起的阻力 　2. 检查调整或修刮楔铁，使运动部件移动无阻滞现象 　3. 适当调整润滑油量与压力。润滑油量应适当，过多会产生运动件上浮，而且黏度大的润滑油上浮显著，从而影响加工精度。同时，采用导轨油防止爬行是目前广泛采用的一种措施 　4. 严防空气侵入液压系统。坚固各接和面连接螺钉和管道连接螺母，清除附着于滤油器网上的污物。吸、回油管均匀插入油面以下，并保持一定的距离，避免回油冲击油面而产生气泡及系统停用使空气进入。在液压系统中应设置可靠的排气装置，无排气装置的简易液压系统，工作前应使液压缸在空负荷下全行程快速往复数次，以排除空气

故障现象	故 障 原 因	故障排除方法
爬行	5. 液压泵内部零件磨损,间隙增大,引起输油量和压力不足或波动严重而产生爬行	5. 检修液压泵
	6. 液压缸中心线与导轨平行度超差;活塞杆直线度超差;液压缸体内孔拉毛及活塞杆两端油封调整过紧等因素都会引起摩擦力不均匀	6. 逐项检查其精度并加以修复
	7. 控制阀的阻尼孔及节流开口被污物阻塞,滑阀移动不灵活使压力波动太大造成爬行	7. 防止杂物进入液压系统,经常保持油液清洁,并按规定更换油液
	8. 阀类零件磨损,配合间隙增大,使部分高压油与低压油互通,引起压力不足。液压缸活塞与液压缸体孔配合间隙过大,使高压腔的压力油流入低压腔,使推力减小,在低速时因摩擦力的变化而产生爬行	8. 检查各零件的配合间隙,研磨或珩磨阀孔,配磨活塞。如果密封件损坏,应及时更换

3. 液压系统产生油温过高的原因及排除方法 (见表 13-14)

表 13-14   液压系统产生油温过高的原因及排除方法

故障现象	故 障 原 因	故障排除方法
油温过高	1. 液压系统设计不合理,在工作过程中有大量的压力和同量损耗,使油液发热	1. 改进液压系统设计方案,减少压力和油量损耗
	(1)阀类元件选用不合理。如果选用的阀规格过小,则会造成能量损失过大,引起系统发热或因阀内油液流速过快而引起噪声	(1)应根据系统的工作压力和通过该阀的最大流量选取。选择溢流阀发油泵最在流量选取;选择节流阀、调速阀还要考虑最小稳定流量;其他阀类按其所接入在路所需最大流量来选取
	(2)液压泵选用不合理。如果选用的液压泵流量过大,则多余的油液从溢流阀溢出,造成无谓损耗,引起油液发热	(2)合理选用液压泵。通常选用液压泵的流量要大于同时动作的几个液压缸所需要大流量之和,并应考虑到系统的漏损,避免流量过大
	(3)液压系统缺少卸荷回路或卸荷回路动作迟缓。当系统不需要压力时,油液仍在溢流阀调定压或卸荷压力较高的情况上流在油箱,使油温升高	(3)增设卸荷回路或检查修理卸荷回路,使系统不需要压力油时,液压泵处于无负荷运转

故障现象	故 障 原 因	故障排除方法
油温过高	(4)液压系统中存在多余的回路或液压元件 (5)液压系统中的节流调速方式选择不当	(4)液压系统中,取消不必要的回路和液压元件 (5)合理选择节流调整方式。对负载变化不大的机床适合用进油节流;负荷变化较大且运动平稳性要求较高的适合用回油节流;负载变化较大且运动平稳性要求较高的适合用回油节流;负载变化较大但运动平稳性要求不高的传动装置适合支流节流
	2. 容积损耗大而引起油液发热	2. 减少容积损耗
	3. 压力损耗大,使压力能转换成热能 (1)油管过长、弯曲过多和通道截面变化等因素引起的压力损失,导致油液发热 (2)在管道内和各种阀内油液流速过大,尤其是当管道较细时,压力损失过大,从而造成油温剧烈升高	3. 尽量减少压力损耗,以免引起油液发热: (1)尽量减少弯管、缩短管道、减少管道截面突变 (2)根据允许流速验算管径。油流一般速度取值在 2~5 m/s,选择流速原则为压力高、流量大时取大值。反之取小值。验算结果通径过上时可适当加大,特别是回油管应保证通畅
	4. 压力调整不当,超过实际需要	4. 合理的调整系统中各种压力阀,在满足机床正常运转的情况下,压力应尽可能低些
	5. 相对运动件润滑不良	5. 改善相对运动件之间的润滑条件
	6. 误用黏度过高的油液,增加了摩擦发热量	6. 根据机床不同的类型、不同地区和季节,选择黏度合适的油液
	7. 油箱散热性能不良,散热面积不够或储油量不足,导致油液循环过快	7. 加大油箱容积,改善散热条件
	8. 外界热源影响	8. 减少或隔绝外界热源

4. 液压系统产生液压冲击的原因及排除方法（见表 13-15）

表 13-15　液压系统产生液压冲击的原因及排除方法

故障现象	故 障 原 因	故障排除方法
液压冲击	1. 液压系统突然改变液流方向时,由于换向阀快速移动,在管道中产生冲击	1. 可采取以下办法 (1)在保证工作周期的原则下,尽量减慢换向速度 (2)在滑阀完全关闭前,减慢油液的流速 (3)尽量减少弯管、缩短管道长度、适当加大管径;采用软管
	2. 背压阀压力调节不当	2. 适当提高背压阀的压力
	3. 液压系统内存在大量的空气	3. 排除系统内的空气,防止空气混入液压系统
	4. 液压执行器在高速运动中突然被制动停止,产生冲击	4. 高速运动的活塞在行种中途停止或反向,为减少或消除液压冲击,可在缸的入口及出口处设置反应快、灵敏度的小型安全阀,其调整压力在中、低压系统中为最高工作压力的 $105\% \sim 115\%$
	5. 工作油工活塞杆两端的连接螺母松动	5. 适当旋紧螺母

5. 液压系统产生泄漏的原因及排除方法（见表 13-16）

表 13-16　液压系统产生泄漏的原因及排除方法

故障现象	故 障 原 因	故障排除方法
泄漏	1. 采用间隙密封的液压元件,当磨损后配合间隙增大,在油液的压力下,从一处渗流到不应流往的另一处	1. 研磨阀孔,根据阀孔配做阀芯,使其配合间隙在规定的范围内,同时,要保证其尺寸精度和几何精度达到技术要求
	2. 工作压力调整过高	2. 在满足工作性能的情况下,适当降低工和压力
	3. 单向阀中钢球不圆或锥阀缺裂,阀座损坏,使密封不良	3. 更换钢球,修磨锥阀,研磨阀座
	4. 油管破裂	4. 更换同管
	5. 滑阀与阀体孔同轴度超差	5. 修整同轴度至要求,并保证其配合间隙
	6. 结合面之间的纸垫厚薄不均匀或被压力油击穿	6. 更换纸垫,并注意厚薄均匀
	7. 结合面处由于加工不良而产生泄漏	7. 提高结合面处的加工精度

故障现象	故障原因	故障排除方法
泄漏	(1)两结合面的平行度超差	(1)修磨或研磨结合面
	(2)密封面粗糙造成泄漏	(2)提高密封面的加工精度,使表面粗糙值 Ra 不大于规定值
	(3)密封槽过深或过浅。平面密封的固定螺孔加工深度不够	(3)密封槽要按标准加工,不宜过深或过浅
		(4)加深固定螺孔深度,保证有足够的螺纹长度或选用较短的固定螺钉
	8. 连接处零件损坏中螺母松动	8. 更换损坏件,旋紧螺母
	9. 由于液压附件安装不当而造成泄漏	9. 按要求安装液压附件
	(1)密封件方向安反	(1)有些密封件是有方向性的,如果安反,密封性会减弱,甚至起不到密封作用
	(2)管接头安装不妥,造成漏油	(2)紧固螺母和接头上的螺纹要配合适当,过松或过紧都会漏油。安装前要去毛刺,装接头时,必须先用手拧到与密封面接触,然后再用扳手适当拧紧
	(3)安装密封圈时,造成表面损伤引起泄漏	(3)安装密封圈前,必须将带尖的缸口或孔口、轴端头等处加以修整,做成光滑的倒角、圆角并准备专用工具。同时,密封圈应涂以润滑油,以防干涩拉坏
	10. 在高压往复运动中,由于密封圈材质较软,密封间隙较大,密封圈被挤入间隙咬伤,导致泄漏	10. 密封圈在高压往复运动情况下使用时,应尽量减少间隙,并选用材质较硬的密封圈

6. 液压系统产生压力不足或完全无压力的原因及排除方法（见表 13-17）

表 13-17　液压系统产生压力不足或完全无压力的原因及排除方法

故障现象	故障原因	故障排除方法
压力不足或完全无压力	1. 液压泵泄漏严重	1. 防止泄漏
	(1)液压泵磨损,造成轴向间隙和径向间隙增大	(1)修理液压泵
	(2)泵体有砂眼,使高、低压油互通	(2)修理或更换泵

故障现象	故障原因	故障排除方法
压力不足或完全无压力	(3)液压泵各连接处密封不严 (4)油液黏度过低,泄漏增加 2. 液压泵转速不够,使吸油量不足。这种现象通常是由于泵的驱动装置打滑功率不足所致 3. 电动机启动后,油泵不吸油 (1)液压泵转向不对 (2)吸油管没有插入油箱的油面以下 4. 液压泵吸油不畅,滤油器或吸油管被污物堵塞,油箱中油面太低,油量不足 5. 溢流阀处于开启位置,不能建立压力 6. 换向阀的阀芯与阀孔配合间隙过小或阀芯几何形状超差,阀芯与阀孔装配不同心,使阀芯在孔中移动困难,甚至卡住不能动,致使液压泵卸荷 7. 执行器密封件损坏	(3)紧固各连接处 (4)使用推荐黏度的液压油 2. 检查、测定泵在有载运转时的实际转速、泵与电动机的连接关系及功率匹配情况等,并进行调整、修理或更新 3. 检查修理故障 (1)调换电线接头,使电动机改变转向 (2)将吸油管浸入油箱油面高度的2/3处,并使液压泵吸油口至进油口高度不超过500mm 4. 清洗过滤器,疏通管道,加足油液 5. 检查、清洗或修理溢流阀 6. 检查换向阀配合间隙,修磨或重配阀芯 7. 更换执行器密封件

7. 液压系统产生机械动作无规律的原因及排除方法(见表13-18)

表 13-18　液压系统产生机械动作无规律的原因及排除方法

故障现象	故障原因	故障排除方法
机械动作无规律	1. 液压泵零件之间配合不当 2. 阀和柱塞弯曲或黏阻 3. 机械启动速度缓慢	1. 因配合不发引起过度摩擦,检查过热部分零件的配合间隙和配合位置后修整,重新配合 2. 可能是某机件的机械故障或油质原因引起,检查轴的直线度、轴承的磨损,是否被污染或油杂质侵入。修磨主轴,更换轴承,更换油液或过滤油液 3. 可能是油温过低或液压油过稠引起,一般机械开机几分钟后,油温升高黏度降低,机床便可正常运转

8. 液压机工作速度在负载下显著降低的原因及排除方法（见表 13-19）

表 13-19　液压机工作速度在负载下显著降低的原因及排除方法

故障现象	故障原因	故障排除方法
液压机工作速度在负载下显著降低	1. 系统泄漏在负载下明显增大,使系统压力提不高 2. 系统压力不够,缺乏推力 3. 油中混有杂质,堵塞节流小孔,滑阀卡住等 4. 导轨润滑油在负载作用下较难进入相对运动件之间 5. 系统在负载下压力增高,液压泵电动机发热,甚至转速下降 6. 液压系统存在大量空气	1. 严防外泄漏,尽量控制和减小内泄漏 2. 适当提高系统压力 3. 确保油液清洁 4. 适当增大润滑压力和油量 5. 适当增大电动机功率 6. 防止空气混入液压系统并及时排除液压系统中空气

9. 运动部件速度达不到或不运动的原因及排除方法（见表 13-20）

表 13-20　运动部件速度达不到或不运动的原因及排除方法

故障现象	故障原因	故障排除方法
运动部件速度达不到或不运动	1. 油池中的油液不足,滤油器被污物堵塞,油液黏度太大等原因致使吸油不畅 2. 液压泵损坏或有显著磨损,轴向和径向间隙太大,使液压泵输油量不足和压力提不高 3. 导轨润滑油不够或无润滑油,使接触面出现半干摩擦或干摩擦,增加运动阻力 4. 系统内外泄漏过大 5. 液压操纵箱的纸垫冲破、滑阀与阀体孔配合间隙太大等引起内外泄漏过多 6. 液压泵电动机转速或功率不够 7. 液压缸活塞与缸体孔磨损后配合间隙过大,使进回油互通 8. 油温低,油液黏度太大,液压泵吸油困难 9. 导轨的楔铁、压板等调整得过紧	1. 根据油标线加足油液,消除滤油器之污物 2. 修理液压泵 3. 调整润滑油调节装置,适当增加润滑油油量或润滑压力 4. 严防系统内外泄漏 5. 更换纸垫和重新调整滑阀配间隙 6. 按要求更换电动机 7. 重做活塞,根据缸体孔径配合间隙或更换密封件 8. 加温或更换黏度较小的油液 9. 重新调整

10. 液压系统产生换向冲击大的原因及排除方法（见表13-21）

表13-21　液压系统产生换向冲击大的原因及排除方法

故障现象	故　障　原　因	故障排除方法
换向冲出量大	1. 导轨润滑油过多，台面摩擦阻尼太小，由于台面运动的惯性作用，台面无法立即停下来 2. 液压缸两端的封油圈压得过紧 3. 导向阀与阀体孔的配合间隙过大 4. 系统泄漏，同时有空气混入 5. 减压阀压力波动 6. 换向阀的移动速度受节流通阀的控制，如果节流开口处堆积杂物，将影响节流量的均匀性及压力变化 7. 导向控制主、辅助油的控制尺寸太长 8. 液压缸活塞杆端的螺帽旋得太紧，迫使活塞杆弯曲 9. 油温过高，油黏度下降，泄漏增加	1. 适当减少工作台导轨润滑油油量和润滑油压力 2. 适当放松液压缸两端封油圈的压盖，一般只需要随手均匀地旋紧螺钉，使之不漏油即可 3. 研磨阀孔，重做导向阀，使其间隙在 0.008～0.012mm 范围之内 4. 严防泄漏，排除空气 5. 修理减压阀，使其压力波动值在±1kgf/cm²（1kgf/cm²＝98.0665kPa）范围之内 6. 清除节流口处的杂物 7. 做一根新的导向阀，其他尺寸不变，将控制主、辅助油的控制尺寸适当缩短 8. 适当放松活塞杆两端的螺母，使其在自然状态下工作 9. 降低油温

11. 液压系统产生换向时起步迟缓的原因及排除方法（见表13-22）

表13-22　液压系统产生换向时起步迟缓的原因及排除方法

故障现象	故　障　原　因	故障排除方法
换向时起步迟缓	1. 台面操纵箱无快跳装置，使换向阀的移动速度慢 2. 系统中存在空气，而使台面换向迟缓 3. 换向阀在阀孔中由于拉毛或污物等阻碍移动不灵活 4. 导轨润滑油过少及液压缸活塞杆两端油封压得太紧 5. 控制换向阀移动快慢的节流开口太小 6. 工作压力和辅助压力不足，缺乏推力 7. 系统泄漏	1. 增加快跳装置 2. 排除系统中的空气 3. 清除污物，去除毛刺 4. 适当增加润滑油油量和放松活塞杆两端的压盖板 5. 将节流阀向外拧松一些，以增加节流开口量 6. 适当调高压力 7. 严防泄漏

第十四章

⚡ 机床常见电气故障的分析与处理

机床电气故障种类繁多，同一种故障症状可对应多种引起故障的原因，而同一故障的原因，又可能有多种症状的表现形式，根据机床故障的征兆准确地判断机床存在的问题，并迅速地排除故障，是机床维修人员的基本工作技能。本章将对几种常用机床的电气故障分别进行介绍。

第一节 CA6140 型普通车床

CA6140 型普通车床是在 C620 车床基础上改进的，它与 C620 车床相比，主要增加了一个溜板快移电动机 M3，使溜板不仅可以靠手柄移动，也可以靠电动机自动匀速移动。

一、控制电路分析

如图 14-1 所示为 CA6140 型车床的电路原理图，机床电路一般比电气传动基本环节电路复杂，为便于读图分析、查找图中元器件及其触点的位置，机床电路图的表示方法有自己的特点，见图中引出的标示。

1. 主电路

主电路有三台电动机，均为正转控制。主轴电动机 M1 由交流接触器 KM 控制，带动主轴旋转和工件做进给运动；冷却泵电动机 M2 由中间继电器 KA1 控制，输送切削冷却液；刀架快速移动电动机 M3 由 KA2 控制，在机械手柄的控制下带动刀架快速做横向或纵向进给运动。主轴的旋转方向、主轴的变速和刀架的移动方向均由机械控制实现。

主轴电动机 M1 和冷却泵电动机 M2 设过载保护，FU1 作为冷却泵电动机 M2、快速移动电动机 M3、控制变压器 TC 一次绕组的短路保护。

[提示]　机床电路的读图应从主电路着手，根据主电路电动机控制形式，分析其控制内容，包括启动方式、调速方法、制动控制和自动循环等基本控制环节。

2. 控制电路

(1) 机床电源引入

合上配电箱壁龛门————————————┐
插入钥匙开关旋至接通位置，SB 断开 ———→合上 QF 引入三相电源

正常工作状态下 SB 和 SQ2 处于断开状态，QF 线圈不通电。SQ2 装于配电箱壁龛门后，打开配电箱壁龛门时，SQ 恢复闭合，QF 线圈得电，断路器 QF 自动断开，切断电源进行安全保护。控制回路的电源由控制变压器 TC 二次侧输出 110V 电压提供，FU2 为控制回路提供短路保护。

(2) 主轴电动机的控制　为保护人身安全，车床正常运动时必须将传动带罩合上，位置开关 SQ1 装于主轴传动带罩后，起断电保护作用。

M1 启动：

按下 SB2 → KM 线圈电电 ┬→ KM 的自锁触点(8 区)闭合。
　　　　　　　　　　　　├→ KM 主触点(2 区)闭合 → M1 启动运转
　　　　　　　　　　　　└→ KM 的常开触点(10 区)闭合，
　　　　　　　　　　　　　　为 KA1 得电做准备

M1 停止：

按下 SB1→KM 线圈失电→KM 触点复位→M1 失电停转

FR1 作为主轴电动机的过载保护装置。

(3) 快速移动电动机的 M3 控制　刀架快速移动电动机 M3 的启动，由安装在刀架快速进给操作手柄顶端按钮 SB3 点动控制。

(4) 冷却泵电动机 M2 的控制　冷却泵电动机 M2 与主轴电动机 M1 采用顺序控制，只有当接触器 KM 得电，主轴电动机 M1 启动

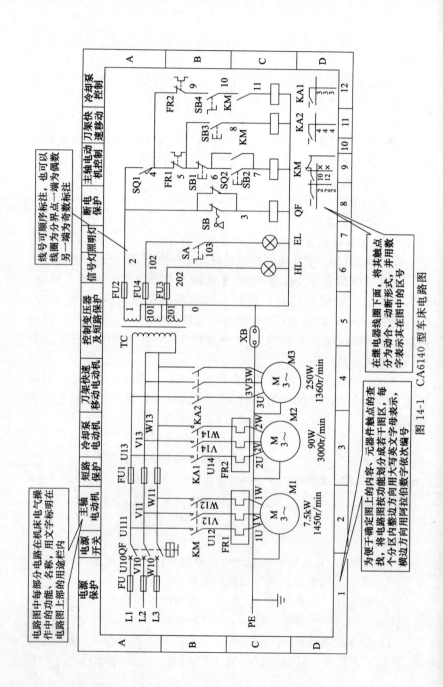

图 14-1 CA6140 型车床电路图

电路图中每部分电路在机床电气操作中的功能、名称，用文字标明在电路图上部的用途栏内

主轴电动机

电源开关

短路保护

冷却泵电动机

刀架快速移动电动机

控制变压器及短路保护

信号灯照明灯

断电保护

主轴电动机控制

刀架快速移动

冷却泵控制

线号可顺序标注，也可以线圈为分界点一端为偶数另一端为奇数标注

在继电器线圈下面，将其触点分为动合、动断形式，并用数字表示其在图中的区号

为便于确定图上的内容、元器件触点的查找，将电路图按功能划分成若干图区，每个分区内整边方向用大写英文字母表示，横边方向用阿伯拉数字依次编号

后，转动旋钮开关 SB4，中间继电器 KA1 线圈得电，冷却泵电动机 M2 才能启动。KM 失电，主轴电动机停转，M2 自动停止运行。FR2 为冷却泵电动机提供过载保护。

（5）照明、信号回路　控制变压器 TC 的二次侧输出的 24V、6V 电压分别作为车床照明、信号回路电源 FU4、FU3 分别为其各自的回路提供短路保护。

［提示］　控制电路的分析可按控制功能的不同，划分为若干控制环节进行分析，采用"化零为整"的方法；在对各控制环节分析时，还应注意各控制环节之间的联锁关系，最后再"积零为整"对整体电路进行分析。

CA6140 型车床元器件明细见表 14-1。

表 14-1　CA6140 型车应酬元器件明细表

代　号	名　　称	型号及规格	数量	用　途	备　注
M1	主轴电动机	Y132M-4-B3，7.5kW，1450r/min	1	主传动	
M2	冷却泵电动机	AOB-25，90W，3000r/min	1	输送冷却液	
M3	快速移动电动机	AOS5643，250W，1360r/min	1	溜板快速移动	
FR1	热继电器	JR2016-20/3D，15.4A	1	M1 过载保护	
FR2	热继电器	CJ20-20/3D，0.32A	1	M2 过载保护	
KM	交流接触器	JR20-20，线圈电压 110V	1	控制 M1	
KA1	中间继电器	JZ7-44，线圈电压 110V	1	控制 M2	
KA2	中间继电器	JZ7-77，线圈电压 110V	1	控制 M3	
SB1	按钮	LAY3-01ZS/1	1	停止 M1	
SB2	按钮	LAY3-10/3.11	1	启动 M1	
SB3	按钮	LA9	1	启动 M3	
SB4	旋钮开关	LAY3-10X/2	1	控制 M2	
SQ1、SQ2	位置开关	JWM6-11	2	断电保护	
HL	信号灯	ZSD-0.6V	1	刻度照明	无灯罩
QF	断路器	AM2-40，20A	1	电源开关	
TC	控制变压器	JBK2-100，380V/110V/24V/6V	1	控制、照明	110V，50V·A 24V，45V·A
EL	机床照明灯	JC11	1	工作照明	
SB	旋钮开关	LAY3-01Y/2	1	电源开关锁	
FU1	熔断器	BZ001，熔体 6A	1		
FU2	熔断器	BZ001，熔体 1A	1	110V 控制电源	
FU3	熔断器	BZ001，熔体 1A	1	信号灯电路	
FU4	熔断器	BZ001，熔体 2A	1	照明灯电路	

二、常见故障分析

1. 故障检测流程

为了帮助检修人员准确、快速地判断出机床电气故障的位置和原因，本节以 CA6140 型车床常见故障为例，介绍故障检测的基本方法和流程。

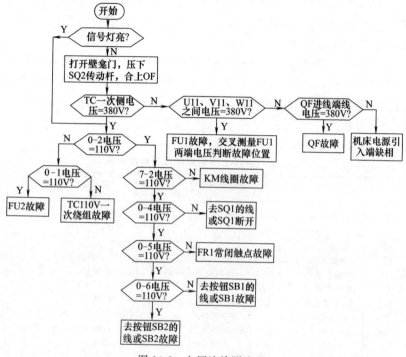

图 14-2 电压法检测流程

在故障测量时，对于同一个线号至少有两个相关接线连接点，应根据电路逐一测量，判断是属于连接点处故障还是同一线号两边接点之间的导线故障。

图 14-2 所示的检测流程是按电压法逐一展开进行的，实际检测中应根据充分试车情况尽量缩小故障区域。例如，对于上述故障现象，若刀架快速移动正常，故障将限于 0～5 号线之间的区域。在实际测量中还应注意元器件的实际安装位置，为缩短故障的检测时间，应将处于同一区域元件上有可能出现故障的点优先测量。例如，KM 不能吸合，当在壁龛箱内测量 0-6 号接线端电压是否正常，没有电压才能断定故障在到按钮 SB1 去的线或 SB1 本身故障，此时才能拆按

钮盒检查。

[**提示**] 控制电路的故障测量尽量采用电压法，当故障测量到后应断开电源再排除。

按下启动按钮，KM 吸合但主轴不转的故障检修流程见图 14-3。

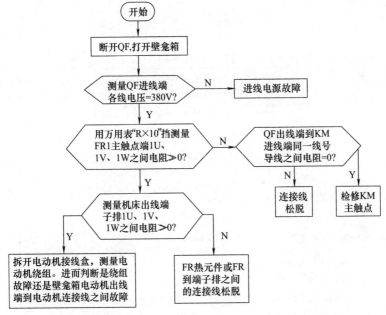

图 14-3 按下启动按钮，KM 吸合但主轴不转的故障检修流程

对于接触器吸合而电动机不运转的故障，属于主回路故障。主回路故障应立即切断电源，按以上流程逐一排查，不可通电测量，以免电动机因缺相而烧毁。

[**提示**] 主回路故障时，为避免因缺相在检修试车过程中造成电动机损坏的事故，继电器主触点以下部分最好采用电阻检测方法。

按下 SB3 刀架，快速移动电动机但不能启动的检修流程见图 14-4。

[**提示**] 故障检测时应根据电路的特点，通过相关和允许的试车，尽量缩小故障范围。

2. 故障分析与处理

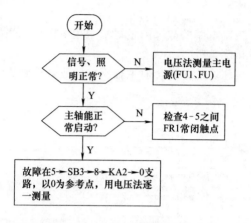

图 14-4　按下 SB3 刀架，快速移动电
动机但不能启动的检修流程

（1）电源自动开关不能合闸

① 故障原因分析

a. 带锁开关没有将 QF 电源切断。

b. 电箱没有关好。

② 故障排除与检修

a. 将钥匙插入 SB，向右旋转，切断 QF 电源。

b. 关上电箱门，压下 SQ2，切断 QF 电源。

（2）主轴电动机接触器 KM 不能吸合

① 故障原因分析

a. 传动带罩壳没有装好，限位开关 SQ1 没有闭合。

b. 带自锁停止按钮 SB1 没有复位。

c. 热继电器 FR1 脱扣。

d. KM 接触器线圈烧坏或开路。

e. 熔断器 FU3 熔丝断。

f. 控制线路断线或松脱。

② 故障排除与检修

a. 重新装好传动带罩壳，压迫限位。

b. 旋转拔出停止按钮 SB1。

c. 查出脱扣原因，手动复位。

d. 用万用表测量检查，并更换新线圈。

e. 检查线路是否有短路或过载，排除后按原有规格接上新的熔断丝。

f. 用万用表或接灯泡逐级检查断在何处，查出后更换新线或装接牢固。

（3）主轴电动机不转

① 故障原因分析

a. 接触器 KM 没有吸合。

b. 接触器 KM 主触头烧坏或卡住造成缺相。

c. 主电动机三相线路个别线头烧坏或松脱。

d. 电动机绕组出级头断。

e. 电动机绕组烧坏开路。

f. 机械传动系统咬死，使电动机堵转。

② 故障排除与检修

a. 按故障（2）检查修复。

b. 拆开灭罩查看主触头是否完好，有否不平或卡住现象，调整触头或更换触头。

c. 查看三相线路各连接点有否烧坏或松脱，更换新线或重新接好。

d. 用万用表检查，并重新接好。

e. 用万用表检查，拆开电动机重绕。

f. 拆去传动带，单独开动电动机，如果电动机正常运转，则说明机械传动系统中有咬死现象，检查机械部分故障。首先判断是否过载，可先将刀具退出，重新启动，如果电动机不能正常运转，再按照传动路线逐级检查。

（4）主电动机能启动，但自动空气断路器 QF 跳闸

① 故障原因

a. 主回路有接地或相间短路现象。

b. 主电动机绕组有接地或匝间、相间有短路现象。

c. 缺相启动。

② 故障排除与检修

a. 用万用表或兆欧表检查相与相及对地的绝缘状况。

b. 用万用表或兆欧表检查匝间、相间及接地绝缘状况。

c. 检查三相电压是否正常。

（5）主轴电动机能启动，但转动短暂时间后又停止转动

① 故障原因分析。接触器 KM 吸合后自锁不起作用。

② 故障排除与检修。检查 KM 自锁回路导线是否松脱，触头是否损坏。

（6）主轴电动机启动后，冷动泵不转

① 故障原因分析

a. 旋钮开关 SB4 没有闭合

b. KM 辅助触头，接触不良。

c. 热继电器 FR2 脱扣。

d. KA1 接触器线圈烧毁或开路。

e. 熔断器 FU1 熔丝断。

f. 冷却泵叶片堵住。

② 故障排除与检修

a. 将 SB4 扳到闭合位置。

b. 用万用表检查触头是否良好。

c. 查明 FR2 脱扣原因，排除故障后手动复位。

d. 更换线圈或接触器。

e. 查明原因，排除故障后，换上相同规格熔丝。

f. 清除铁屑等异物。

（7）快进电动机不转

a. 传动带罩壳限位 SQ1 没有压迫。

b. 停止按钮 KA2 在自锁停止状态。

c. 按钮 SB3 接触不良。

d. 用万用表检查，然后修复或更换线圈。

e. 熔断器 FU2 熔断通常由于短路等原因引起，应查明原因，排除故障后再换上相同规格熔丝。

f. 排除机械故障。

（8）机床照明灯 EL 不亮

① 故障原因分析

a. 灯泡坏。

b. 灯泡与灯头接触不良。

c. 开关接触不良或引出线断。

d. 灯头短路或电线破损对地短路。

② 故障排除与检修

a. 更换相同规格的灯泡。

b. 将此灯头内舌簧适当抬起再旋紧灯泡。

c. 更换或重新焊接。

d. 查明原因、排除故障后，更换相同规格熔丝。

注意：所有控制回路接地端必须连接牢固，并与大地可靠接通，以确保安全。

第二节 M1432A 型万能外圆磨床

一、控制电路分析

M1432A 型万能外圆磨床电气控制电路见图 14-5。

1. 主电路分析

主电路共有五台电动机。其中 M1 是液压泵电动机，给液压传动系统供给压力油；M2 是双速电动机，是能带动工件旋转的头架电动机；M3 是内圆砂轮电动机；M4 是外圆砂轮电动机；M5 是给砂轮和工件供冷却液的冷却泵电动机。五台电动机都具有短路和过载保护。

2. 控制电路分析

（1）液压泵电动机 M1 的控制　M1432A 型万能外圆磨床砂轮架的横向进给、工作台纵向往复进给及砂轮架快速进退等运动，都是采用液压传动。液压传动时需要的压力油由电动机 M1 带动液压泵供给。

启动时按下启动按钮 SB2，接触器 KM1 线圈得电吸合，KM1 主触头闭合，液压泵电动机 M1 启动。

除了接触器 KM1 之外，其余接触器所需的电源都从接触器 KM1 的自锁触头后面接出，所以只有当液压泵电动机 M1 启动后，其余的电动机才能启动。

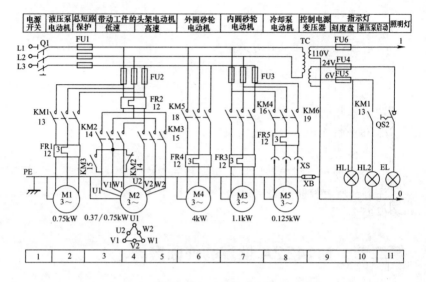

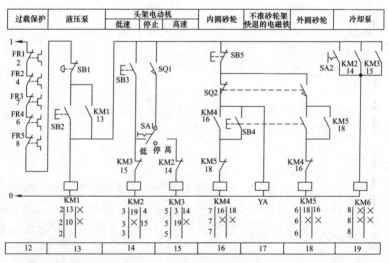

图 14-5　M1432A 型万能外圆磨床电气控制电路

（2）头架电动机 M2 的控制　头架是安装工件和使工件转动的部分。根据工件直径的大小和粗磨或精磨的不同，头架的转速是需要调整的，一般是采用塔式带轮调换转速。

M1432A 型万能外圆磨床采用了双速电动机和塔式带轮，这样可得到更宽的调速范围和加倍的调速级数。

　　图中 SA1 是转速选择开关，分"低""停""高"三挡位置。如将 SA1 扳到"低"挡的位置，按下液压泵电动机 M1 的启动按钮 SB2，接触器 KM1 线圈得电吸合，液压泵电动机 M1 启动，通过液压传动使砂轮架快速前进，当接近工件时压合行程开关 SQ1，接触器 KM2 线圈得电吸合，它的主触头将头架电动机 M2 的绕组接成三角形连接，电动机 M2 低速运转。同理若将转速选择开关 SA1 扳到"高"挡位置，砂轮架快速前进压合行程开关 SQ1，接触器 KM3 线圈得电吸合，它的主触头闭合，将头架电动机 M2 接成双 Y 形连接，电动机 M2 高速运转。

　　SB3 是点动按钮，便于对工件进行校正和调试。

　　磨削完毕，砂轮架退回原处，行程开关 SQ1 复位断开，电动机 M2 自动停转。

　　（3）内、外圆砂轮电动机 M3 和 M4 的控制　内圆砂轮电动机 M3 由接触器 KM4 控制，外圆砂轮电动机 M4 由接触器 KM5 控制。内、外圆砂轮电动机不能同时启动，由行程开关 SQ2 进行联锁。当进行外圆磨削时，把砂轮架上的内圆磨具往上翻，后侧压住行程开关 SQ2，SQ2 的动合触头闭合，按下启动按钮 SB4，接触器 KM5 线圈得电吸合，外圆砂轮电动机 M4 启动。若进行内圆磨削时，将内圆磨具翻下，行程开关 SQ2 复原，按下 SB4，接触器 KM4 线圈得电吸合，内圆砂轮电动机 M3 启动。内圆砂轮磨削时，砂轮架是不允许快速退回的，因为此时内圆磨头在工件的内孔，砂轮架若快速移动易造成损坏磨头及工件报废的严重事故。为此内圆磨削与砂轮架的快速退回进行联锁。当内圆磨具翻下时，由于行程开关 SQ2 复位，使电磁铁 YA 线圈得电吸合，砂轮架快速进退的操纵手柄锁住液压回路，使砂轮架不能快速退回。

　　（4）冷却泵电动机 M5 的控制　当接触器 KM2 或 KM3 线圈得电吸合时，头架电动机 M2 启动，同时由于 KM2 或 KM3 的动合辅助触头闭合，接触器 KM6 线圈得电吸合，KM6 主触头闭合，冷却泵电动机 M5 启动。

　　修整砂轮时，不需要启动头架电动机 M2，但要启动冷却泵电动机 M5。因此备有转换开关 SA2 在修整砂轮时用来控制冷却泵电动机。

3. 电路的保护及照明指示

五台电动机分别配有热继电器 FR1、FR2、FR3、FR4 和 FR5 作为过载保护,熔断器 FU1、FU2 和 FU3 作为短路保护。

控制电路中还装有刻度指示灯 HL1、液压泵启动指示灯 HL2 和机床照明灯 EL。SQ2 为 24V 机床照明灯的开关。

二、常见故障分析

1. 五台电动机都不能启动

首先检查总熔断器 FU1 的熔体是否熔断,此外应分别检查五台电动机所属热继电器是否脱扣,因为只要有一台电动机过载,其热继电器脱扣就会使整个控制电路的电源被切断,若遇此情况待热继电器复位便可修复,但要查明这台电动机过载的原因,并予以修复;其次应检查接触器 KM1 的线圈接线端是否脱落或断路,启动按钮 SB2 和停止按钮 SB1 的接线是否脱落、接触是否良好等,这些故障都会造成接触器 KM1 不能吸合及液压泵电动机 M1 不能启动,其余四台电动机也因此不能启动。

2. 电动机 M2 低速挡能启动而高速挡不能启动

首先应观察接触器 KM3 是否吸合,若将转速选择转换开关 SA1 扳到"高"位置时,接触器 KM3 没吸合,电动机 M2 高速挡不能启动,故障的原因一般是接触器 KM3 线圈接线头脱落或接触器 KM2 的动断触头接触不良。

若将转速选择转换开关 SA1 扳到"高"位置时,接触器 KM3 是吸合的,但电动机 M2 高速挡不能启动,故障的原因一般是接触器 KM3 的主触头接触不良。

第三节　Z35 型摇臂钻床

摇臂钻床利用旋转的钻头对工件进行加工,它由底座、内外立柱、摇臂、主轴箱和工作台组成。主轴箱固定在摇臂上,可以沿摇臂径向运动。摇臂借助于丝杠,可以升降运动,也可与外立柱固定在一起,沿内立柱旋转。钻削加工时,通过夹紧装置,主轴箱紧固在摇臂上，摇臂固在外立柱上，外立柱紧固在内立柱上。

主轴箱内装有机械传动装置，通过操纵手柄和手轮，可以实现主轴的正转、反转、进给、变速、空挡、停车等控制。主轴箱的径向运动靠手轮调整。

摇臂钻床的结构及运动情况如图 14-6 所示。Z35 摇臂钻床的电气原理如图 14-7 所示。

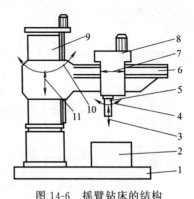

图 14-6　摇臂钻床的结构
及运动情况示意图

1—底座；2—工作台；3—主轴纵
向进给；4—主轴旋转主运动；
5—主轴；6—摇臂；7—主轴箱
沿摇臂径向运动；8—主轴箱；
9—内外立柱；10—摇臂回转
运动；11—摇臂垂直运动

一、控制电路分析

冷却泵电动机 M1 容量较小，由转换开关 QS2 控制。主轴电动机 M2 为主轴旋转提供动力，通过机械方式使主轴正向或反向旋转，为单向控制电路，由接触器 KM1 控制。摇臂升降电动机 M3 和立柱松紧电机 M4 为双向旋转，分别由 KM2、KM3 和 KM4、KM5 控制。

主轴旋转和摇臂的升降由十字手柄 SA 控制。十字手柄有启动、主轴旋转、摇臂上升、摇臂下降和停止 5 个位置，分别对应 4 对触头。手柄操作时可有以下动作。

（1）手柄打向启动位置时，3 号线和 4 号线通，零压保护继电器 FV 吸合并自保持，电源电压过低时自动切断控制电路电源。

（2）手柄打向主轴旋转位置时，4 号线和 5 号线接通，接触器 KM1 通电吸合，主轴电动机 M1 旋转。

（3）手柄打向摇臂上升位置时，4 号线和 6 号线接通，接触器 KM2 得电吸合，摇臂升降电动机 M3 正向旋转，通过机械部分的作用，摇臂不是立即上升，而是首先松开紧固装置，使行程开关 SQ2-2 接通，但由于 KM2 已经吸合，10 号线和 11 号线不通，所以接触器 KM3 并未吸合。紧固装置松开完毕后，摇臂上升，上升到预定位置时，将控制手柄打到停止位置，4 号线和 6 号线断开，接触器 KM2 断电释放，KM3 得电吸合，摇臂升降电动机 M3 反向旋转，升降丝

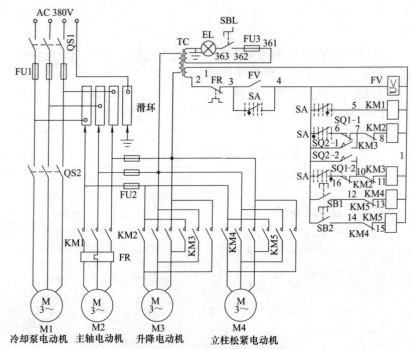

图 14-7 Z35 摇臂钻床的电气原理图

杠也反向旋转，摇臂夹紧，到位后，SQ2-2 断开，KM3 断电释放，电动机 M3 停止，上升完毕。

（4）手柄打向摇臂下降位置时，4 号线和 16 号线接通，接触器 KM3 得电吸合，摇臂升降电动机 M3 反向旋转，通过丝杠传动，首先松开紧固装置，使行程开关 SQ2-1 接通。松开完毕后，摇臂下降，到预定位置时将控制手柄打到停止位置，4 号线和 16 号线断开，接触器 KM3 断电释放，KM2 得电吸合，M3 正向旋转，摇臂夹紧，到位后 SQ2-1 断开，M3 停止。

立柱的松开与夹紧是靠立柱松紧电动机 M4 的正反转实现的。需要立柱夹紧时，按下夹紧按钮 SB1，接触器 KM4 吸合，M4 正转，立柱夹紧；按下松开按钮 SB2，接触器 KM5 吸合，M4 反转，立柱松开。

二、常见故障分析

1. 摇臂下降完毕后，摇臂不能完全夹紧固定可能原因：夹紧装置行程开关 SQ2 移位，造成动作检测不准。

检查步骤：检查摇臂与立柱交界处的行程开关 SQ2 是否松动移位，夹紧时 SQ2 触头动作是否正常。

处理方法：调整 SQ2 使装置夹紧时，触头正好分断。

2. 摇臂升（降）后，电动机不反转，夹紧装置不能夹紧

可能原因：夹紧装置行程开关 SQ2 触头接触不良、掉线等。

检查及处理：如果上升后不能夹紧，可在摇臂上升完毕后，将壁龛上 4 号和 10 号端子短接，电动机 M3 应能反转。如果是在下降后不能夹紧，可在摇臂下降完毕后，将壁龛上 4 号和 6 号端子短接，电动机 M3 应能正转。然后打开夹紧装置行程开关 SQ2，检查其对应的触头是否能闭合，接线有无松动断线。

3. 摇臂不能上升和下降

可能原因：如果伴有其他功能失效，多为电源故障或热继电器 FR 动作，如果只有升降功能失效，应重点检查限位开关 SQ1。

检查及处理：首先测量壁龛内变压器的输出电压是否为 36V 和 127V，如果电压不正常应检查外电源和熔断器 FU2、FU3；再将十字手柄打向启动位置，测量端子 4 和变压器输出端 1 之间电压是否为 127V，如果不是，说明热继电器 FR 动断触头不通。最后检查壁龛内端子 6 和端子 7 是否导通、端子 16 和端子 10 是否导通。如果不导通，打开限位开关 SQ1，检查接线是否牢固，触头是否接触良好。

4. 摇臂只能上升或只能下降

可能原因：十字手柄带动的主令开关接触不良或限位开关接触不良。

检查及处理：短接壁龛内的端子 4 和 6，摇臂能上升，短接壁龛内的端子 4 和端子 16，摇臂能下降，说明故障为十字手柄带动的主令开关触头接触不良或引线脱落。如果不能上升或下降，短接壁龛内的端子 4 和 7，摇臂能上升，短接壁龛内的端子 4 和端子 10，摇臂能下降，说明故障为限位开关 SQ1-1 或 SQ1-2 触头接触不良或引线脱落。如果仍不能上升或下降，检查接触器 KM2 和 KM3 的动断触头是否接触良好，接触器线圈有无损坏。

X52K 型立式升降台铣床的电气控制电路见图 14-8。

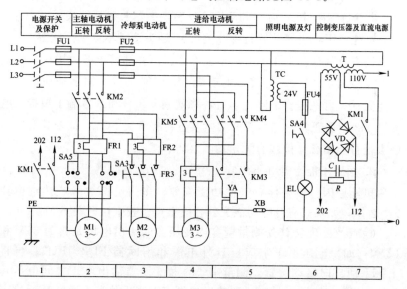

电源开关及保护	主轴电动机		冷却泵电动机	进给电动机		照明电源及灯	控制变压器及直流电源
	正转	反转		正转	反转		

1	2	3	4	5	6	7

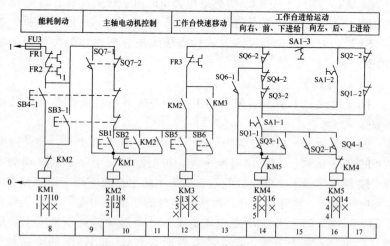

能耗制动	主轴电动机控制	工作台快速移动	工作台进给运动	
			向右、前、下进给	向左、后、上进给

8	9	10	11	12	13	14	15	16	17

图 14-8 X52K 型立式升降台铣床的电气控制电路

一、电路分析

1. 主电路分析

主电路中有三台电动机，主轴电动机 M1、工作台进给电动机 M2 及冷却泵电动机 M3。

主轴电动机 M1 能正、反转，由转换开关 SA5 控制，停车时有全波整流能耗制动；主轴通过机械调速可获 18 种速度。

工作台进给电动机 M2 也能正、反转，由接触器 KM4 和 KM5 控制。通过机械传动可使工作台在横向、纵向和垂直方向作手动进给、机动进给和快速移动。

主轴和工作台都采用调速盘选择速度，在切换齿轮以改变速度时，主轴电动机 M1 和工作台进给电动机 M2 应当作短时的低速转动，或叫冲动，使齿轮易于啮合。

冷却泵电动机 M3 通过传动机构将冷却液输送到切割处进行冷却。

2. 控制电路分析

（1）主轴电动机 M1 的控制　主轴电动机 M1 的正、反转由转换开关 SA5 控制。这是由于铣床主轴的旋转方向不需要经常变换。采用手动的转换开关可以使控制线路比较简单，运行也更可靠。

主轴电动机 M1 的定子绕组经接触器 KM1 的主触头可以接通直流电源进行能耗制动。能耗制动的直流电源由桥式整流器 VC 供给。

SB1 和 SB2 是主轴电动机 M1 的启动按钮，SB3 和 SB4 为停止按钮。X52K 型铣床有两套操作按钮和操作手柄，分别安装在机床的正面和左侧，以实现两地控制。

按下启动按钮 SB1 或 SB2，接触器 KM2 获电吸合并自锁，KM2 主触头闭合，电动机 M1 启动。主轴电动机 M1 的旋转方向事先由转换开关 SA5 选定。同时 KM2 的一个动合触头闭合，接通工作台控制电路的电源。

按下停止按钮 SB3 或 SB4，它们的动断触头断开接触器 KM2 的线圈电路，动合触头接通接触器 KM1 的线圈电路，KM2 释放后，KM1 吸合，将全波整流电源送到电动机 M1 的定子绕组，进行能耗制动。松开 SB3 或 SB4，接触器 KM1 断电释放，主轴电动机 M1 制动结束。

行程开关 SQ7 与主轴的调速机构联动，在切换主轴转速时，能使主轴电动机 M1 短时冲动。主轴调速应在主轴电动机 M1 停车时进行，先将一个调速手柄扳开，将变速盘转到需要的转速，然后将手柄扳回到原来位置，在手柄扳回原来位置时，压合行程开关 SQ7，SQ7 的动合触头 SQ 7-1 短时闭合，接触器 KM2 短时吸合，随后又释放，主轴电动机 M1 就短时冲动，使齿轮易于啮合。同时 SQ7-2 断开，使接触器 KM2 的自锁回路断开。行程开关 SQ7 复原时，SQ7-1 断开，KM2 线圈断电释放；SQ7-2 恢复闭合，主轴电动机 M1 停转。

（2）工作台进给电动机 M3 的控制　　不使用圆工作台时，转换开关 SA1 应扳到断开位置，触头 SA1-1 和 SA1-3 闭合，SA1-2 断开。

在加工过程中，工作台进给电动机 M3 经常要改变旋转方向，因此用两个接触器控制。接触器 KM4 吸合使电动机 M3 正转，工作台可向右、向前或向下进给，KM5 吸合使电动机 M3 反转，工作台可向左、向后或向上进给。

工作台还可作快速移动，快速移动用接触器 KM3 和电磁铁 YA 控制。工作台的快速移动和进给运动由同一台电动机 M3 拖动。

X52K 铣床工作台的进给运动用手柄操作，进给电动机 M3 可以在两种情况下启动工作，一般情况是主轴电动机 M1 已启动，接触器 KM2 的动合触头接通工作台电动机控制线路的电源。另一种情况是主轴电动机尚未启动，要求工作台快速移动。快速移动按钮 SB5 或 SB6 以及接触器 KM3 可以接通工作台快速移动的控制线路电源。

工作台纵向进给操纵手柄有三个位置，即"向左""向右"和"停止"。纵向进给操纵手柄转到"向右"或"向左"位置时，推动一个离合器接通纵向进给丝杠。同时手柄通过联动机构操纵行程开关 SQ1 和 SQ2。手柄扳到"向右"位置时，行程开关 SQ1 的动合触头 SQ1-1 闭合，动断触头 SQ1-2 断开。SQ1-1 闭合使接触器 KM4 线圈获电吸合，进给电动机 M3 启动正转，工作台向右进给。手柄扳到"向左"位置时，行程开关 SQ1 复原，SQ2 被触动，SQ2-2 断开，SQ2-1 闭合，接触器 KM5 线圈获电吸合，电动机 M3 反转，工作台向左进给。手柄扳到"停止"位置时，SQ1 和 SQ2 都复原，接触器 KM4 和 KM5 的线圈电路都断开，进给电动机 M3 停转。

工作台横向和升降进给操纵手柄有五个位置："向前""向后"

"向上""向下"和"零位"。手柄能接通横向和升降丝杠,通过联动机构又能控制行程开关 SQ3 和 SQ4。手柄在"向前"和"向下"位置时,SQ3 的动合触头 SQ3-1 闭合,动断触头 SQ3-2 断开。手柄在"向后"和"向上"位置时,SQ4 的动合触头 SQ4-1 闭合,动断触头 SQ 2-2 断开。手柄在"零位"时,则 SQ3 和 SQ4 的动合触头断开,动断触头闭合。

操纵手柄的各个位置互相联锁,不可能同时接通不同方向的进给运动。

行程开关的动断触头 SQ1-2 和 SQ2-2 串接,SQ3-2 与 SQ4-2 串接,两条支路再并联。这样的接法可防止两个手柄都扳离"零位"的不正确操作方法。如果两个手柄都不在"零位",则两条并联支路都不通,接触器 KM4 和 KM5 的线圈都不能获电动作,工作台进给电动机 M3 不会启动。

工作台也采用变速盘和调速手柄调速。在调速时,工作台的两个操作手柄都应当在"零位",主轴电动机 M1 应该启动。工作台的变速步骤与主轴的变速步骤相同。当调速手柄扳回原位时,行程开关 SQ6 短时压合,动合触头 SQ 6-1 闭合,动断触头 SQ6-2 断开,接触器 KM4 短时间吸合又释放,进给电动机 M3 短时冲动,使齿轮易于啮合。

工作台进给运动用手柄操纵,这是它的优点。但是手柄和电气设备的联动机构结构复杂,易发生故障。

在主轴电动机未开动时,工作台可以在各个方向作快速移动。快速移动的方向也由操纵手柄的位置决定。扳好工作台操纵手柄的位置,按下按钮 SB5 或 SB6,接触器 KM3 线圈获电吸合,KM3 的主触头闭合,接通电磁铁 YA,电磁铁 YA 吸合,使工作台快速移动的传动机械接通。KM3 的动合触头闭合,接通工作台控制线路的电源,使接触器 KM4 或 KM5 线圈能获电吸合,工作台就在选定的方向快速移动。工作台快速移动用点动控制,松开按钮 SB5 或 SB6,工作台便停止快速移动。

如果在主轴开动,工作台已按某个进给方向移动,按下工作台快速移动按钮 SB5 或 SB6,接触器 KM3 线圈获电吸合,电磁铁 YA 吸合,工作台就在原来进给方向作快速移动。松开快速移动按钮 SB5 或 SB6,工作台由快速移动又变换为原来的进给运动。

使用圆工作台时，将转换开关 SA1 扳到接通位置，SA1-2 闭合，SA1-1 和 SA1-3 断开。主轴电动机 M1 启动以后，如果工作台的两个进给操纵手柄都在"零位"，则通过电路为：SQ6-2→SQ4-2→SQ3-2→SQ1-2→SQ2-2→SA1-2→KM5 联锁触头，使接触器 KM4 线圈得电吸合，圆工作台就转动起来。使用圆工作台时，进给电动机 M3 只需要单方向启动。如果工作台进给操纵手柄有一个不在"零位"，接触器 KM4 的线圈电路就不能接通，进给电动机 M3 就不能启动。

（3）冷却泵电动机 M2 的控制　冷却泵电动机 M2 用转换开关 SA3 操纵。合上 SA3，当接触器 KM2 吸合时，冷却泵电动机 M2 与主轴电动机 M1 同时启动。

3. 照明灯电路分析

变压器 TC 将 380V 电压降为 24V 电压供给照明灯 EL，合上 SA4，照明灯 EL 亮。

二、常见故障分析

1. 所有电动机都不能启动

① 电源有故障：应检查电源电压是否有故障，可用万用表电压挡测量检查。

② 转换开关 Q1 接触不良：可用电笔检查转换开关 Q1 出线端是否有电，或用万用表电压挡检查电压是否正常。

③ 控制变压器 TC 的输出电压不正常：应紧固变压器 TC 的接线端，若变压器线圈损坏，则应更换线圈。

2. 主轴电动机 M1 不能启动

① 接触器 KM2 没吸合，M1 不能启动：可用短接法依次检查 FU3、FR1 和 FR2 的动断触头、SQ7-2、SB4-2、SB1（或 SB2）、KM1 的动断触头是否断路，然后加以修复。

② 接触器 KM2 吸合，M1 不能启动：只要用万用表的电压挡检查接触器 KM2 的主触头和转换开关 SA5 接触是否良好。

3. 主轴变速时无冲动过程

① 行程开关 SQ7-1 闭合不好：可检查 SQ7-1 的触头，使其闭合良好。

② 机械顶销未压合 SQ7：应检修机械顶销使其压合 SQ7，使 SQ7-1 闭合。

4. 主轴电动机 M1 停车时无制动

（1）按下按钮 SB3 或 SB4 时，接触器 KM1 没吸合，M1 停车时无制动　应检查按钮 SB4-1 或 SB3-1、KM2 动断触头接触是否良好，接触器 KM1 的线圈是否断路。

（2）接触器 KM1 吸合的，但 M1 停车时无制动

① 桥式整流器 VC 有故障，可检修整流器 VC 元件是否短路或断路，然后更换整流元件。

② 接触器 KM1 主触头接触不良，使直流电源不能通入定子绕组，可检修 KM1 主触头。

5. 进给电动机 M3 正反向均不能启动

故障的原因一般为热继电器 FR3 的动断触头或转换开关 SA1-1 接触不良所致，只要依次检查即可修复。

6. 工作台六个方向进给均正常，圆工作台不能回转

工作台六个方向进给正常，说明行程开关 SQ1、SQ2、SQ3、SQ4 和 SQ6 的所有触头接触均是好的，接触器 KM4 和 KM5 的线圈和触头接触也是好的，故障原因必定是转换开关 SA1-2 的触头接触不好所致。

第五节　T68 型卧式镗床

镗床主要用于镗孔、钻孔、铰孔、扩孔、车削螺纹等，特别适合准确尺寸的加工。刀具可装在主轴上，也可装在花盘的刀具溜板上。工作时，主轴轴向旋转，并作一定的轴向进给，花盘也可以旋转，刀具溜板作垂直于轴向的进给。工件放置在工作台上，作轴向和垂直于轴向的移动，也可绕垂直的轴线转动。尾架和主轴箱同时升降，二者处于同一水平线上，便于固定镗杆。

T68 镗床外形如图 14-9 所示。T68 镗床电气原理图如图 14-10 所示。

一、控制电路分析

镗床的进给运动分 6 种：主轴轴向、花盘径向、主轴箱垂直向、工作台横向、工作台纵向和工作台回转向，这些进给运动与主轴运动由一台双速电动机 M1 驱动，主轴箱、工作台与主轴的快速移动由电动机 M2 驱动。

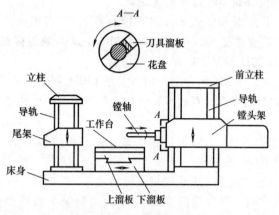

图 14-9 T68 镗床外形图

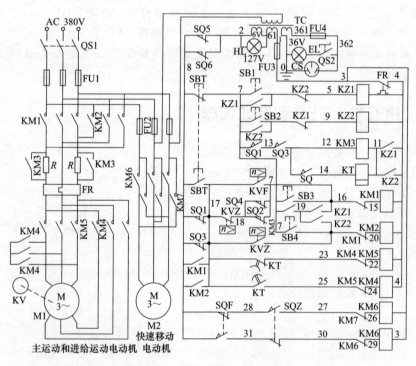

图 14-10 T68 镗床电气原理图

双速电动机 M1 可以正、反转，能连续运行，也能点动运行，并有电气制动功能。换速时，自动转入脉动运行，以利于齿轮啮合。

主轴变速和进给变速通过拉出变速孔盘进行调节，调节完毕后将变速孔盘推回，同时带动行程开关 SQ1、SQ2、SQ3、SQ4 动作。拉出变速孔盘时，行程开关的动合触头断开，动断触头闭合。主轴电动机 M1 高低速变换由行程开关 SQ 控制，SQ 由主轴孔盘变速机构机械装置控制。

1. 主轴电动机 M1 的连续控制

按钮 SB1、SB2 为正反转连续运行控制按钮。变速孔盘推入时，按下正转按钮 SB1，中间继电器 KZ1 吸合，接触器 KM3 得电吸合，动合触头 KZ1 和 KM3 接通接触器 KM1 的线圈回路，KM1 吸合，主轴电动机 M1 正转。

按下反转按钮 SB2 时，中间继电器 KZ2 吸合，接触器 KM3 得电吸合，动合触头 KZ2 和 KM3 接通接触器 KM2 的线圈回路，KM2 吸合，主轴电动机 M1 反转。

KM3 接通主回路，切去制动电阻 R；KM1 和 KM2 选择 M1 的旋转方向。M1 的转速由 KM4 和 KM5 控制，过程为：当 KM1（正转）或 KM2（反转）吸合时，接触器 KM4 和 KM5 总有一个导通，由时间继电器 KT 的触头控制。KT 又受行程开关 SQ 控制，SQ 受主轴孔盘变速机构控制。KM4 吸合时高速运行，KM5 吸合时低速运行。

变速孔盘拉出时，无论是否按下 SB1 或 SB2，主轴电动机 M1 均慢速脉动运行。

2. 主轴电动机 M1 的高低速转换

压下行程开关 SQ 时，时间继电器 KT 可以动作，于是可延时切换 KM5 和 KM4，实现主轴电动机 M1 的延时启动。

3. 主轴电动机 M1 的停机与制动

按下停止按钮 SBT 时，中间继电器 KZ1、KZ2、时间继电器 KT、接触器 KM1、KM2、KM3、KM4、KM5 均断电释放，主轴电动机 M1 断电。由于转速较高，速度继电器正向触头 KVZ 闭合。当继续按下停止按钮 SBT 时，其动合触头闭合，使反转接触器 KM2 和接触器 KM5 吸合，M1 经电阻 R 反向接入电源，进入反向制动状态。此时松开停止按钮，电路自保持，直至转速低于 140r/min 时，KVZ 动作，电路制动结束。反向运转时停机、制动与此相似。

4. 主轴电动机 M1 的点动控制

按钮 SB3、SB4 为正反转点动控制按钮。按下 SB3 时，接触器 KM1 得电吸合，其动合触头使 KM5 吸合，电动机 M1 经电阻 R 接入电源正向旋转。松开 SB3 后，KM3、KM5 依次断电，电动机停止转动。按下 SB4 时的动作过程与此类同。

5. 停车变速控制

车床在停止时，拉出变速孔盘进行主轴变速，行程开关 SQ1、SQ2 解除受压状态复位，电源经 SQ1、KVZ、SQ2 的动断触头使接触器 KM1 吸合，同时使 KM5 吸合，电动机 M1 经电阻 R 接入电源慢速启动。转速上升到 140r/min 左右时，速度继电器 KVZ 动断触头断开，动合触头闭合，使 KM1 断电而 KM2 吸合，M1 进入反向制动状态。当转速下降到 40r/min 时，速度继电器 KVZ 动断触头闭合，动合触头断开，使 KM2 断电而 KM1 吸合，M1 进入正向启动状态。如此循环下去，M1 运行于脉动状态，直至变速孔盘推入，这样设计的目的是便于齿轮的啮合。

进行进给变速时，SQ1、SQ2 处于受压状态，SQ3、SQ4 复位，动作过程与主轴变速时相同。

6. 运行中变速控制

假设电动机 M1 正在高速运行。KZ1、KM3、KM1、KT、KM4 得电吸合。拉出变速孔盘进行主轴变速时，行程开关 SQ1、SQ2 解除受压状态复位，KM3、KT 断电，使 KM1 断电，其动合触头又使 KM4、KM5 断电，电动机 M1 被切断电源。在 KM1 断电的过程中，其动断触头闭合，由于速度继电器 KVZ 的动合触头处于闭合状态，接触器 KM2 得电吸合，M1 转入反向制动运行。然后在速度继电器 KVZ 动合触头和动断触头的作用下，M1 脉动运转，以利于齿轮啮合。

变速完毕，推入变速孔盘，由于 KZ1 仍为吸合状态，故 KM3、KT、KM1、KM5 吸合，延时后 KM5 断电，KM4 吸合。M1 自动启动运行。

进行进给变速时，SQ3、SQ4 复位，动作过程与主轴变速时相同。

7. 快速移动

快速移动手柄有三个位置，分别为"正向""停止"和"反向"，机械部分和电气部分进行联锁，用来控制主轴箱、工作台和主轴的快速移动。手柄打到"正向"位置时，SQZ 被压下，接触器 KM6 得电吸合，快移电动机 M2 正向旋转；手柄打到"反向"位置时，SQF 被压下，接触器 KM7 得电吸合，快移电动机 M2 反向旋转。

电路原理中，SQ5 为工作台和主轴箱进给行程开关，SQ6 为主轴和花盘刀架进给行程开关。这两个行程开关的设置是为了预防两者同时进给的误动作。

二、常见故障分析

1. 主轴低速挡同高速挡相同，能低速启动，延时后自动切换到高速运行

可能原因：主轴低速挡和高速挡电路的不同是低速挡没有压下换速行程开关 SQ，高速挡压下了行程开关 SQ。因此应重点检查换速行程开关。

检查方法：将主轴转速打到低速挡，测量位于主轴箱上和 2 号端子排中 12 号和 14 号端子之间电阻，如果电阻过小，例如小于 10Ω，可拆下连接导线，测量向外引出导线电阻，如果仍低，则说明换速行程开关误闭合，排除故障即可。

2. 主轴低速挡同高速挡相同，都只能低速运行

可能原因：同 1，重点检查换速行程开关 SQ，另外检查时间继电器 KT。

检查方法：将主轴转速打到高速挡，测量位于主轴箱上和 2 号端子排中 12 号和 14 号端子之间电阻，如果电阻过大，例如大于 10Ω，可拆下连接导线，测量向外引出导线电阻，如果仍高，说明换速行程开关 SQ 不能闭合，排除故障后即可。如果 SQ 正常，可检查时间继电器 KT 动作是否正常，线圈是否断路，触头是否动作。

3. 运行中，拉出变速孔盘进行进给量调整，主轴无制动动作

可能原因：机械联动行程开关 SQ3 未动作或速度继电器 KV 故障，触头接触不良。

检查方法：如果拉出变速孔盘进行进给量调整时，主轴电动机逐渐停止而无制动现象，则故障为速度继电器失灵，可通过测量主轴箱右侧的端子排 1 进行判断：主轴电动机正向高速旋转时，端子 17 和端子 21 之间导通，端子 17 和端子 16、端子 17 和端子 18 不通；主轴电动机停止时，端子 17 和端子 18 导通，端子 17 和端子 16、端子 21 不通；主轴电动机反向高速旋转时，端子 17 和端子 16 导通，端子 17 和端子 18、端子 21 不通。

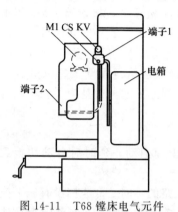

图 14-11 T68 镗床电气元件
分布图（一）

如果拉出变速孔盘进行进给量调整时，主轴电动机转速不变，则故障为进给调速行程开关 SQ3。其接线位于主轴箱上的端子排 2，线号为 12、13 和 8、17。

T68 镗床电气元件分布如图 14-11、图 14-12 所示。

4. 主轴电动机不能启动

可能原因：电源故障、热继电器动作、按钮接触不良等。

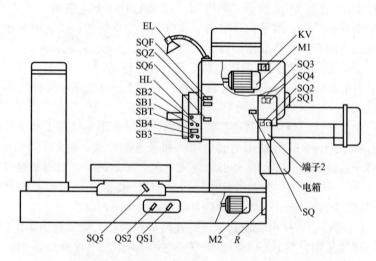

图 14-12 T68 镗床电气元件分布图（二）

检查方法：用外力按下中间继电器 KZ1（或 KZ2），如果电路没反应，说明为电源故障，如果指示灯 HL 不亮，检查 FU1、FU2 和变压器 TC，否则检查 FU3、热继电器 FR 和按钮 SBT。如果没有问题，再检查 KZ1、KZ2 的线圈是否有断路、触头接触是否良好。用外力按下中间继电器 KZ1（或 KZ2）后，如果电路正常工作，为启动按钮失效，更换即可。

第十五章

⚡ 机床的精度检验和验收

一般金属加工机床精度分为两大类，即机床的几何精度和加工精度。机床的功能和精度要求不同，检验项目也就不同。机床精度检验方法是企业设备维修技术人员必须掌握的知识和技能。各种机床在安装和大修后均应按《金属切削机床精度检验通则》和《检验通则》的规定，对相关精度进行认真检验和验收。

第一节　机床几何精度检验

一、机床几何精度检验的一般规则

机床几何精度检验是机床处于非运行状态下，对机床主要零部件质量指标误差值进行的测量，它包括基础件的单项精度，各部件间的位置精度，部件的运动精度、定位精度、分度精度和传动链精度等。它是衡量机床精度的主要指标之一，由于它的测量方法与空运转试验、负荷试验和工作精度检验有明显的区别，所以此处将几何精度检验单独叙述。

一般机床的几何精度检验分两次进行，一次在空运转试验后负荷试验之前进行，另一次在工作精度检验之后进行。

机床的几何精度检验，一般不允许紧固地脚螺栓。如因机床结构要求，必须紧固地脚螺栓才能使检验数值稳定时，也应将机床调整至水平位置，在垫铁承载均匀的条件下，再以大致相等的力矩紧固地脚螺栓，绝对不允许用紧固地脚螺栓的方法来校正机床的水平和几何精度。

1. 几何精度检验的一般规定

① 凡与主轴轴承（或滑枕）温度有关的项目，应在主轴运转达到稳定温度后再进行几何精度检验。

② 各运动部件的检验应用手动，不适合用手动或质量大于 10t 的机床，允许用低速机动。

③ 凡规定的精度检验项目均应在允差范围内，如超差必须进行返修，返修后必须重新检验所有的几何精度。

2. 测量几何精度时的注意事项

① 测量时，被测件和量仪等的安装面和测量面都应保持高度清洁。

② 测量时，被测件和量仪应安放稳定，接触良好，并注意周围振动对测量稳定性的影响。

③ 在用水平仪测量机床几何精度时，由于测量时间较长，应特别注意避免环境温度的变化，因为这将造成被测件在测量过程中水平仪气泡的长度变化，而影响测量的准确性。

④ 在用水平仪或指示器（表）做移动测量时，为避免移动部件和量仪测量机构受力后间隙变化对测量数值的影响，在整个测量移动过程中，必须遵守单向移动测量的原则。

⑤ 对水平仪读数时，必须确认水准器气泡已处于稳定的静止状态。在用指示器（表）做比较测量时，其测量力应适度，一般以测量杆有 0.5mm 左右的压缩量为宜。

⑥ 当被测要素的实际位置不能直接测量而必须通过工具进行间接测量时，为消除工具的替代误差对测量的影响，一般应采用正反向两次测量法（或半周期法），并取测量结果的平均值。

二、机床几何精度检验实例（铣床精度检验）

铣床是一种机械加工精度要求很高的机床。本节以 X6132A 型万能升降台铣床为例，重点介绍几何精度的检验方法及超差处理。

在检验铣床精度前，需将铣床安放在适当的基础上，垫好调整垫铁并调整好铣床的安装水平。把工作台移到中间位置，在工作台面上的中间位置放两个水平仪 a 和 b（水平仪 a 与 T 形槽平行，水平仪 b 和 T 形槽垂直）。找正铣床水平，水平仪 a 和 b 的读数都不允许超过 0.04/1000。

1. 检验工作台面的平面度

检验简图如图 15-1 所示。

① 检验项目。工作台面的平面度。

② 检验方法。在工作台面上，按图 15-1 中规定的方向，放两个高度相等的量块，在量块上放一根平尺。用量块和塞尺检验工作台面和平尺检验面间的间隙。

③ 允差。在 1m 长度上为 0.03mm（工作台面只许凹）。

④ 超差原因分析。如本项检验精度超差，可能是工作台面的平面度超差，必须修复。

2. 检验工作台纵向和横向移动的垂直度

检验简图如图 15-2 所示。

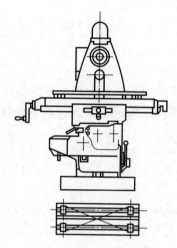

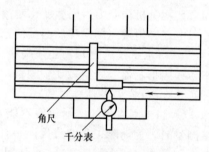

角尺

千分表

图 15-1　工作台面的平面度　　图 15-2　工作台纵向和横向移动的垂直度

① 检验项目。工作台纵向和横向移动的垂直度。

② 检验方法。把角尺卧放在工作台面上，使角尺的一个检验面和工作台横向移动平行。将千分表固定在机床上，使千分表测头顶在角尺的另一个检验面上，纵向移动工作台检验。

千分表读数的最大差值就是垂直度的误差。检验时，升降台应当夹紧。也可先使角尺一个检验面与纵向平行，然后检验横向。

③ 允差。在 300mm 的测量长度上为 0.02mm。

④ 超差原因分析。如本项检验精度超差，可能是回转拖板及工作台面的导轨与升降台导轨间存在角度差，可调整回转拖板，直至达到规定的精度要求。

3. 检验工作台纵向移动对工作台面的平行度

检验简图如图 15-3 所示。

① 检验项目。工作台纵向移动工作台面的平面度。

② 检验方法。在工作台面上，放两个高度相等的量块和工作台纵向移动平行，在量块上放一根平尺。将千分表固定在机床上，使千分表测头顶在平尺检验面上。纵向移动工作台检验。

千分表读数的最大差值就是平行度的误差。检验时，升降台和横滑板都要夹紧。

③ 允差：≤300mm 时，为 0.015mm；300mm<L≤500mm 时，为 0.02mm；500mm<L≤1000mm 时，为 0.03mm；L≥1000mm 时，为 0.04mm。

④ 超差原因分析。如本项检验精度超差，可能是机床的水平调整未达到规定的精度要求，需重新调整。

4. 检验工作台横向移动对工作台面的平面度

检验简图如图 15-4 所示。

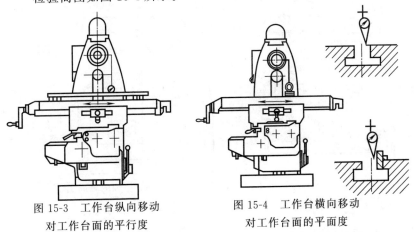

图 15-3　工作台纵向移动
对工作台面的平行度

图 15-4　工作台横向移动
对工作台面的平面度

① 检验项目。工作台横向移动对工作台面的平面度。

② 检验方法。在工作台面上，放两个高度相等的量块和工作台

横向移动平行，在量块上放一根平尺。将千分表固定在机床上，使千分表测头顶在平尺检验面上，横向移动工作台检验，千分表读数的最大差值就是平行度的误差。检验时，升降台应当夹紧。

③ 允差：行程 $L \leqslant 300\text{mm}$ 时，为 0.02mm；行程 $L > 300\text{mm}$ 时，为 0.03mm。

④ 超差原因分析。如本项检验精度超差，可能是机床的水平调整，未达到规定的精度要求，需要重新调整。

5. 检验工作台中央 T 形槽侧面对工作台纵向移动的平行度

检验简图如图 15-5 所示。

① 检验项目。工作台中央 T 形槽侧面对工作台纵向移动的平行度。

② 检验方法。将千分表固定在机床上，使千分表测头顶在中央 T 形槽的侧面上（或顶在一个专用滑块的检验面上，此滑块的凸缘紧靠在中央 T 形槽的一个侧面上），纵向移动工作台检验，千分表读数的最大差值就是平行度的误差。中央 T 形槽的两个侧面都要检验。

③ 允差：行程 $L \leqslant 300\text{mm}$ 时，为 0.02mm；$300\text{mm} < L \leqslant 500\text{mm}$ 时，为 0.03mm；$500\text{mm} < L \leqslant 1000\text{mm}$ 时，为 0.035mm；$L > 1000\text{mm}$ 时，为 0.04mm。

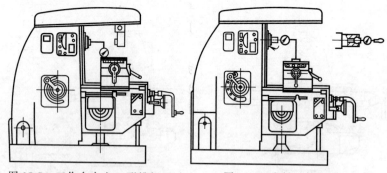

图 15-5　工作台中央 T 形槽侧面对　　图 15-6　主轴的轴向窜动
工作台纵向移动的平行度

④ 超差原因分析

a. 工作台中央 T 形槽与燕尾导轨面的平行度要求超差，需重新修刮至规定的要求。

b. 回转拖板及工作台面导轨与升降台导轨间存在角度差，可通过回转拖板的调整，直至达到规定的精度要求。

6. 检验主轴的轴向窜动

检验简图如图 15-6 所示。

① 检验项目。主轴的轴向窜动。

② 检验方法。在主轴锥孔中坚密地插入一根短检验棒，将千分表固定在机床上，使千分表测头顶在检验棒的端面靠近中心的部位（或顶在放入检验棒顶尖孔的钢球表面上），旋转主轴检验。

千分表读数的最大差值，就是轴向窜动的数值。

③ 允差：主轴前轴颈直径 $D \leqslant 80\text{mm}$ 时，为 0.01mm；$D > 80\text{mm}$ 时，为 0.015mm。

④ 超差原因分析。如本项检验精度超差，可能是主轴的轴承间隙未调整好，需要重新调整；或是主轴的轴承损坏，需更换。

7. 检验主轴轴肩支承面的跳动

检验简图如图 15-7 所示。

① 检验项目。主轴轴肩支承面的跳动。

② 检验方法。将千分表固定在机床上，使千分表测头顶在主轴轴肩支承面靠近边缘的地方。旋转主轴，分别在相隔 $180°$ 的 a 点和 b 点检验。a 点和 b 点的误差分别计算。

千分表两次读数的最大值，就是支承面跳动的数值。

③ 允差：行程 $L \leqslant 50\text{mm}$ 时，为 0.015mm；$50\text{mm} < L \leqslant 80\text{mm}$ 时，为 0.02mm；$L > 80\text{mm}$ 时，为 0.025mm。

④ 超差原因分析。如本项检验精度超差，可能是主轴的轴承间隙未调整好，需重新调整；或是主轴的轴承损坏，需更换。

8. 检验主轴锥孔中心线的径向圆跳动

检验简图如图 15-8 所示。

① 检验项目。主轴锥孔中心线的径向圆跳动。

② 检验方法。在主轴锥孔中紧密地插入一根检验棒，将千分表固定在机床上，使千分表测头顶在检验棒的表面上，旋转主轴，分别在靠近主轴端面的 a 处和距离 a 处 L 长度的 b 处检验径向圆跳动。

千分表读数的最大差值，就是径向跳动的数值。

③ 允差：测量长度 $L=150$mm 时，a 处为 0.01mm，b 处为 0.015mm；$L=300$mm，a 处为 0.01mm，b 处为 0.02mm。

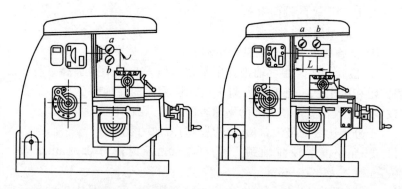

图 15-7　主轴轴肩支承面的跳动　　图 15-8　主轴锥孔中心线的径向圆跳动

④ 超差原因分析

a. 主轴轴颈和锥孔的同轴度超差，需对主轴进行修复并达到相应的要求。

b. 主轴的轴承损坏，需更换。

9. 检验主轴定心轴颈的径向圆跳动

检验简图如图 15-9 所示。

① 检验项目。主轴定心轴颈的径向圆跳动。

② 检验方法。将千分表固定在机床上，使千分表测头顶在主轴定心轴颈的表面上，旋转主轴检验。

千分表读数的最大差值，就是径向圆跳动的数值。

③ 允差：主轴前轴颈直径 $D \leqslant 50$mm 时，为 0.01mm；50mm $< D \leqslant 80$mm 时，为 0.02mm；$D > 80$mm 时，为 0.02mm。

④ 超差原因分析。如本项检验精度超差，可能是：

a. 主轴轴颈和定心轴颈的同轴度超差，需对主轴进行修复并达到相应的要求。

b. 主轴轴承损坏，需更换。

10. 检验主轴回转中心线对工作台中央 T 形槽的垂直度

检验简图如图 15-10 所示。

① 检验项目。主轴回转中心线对工作台中央 T 形槽的垂直度。

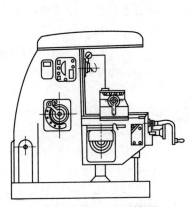
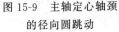

图 15-9　主轴定心轴颈
的径向圆跳动

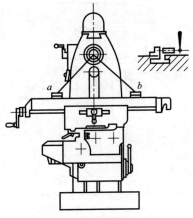

图 15-10　主轴回转中心线对
工作台中央 T 形槽的垂直度

② 检验方法。在主轴锥孔中紧密地插入一根角形表杆，将千分表固定在表杆上，使千分表的测头顶在一个专用滑块的检验面上，此滑块的凸缘紧靠在中央 T 形槽 a 端的一侧。旋转主轴，并把滑块移到中央 T 形槽的 b 端检验。

千分表在 a、b 两点读数的最大差值，就是垂直度的误差。

中央 T 形槽的两侧面都要检查。

③ 允差。在 a、b 间 300mm 的测量长度上为 0.02mm。

④ 超差原因分析。如本项检验精度超差，可能是床身导轨对主轴回转轴线的垂直度超差，需要修刮至要求。

11. 检验主轴回转中心线对工作台面的平行度

检验简图如图 15-11 所示。

① 检验项目。主轴回转中心线对工作台面的平行度。

② 检验方法。在主轴锥孔中紧密地插入一根检验棒。工作台上放一个带千分表的表座，使千分表测头顶在检验棒的上母线上。垂直于检验棒中心线移动千分表座，在靠近主轴端的 a 处，和距 a 处 L 长度的 b 处检验。测量结果分别以千分表最大读数差计算。然后，将主轴旋转 180°再同样检验一次。

两次测量结果代数和的一半，就是平行度的误差。

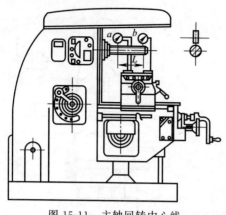

图 15-11　主轴回转中心线
对工作台面的平行度

工作台应在上、下两个位置上检验，检验时工作台和横向溜板都要夹紧。

③ 允差：测量长度 $L=150mm$ 时，为 0.02mm；$L=300mm$ 时，为 0.03mm。

检验棒伸出的一端只允许向下偏。

④ 超差原因分析。如本项检验精度超差，可能是升降台导轨与床身导轨的垂直度超差，需要修刮并组装至符合精度要求。

12. 检验升降台移动对工作台面的垂直度

检验简图如图 15-12 所示。

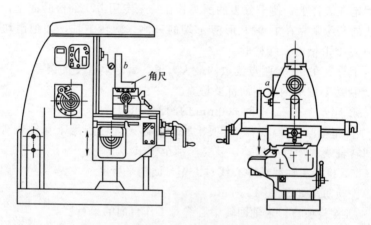

图 15-12　升降台移动对工作台面的垂直度

① 检验项目。升降台移动对工作台面的垂直度。

② 检验方法。在工作台面的中央放一角尺，使角尺和 T 形槽平行，使角尺和 T 形槽垂直。将千分表固定在机床上，使千分表测头顶在角尺检验面上移动升降台检验 a、b 处。

a、*b* 处误差分别计算。

千分表读数的最大差值，就是垂直度的误差。

③ 允差：测量长度 $L=150\text{mm}$ 时，*a* 处为 0.015mm，*b* 处为 0.02mm；$L=300\text{mm}$ 时，*a* 处为 0.02mm，*b* 处为 0.003mm。

在垂直于 T 形槽的平面内，角尺上端只许向床身偏。

④ 超差原因分析

a. 升降台导轨与床身导轨的垂直度超差，需重修刮并组装至符合精度要求。

b. 工作台面与回转拖板底面的平行度超差，需要修刮并组装至符合精度要求。

13. 检验悬梁导轨对主轴中心线的平行度

检验简图如图 15-13 所示。

① 检验项目。悬梁导轨对主轴中心线的平行度。

② 检验方法。在主轴锥孔中紧密地插入一根检验棒，在悬梁导轨上套一个专用支架将千分表的表座固定，使千分表测头分别顶在检验棒的上母线上和侧母线上。

移动支架，分别在 *a* 上母线和 *b* 侧母线上检验。*a* 和 *b* 处的测量结果，分别以千分表读数的最大差值表示。然后，将主轴旋转 180°，再同样检验一次。

a、*b* 处的误差分别计算，两次测量结果代数和的一半就是平行度的误差。

③ 允差：测量长度 $L=150\text{mm}$ 时，为 0.015mm；$L=300\text{mm}$ 时，为 0.025mm。

④ 超差原因分析。如本项检验精度超差，可能是床身顶面导轨与主轴轴线的平行度超差，需重修刮顶面导轨至规定的精度要求。

14. 检验刀杆支架孔对主轴中心线的同心度

检验简图如图 15-14 所示。

① 检验项目。刀杆支架孔对主轴中心线的同心度。

② 检验方法。在刀杆支架孔和主锥孔中插入一根检验棒。将千分表固定在主轴孔中的检验棒上，使千分表测头顶在支架孔中的检验棒表面上，旋转主轴检验。

千分表读数最大差值的一半，就是同心的误差。

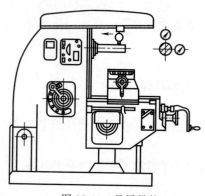

图 15-13 悬梁导轨
对主轴中心线的平行度

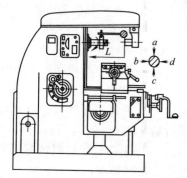

图 15-14 刀杆支架孔对
主轴中心线的同心度

检验时，悬梁和支架都要夹紧。

③ 允差：测量长度 $L = 150$mm 时，为 0.02mm；$L = 300$mm 时，为 0.03mm。

④ 超差原因分析。如本项检验精度超差，需重新对支架孔进行镗孔修复，直至规定的精度要求。

15. 检验工作台中央 T 形槽对主轴中心线的对称度

检验简图如图 15-15 所示。

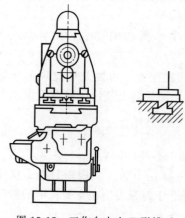

图 15-15 工作台中央 T 形槽对
主轴中心线的对称度

① 检验项目。工作台中央 T 形槽对主轴中心线的对称度。

② 检验方法。在主轴锥孔中紧密地插入一根检验棒。将工作台上旋转 90°，使中央 T 形槽平行于主轴中心线。在工作台面上放一个专用平板，此平板上固定一个带千分表的表座，使平板分别紧靠在中央 T 形槽左右两侧面检验。千分表两次读数最大差值的一半就是对称度的误差。

③ 允差：0.15mm。

④ 超差原因分析。如本项检

验精度超差，可能是工作台中央 T 形槽的中心与回转拖转的回转中心不同心，或回转定位环中心未与主轴中心线相交，需采用补偿垫片后，重新刮配。

第二节 机床部件之间位置精度检验

由于机床在吊装运输和装配安装中，经常受到外力作用，机床部件很可能产生扭曲变形、窜动和移位等，从而造成部件之间的位置变化。因此位置精度的检验十分重要，机床部件之间的位置精度主要检验以下内容。

一、立柱对工作台面垂直度的检验

一般带有立柱的机床，如龙门刨床、卧式镗床、立式车床、立式钻床和摇臂钻床等，都要测量立柱对工作台面（或底座表面）的垂直度。

1. 立式车床立柱导轨对工作台面的垂直度检验

立式车床立柱导轨对工作台面的垂直度检验如图 15-16 所示。在工作台面上距工作台中心相等半径的位置，离平尺两端为平尺全长的 2/9 处，放置两个等高垫铁，等高垫铁上放置一把平行平尺，将框式水平仪放在平尺上和靠在立柱导轨面上，分别读取立柱和工作台面上水准器内气泡的读数。水平仪应在立柱导轨上端和下端两个位置进行检验。

平尺上水平仪读数和立柱水平仪读数的最大代数差就是所需的垂直度误差。

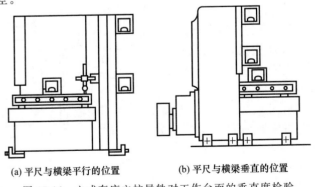

(a) 平尺与横梁平行的位置　　　(b) 平尺与横梁垂直的位置

图 15-16　立式车床立柱导轨对工作台面的垂直度检验

2. 摇臂钻床立柱对底座工作台面的垂直度检验

摇臂钻床立柱对底座台面的垂直度检验如图 15-17 所示。先将摇臂回转到机床的纵平面内，使摇臂和主轴箱分别位于立柱和摇臂的中间位置，夹紧立柱、摇臂和主轴箱。

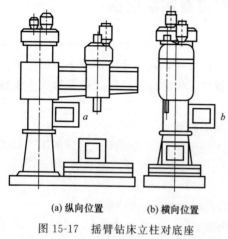

(a) 纵向位置   (b) 横向位置

图 15-17 摇臂钻床立柱对底座
工作台面的垂直度检查

在底座工作台面上放置一把长度不小于 1000mm 的平行平尺，在平尺和立柱右母线上先后紧靠水平仪，水平仪在平尺和立柱上读数的最大差值就是所需的纵向垂直度误差，如图 15-17（a）所示。

将平尺旋转 90° 横向放置，在平尺和立柱后母线上先后紧靠水平仪，水平仪在平尺上和立柱上读数的最大差值就是所需的横向垂直度误差，如图 15-17（b）所示。

二、机床部件沿两个方向移动的垂直度检验

以牛头刨床为例，说明垂直度精度的检验方法。

1. 横梁移动方向相对滑枕移动方向垂直度检验

横梁移动方向相对滑枕移动方向垂直度检验如图 15-18 所示。将百分表固定在机床不动部分，百分表测头顶压在滑板与工作台的连接面上，上、下移动横梁，对百分表进行读数，测得此连接面与横梁移动方向的平行度误差，设为 a_1。

将 90° 角尺固定在些连接面上，使 90° 角尺的检验面和滑枕移动方向平行。将百分表固定在滑枕上，使百分表测头顶压在 90° 角尺的检验面上，在规定的行程长度内移动滑枕进行读

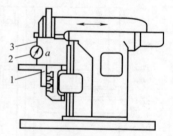

图 15-18 横梁移动方向
相对滑枕移动方向垂直度检验
1—90°角尺；2—百分表；3—磁性表座

数，设读得差值为 b_1，行程长度为 L。

若滑板的移动长度为 l，可以计算出横梁移动方向相对于滑枕移动方向的垂直度误差值 h_1，其计算公式为

$$h_1 = \frac{a_1 L}{l} + b_1$$

计算时要注意 a_1、b_1 的误差值方向。

2. 滑板移动方向相对滑枕移动方向垂直度检验

滑板移动方向相对滑枕移动方向垂直度检验如图 15-19 所示。将百分表固定在机床不动部分，百分表测量头顶压在滑板与工作台的连接面上，左、右移动滑板，对百分表进行读数。设移动距离为 l，测得此连接面与滑板移动方向的平行度误差为 a_2。

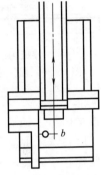

将 90°角尺固定在此连接面上，使 90°角尺水平放置，且检验面和滑枕移动方向平行。将百分表固定在滑枕上，使百分表测头顶压在 90°角尺的测量面上，在规定的行程长度 L 内，移动滑枕进行读数，设读得百分表最大差值为 b_2。

由此可以计算出滑板在横梁上移动方向与滑枕移动方向的垂直度误差值 h_2 为

图 15-19　滑板移动方向相对滑枕移动方向垂直度检验

$$h_2 = \frac{a_2 L}{l} + b_2$$

计算时要注意 a_2、b_2 的误差值方向。

三、主轴轴线对工作台的平行度或垂直度精度检验

一般来说，轴线对平面的平行度或垂直度的检验都是采用量棒和百分表相配合来测量的。

摇臂钻床主轴轴线对底座工作面垂直度的检验方法如图 15-20 所示。在摇臂钻床底座工作面上放一把 500mm 的平行平尺。使平尺与机床纵向平行，如图 15-20 中 a—a'。将摇臂中间位置，锁紧立柱、摇臂和主轴箱。

在主轴孔内装入一角形表杆，将百分表固定在角形表杆上，调整表杆回转半径至 150mm，百分表测量头顶压在平尺测量面上，回转主轴，分别在 a、a' 两处读数。比较 a、a' 两处读数差值，就是摇臂

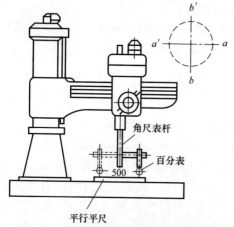

图 15-20　摇臂钻床主轴轴线对底座
工作面垂直度的检验方法

钻床主轴轴线在纵向对底座工作面的垂直度误差值。

将平尺旋转 90° 后，使之与机床的横向平行，如图 15-20 中 b—b'．重复上述测量，测得摇臂钻床主轴轴线在横向对底座工作面的垂直度误差值。

四、导轨对轴线垂直度和平行度的检验

在机床安装时，不仅要满足精度的要求，而且要满足其传动性能的要求，在机床某些基准零件的导轨或平面与主轴或传动件应保证其要求的位置公差。如图 15-21 所示，卧式铣床主轴孔应与床身导轨平面垂直，在主轴孔内插带锥柄的检验棒和千分表，用回转校表法测量轴线与平面导轨的垂直度。当轴心线与平面的垂直度要求不高时，也可采用直角尺与心轴靠紧，利用塞尺进行检查（见图 15-22），a、b 两个方向分别计算。

机床的立柱、横梁等零件，其导轨一般都要求与其传动轴或丝杠

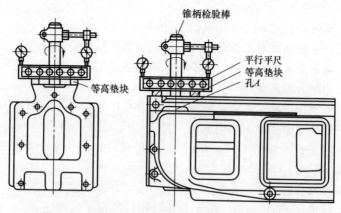

图 15-21　用回转校表法检验轴心线与平面的垂直度

的轴线保持平行，在检查导轨与轴线的平行度时，可采用图 15-23 所示的方法。利用垫铁在导轨上移动，千分表装于垫铁上，在传动轴孔或丝杠轴孔内插入检查心轴，使千分表触头在心轴的上母线或侧母线上检查轴线与导轨表面的平行度。

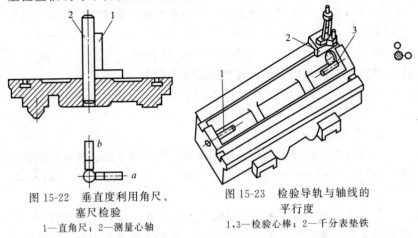

图 15-22　垂直度利用角尺、
塞尺检验

1—直角尺；2—测量心轴

图 15-23　检验导轨与轴线的
平行度

1,3—检验心棒；2—千分表垫铁

有些中小零件，也可在平板上测量，先找正导轨面与平板平面的平行度，然后再在心轴上拉表，检验其平行度。

五、主轴回转轴线对工作台面垂直度的检验

主轴回转轴线对工作台面垂直度误差的检验一般都采用回转校表法。如图 15-24 所示，在主轴上装上一角形表杆，将千分表固定在角形表杆上。回转半径按指定的距离调整。将主轴转速位于空挡，脱开自动进给装置，千分表测头顶在被测表面上，千分表测头分别位于 a、a'、b、b' 4 点时，手持量块每点塞入三次进行测量，比较 a、a' 和 b、b' 之间的代数差，分别为主轴对被测表面在横向平面和纵向平面内的垂直度误差。

六、同轴度误差的检验

同轴度误差的检验方法有以下几种。

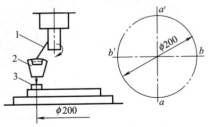

图 15-24　主轴轴线对工作台面
垂直度误差的检验

1—角形表杆；2—千分表；3—量块

1. 回转法

回转法是用来检验转塔车床或转塔自动车床主轴对工具孔的同轴度误差、卧式铣床刀杆支架孔对主轴轴线的同轴度误差、插齿机主轴轴线对工作台锥孔轴线的同轴度误差等。如图 15-25 所示，将千分表固定在主轴上，使千分表测头顶在被检孔或轴的表面上（或插入孔中的检验棒表面上）。旋转主轴检测，或分别在平面 a—a 和平面 b—b 内检测。千分表读数最大差值的一半，或根据要求取 a—a 或 b—b 平面读数最大差值的一半，就是同轴度的误差。

对机床在工作时处在夹紧状态的部件，在检验时，亦应处于夹紧状态，以保证检测误差与工作误差的一致。

2. 堵塞法

当检验滚齿机滚刀刀杆托架轴承轴线与滚刀主轴回转轴线的同轴度误差时，若采用回转法，因位置很紧凑，千分表的回转难以实现，故采用此法。

如图 15-26 所示，在滚刀主轴锥孔中紧密地插入一根检验棒。在检验棒上套一配合良好的锥形检验套，在托架轴承孔中装一锥孔检验衬套，衬套的内径应等于锥形检验套的外径。将千分表固定在机床上，使千分表测头触及托架外侧检验棒的表面上。将锥形检验棒进入和退出衬套进行检验。

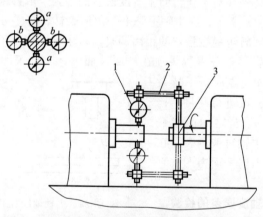

图 15-25　同轴度误差回转检验法
1—千分表；2—千分表座；3—轴环

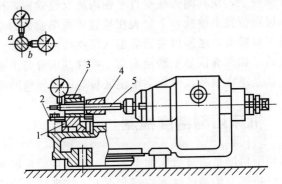

图 15-26　同轴度误差堵塞检验法

1—滚刀心轴托架；2—压板；3—外锥套；4—内锥套；5—滚刀心轴

千分表在锥形套进入和退出衬套后，读数的最大差值就是同轴度误差的数值。

在检验棒相隔的 $90°$ 的 a、b 两条母线上各检查一次。

七、部件等高度的检验

同一机床部件的等高度检验比较常用的方法是用千分表来测量。下面介绍普通车床主轴和尾座两顶尖的等高度测量方法。

检验简图如图 15-27 所示，允差值见表 15-1。

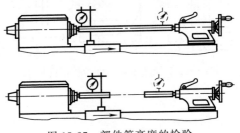

图 15-27　部件等高度的检验

表 15-1　主轴和尾座两顶尖的等高　　　　　　　　mm

检验项目	允差	
	$D_a \leqslant 800$	$800 < D_a \leqslant 1250$
主轴和尾座两顶尖的等高度（只许尾座高）	0.04	0.05

检验方法及误差值的确定：在主轴与尾座顶尖间装入检验棒，千

分表固定在床鞍上，使其测头在垂直平面内触及检验棒，移动床鞍在检验棒的两极限位置上检验。千分表在检验棒两端读数的差值就是等高度误差值。检验时，尾座顶尖套应退入尾座孔内并锁紧。

经测量后，如果确认是主轴箱偏高，可修刮床身与主轴箱的连接面；如果确认是尾座偏高，可修刮尾座底板与床身导轨的滑动面。

第三节 机床切削精度检测

机床的切削精度是通过机床加工工件，以工件的精度来反映的机床的动态几何精度、传动链精度的综合误差。切削精度的检测必须在机床空运转试验和负荷试验完成的前提下进行，一般按精度标准或说明书规定的试验规范进行。各种不同的机床都有不同的检测项目。本节以镗床和龙门刨床为例，重点介绍切削试验的技术要求及超差原因和处理。

一、卧式镗床切削精度检验及超差处理

镗床切削精度检验试件尺寸如图 15-28 所示。

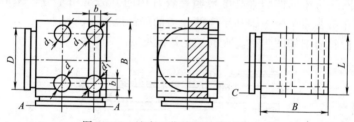

图 15-28 镗床工作精度检验试件尺寸

1. 检验项目

以 T68 型卧式镗床为例。

① 精镗外圆 D 的圆度：0.02mm/ϕ300mm。

② 精车端面的平面度：0.02mm/300mm（只允许中凹）。

③ 精镗孔的几何精度、圆度：0.02mm/ϕ200mm，圆柱度：0.02mm/200mm，孔 d_1 和 d 中心线的平行度：0.03mm/300mm。

④ 工作台横向进给和主轴箱垂直进刀铣槽对孔 d_1 和 d 中心线垂直度：0.03mm/300mm。

2. 切削精度试验常出现的精度超差现象

(1) 在平旋盘径向滑板上装持镗刀，工作台纵向运动，精镗 $\phi300$mm 外圆，产生圆度超差。

① 超差的原因

a. 平旋盘径向移动滑板燕尾导轨接触不好，斜铁配合不正确，调整过松，斜铁弯曲。

b. 平旋盘的回转精度差，平旋盘主轴定位面（轴承或锥度）径向圆跳动、端面圆跳动超差。

② 处理方法

a. 轴承跳动则先调整平旋盘的轴承，若无效则更换轴承。箱体孔变形，或是轴承装配间隙过大，则需要按照孔的修复方法进行修复（镗孔镶套、孔系间隙填补胶等）。

b. 锥面定位。检查锥孔与镗杆套锥度的接触精度，可去毛刺、金相砂纸抛光锥度表面，局部可以修刮。

c. 调整平旋盘滑板斜铁，用 0.03mm 塞尺塞不进去。若无效，则检查斜铁是否弯曲，并校正和刮削。修复滑板与平旋盘的接触精度，重新配斜铁和调整。

(2) 在平旋盘滑板上装持镗刀，滑板进给精车端面的平面度超差。

① 产生原因

a. 平旋盘座和滑板的平导轨的平面度超差，镗刀运行轨迹不是直线。

b. 平旋盘的平导轨对镗杆中心线垂直度超差，且不符合方向要求，引起精镗端面中凸。

② 处理方法

a. 先在平板上刮削滑板底面，再以滑板底面配刮平旋盘的平导轨，重新配刮斜铁并进行调整。

b. 检查平旋盘的平导轨对主轴中心线的垂直度。特别要求滑板进给方向渐低，但不超过 $0.01\sim0.02$mm，这样才能使端面中凹。

(3) 在镗杆上装持镗刀，镗杆进给镗孔，工作台纵向进给镗另一孔。检查孔的圆度、圆柱度及两孔中心线的平行度。

① 主轴进给镗孔的圆度、圆柱度超差原因

a. 主轴径向圆跳动、轴向窜动超差。

b. 主轴轴承损坏，精度丧失或调整螺母松动。

c. 主轴和钢套磨损，主轴弯曲变形，主轴受力变形。主轴轴线与尾部滑座轴承的同轴度超差引起的主轴变形。

T68 型卧式镗床主轴结构是三层结构，如图 15-29、图 15-30 所示。比改进后的两层三轴结构多了一层配合误差和轴承误差，三层结构支承零件多，主轴刚度低，主轴钢套与空心轴的润滑困难。这些缺点都会对加工工件孔的精度产生很大影响。当前生产的镗床基本上主轴结构都为两层结构，如图 15-31 所示。

② 孔圆度、圆柱度超差的处理方法

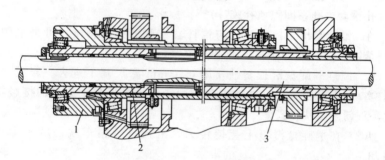

图 15-29　T68 主轴结构之一

1—圆柱体平旋盘轴；2—空心主轴；3—镗杆

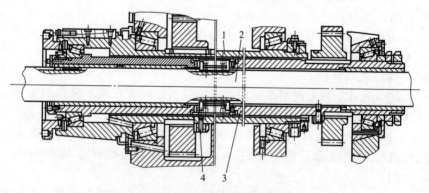

图 15-30　T68 主轴结构之二

1—锥体平旋盘轴；2—主轴；3—空心主轴；4—滑键

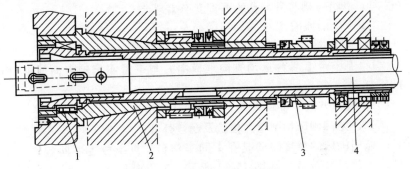

图 15-31　镗床主轴二层结构

1—双列短圆柱滚子轴承；2—平旋盘主轴；3—空心主轴；4—主轴

　　a. T68 型卧式镗床主轴结构的轴承都是圆锥滚柱轴承，该轴承关键在于调整其轴向间隙和径向间隙。所以首先检查轴承调整螺母的松动情况，若无效则要更换轴承。

　　b. 检查镗杆的磨损、弯曲变形。镗杆磨损严重时一般都要更换，镗杆弯曲则可以通过校直的方法给予修复。

　　c. 钢套的磨损会增大与镗杆的配合间隙。钢套与主轴磨损严重的则两零件均要更换，钢套无较好的修复方法。

　　d. 用检查、调整、修复的方法，解决镗杆尾部支承滑座与主轴中心的同轴度。

　　③ 两精镗孔中心线平行度超差的原因

　　a. 床身导轨扭曲，造成磨损，使主轴箱运动轨迹不是直线，主轴中心线有角度变化。

　　b. 主轴箱导向导轨磨损，使主轴箱运动轨迹不是直线，主轴中心线有角度变化。

　　④ 孔中心线平行度超差处理方法

　　a. 调整床身导轨扭曲度，由于镗床很多几何精度都是有联系的，所以调整时要注意主轴箱移动方向对工作台的垂直度影响。

　　b. 调整移动主轴、主轴中心线侧母线对工作台运动方向的平行度。

　　c. 修复主轴箱导轨的直线度。

　　(4) 将精铣刀装夹于主轴，主轴箱进给铣槽与孔、工作台水平

（横向）进给铣槽与另一孔的垂直度产生超差。

① 产生的原因

a. 主轴箱导向导轨（立柱导轨）与主轴中心线不垂直。

b. 工作台上滑台运动方向（横向）与下滑座运动方向（纵向）的垂直度超差。

② 处理方法。重新修复上述两项几何精度。

二、龙门刨床切削精度检验及超差处理

龙门刨床的精度检验是在不同工作台长度上放置不同数目的试件，工件尺寸及放置如图 15-32 所示。工作台长度 $L_1 = 2000$mm 时放置 4 件，$L_1 > 2000$mm 时放置 6~8 件。

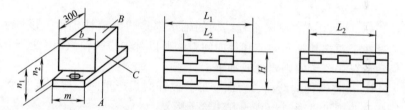

$b \geqslant 150$mm, $n_1 \leqslant 0.8n_1$, $L_2 = 0.8L_1$

图 15-32 试件尺寸及放置

精度项目如下。

① A、B 面的等厚度 n_1 的允差，等宽度 m 的允差。等厚度 n_1 的允差见表 15-2，等宽度 m 的允差见表 15-3。

表 15-2 等厚度 n_1 的允差　　　　　　　　　mm

L_1	$\leqslant 2000$	$2000 \sim 5000$	$5000 \sim 10000$
n_1 的允差	0.03	0.04	0.05

表 15-3 等宽度 m 的允差　　　　　　　　　mm

H	$\leqslant 1000$	$1000 \sim 2000$	> 2000
m 的允差	0.02	0.03	0.04

② 侧刀架加工 C 面对 B 面的垂直度允差。垂直度允差为 0.02mm/300mm。

等厚度的超差有两个方向，即纵向和横向的等厚度（试件 4 个角的等厚度）。床身导轨的垂直面内直线度超差或导轨的扭曲度超差，

对龙门刨床的几何精度影响最大。等厚度是导轨水平面内直线度对试件的反映。

侧面对上平面的垂直度超差是由侧刀架运动方向与工作台面的垂直度超差引起的，也是由横梁与立柱导轨的垂直度超差引起的。

这些几何精度的超差属于安装和调整问题，处理方法是重新检查这几项几何精度，并进行调整。调整扭曲度对水平面内直线度、垂直面内直线度都有影响，导轨的抬高或降低要根据直线度的具体情况来调整。调整床身导轨就要考虑调整引起的应力变形。

调整横梁与立柱导轨的垂直度，一般情况下是通过修刮斜铁的两端厚薄来实现。

调整这几项几何精度后，重新刨工作台面达到精度标准，再按要求刨试件。

第四节　机床导轨精度检验

机床导轨是机床上用来确定各主要部件相对位置的基准，机床上的运动部件是通过导轨进行导向的。导轨的运动轨迹一旦产生误差，将会改变机床中各部件的相对位置，破坏运动部件之间相对运动的准确性，最终影响被加工零件的加工精度。因此，导轨几何测量精度是保证机床加工精度的一项重要指标。所以掌握机床导轨的精度测量具有很重要的意义。

一、导轨直线度的检验

导轨直线度误差常用检验方法有：研点法、平尺拉表比较法、垫塞法、拉钢丝检测法和水平仪检测法、光法平直仪（自准直仪）检测法等。

1. 研点测量法

研点法采用的是标准平尺，其精度等级根据被检导轨的精度要求来选择，一般不低于 6 级。长度应不短于被检导轨的长度（在精度要求较低的情况下，平尺长度可比导轨短 1/4）。研点法常用于较短导轨的检验，因为平尺超过 2m 时容易变形，制造困难，而且影响测量精度。

用平尺检验导轨直线度时，在被检导轨表面均匀地涂上一层很薄的红丹油，将平尺覆在被检导轨表面，用适当的压力短距离往复移动

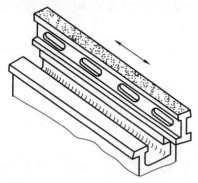

图 15-33　平尺研点检验导轨直线度

平尺进行研点，如图 15-33 所示。然后取下平尺，观察被检导轨表面的研点分布情况及研点最疏处的密度。如研点在导轨全长上均匀，则表示导轨的直线度已达到平尺的相应精度。采用刮研法修整导轨的直线度时，大都采用此法。刮研短导轨时，导轨的直线度通常由平尺的精度来保证。可根据机床的精度要求和导轨的重要程度，分别规定为每 25mm × 25mm 内研点数不少于 10～20 点（即每刮方内点子数）。

用研点法检验导轨直线度时，由于它不能测出导轨直线度的误差数值，因此，在有水平仪的情况下，一般都不用研点法作最后测量。但是，在缺乏测量仪器（水平仪、光学平直仪）的情况下，采用三根平尺互研法生产的检验平尺，可以较有效地满足一般机床短导轨直线度的检验要求。

2. 平尺拉表比较法

平尺拉表比较法通常用来检验短导轨在垂直面内和水平面内的直线度。为了提高测量读数的稳定性，在被检导轨上移动的垫铁长度一般不应短于 200mm，垫铁与导轨的接触面应与被检导轨配刮，使其接触良好，否则就会影响测量的准确性。

（1）垂直平面内直线度的检验方法　如图 15-34 所示，将平尺工作面放成水平，放在被检导轨的旁边，距离越近越好，以减少导轨扭曲对测量精度的影响。在导轨上放一个与导轨刮配好的垫铁，将千分表架固定于垫铁上，使千分表触头先后顶在平尺两端表面，调整平尺，使千分表在平尺两端表面的读数相等，然后移动垫铁，每隔 200mm 读千分表数值一次，千分表各读数的最大差值即导轨全长内直线度的误差。测量时，为了避免刮点的影响，使读数准确，最好在千分表测头下面垫一块量块。

（2）水平面内直线度的检验方法　如图 15-35 所示，将平尺的工作面侧放在被检导轨旁边，调整平尺，使千分表在平尺两端表面的读数相同,其测量方法同上。

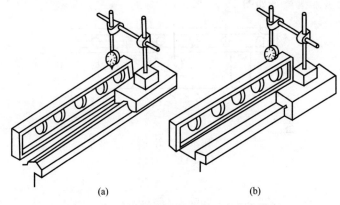

图 15-34　测量导轨在垂直平面内的直线度

3. 垫塞法

此法适用于检查经过研磨的和表面粗糙值较低的平面导轨。如图
15-36 所示,在被检平面导轨上,安放一把标准平尺,在离平尺两端
各为 2/9 距离处,用两个等高垫块支撑在平尺下面,用量块或塞尺检
查平尺工作面和被测导轨面间的间隙。如卧式车床导轨直线度的公差
为 0.02mm/1000mm,即用等于等高垫块厚度加 0.02mm 的量块或
塞尺,在导轨上距离为 1m 长度内的任何地方均塞不进去为合格。测
量精密机床导轨时,宜采用精度较高的量块,以便能较正确地测量出
导轨直线度的误差值。

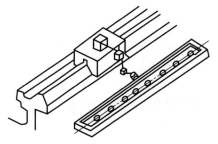

图 15-35　测量导轨在
水平面内的直线度

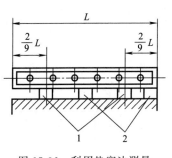

图 15-36　利用垫塞法测量
导轨的直线度
1—等高垫块;2— 塞尺或量块

此法也可以用千分表代替塞尺，但要增加等高垫块的厚度，使千分表能进入测量，如图 15-37 所示。

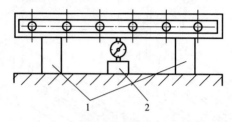

图 15-37　用千分表测量导轨直线度

1—等高垫块；2—专用千分表底

4. 拉钢丝检验法

利用拉紧后的钢丝作为理想的直线，直接测量导轨上各段组成面的直线度误差值。和用平尺拉表比较法一样，是一种线值测量法。

这种方法只可以检查导轨水平面内的直线度。其测量方法如图 15-38 所示。在导轨上放一个长度为 500mm 的垫铁，垫铁上安装一个带有刻度的读数显微镜，读数显微镜的镜头应对准钢丝并必须垂直放置。在导轨两端，各固定一个小滑轮，用一根直径小于 0.30mm 的钢丝，一端固定在小滑轮上，另一端用重锤吊着。重锤的重量（拉紧力）应为钢丝拉断力的 30%～80%。然后调整钢丝两端，使显微镜在导轨两端时，钢丝与镜头上的刻线相重合。记下可动分划板手轮上的读数。

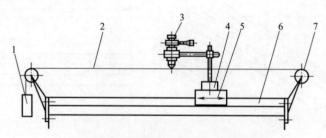

图 15-38　拉钢丝测量导轨直线度

1—重锤；2—钢丝；3—读数显微镜；4—显微镜支架；

5—V 形垫铁；6—被测导轨；7—滑轮及支架

移动垫铁，每隔 500mm 观察一次显微镜。检查钢丝是否与刻线重合，不重合时，调整读数显微镜上手轮使其重合，并记下读数。在导轨全部长度上测量，依顺序记录读数。把读数排列在坐标纸上，画出垫铁的运动曲线图。在每 1000mm 长度上的运动曲线和它两端点连线间的最大坐标值，就是 1000mm 长度上的直线度误差。如果形成的曲线是中凸或中凹线，最凸或最凹起点至两端点连线的坐标值即导轨全长上的直线度误差。

5. 水平仪测量法

由于水平仪测量精度较高，使用方便，因此在安装机床和测量导轨直线度误差中广泛采用。

水平仪是一种测量与自然水平形成倾斜角度的量仪，因此也是一种测角量仪，测量单位是用斜率作刻线，如 0.02/1000，含义就是测量面与自然水平倾斜约为 $4''$，斜率为 0.02/1000。

在用水平仪测量导轨的直线度误差时，为了能精确地量出导轨的实际形状，应将水平仪放在专用垫铁（见图 15-39）上进行测量。垫铁底面两个支承面间的距离为 L_1，如用 0.02/1000 规格的水平仪，则取 200mm、250mm 或 500mm，若转化为线值时，每格分别为 0.004mm、0.005mm 或 0.010mm。测量长度在 4000mm 以下的导轨时，可选用 200～250mm 的垫铁；超过 4m 的长导轨，如测量龙门刨床的导轨，应选用长度为 500mm 的垫铁。

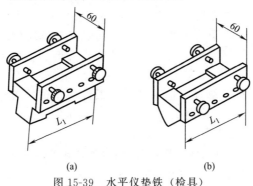

(a)   (b)

图 15-39　水平仪垫铁（检具）

水平仪的读数是指在测量时，对水平仪上的水准器气泡的移动位移进行读数。读数的方法有两种：一种是绝对读数法，一种是相对读数法，见图 15-40。

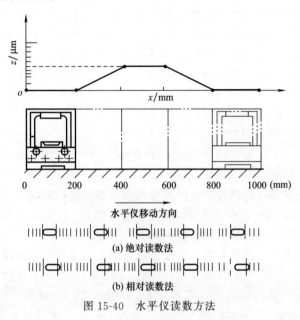

图 15-40　水平仪读数方法

图 15-40（a）是按水准器气泡的绝对位置读数。水平仪起端测量位置唯有气泡在中间时，才读作"0"，偏向起端时读"－"，偏离起端时读"＋"，或用箭头表示气泡的偏移方向。

采用相对读数方法时，将水平仪在起端测量位置总是读作零位，不管气泡位置是在中间还是偏在一边。然后依次移动水平仪垫铁，记下每一位置的气泡与前一位置的移动变化方向和该度的格数［见图 15-40（b）］。根据气泡移动方向来评定被检导轨的倾斜方向，如气泡移动方向与水平仪移动方向一致，一般读为正值，表示导轨向上倾斜，用符号"＋1"或箭头"→1"表示；如果方向相反，则读作负值，用"－1"或箭头"←1"表示。

两种读数方法在实践中都采用。安装水平较差时，可用相对读数法，避免因安装水平的误差而使运动曲线离开自然水平线（即图中的 x 轴线）太多而无法作图。安装水平已初步调整的床身，可采用绝对读数法。

6. 光学平直仪测量法

利用准直仪和自动准直仪（光学平直仪）测量导轨直线度误差的

原理是基于光束运动是一直线。使用光学仪器测量的优点如下。

① 在测量过程中，仪器本身的精度受外界条件（温度、振动等）影响小，因此测量精度较高。

② 既可像水平仪一样测量导轨在垂直平面内的直线度误差（不等于水平），又可代替钢丝和显微镜测量导轨在水平面内的直线度误差，所以，在机床的制造和修理中，已经普遍使用。但是对于 10m 以上的长导轨，由于光束通过的路程较长，光能损失较大，因而呈像不够清晰，不能直接进行测量，而必须分段接长测量。

用光学平直仪测量导轨直线度误差的原理见图 15-41。平直仪由仪器本体及反射镜座两部分组成。

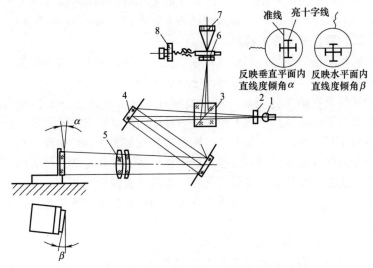

图 15-41　光学平直仪测量导轨直线度误差原理图
1—灯泡；2—固定分划板；3—立方棱镜；4—平面镜；
5—物镜；6—可动分划板；7—目镜；8—测微手轮

a. 在仪器本体里装有灯泡 1、刻有"＋"形刻线的固定分划板 2、由双三棱镜组成的立方棱镜 3、两块相互平行的平面镜 4 及由两片透镜组成的物镜 5，这一部分光学元件组成平行光管。

b. 由可动分划板 6、目镜 7 及测微手轮 8 等元件组成读数显微镜。

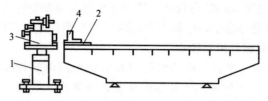

图 15-42　利用光学平直仪测量导轨直线度误差

1—调节支架；2—垫铁；3—光学平直仪本体；4—反射镜

利用光学平直仪测量导轨直线度误差的方法见图 15-42。仪器本体要配置一个能升降调节及水平调节的调节支架 1 和按导轨形状配置的安放反射镜座的垫铁 2，垫铁长度取 200mm 时计算较方便（也可取 250mm、500mm），一般以仪器测量长度的 1/20～1/10 为宜。

二、导轨垂直度的检验

机床溜板的导轨，如车床溜板、铣床溜板、镗床溜板等零件，一般都设计为上、下互相垂直的十字导轨，便于在工件加工时能加工出纵横互相垂直的工件表面。横梁类零件，它本身在立柱上做垂直移动，而刀架则又在其导轨上做水平移动，因此也要求横梁的前、后两导轨面相互垂直；立柱类零件，则要求其安装表面与导轨面在纵、横两个方向保持垂直；而牛头刨床的工作台则要求其安装工件表面互相垂直。这类零件都要求其导轨之间、导轨与表面相互垂直，这是保证安装后精度检验项目通过的重要基础。测量导轨垂直度的方法主要有以下几种。

1. 直角尺（或方尺）拉表检验法

车床溜板的上部燕尾导轨和下部的 V 形、平形导轨，其垂直度有一定要求，目的是要满足在加工工件时平面只准中凹。要保证这项精度，主要是使溜板的上、下导轨互相垂直，其偏差的方向有利于满足加工工件的精度要求，其检查方法如图 15-43 所示。在床身导轨上安放一方尺或直角尺，在溜板上固定一千分表，其测头顶在方尺的 a 边上，移动溜板，调整方尺使与溜板移动方向平行。然后在溜板的燕尾导轨上安放一块检具，其上固定千分表杆，千分表测头顶在方尺的 b 边上，移动角形垫铁进行测量，千分表读数的最大代数差就是导轨在该检具移动长度内的误差。

2. 回转校表法

上、下导轨要求相互垂直的溜板类零件可视零件的结构特点，有的可用回转校表法检验导轨之间的垂直度。图 15-44 是利用圆柱棒及千分表等工具，用回转校表测量导轨侧面 A、B 两点，千分表在 A、B 两点读数的差值，即为该回转半径内的垂直度误差。但这种检查方法的先决条件是导轨的直线度必须满足要求，检查仅是证明垂直度的数值。

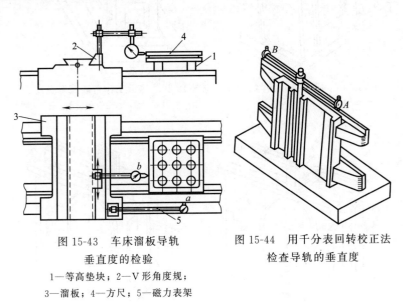

图 15-43 车床溜板导轨
垂直度的检验

1—等高垫块；2—V 形角度规；

3—溜板；4—方尺；5—磁力表架

图 15-44 用千分表回转校正法
检查导轨的垂直度

有些长床身是由多段单节床身拼接的，其拼接表面要求与导轨垂直，其垂直度误差也可用图 15-45 所示的方法检验。

3. 框式水平仪检验法

这种检验方法是利用框式水平仪两边互成直角的特点，既可以检验水平表面的直线度，也能检验垂直表面的垂直度。如果这两个被检表面要求互成直角，则利用水平仪两直角边测量表面贴在该两被检表面上测量，此时，水准仪的气泡应在同一位置。水平仪两次读数的最大代数差，就是被测表面垂直度的误差。读出的数值是角值，再通过计算，可知 300mm 内或全长内的垂直度误差。

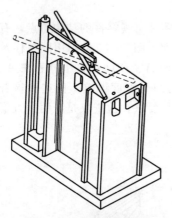

图 15-45　床身结合面与
导轨垂直度的检验

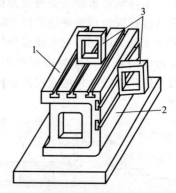

图 15-46　测量工作台表面垂直度
1—工作台上表面；2—工作台侧表面；3—水平仪

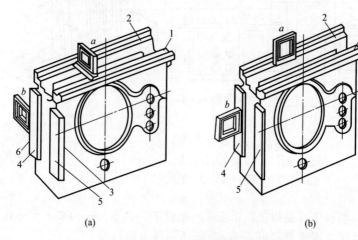

(a)　　　　　　　　　　　(b)

图 15-47　牛头刨床床身导轨用框形水平仪检验垂直度
1,2—导轨面；3~6—垂直导轨面

　　图 15-46 所示为检验钻床工作台上表面 1 和工作台侧表面 2 的垂
直度。在检查时，水平仪的方位应保持不变。先在表面 1 上进行测量
（水平仪与表面 2 垂直），记录水平仪读数。然后平移水平仪使其侧面
紧靠表面 2 进行测量，水平仪读数的代数差即为垂直度的角值误差。
必须注意，不能将水平仪旋转 180°，即调头测量，如水平仪不准时就会造成测量误差。

图 15-47 所示为利用框形水平仪检验牛头刨床床身导轨的垂直度。当检查床身的导轨面 1、2 与垂直导轨面 6、7 以及导轨面 1、2 与垂直导轨面 4、5 的垂直度时，可用图 15-47 所示的方法进行测量，以比较被检表面的垂直度。

三、导轨平行度（扭曲）的检验

对于每条导轨的表面形状，除了水平面内和垂直平面内有直线度要求外，为了保证导轨和运动部件相互配合良好，提高接触率，还要求导轨的前、后单轨必须保持平行，表面的扭曲误差符合相应的要求，这对大型导轨特别重要。为了测量导轨间的平行度，作为基准测量用的导轨，更要防止有严重扭曲。检查扭曲误差的方法如图 15-48 所示，V 形导轨用 V 形水平仪垫铁，平导轨用平垫铁，从导轨的任一端开始，移动水平仪垫铁，每隔 200～500mm 读一次数，水平仪读数的最大代数差值就是导轨的扭曲误差。该项误差在机床精度标准中都未列入，主要规定于刮研可配磨工艺中。

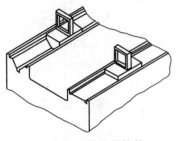

图 15-48　检验导轨的
单导轨扭曲

机床的床身、滑座、立柱等零件，通常由三条以上的导轨表面组成。这些导轨表面，不仅要求单导轨表面分别达到一定的直线度允差，而且对它们之间的平行度也给予严格的精度要求，这样才能使机床运动部件在工作时平衡，并保证加工零件能达到所要求的尺寸精度和形位精度。测量其平行度时，可根据导轨的结构采用不同量具进行。

1. 千分表拉表检验法

图 15-49 是利用各种专用垫铁或桥板结合千分表检验导轨与导轨表面的平行度的方法。在全长内千分表指针的最大偏差，即是平行度的误差。当利用千分表测量导轨的平行度时，要防止单导轨的扭曲使专用垫铁和千分表产生回转，这样往往会造成测量误差。因此，用图 15-49 所示的方法测量平行度时，应先检查三角导轨的单导轨扭曲。当单导轨扭曲时，应先修刮三角导轨，使单导轨扭曲合格后再测量。

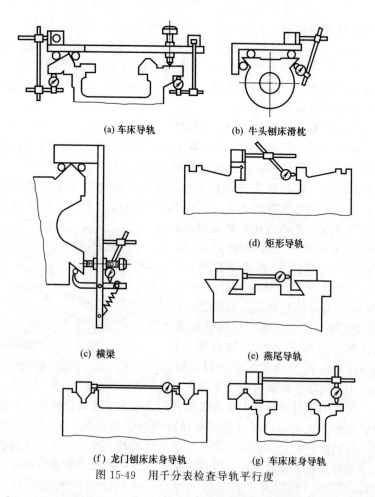

(a) 车床导轨

(b) 牛头刨床滑枕

(c) 横梁

(d) 矩形导轨

(e) 燕尾导轨

(f) 龙门刨床床身导轨

(g) 车床床身导轨

图 15-49　用千分表检查导轨平行度

2. 千分尺测量法

用千分尺测量导轨面间是否平行，也是在机床刮研时采用较多的一种测量方法［见图 15-50（a）］。在机床导轨两个要求平行的导轨表面的前、中、后三点用千分尺测量，比较三个读数的大小，以了解平行度情况。图 15-50（b）是下接触式的燕尾导轨，利用两根直径相等的圆柱棒紧靠导轨表面，用千分尺在导轨两端进行测量，千分尺读数的变化值就是导轨的平行度误差。圆柱棒直径可按表 15-4 选择，长度约 50mm。

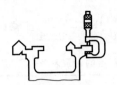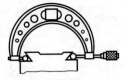

(a) 测量平行导轨　　　　(b) 测量燕尾导轨

图 15-50　用千分尺测量导轨平行度

表 15-4　圆柱棒直径的选择　　　　　　　　　　mm

图　　示	选 择 尺 寸			
	d	6	12	25
	H	6～10	12～20	25～32
	A	32～70	60～100	125～250
	F	42～73	78～167	160～278

3. 桥板水平仪检验法

两条导轨的平行度采用水平仪及检验桥板进行测量,方法简便,测量精度也较高。其误差一律采用角度偏差值表示,当桥板在导轨上移动时,每隔 250mm(小机床短导轨)或 500mm(长床身)记录一次水平仪读数,水平仪在每米行程上和全部行程上读数的最大代数差,就是导轨平行度误差。

例如,有一床身导轨全长 2m,其平行度允差在 1m 长度上为 $\dfrac{0.02\text{mm}}{100\text{mm}}$,在全长上为 $\dfrac{0.03\text{mm}}{100\text{mm}}$。

现有水平仪精度为 $\dfrac{0.02\text{mm}}{100\text{mm}}$,检验桥板每 250mm 移动一次,取得 8 个读数,见表 15-5,检验方法如图 15-51 所示,其 1m 长度上的最大平行度误差在 3～6 位置处,其误差为 $\dfrac{0.01}{1000} - \left(-\dfrac{0.01}{1000}\right) = \dfrac{0.02\text{mm}}{1000\text{mm}}$,精度合格;全长上的平行度误差为 2～

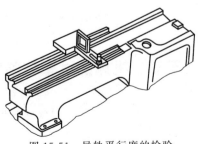

图 15-51　导轨平行度的检验

8 位置处，其误差值为 $\dfrac{0.015}{1000} - \left(\dfrac{0.015}{1000}\right) = \dfrac{0.03\,\text{mm}}{1000\,\text{mm}}$，精度也未超差。

表 15-5　导轨平行度的记录表

位置序号	1	2	3	4	5	6	7	8
距离	0～250	250～500	500～750	750～1000	1000～1250	1250～1500	1500～1750	1750～2000
水平仪读数	0	$\dfrac{0.015}{1000}$	$-\dfrac{0.01}{1000}$	$-\dfrac{0.05}{1000}$	0	$+\dfrac{0.01}{1000}$	$+\dfrac{0.05}{1000}$	$+\dfrac{0.015}{1000}$

为适应不同形式的导轨，应设计不同的桥板。桥板设计时要求与导轨面的接触面小（如线接触），这样才能有较好的灵敏度。图15-52所示为 4 种不同形式的桥板结构。

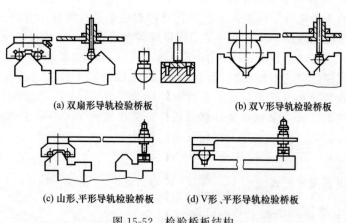

(a) 双扇形导轨检验桥板　　　　(b) 双V形导轨检验桥板

(c) 山形、平形导轨检验桥板　　(d) V形、平形导轨检验桥板

图 15-52　检验桥板结构

第五节　机床的试车与验收

机床及其附属装置、管路等全部装配齐全，机床的几何精度经检验合格；润滑、液压、冷却、水、气（汽）、电气（仪器）控制等附属装置均按系统检验完毕后，方可对机床进行试运转。

一、空运转试验

① 机床的主运动机构从最低速度起依次运转，各级速度的运行时间均应大于 2min；在最高转速下应运转足够的时间（>30min）。

② 在最高速度下运转时，主轴的稳定温度：滑动轴承不超过 60℃，温升不超过 30℃；滚动轴承不超过 70℃，温升不超过 40℃；其他机构的轴承温度不超过 50℃。

③ 进给机构的空运转试验，从低速起各级速度运转时间不少于 2min。对装有快速移动机构的机床，还应进行快速移动试验。

④ 对液压传动的机床需要进行液压系统稳定性试验。

⑤ 在各种速度下运转时，机床的各工作机构运动应平稳、无冲击、振动和异常噪声。

⑥ 机床的振动通常靠手对振动最大部件的感觉来鉴别。如用振动计测量空运转时，机床的振幅一般不应超过下列数值。

车床、钻床及刨（插、拉）床：10μm；

铣床、镗床：7μm；

磨床、精密机床：3μm；

特殊要求的高精度机床：1μm。

⑦ 检查主传动及进给运动的启动、停车；手动和自动动作的灵活性及可靠性；重复定位、分度及转位动作的准确性；自动循环动作的可靠性；夹紧装置、快速移动机构、读数指示装置和其他附属装置的可靠性；有刻度装置的手轮反向空程量及手轮、手柄的操纵力。

⑧ 检查液压系统接头不得有漏油现象；工作时，应无明显的噪声、管内液压冲击和气穴；液压传动部件在规定速度下，不应发生振动及爬行；不应有明显的冲击和阻滞现象；工作速度、换向精度和换向冲击量应符合规定；回程运动不应有冲动现象。

⑨ 检查电气设备及润滑、冷却系统的工况，检查安全防护装置的可靠性。

二、负荷试验

① 机床的负荷试验包括：机床主轴允许的最大转矩试验，短时间（一般为 5~10min）、超负荷（超过允许最大转矩或最大切削力的 25%）试验，机床工作时，电动机达到最大功率的试验，重型机床的最大静负荷试验。

② 不需要检验最大转矩或最大切削力的精密机床，应按专门规定的技术要求进行负荷试验。专用机床应按产品工艺进行负荷试验。

③ 机床的负荷试验应按试验规程进行，试验规程由企业制定或采用机床制造厂的试验规程。

④ 在负荷试验时，机床的所有机构均应工作正常，不应有明显的振动、冲击、噪声和不平衡现象。

三、机床的检验

1. 工作精度的检验

① 通用机床工作精度的检验，可按国家规定的精度标准或机床说明书中规定的精度标准进行，也可按企业选定的典型零件进行。专用机床则按产品工艺规定进行。

② 应编制工作精度检验规程，按规程进行切削加工和工作精度检验，检验记录作为验收依据，存入档案。

2. 几何精度检验

① 通用机床可按国家规定的机床精度标准、说明书中规定的精度标准或企业规定的精度标准进行检验。专用机床按专用精度标准检验。

② 在精度检验过程中，不得对影响精度的机构或零、部件进行调整，否则，应复查因调整受了影响的有关项目检验。凡与主轴轴承温度有关的项目，均应在温度达到稳定后，方可检验。

机床几何精度检验的记录为修理验收的依据，也应纳入档案。

四、运转试验的注意事项

① 试运转的步骤应当是：先无负荷，后有负荷；先低速，后高速；先单机，后联动；每台单机要从部件开始，由部件到组件，由组件到单台设备。对于数台设备连成一套的联动机组，要将每台设备分别试好后，才能进行整个机组的联动试运转。并且前一步骤未合格，不得进行下一步骤的试运转。

② 设备试运转前，电动机应单独试验，以判断电力拖动部分是否良好，并确定其正确的回转方向，其他如电磁止动器、电磁阀限位开关等各种电气设备，都必须提前做好试验调整工作。

③ 试运转时，能手动的部件先手动后再机动。对于大型设备，可利用盘车器或吊车转动两圈取上，没有卡住和异常现象时，方可通

电运转。

④ 无负荷试运转时，应检查设备各部分的动作和相互间作用的正确性。同时，也使其摩擦表面初步磨合。

⑤ 负荷试运转的目的是检验设备能否达到正式生产的要求。此时，设备带上工作负荷，在与生产情况相似的条件下进行。

设备一经启动，应立刻观察和严密监视其工作状况。根据设备的不同特性，按试车规程规定的各项工作性能参数及其指标进行记录，并随时判别其是否正确。如轴承的进油、排油温度和进油压力是否正常；轴承的振动和噪声是否正常；设备的静、动部分是否有不正常的摩擦或碰撞；有无过热的部位和松动的部位；有无运动状况不符合要求的部位以及热胀不符合要求的情况；设备其余各部分的振动和噪声是否过大；机器的转速是否准确和稳定；功率是否正常；流体的压力、温度和流量等是否正常；密封处有无泄漏现象等。

五、运转验收结束后的工作

空负荷试运转结束后，应立即做下列各项工作。

① 切断电源和其他动力来源。

② 进行必要的放气、排水或排污及必要的防锈、涂油。

③ 对蓄能器和设备内有余压的部分进行卸压。

④ 按各类设备安装规范的规定，对设备几何精度进行必要的复查；各紧固部分进行复紧。

⑤ 设备空负荷（或负荷）试运转后，应对润滑剂的清洁度进行检查，清洗过滤器，需要时可更换新油（剂）。

⑥ 拆除调试中的临时装置，装好试运转中临时拆卸的部件或附属装置。

⑦ 清理现场及整理试运转的各项记录。

参 考 文 献

[1]　徐洪义，范志. 机修钳工. 北京：中国劳动社会保障出版社，2007.

[2]　张忠狮. 机修钳工. 上海：上海科学技术出版社，2011.

[3]　刘亮. 钳工手册. 武汉：湖北科学技术出版社，2010.

[4]　乐为. 机电设备装调. 北京：机械工业出版社，2010.

[5]　邱言龙. 机修钳工入门. 北京：机械工业出版社，2009.

[6]　吴拓. 金属切削加工及装备. 北京：机械工业出版社，2006.

[7]　恽达明. 金属切削机床. 北京：机械工业出版社，2006.

[8]　刘东升. 机修钳工实用手册. 南京：江苏科学技术出版社，2006.

[9]　王兵. 常用机床电气检修. 北京：中国劳动社会保障出版社，2011.

[10]　齐占伟. 电气设备故障检修. 北京：机械工业出版社，2006.

[11]　刘光源. 机床电气维修. 北京：机械工业出版社，2007.